Food Factory Operation and Management

實用
食品工廠管理

施明智、成安知 著 第二版

五南圖書出版公司 印行

推薦序

　　文化大學保健營養學系　施明智主任，長年指導食品業及餐飲業界，對各級食品工廠各項制度的輔導更是績效卓著，在食品業界中是少數對食品工廠瞭若指掌的專家學者。

　　食品產業專家　成安知先生，自中興大學食品科學系及台灣大學食品科技研究所畢業後，即投入數個知名食品工廠工作，從基層一直到高階管理者共計 35 年整，對國內大小食品廠的作業及管理有著豐富的實務經驗。

　　有鑑於世界及國內對食安觀念的重視，在過去 15 年內，政府對食品業界的輔導與管理不斷提升，也促使食品業界、學界的領導者與企業負責人更重視食安管理，其最重要的焦點就是食品工廠管理。

　　本人曾任農糧署署長，深刻體認食品加工業和農業生產具有唇齒相依的重要關係。在擔任台灣食品科學技術學會理事長時，對於提升我國食品製造現場的管理與國內外交流工作亦頗多著墨，更了解食品工廠管理對營運績效及確保食品安全的重要性。

　　今日欣見國內兩位資深專家能將過去與現在的經驗編著成冊，對有志於在食品業界學習、發展的莘莘學子及正從事或欲投入食品業的業者一定有莫大的幫助。

財團法人農業科技研究院 院長

陳建斌

2021 年夏

再版序

　　2018 年我們發想共同寫此書時，期待能將我們的實務經驗配合施主任深厚的教學理論基礎將食品工廠管理做個傳承。

　　施主任非常清楚食品基礎教育的需求所在，所以我們將這本書的規劃內容定位在實務與理論兼顧，期待讓想往工廠發展的莘莘學子或是已在業界工作的新鮮人對工廠管理有初步的認識，進而對各部門全面性的協調合作有實質上的助益。

　　感謝學界與業界各位老師與先進不棄與鼓勵，讓這本已在食品相關科系列入冷門課程的教材，迅速再版印刷。可見學界與社會對國家的發展仍具有高瞻遠矚的期待。

　　　　　　「不比孔孟古竹簡，祈為桑梓拓良田。」

　　這是我們兩位作者在回饋社會上的心願，也期待食品業更上一層樓。

　　　　　　　　　　　　　　　　　　　　施明智、成安知　謹誌
　　　　　　　　　　　　　　　　　　　　2022 年 8 月 8 日

編者序

食品安全管理已是國家既定重大政策之一。隨著消費意識及國民生活水準的提升，食品安全更是食物供應鏈最重要的要素。因此，對於食品製造發源地的各級食品工廠管理來說，更是非常重要的關鍵。

早期的食品工廠管理以成品安全為第一考量。對於原物料、水資源、生產製程與規劃、品質檢驗、設備維護、環境衛生、人員及後勤支援、儲存運輸、廢棄物及汙水處理、產品追蹤，一直到消費者回饋等事項，較缺乏完整及有系統的管理制度。

1990 年起，國內外發生數起重大食品安全事件，引起各國對食品安全管理的重視。有鑒於此，政府各級衛生管理單位及民間相關團體，對食品業者的要求日趨嚴格，讓食品業者也投入相當的人力與物力提升自己，以符合世界進步的潮流。

國內學者以教學研究為主，對業界的動態較為生疏，本書作者施明智教授因配合政府指派及研究所需，對業界的輔導與工作非常熟稔；成安知先生在國內各知名食品工廠服務共 35 年，對工廠實務瞭若指掌。

為使學校內莘莘學子及業界初學者加快腳步熟悉工廠事務，兩位作者花了近兩年的時間，將工廠內大小相關管理制度與內容整理成書，以期讓學校教學與業界實務無縫接軌。

本書於撰寫與校稿期間均花費一番功夫，但仍可能有誤植之處，尚請讀者與授課老師賜予指正，以茲修正。

施明智、成安知 謹識

2021 年 3 月

目錄

第二篇　工廠管理實務

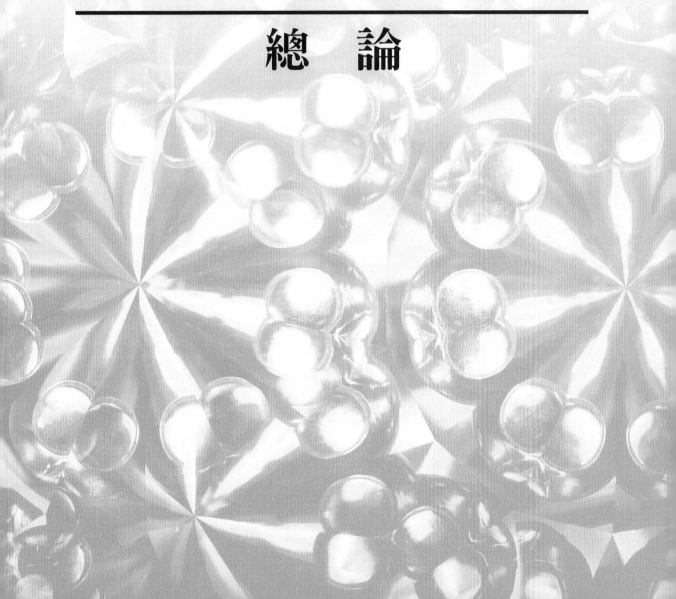

第一篇
總　論

第一章

食品產業概論
(Overview on food industry)

　　食品的成分是非常複雜的。遠古時期，人類對食物的選擇以茹毛飲血，就地取材為主。也就是現行社會所言的生機飲食法。當鑽木取火、剝皮烤肉的那一刻起就是「食品加工」的起始點。

　　隨著時代的演進，人類除了將食物的色香味提升，以滿足口腹之慾外，也為了各種理由將食品的保存期延長。經過幾千年的摸索與探討，讓現今的食品產業已變成一個巨大的經濟體了。

　　各個食品產業族群的存在與互動，讓人類的食物更多樣化、科學化。在食品安全上也比古代更安全、更衛生。

第一節　食品產業族群簡介

　　食品產業是以農產品為主要加工原料，以從事加工生產的二級產業，其發展與農業發展息息相關，是重要的民生產業。其產品既可做為相關行業的加工素材，亦向餐飲業、批發零售業及國內外消費者進行銷售。因此，食品產業的關聯產業，包含上游的農業，中游的食品添加物業、食品機械業、包裝機械業及包裝材料業，以及下游的食品配送、物流、商流、批發零售及餐飲業等。

　　食品產業主要由四個族群產業構成（圖1-1）：

　　1. 農業

　　2. 食品工業

　　3. 食品運銷業

　　4. 餐飲業

　　除了這四個族群產業外，各產業的上下游產業更是多如牛毛。例如，肥料業、環保業、汽車業等。食品工業內含22種以上的產業（圖1-1），同時另有五個（以上）產業與食品產業息息相關。包括：

　　1. 食品原料業

　　2. 食品機械工業

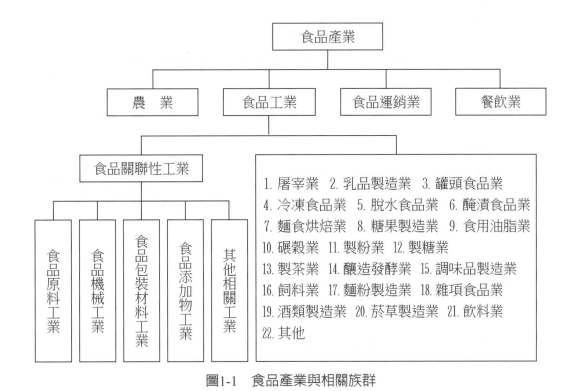

圖1-1　食品產業與相關族群

3. 食品包裝材料工業

4. 食品添加物工業

5. 其他相關工業

每一個產業之間息息相關，共存共榮。

而根據政府的製造業產銷統計之中，食品工業則被區分為食品製造業、飲料製造業、菸草製造業等。

食品的種類變化與加工製造的精緻程度，隨著製程技術先進、加工科技的發達、消費社會的形成，以及為符合講求效率且使用方便的社會需求，經由工廠大量而快速製造出來的加工食品，已經幾乎取代了傳統技藝的手工食品，成為每個家庭日常飲食必備之需。然而近幾年台灣社會接連發生一些食安事件，顯示國內食品供應鏈從生產製造至產品檢驗等管理能力需強化精進。由此更凸顯食品工廠管理之重要性。

第二節　台灣食品產業的發展史

食品是重要的民生工業，從農產原料供應、食品生產製造、物流配送，到零售通路及餐飲消費等，和民眾生活習習相關。臺灣食品產業在上中下游及周邊產業，已有完整鏈結及創新能量，目前我國食品製造加工廠約有6千家，就業人口約13萬餘人，年產值約達新台幣6千多億元，占台灣製造業整體產值近5%，產品88%內銷為主，食品產業對於台灣就業市場和經濟發展有重大貢獻。

一、台灣食品產業的發展史

台灣食品工業隨著經濟環境的改變與國人生活飲食習慣的變遷，可區分為三個階段：(1)1950～1980年代；(2)1980～1990年代；(3)1990年代迄今（表1-1）。

表1-1　我國食品產業發展歷程

發展歷程	1950年代	1960年代	1970年代	1980年代	1990年代	2000年代	2010年代
農產加工品占出口比率（%）	38	10	70	5	4	1	<1
市場導向	外銷導向 →			→ 內銷導向		→ 特定消費與高附加價值產品導向	
扮演角色	出口賺取外匯支持工業發展	→ 增加農業價值提高農民所得		→ 滿足國民食品需求提高國民生活素質		→ 提供良質健康便利食品滿足國人膳食保健需求	

(一) 1950～1980年代：以外銷為導向

台灣現代食品產業的誕生，可追溯到日治時期的罐頭工業，尤其是鳳梨罐頭

為當時台灣最重要的外銷農產加工產品。台灣光復之後，經濟百廢待舉，政府為重振戰後台灣的經濟發展，開始進行一連串的土地改革，以確保農村能供應充足的糧食，並「以農業培養工業、以工業發展農業」為基本政策，提高土地生產力作為糧食增產則是此項政策的主要手段。而罐頭工業就在此項政策的扶植下，延續原有的罐頭工業基礎。就罐頭生產的區域而言，由於中南部縣市接近產地，因而成為台灣罐頭製造的重鎮。

1950年代至1980年代中期，台灣曾是世界上盛極一時的罐頭出口王國，藉著外銷農產加工的罐頭，賺取大量外匯。由於人力與原料便宜，1960年代輸美洋菇罐頭曾一度占美國進口的60%以上。而鳳梨、洋菇、蘆筍三種罐頭出口均為世界首位。冷凍食品也逐漸起而代之成為新一波外銷主力，1984年達5.91億美元，超過罐頭食品成為最大農產品出口項目，產品品項也擴大到冷凍蔬菜水果、冷凍水產品、冷凍肉類、冷凍調理食品、冷凍脫水食品及冷凍濃縮飲料等種類。農產加工品出口比例達顛峰期。

另一方面，面向國內市場的食品中小企業也在1950年代之後陸續成立，例如統一（1967年）、味全（1954年）等老牌食品公司。這些以中小企業規模發跡的食品公司，目前已成為台灣重要的食品集團，並從本土市場跨越到國際市場。

㈡ 1980～1990年代：以內銷為導向

1980年前後，以初級加工外銷為主的罐頭食品，面臨工資高漲、原料成本大幅上揚之影響，逐漸失去國際競爭能力，罐頭食品外銷的黃金時代遂成為歷史，農產品出口比例急速萎縮，加工食品遂轉為內銷為主。

1979年爆發的米糠油多氯聯苯污染事件，卻也使得國人開始關注食品衛生安全。因此政府開始著手策劃協助食品產業生產的過程更具衛生安全與標準化。

由於外銷市場的競爭激烈和國內需求的變化，部分傳統食品工業紛紛進行資本轉移，將生產基地轉向勞動力和原物料更便宜的發展中國家，繼續發揮自己在資金、技術、管理、資訊和營銷方面的優勢。許多食品大廠諸如統一、味丹、味王、泰山、福壽實業等均在1990年代前後開始投資中國大陸。

另一部分則轉向重視內銷市場,推動國內消費升級,使食品產業轉入零售市場發展期。

㈢ 1990年代迄今:特定消費與高附加價值產品為導向

1990年代後開始進入「特定消費與高附加價值產品導向」階段。1996年食品工業產值達5228億元,創歷史最高紀錄。此後,受豬口蹄疫與亞洲金融危機的影響而有所下降。

這段期間也由於國民所得提高,休閒時間增加、教育普及、資訊發達、健康意識提高,使得民眾開始注重飲食的健康與安全,再加上生物科技的發展,使得各種客製化、高機能的食品得以蘊育而生。同時各種慢性疾病的增加,因此醫療保健相關的產品逐漸受到重視。

在此階段健康食品認證技術及複方保健食品技術之開發與應用,為食品工業注入一股熱潮,引領食品工業往更寬廣的方向發展。

二、台灣食品產業現況

2011年,衛生福利部有鑑於食安事件層出不窮,於是開始設立登錄制度,要求食品添加物業者主動上網。而後仍不斷發生無數次食安事件,於是要求凡是與食品相關之業者,皆須主動上網登記業者之相關資訊,以建立食品業者之追蹤追溯系統,稱為「食品業者登錄制度」,簡稱「非登不可」。凡是食品製造及加工業、食品添加物業、食品輸入業、餐飲業、食品販售業、塑膠類食品容器具及包裝業、食品物流業等,都須登錄。至2020年總登錄家數約480,000家業者,其中,食品相關公司行號約225,000家,製造廠所/工廠16,961家,餐飲場所約113,000家,販售場所約124,000家,物流場所約1,900家(圖1-2)。

食品工業前7大子行業分別為動物飼料配製業、屠宰業、未分類其他食品製造業、不含酒精飲料製造業、菸草製造業、磨粉製品製造業、碾穀業等,以上7大行業的產值總和占食品工業產值的60%。

食品業者登錄統計
全台業者總家次 481,016

基隆市	8,119	臺北市	67,483
新北市	53,893	桃園市	38,507
新竹市	11,206	新竹縣	10,358
苗栗縣	10,361	臺中市	61,650
彰化縣	25,049	南投縣	11,221
雲林縣	13,453	嘉義市	7,807
嘉義縣	8,022	臺南市	49,385
高雄市	50,333	屏東縣	14,778
臺東縣	10,174	花蓮縣	10,036
宜蘭縣	11,888	澎湖縣	3,647
金門縣	2,321	連江縣	1,096

食品相關公司行號：225,520
製造場所/工廠：16,961
餐飲場所：112,899
販售場所：123,723
物流場所：1,913

圖1-2　至2020年食品業者登錄統計資料

　　從以上的描述中，可以了解食品產業的產業關聯度很廣，除了食品加工製造，其產業鏈也涉及農漁牧業與餐飲服務業。台灣食品產業的產品銷售以國內市場為主，固然食品自給率達到73.3%，但食品的國際貿易卻呈現入超的現象。

　　所謂「民以食為天」，現代人每日的飲食幾乎難以避免食用加工食品，而其內容成分又直接關係到人體健康。因此，各種加工食品，除了強調美味、或能增進身體健康的機能之外，食品廠商是否使用安全的原料進行生產、生產過程是否合乎規範與職業倫理，不僅是文明社會價值的體現，同時也涉及產業結構的制度面向。

第三節　食品產業的處境

任何國家的食品工業都有其優勢與劣勢及面臨的威脅，國內食品工業亦然。就國內的食品工業而言，其優劣勢與面臨的威脅如下。

一、優勢

1. 內需型食品工業，占地利之便

此點是渾然天成，勿庸置疑的。任何國家都如此。所謂內需型食品工業指的是製造符合國人口味需求的食品工業為主，其消費對象以國內百姓為主。在原物料、加工及包裝成本相同的條件下，如果由國外進口同樣的食品，絕對難與國內生產者競爭。

2. 對本土性食品及口味較能掌握

在國內生產的食品產業，對於消費者飲食偏好與習慣比較能掌握。因此在時機與時間的掌握上，絕對比外來的食品產業要占優勢。

3. 人工成本較歐美、日、韓、星、港為低

國內這些年在各項成長都較亞洲先進國家為緩慢，尤其是東南亞國家，快速成長。就長期大趨勢而言，歐美、日、星、港的平均加工成本都比國內高。最近幾年，韓國，甚至中國大陸部分熱區的加工成本都超過國內。這也算是國內加工業的優勢之一。

二、劣勢

1. 國內市場規模有限

不僅是食品產業，任何產業的起伏絕對與人口數有關。若國內生產的食品風味不能為其他國家的人所接受時，其銷售市場則必以國內市場為主。銷售量自然

會與國內的人口數成正比。而現況是受限國內人口數，國內市場規模是有限的。

2. 消費者對食品知識的理解力不足

　　教育是百年大計，消費者對食品的了解常受到非正統管道釋出的訊息所誤導。食品加工業者也因此受到干擾而增加無謂的困擾與成本支出。甚至偶爾會因不正確訊息的推波助瀾，讓正常食品加工業面臨處境艱難的窘境。

3. 原物料、人工成本逐漸升高，利潤下降

　　相較於歐美與亞洲先進國家的加工成本，國內的成本算較低的。但是相較於末端售價所帶來的利潤而言，國內原物料及人工的相對成本卻不斷的在提升。

4. 周邊產業不完整

　　由食品產業族群（圖1-1）來看，一個食品企業的運作需要幾十倍以上的產業資源來共同完成。有些重要的周邊高科技產業，例如香料生產，自動化設備製造等，因為國內的消費市場有限，多數的食品業者規模不大，因此必須進口，無法就近獲得先進與低成本的資源。

5. 政府法令不周全

　　由於我國是採民主制度運行的國家，在民意機構與行政機構的熟稔度不足的情況下，對食品界所制定的政策與法規不夠周延或過於繁瑣，並未對症下藥，造成業界運作困難。這種情況有愈來愈嚴重的趨勢。

6. 政府勞動政策未以產業發展為考量

　　食品產業屬於製造業的一環，國內的勞動政策對產業與勞工而言，一直處於不穩定的狀態。尤其是有關勞動人力需求政策，無法讓產業有穩定的人力資源，進而無法長期培養專業人才。此對產業的長期發展令人堪憂。

7. 五缺：水、電、工、地、人才

　　國內的天然資源有限，再加上政治政策長期以來牽動產業的發展，經年累月下來，造成產業環境的五缺（水、電、工、地、人才）現象日趨嚴重。

8. 主管機關對產業理解不足

　　由於國內的教育政策與社會價值觀改變，除了產業的專業人才資源匱乏外，從事於公職的產業主管人員對產業的理解有限，在觀念與法令的制定對於產業需

求及發展有窒礙難行的現象。主管機關對於專業人才的教育與延攬應予擴大。

9. 證照制度浮濫

由於消費者的意識提升，再加上有段時間食安事件層出不窮，進而衍生出許許多多的證照與檢驗制度。從原料、加工到消費端，各式各樣的檢驗制度如天上繁星，造成一樣產品重複檢驗多次的可能。

另外對於食品加工從業人員證照的法規要求，政府各級機關的認知也莫衷一是，讓業者無所適從。讓食品加工業者的運作成本上增加了許多不必要的負擔與開支。

三、威脅

1. 亞洲與開發中國家（東歐）競相崛起，威脅國內廠商

自2000年後，整個世界做了翻天覆地的改變。亞洲地區的東南亞國家，這幾年因為經濟整合，快速成長。尤其是以前堅持實行共產主義的國家，也開放了與世界對話的窗口，更在經濟層面上向資本主義靠攏。

由於這些國家幾十年來一直處於經濟衰退的局面，因此它們在改革開放之後，利用原料、人工成本上的優勢，讓產業經濟發展的趨勢做了改變。進而威脅到我國食品產業的競爭力。

2. 特殊及高科技設備需國外供應

如前所述，由於國內市場較小，對於特殊及高科技的設備或加工技術，一直未能在國內生根。再加上某些勵精圖治的國家，也在科技上突飛猛進，讓我國的高科技設備及加工技術仍須仰賴國際。

3. 未能參與區域貿易協定，競爭力消失

由於世界經濟圈已逐漸整合成一體，多個在同一區域內的國家對關稅與貿易協定採互利的手法，以減輕成本的負擔，加速經濟的發展。基於種種因素，我國未能順利加入這些區域貿易協定。因此在產品成本及運作成本上將輸在起跑點。

4. 政府對食品產業無前瞻規劃與指導方針

　　針對食品產業未來的整體規劃與方向，一直未在政府的施政方針中出現，任由企業體在世界經濟體中自生自滅。相較於某些國家由政府輔導與協助開創市場，食品產業在此資源不足的情形下備極辛苦。

第四節　食品產業改變的趨勢

　　由於資訊的發達，以及消費者的觀念與要求提升，食品產業的趨勢在可見的未來，面臨著以下的變化。

一、食安政策趨嚴

　　隨著電腦資訊科技的迅速發展，由十年前的2G通訊逐步快速地提升到3G、4G，甚至5G以上。在這樣的擴張速度下，世界上立即發生的知識與訊息的傳播可縮短到幾分鐘之內就到了你我的眼前。

　　在此情況下，食品安全的訊息與知識將是國際化的流通管理，而非地區性的封鎖或是消音就算處理完成。基於世界地球村的概念，對於食品安全的法規也將由全球化的共同監督。對業者雖是一種壓力，但更是一種提升。

二、委外代工，在地生產增多

　　由於世界經濟愈來愈自由化，為了達到最佳成本效益與市場績效，食品產業的業者只要掌握住關鍵技術與管理，「委外代工、在地生產」的現象將會愈來愈普遍。

三、勞力密集趨向自動化

　　現今的社會，勞力付出不再是工資所得的唯一選項。因此，傳統食品產業的人力資源愈來愈難取得。政府的勞動政策考慮的層面太多太廣，永遠趕不上產業的需求。因此，產業借助自動化的需求勢在必行。但是，食品產業不似電子業，食品加工的程序與注意事項遠超過其他產業。因此，要全面自動化不易，部分的自動化則是可行。

四、原料來源不限於本地

　　由於農業技術不斷提升，同一種農作物不一定要在某特定地區栽種。因此，食品業者會衡量在全世界找尋甚至契作所需的加工原料。但由於某些因素，對於部分地區的設限。這也會是增加業者成本的因素之一。

五、專業分工

　　近年來，食品業有一個新觀念：「喝牛奶不必自己養牛」。由於食品工業的分工愈來愈細，生產所需的原料不一定要自己處理，可由專業加工廠取得，如濃縮果汁。甚至製程也不必全程由自己完成，先做好半成品再送到專業的加工廠完成後半段加工程序，如噴霧乾燥。

六、設廠國外，回銷國內

　　產業為了取得最佳的生產成本與營運條件，只要在法令政策的允許下，將生產線設在國外，就近取得所需原料及人工資源，再回銷國內。這種案例與趨勢已不勝枚舉，且是產業在未來不可避免的運作方向。

七、走向多角化，上下游整合

傳統產業的經營模式往往是產銷一條鞭，所有經營風險與盈虧自負。前端供應商及後端經銷商與生產公司僅止於買賣關係，而無血脈相連共負盈虧的概念。

現在愈來愈多的企業與供應商，經銷商前後呼應，相互扶持，共存共榮。走向多角化分工，以上下游整合的模式共創雙贏。

八、環保政策與意識提升

地球暖化與汙染是不爭的事實，「我們只有一個地球」、「留給後代子孫一個乾淨的空間」已是全球的共識。

過去幾百年來，各種產業占盡了地球各種資源的便宜，環保政策與意識的提升會增加營運成本，但這是不可改變的趨勢。現在不做，明天就會後悔。

九、消費者防衛意識提高

隨著資訊與知識的成長，消費者對於食安的敏感度愈來愈高。相對的也增強了防衛意識。食品產業首當其衝。由於食品成分複雜，各項成分或是因加工過程所產生的化學變化，對人體的影響尚有絕大多數的未知。再加上許多的誤導與誤解，食品產業也是戰戰兢兢、如履薄冰。風險有隨時會發生的可能。

十、區域性關貿協定增加，進口食品多樣化

消費者對食品的口味與選擇也從以往懷念「家鄉的口味」演變為個人或家庭追求「異國的風味」為時尚。

基於全球經濟一體化，自由貿易，關稅平等的互惠協定已是大勢所趨。全球各國互相進口，消費者的選擇也可以多樣化。這是可喜的現象。

第五節　政策調整與因應措施

　　基於全球產業與消費習慣的快速變遷，各種競爭與威脅無法以關起門的作為來因應。政府應該在政策上分短期與長期的規劃與引導，讓國內食品產業不會被邊緣化甚至淘汰。

一、短期政策調整與措施

　　1. 進口農產原料，以降低成本。國內因結構性的改變，現今的農業政策與人口已無法全面適時適價地提供食品產業最佳的原物料。因此，加速協助產業自全球獲取最理想的貨源，以提升產業的競爭力，是政府應努力的方向。

　　2. 協調主管機關，盡量改善原料與成品關稅稅率、成品貨物稅結構之合理化並加速訂定關稅貿易互惠協定。

　　3. 積極整合國內食品相關認證與檢驗制度，有效建立追蹤追溯，履歷認證之品保體系，減少不必要之資源浪費。

　　如前所述，從原物料，加工到消費市場，國內各級食品鏈的認證與檢驗制度非常紊亂。非專業性、疊床架屋的情況造成食品產業無所適從。營運成本也因此不斷增加。

　　政府相關單位應做好整合以建立一套具公信力且能與與世界接軌的系統。

　　4. 輔導非法之食品製造商走向合法化，納入監管機制。現行已有工廠登記證的公司，都在各地政府相關單位的管理管制與監督的範圍，一有問題，可立即追蹤追溯，做有效的防堵與解決。

　　食安問題往往存在於未受政府監督管制的工廠。由於未受監督管制，所以即使發生食安問題，社會也無法察覺。

　　輔導非法之食品製造商走向合法化，納入監管機制是保護消費者，提升產業健康化的當務之急。

5. 提升專業知識，加深產學合作。「教育」是國家的根本，「專業人士」是產業發展的根基。政府應從本身做起，提升主管人員的專業知識，加深產學合作。以政府資源協助產業發產與教育訓練，以創造產業未來發展的契機。

二、長期發展與措施

對於產業立即性的問題，除了短期的政策措施應及時去做之外，對於國家及產業的長期發展，政府應當有長遠的規劃。

1. 制訂產業政策，輔導產業發展。協助中小企業提高研發能力、生產自動化。改善製程如前述，世界各國的產業有95%以上都是中小企業，我國也不例外。大型企業有資源與能力去從事高階的開發工作，但對於大多數的中小企業而言，雖有許多人才但苦無充分的資源協助成長。

食品產業的自動化是一條漫長的路，但是一條勢不可擋的必然之路。我國有充沛的電子與機械產業技術與資源，政府可以協助整合以改變及提升食品產業的未來及在全球的競爭力。

2. 全面思考規劃經濟發展政策，改善投資環境，協助產業深耕及生根，與世界接軌。

國內經濟屬島國經濟，食品產業的資源與市場均受限。如何在政策上作思考，規劃經濟發展政策，改善投資環境，協助產業深耕及生根。同時與世界的資源互動並與世界接軌，放大資源與市場的視野。

3. 由教育體系實施橫向交流，為產、官、學界培育專業人才。專業人士是產業發展的根基。以現行大學教育而言，實務訓練已逐漸沒落，取而代之的是以考取證照為優先考量。在如此的教育環境下，對國家未來的發展是堪慮的。

如何由教育體系實施橫向交流，為產、官、學界培育專業人才是百年大計，也是國家及產業未來發展的希望。

4. 吸引外資投資，促進國際交流，引進技術與人才。國家應創造友善的環境，汲取他人成功與進步的經驗，讓國內產業與人才資質提升，走向國際化。

第二章

食品工廠概論與工廠組織
(Introduction on food factory and organization)

本章主要敘述工廠設立的前置作業，內容以軟體之建置爲主。至於工廠硬體建設與地點考量事項，則將於第三章——食品工廠建廠實務中說明。本章內容包括設立工廠前之前置作業、工廠組織之概述、生產流程概述與食品工廠設立流程與必備證照。

第一節　設立工廠的前置作業

設立工場前置作業包括：1.擬定設立宗旨；2.設定工廠或公司之定位；3.建立工廠組織與設定執掌表；4.進行申請公司與工廠登記等行政作業。

一、擬定設立宗旨

任何企業與組織皆有其設立宗旨，藉以闡明其設立之意義。例如「在嚴謹的管理制度下，秉持食品專業的精神，爲消費者創造出安全的食品。」

由於國內絕大多數的食品企業負責人非食品專業出生，以上宗旨之範例表示公司在尊重專業的基礎上以食品安全爲第一考量。

設立宗旨在撰寫各種品保程序書時，都是必須列於其一階文件，如品質手冊中者。

二、設定工廠或公司之定位與組織功能

台灣與全世界大部分的國家一樣，中小企業占整體企業的95%以上，因此，一般食品工廠多屬廠辦合一的中小型產業。

所謂的「中小企業」是相對於「大企業」而言，我國對中小企業的定義依經濟部2020年6月24日修正公布，對中小企業認定的標準如下：

本標準所稱中小企業，指依法辦理公司登記或商業登記，實收資本額在新台

幣一億元以下，或經常僱用員工數未滿二百人之事業。

　　一個新設公司，在組織結構上通常沒有分太多部門，但是基本的功能都需具備。一個生產企業體最基本的四個功能為：

　　1. 行政

　　2. 生產

　　3. 銷售

　　4. 財務

　　在廠辦合一的情況下，以上四個功能全部集中在工廠，其作業程序大致如圖2-1。

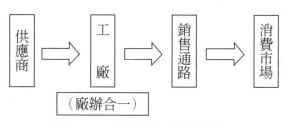

圖2-1　工廠的基本作業程序

　　等到企業逐漸成長，依據需求實施專業分工是絕對必要的。因此也逐步會成立相關部門，成為一個完整的事業體（圖2-2）。而原來的工廠，則以單純的生產、行政後勤、成本會計等為主。

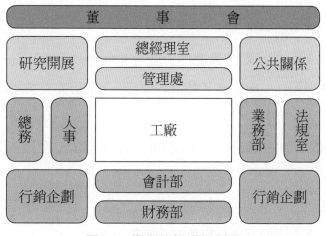

圖2-2　複雜的組織編制圖

第二節　如何建立工廠組織

一、工廠組織的意義

　　所謂組織，係對一機構體系中的全體人員一一指派其職責，並協調其工作，使其中所有人之努力和工作合理化，以期在達成目標的過程中得以獲致最大的效率。

　　由於工廠係集合多數人一起工作，如何使這些人力資源有秩序的發揮工作效率，便需要以下之配合：

　　1. 以人爲中心，組合工廠其他生產要素（財、物、事、設備），以便有效地推展生產管理，完成經營目標。

　　2. 不僅涉及職位、層級等結構的設立，且要建立相互間關係。

　　3. 完成指揮監督，與協調合作系統，使目標更積極、更容易達成。

　　以上即爲組織基本之意義。

二、組織的原則

　　組織的基本原則爲有效配合人、事、物、設備，運用有限資源，發揮組織之功能。其基本原則包括：

　　1. **單一指揮鏈**。每一員工僅聽從一位主管命令，避免多頭馬車現象而使命令過多無所遵循。而任一項企業活動，必須有由上而下完整的指揮鏈，以收連繫配合之效。

　　2. **管理幅度**。每位主管應有合理的可控制員工數，過大與過小之管理幅度都是不合適的。

　　3. **專業與分工**。組織中的活動應專業化，每位員工應儘可能僅負責一項職務。而分工使每個人所擁有之技術能有效的應用。

　　4. **分層授權**。各成員皆須具有適當的職權，以便分層負責，充分發揮組織應有的功能。

　　5. **維持平衡**。健全的組織，應各方面平衡發展，包括各部門之規模、個人之工作量、經費分配、權利義務分配等。

　　6. **保持彈性**。組織結構要能因應內外因素之變化，隨時可適當的調整。

　　7. **效率原則**。組織應將各項因素組合產生最高的效率，以用最少的人力、物力、經費達到企業之目標。

三、指揮鏈

　　指揮鏈又稱指揮系統，從組織的上層到下層的主管人員之間，由於直線職權的存在，便形成一個權力線，這條權力線就被稱作指揮鏈。

　　指揮鏈是一條權力鏈，它顯示組織中的人是如何相互聯繫的，以及誰向誰報告與負責。指揮鏈涉及兩個原則：

　　1. **每一部屬都應該只對一位，且只能向一位直屬上司負責，沒有人應該同時對兩位以上的上司負責**。否則，下屬可能要面對來自多個主管的相互衝突的要求或優先處理的要求。

　　2. **組織圖中的各個職位之間都應該有所關聯，任何兩個職位之間都應該找得到一條連結的組織圖關係線**。組織中所有人都應該清楚地知道自己該向誰彙報，以及自上而下的、逐次的管理層次。也就是組織應該由上到下存在著一條清楚而沒有中斷的指揮鏈。

　　指揮鏈原則有助於保持權威鏈條的連續性。它意味著，一個人應該對一個主管，且只對一個主管直接負責。如果命令鏈的統一性遭到破壞，一個下屬可能就不得不窮於應付多個主管不同命令之間的衝突或優先次序的選擇。但隨著電腦技術的發展和給下屬充分授權的管理觀念更新潮流的衝擊，現在，指揮鏈、權威、命令統一性等概念的重要性已大大降低了。

四、管理幅度（Span of Management）

管理幅度又稱控制幅度，指一位管理者可以有效地管理部屬的數目。

㈠ 管理幅度之分類

管理幅度可根據主管管理人數之多寡，分為扁平式組織與高塔式組織兩類。

1. **扁平式組織**。扁平式組織管理幅度大，管理者底下有許多部屬向他回報，組織較為扁平（flat hierarchy）。

2. **高塔式組織**。高塔式組織管理幅度小，表示管理者只有少數部屬向他回報，組織偏高度階層化（tall hierarchy）。

表2-1為以扁平式組織管理幅度8人與高塔式組織管理幅度4人為例，經過若干層級之後的總控制人數之比較。

表2-1　管理幅度人數之比較

組織層級	扁平式組織（管理幅度8人）	高塔式組織（管理幅度4人）
1（最高）	1	1
2	8	4
3	64	16
4	512	64
5	4,096	256
6		1,024
7（最低）		4,096
	作業員：4,096人（5層） 管理員：585人（1～4層）	作業員：4,096人（7層） 管理員：1,365人（1～6層）

由表2-1可看出，同樣管理員工數，扁平式組織所需的管理層級的人員較少，而高塔式組織需較多的管理人員。

㈡影響管理幅度之因素

管理幅度大或小，沒有一定的好壞標準，而是受以下不同因素影響（圖2-3）：

1. **人的因素**。包括主管個人之個性、偏好或能力、部屬個人之能力等。

⑴**上級的能力**。管理者能力強，可以管理多個部屬，管理幅度就可以大，反之亦然。

⑵**下屬的能力**。下屬有能力獨立工作，管理者的管理幅度就可以大，反之亦然。

2. **工作因素**。工作因素包含工作性質本身的差異性，以及主管與部屬工作性質之差異性。

⑴**工作性質本身的差異性**。工作重複性高，不需要特殊人才執行，這種情況下的管理幅度可以大；若工作變化度大，就需要嚴密管制，管理幅度宜小。

⑵**主管與部屬工作性質之差異性**。如果主管主要負責溝通類的工作，管理幅度就該較窄；員工的工作若愈單純或是愈相似，管理幅度則可以較大。

3. **管理制度**。管理制度之健全與否會影響管理幅度。

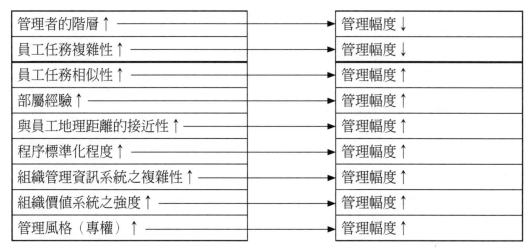

管理者的階層↑ ——→	管理幅度↓
員工任務複雜性↑ ——→	管理幅度↓
員工任務相似性↑ ——→	管理幅度↑
部屬經驗↑ ——→	管理幅度↑
與員工地理距離的接近性↑ ——→	管理幅度↑
程序標準化程度↑ ——→	管理幅度↑
組織管理資訊系統之複雜性↑ ——→	管理幅度↑
組織價值系統之強度↑ ——→	管理幅度↑
管理風格（專權）↑ ——→	管理幅度↑

圖2-3　管理幅度的情境變數

(1) **組織狀況**。若有清晰明確之目標或計畫，則主管較易控制較多的部屬。

(2) **授權程度**。如果管理者授權給部屬，就不需要做太多決策，管理幅度就可以大；若管理者不授權，就必須做更多決定，管理幅度就應該小。

(3) **責任明確度**。如果管理者明確規範下屬的工作職責，下屬就不需要主管的反覆指導，管理幅度就可以大，反之亦然。

4. **環境因素**。包括生產或製造技術、部屬的工作地點之分散程度。大量裝配生產方式及部屬工作地點較集中時，管理幅度可較大。

㈢扁平式組織與高塔式組織之優缺點（表2-2）

1. 扁平式組織

優點為管理者數量少，所以管理成本較低。

缺點為：

(1) 管理者無法嚴密監督每名部屬，部屬有較多發揮空間，組織紀律相對較低。

(2) 管理幅度過大會導致主管協調工作的加重，員工所受的監督與控制相對減少，工作效率無法提升。

(3) 管理者管理工作的增加及管理難度的提升。

2. 高塔式組織

優點為管理者可以較嚴密地監督控制部屬。

缺點為：

(1) 管理層次增加，使成本增加。

(2) 組織決策過程較冗長，員工的生產效率相對低下，且使高層管理人員趨於孤立。

(3) 管理幅度過窄易造成對下屬監督過嚴，妨礙下屬的自主性。

(4) 管理幅度過窄，導致管理者才能無法被充分利用，形成管理上的無效率。

(5) 指揮線過長使決策緩慢，導致對環境改變的應變能力弱。

表2-2　扁平式組織與高塔式組織之比較

	扁平式組織	高塔式組織
特色	1.管理幅度很大 2.管理者直接指揮人數多，組織的階層數較少	1.管理幅度很小 2.管理者直接指揮人數少，組織的階層數較多
優點	導致較高的員工士氣與生產力	減緩扁平式組織的缺點
缺點	1.管理者需承擔更大的行政與監督的責任 2.職責過大易產生弊端	1.成本通常較為昂貴 2.產生很多溝通上的問題

　　扁平式組織已成為近年組織結構演變的趨勢，不但可以節省各階層的管理費用，也同時增加決策制定的速度，但是會導致管理者負擔過多責任與協調工作的風險。

　　主管的管理幅度沒有一定的人數標準，要視公司作業運作及職掌工作性質而定，一般來說，直接單位主管的管理幅度要比間接單位主管要大，資深下屬愈多的主管的管理幅度要愈大，能力愈強的主管的管理幅度要大一些。就理論而言，傳統上較適當的管理幅度，較高層次為4～8人，較低層次則為8～15人。

　　近幾年的趨勢是加寬控制跨度。但是，為了避免因控制跨度加寬而使員工績效降低，各公司都大大加強了員工訓練的力度和投入。管理者已意識到，當下屬充分了解工作後，或有問題能夠從同事那得到幫助時，他們就可以駕馭寬的控制幅度。

五、組織的部門劃分方式（Departmentalization）

　　早期製造任何產品都由一個人從頭製造到底。而後，進行工作分工後，發現可大幅提高工作效率。例如，小型廚房中，廚師從洗菜、切菜、烹調，都一人完成。當規模擴大後，洗菜、切菜、烹調便都有專人分工負責，於是出菜的速度就可加快，自然規模可更擴大。

　　部門（department）是指組織中管理人員爲完成規定的任務有權管轄的一個特定領域。部門劃分（departmentalization）是將組織的各項業務做合理的歸併，並分配給管理人擔任的程序。其係遍及整個組織的分工，分工的結果，組織便產生了各司其職的部門。

　　部門劃分的目的是確定組織中各項任務的分配、以及責任的歸屬，以求分工合理、職責分明，以達到組織的目標。

　　以下爲幾種主要的部門化形式。

1. 職能部門化（functional departmentalization）

　　最普遍採用的傳統而基本的一種劃分方法（圖2-4）。即按專業化的原則，以工作或任務的性質爲基礎來劃分部門。按重要程度可分爲：基本的職能部門和生產部門。基本的職能部門一般有：財務、生產、行銷、人資、研發等。生產部門有：設計科、加工科、製造工廠、生產計畫科、設備動力科、安全科、調度室等。

　　⑴**優點**：管理人員能專精於其專業化，各部門間作業重複的可能性極低；易於監督和指導；有利於提高工作效率。

　　⑵**缺點**：容易出現部門的本位主義，決策緩慢管理較弱，較難檢查責任與組織績效；同時當公司規模增大，則各部門間的協調將明顯過於繁重；由於職權過分集中，部門主管雖容易得到鍛煉，卻不利於高階管理人才的培養與人才成長。

　　此方式適用於以效率爲導向的機械性組織，如製造業。

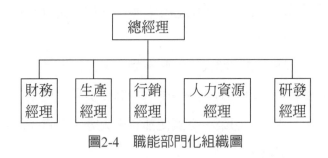

圖2-4　職能部門化組織圖

2. 產品部門化（product departmentalization）

　　以產品為部門劃分之基礎，如乳品部、烘焙產品部、罐頭部等（圖2-5）。

　　(1)**優點**：各部門會專注於產品的經營與生產，可提高專業化經營的效率；有助於比較不同部門對企業的貢獻；便於部門內更好的協調；易於保證產品的品質和進行核算；利於整合性管理。

　　(2)**缺點**：容易出現部門化傾向；管理人員過多，管理成本增加；公司高層管理有難以控制之虞。

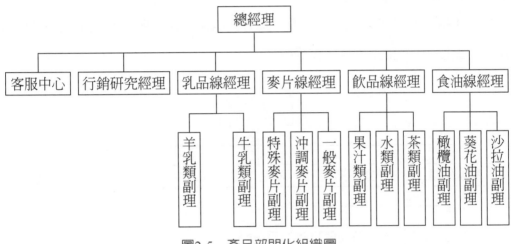

圖2-5　產品部門化組織圖

3. 顧客部門化（customer departmentalization）

　　按組織服務的對象類型來劃分部門（圖2-6）。

　　(1)**優點**：企業可以透過不同的部門滿足目標顧客各種特殊而廣泛的需求；企業能夠持續有效地發揮自己的核心專長，不斷創新顧客的需求。

　　(2)**缺點**：可能會增加與顧客需求不匹配而引發的矛盾和衝突。

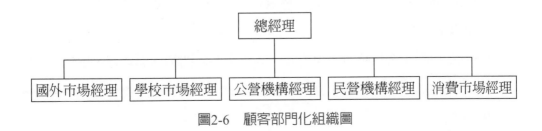

圖2-6　顧客部門化組織圖

4. 地區部門化（geographic departmentalization）

按工作所在的區域位置來劃分部門（圖2-7）。其特點是，把同一地區內的各種業務劃歸同一部門，然後再按這一部門所管轄的範圍進一步建立有關的部門。這樣，一個地區的業務活動便被集中起來，交給一位管理者負責。其目的是充分利用本地的人力和物力，以便獲取區域經營的效益。

(1)**優點**：對本地區環境的變化反應迅速靈敏；便於區域性協調；利於管理人員的培養；責權下放到地方，鼓勵地方參與決策和經營；在當地招募人員，可充分利用當地有效的資源進行市場開拓，同時減少外派成本。

(2)**缺點**：與總部之間的管理職責劃分較困難；企業所需的能夠派赴各個區域的地區主管比較稀缺，且比較難控制。

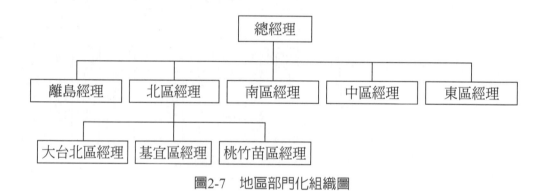

圖2-7　地區部門化組織圖

5. 程序部門化（process departmentalization）

以某項特殊的製程或設備，作爲劃分部門之依據。如機械生產企業劃分出鑄工部門、鍛工部門、機械加工部門、裝配部門等。

(1)**優點**：能取得經濟優勢；充分利用專業技術和技能；可簡化訓練過程。

(2)**缺點**：部門間的協作較困難；權責相對集中，不利於培養管理人才。

6. 矩陣式組織

以上五種部門化皆爲垂直領導方式，易導致各部門橫向聯繫差，缺乏彈性的缺點。矩陣式組織則爲可結合垂直向的指揮系統，又有按產品劃分的橫向聯繫關係的結構（圖2-8）。

　　矩陣式組織的特點在圍繞某項專門任務成立跨職能部門的專門機構，例如組成一個專門的產品小組去從事新產品開發工作，在研究、設計、試驗、製造各個不同階段，由有關部門派人參加，以協調有關部門的活動，保證任務的完成。這種組織結構形式是固定的，人員卻是變動的，需要誰，誰就來，任務完成後就可以離開。任務小組和負責人也是臨時組織和委任的。任務完成後就解散，有關人員回原單位工作。

　　(1)**優點**：機動、靈活，可隨任務的開發與結束進行組織或解散；加強不同部門之間的配合和信息交流，克服了直線部門互相脫節的現象。

　　(2)**缺點**：任務負責人的責任大於權力，因為參加任務的人員來自不同部門，隸屬關係仍在原單位，只是為任務而來，所以任務負責人對他們管理困難，沒有足夠的激勵手段與懲治手段，這種人員上的雙重管理是矩陣結構的先天缺陷；由於任務組成人員來自各個職能部門，當任務完成以後，仍要回原單位，因而容易產生臨時觀念，對工作有一定影響。

　　矩陣結構適用於一些重大任務。企業可用來完成涉及面廣的、臨時性的、複雜的重大任務或管理改革任務。特別適用於以開發與實驗為主的單位，例如科學研究，尤其是應用性研究單位等。

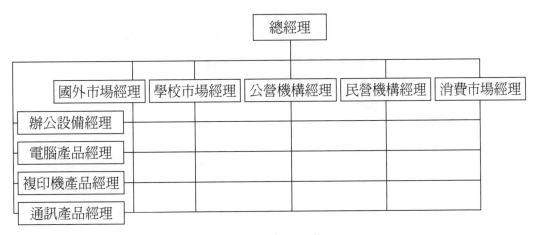

圖2-8　矩陣式組織圖

7. 部門劃分的原則

　　部門劃分應遵循的原則是分工與協作原則。

⑴最少部門原則：指組織結構中的部門力求量少而精簡，這是以有效地實現公司目標為前提的。

⑵彈性原則：指劃分部門應隨業務的需要而增減。在部門的劃分，沒有永久性的概念，其增設和撤銷應隨業務工作而定。組織也可以設立臨時部門或工作小組來解決臨時出現的問題。

⑶目標實現原則：指必要的管理職位均應具備，以確保目標的實現。當某一職能與兩個以上部門有關聯時，應將每一部門所負責的部分加以明確規定。

⑷指標均衡原則：指各部門職務的分派應達到平衡，避免忙閒不均，工作量分攤不均。

⑸檢查職務與業務部門分設。考核和檢查業務部門的人員，不應隸屬於受其檢查的部門，這樣就可以避免檢查人員私心，而能真正發揮檢查職務的作用。

六、職掌表的建立

經過前述組織分析，建立好公司的組織後，需透過對企業組織結構、組織目標與任務之範圍，建立各部門與各職位的職掌表（表2-3）。執掌表主要在描述各部門或各職位主要工作之內容，以便釐清各單位或各職務間之權利與義務關係。

由圖2-9不同管理階層所需具備之能力對照圖可知道，每個階層人士所需要的能力皆不相同，因此其職掌表中顯示的工作亦會不同。

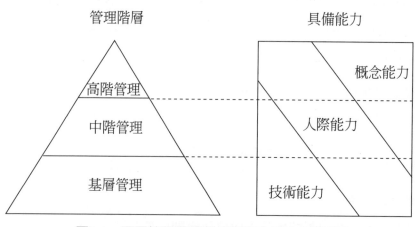

圖2-9　不同管理階層所需具備之能力對照圖

表2-3　部門職掌表範例

部門	主要職掌
總經理室	1.負責公司未來發展目標、策略合作之規劃 2.執行及協助總經理各項經營決策及交辦事項
原採部	負責本公司大宗原料進口及市場行情狀況之調查
業務部	國內外市場之開發、授信、產品銷售、報價、訂單處理等作業
財務部	1.財務運作及規劃 2.資金管理及銀行往來業務 3.會計帳務處理 4.生產成本之計算分析
管理部	採購、廠務、總務、人事、電腦事務等作業
品保部	1.進料、成品、不合格品之檢驗、標準、監督和控制 2.蒐集掌握國內外品蒐集和掌握國內外品質檢驗方法、設備、管理等新進經驗，傳遞品質相關資訊 3.統計分析各項產品製程能力，制定內控指標
研發部	1.新產品之研究開發及推廣 2.現有產品製程設計及改善
生產一部	生產液體飲料等產品
生產二部	代工生產產品
資材部	原物料、成品進出口儲運
環安部	有關本公司各廠之工安環保事項

第三節　生產流程與相關作業

在食品工廠運作上，主要的流程就是（圖2-10）：

原物料進廠→加工→出廠

在這三個主要的過程中，與其相關的事項琳瑯滿目，不勝枚舉。每一個步驟與環節都必須秉持著食品工廠設立的宗旨去執行與完成。

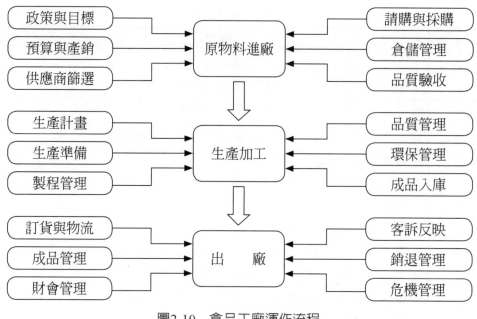

圖2-10　食品工廠運作流程

　　以上的工作內容，本書都將一一介紹。以讓學習者實際了解食品工廠的運作細節。

第四節　食品工廠設立流程與必備證照

　　本節假定為一新創立的企業，從頭開始設立一個新工廠所需的相關流程。

一、公司登記或商業登記

1. 工商登記

　　首先，在創業初始要辦理公司登記或商業登記，統稱「工商登記」。公司與行號兩者在資本額、人數和其他法律規範上都不盡相同，而且關係到日後的營運狀況及責任歸屬，因此創業者必須先有正確的認識，確立登記申請的基礎。

　　一般人會覺得行號是比較小規模的經營，公司指比較大規模的，但其實未

必。公司和行號同樣都是以營利為目的，但公司係指依公司法規定組織登記成立之社團法人，股東就其出資額負責（無限公司除外）；而**商業登記法**所稱之商業，也就是一般所指的**商號（行號）**，是指以營利為目的之獨資或合夥經營事業，負責人或合夥人負無限責任。兩者的差異在於（表2-4）：

公司名稱：公司應標明公司種類（例如：○○股份有限公司、○○有限公司）。商業名稱，就不能使用公司字樣，只能叫XX企業社、XX行號或XX實業社。

法律依據：公司是依公司法成立的，商業則依商業登記法。

權利義務主體：公司為社團法人，商業是以獨資或合夥方式經營事業，則不具法人人格，為個人。

責任歸屬：公司之股東責任有限，以出資額為上限；商業因不具法人人格，因此經營業務所產生的權利義務，會全權歸於諸出資的個人。簡單來說，在公司與行號皆出資20萬成立的前提下負債100萬，公司僅需償還原本出資的20萬，但行號則需將100萬全額清償。

地域性：商號有地域性，名稱僅所在縣市不能重複，公司名稱則全國不得相同。

2. 營業登記

根據加值型及非加值型營業稅法第28條規定「營業人之總機構及其他固定營業場所，應於開始營業前，分別向主管稽徵機關申請營業登記」。

理論上，完成工商登記還要完成營業登記才算完成營業許可。實務上，工商登記及營業登記是一併申辦的。可包含稅籍登記流程一併申請。

營業登記牽涉到營利事業的兩大稅制：

⑴營業稅。國家針對營利事業按營業額徵收的稅。**營業稅**屬於**消費稅**，並不是針對公司進行課稅，而是針對**消費者**課稅。通常，消費者在購買商品時所看到的商品售價，已包含營業稅，因此公司只是為政府**代收**營業稅。營業稅又可分加值型營業稅與非加值型營業稅，一般我們所稱的營業稅都是指加值型營業稅（一般稅款5%）。

⑵營利事業所得稅（營所稅）。國家對營利事業之**淨所得**課徵的稅，全名稱為營利事業所得稅。

表2-4　行號、公司、股份有限公司設立登記之差別

類別	項目	行號	有限公司	股份有限公司
公司行號設立登記	名稱規定	xx商行，xx企業社，xx實業社	xx有限公司，實業有限公司，企業有限公司	xx股份有限公司，實業股份有限公司，企業股份有限公司
	名稱專用權	設立縣市內不可重複	全國不可重複	
	資本額	不限（以能應付設立及經營所需資金為原則）*特許行業例外		
	股東人數	1人獨資或2人以上合夥	1人（含）以上	2人以上（法人股東1人以上），須外聘1董事1監察人
	資本（存款）證明及簽證	25萬（不含）以下不需證明，25萬以上要做資金證明	需資本存款證明，需會計師簽證	
	登記機關	設立當地主管機關	中央主管機關或直轄市	
	貿易商登記	須申請進出口		
決議與責任	設立依據法規	商業登記法	公司法	
	責任歸屬	無限清償責任	以出資額為限	
	組織型態變更	獨資變更為合夥；合夥不得變更為獨資	可改組為股份有限公司	不可改組為有限公司
稅務情況	發票	免用統一發票（每月營業額小於20萬）或使用統一發票	須使用統一發票	
	營業稅	使用發票為5%，免用發票為1%	5%	
	營利事業所得稅	營利事業所得歸入資本主或合夥人申報綜所稅。1.使用收據者：免納營所稅，但要以6%為淨利申報綜所稅。2.使用發票者：以其全年應納稅額半數減除尚未抵繳之扣繳稅額為其應繳納之稅額	17%	
	未分配盈餘稅額	盈餘要全部分配全體合夥人，故無加徵之虞。	盈餘要分配並於次年六月底前決定分配金額；未分配之盈餘需加徵10%稅率	

3. 營利事業登記證

　　早期營業登記後，會給予一張營利事業登記證。此證已廢止多年。廢止原因為監察院87年6月8日建議行政院：「建議採行『登記與管理分離』原則及廢除營利事業統一發證制度，消除保護交易安全登記制度遭利用作為管理工具之現象」。行政院於98年3月12日核定：營利事業統一發證制度之施行期限至98年4月12日止，即自98年4月13日起營利事業登記證不再作為證明文件。而以「商業登記證明文件」取代之。所謂商業登記證明文件指：登記機關核准商業登記之核准函、商業登記抄本、「全國商工行政服務入口網」（網址：https://gcis.nat.gov.tw）商工登記資料之商業登記資料查詢網站之「商業登記基本資料」、或依商業登記法第25條規定請求商業所在地主管機關就已登記事項發給之證明書。

二、工廠設立登記

　　於工商登記後才能辦理工廠登記。工廠登記流程如下：

　　前置作業（地方環保主管機關）→興辦工業人→地方工業主管機關→審查→如為一般工廠則符合規定，則發證；係屬設廠標準之工廠，辦理會勘後發證。

　　申請人應備證件：

　　1. 工廠登記申請書。

　　2. 建築物配置平面簡圖及建築物面積計算表。

　　3. 符合用途之使用執照影本或合法房屋證明，申請地址經門牌整編與前揭執照或證明所載地址不符者，須檢附門牌整編證明文件（1998年8月1日以後門牌整編之相關資料，可透過網路逕向主管機關擷取）。

　　4. 其他依法令規定得從事製造、加工之法人，應檢附相關證明文件。

　　5. 工廠負責人身分證影本。

　　6. 環境保護主管機關出具之證明文件，惟如屬環保法令規定管制之事業種類、範圍及規模者，應依環境影響評估、水汙染防治、空氣汙染防制、廢棄物清理等類別分別檢附環境保護主管機關出具之各項核准或許可證明文件。

7. 屬「工廠管理輔導法」第15條第1項第6款規定產品，應檢附該法令主管機關出具之許可文件。

其他：

1. 設廠如屬訂有設廠標準者，應檢附符合設廠標準規定之作業場所配置圖及機器設備清單。（目前設有設廠標準之工廠計有「食品工廠建築及設備設廠標準」、「化妝品製造工廠設廠標準」、「飼料工廠設廠標準」、「藥物製造工廠設廠標準」、「動物用藥品製造廠（所）設廠標準」、「農藥工廠設廠標準」、「菸產製工廠設廠標準」、「酒產製工廠設廠標準」及「環境用藥設廠標準」等）。

2. 申請工廠登記之產品如屬訂有設廠標準者，應俟辦理會勘並符合設廠標準規定後再行核准工廠登記。

3. 產品如係一般食品工廠，應辦理會勘或出具衛生單位檢查合格證明書。

4. 工廠用水係使用自來水時，須檢附自來水公司水費收據影本。

三、食品工廠必備證照與管理人員

在向經濟部完成「公司登記」後，欲設立食品工廠，必須依政府法令具備下列證照及基本管理人員。證照管理人員設置法源如下。**但隨著環境變遷或社會成長，法規內容會隨時調整。**

㈠工廠登記證

依經濟部規定，所有公司之工廠在取得環保評鑑通過後之文件，再提出申請「工廠登記證」經政府相關機構審查通過，核發後才能開始執行生產活動。

申請工廠登記證之程序如下：

1. 取得廠房。

2. 向環保局申請核發符合環保法規證明文件。

3. 申請工廠登記（圖2-11）。

麒宏食品工業有限公司永康一廠	基本資料		
工廠登記編號	67002200	工廠設立許可案號	
工廠地址	臺南市永康區勝利里勝利街164號1樓		
工廠市鎮鄉村里	臺南市永康區勝利里	工廠負責人姓名	陳水冰
公司（營利事業）統一編號	80413593	工廠組織型態	有限公司
工廠設立核准日期		工廠登記核准日期	1071108
工廠資本額	以公司或商業登記資本額為準		
工廠登記狀態	生產中		
最後核准變更日期	1071127		
工廠登記歇業核准日期			
工廠登記廢止核准日期			
工廠登記公告廢止核准日期			
最後一次校正年度	108	最後一次校正結果	營運中工廠

備註
1. 最近一次工廠校正期間:108年6月1日至7月10日；校正結果於校正當年11月底前更新。
2. 工廠登記編號開頭為字母T，代表為依工廠管理輔導法第34條核准臨時工廠登記，其有效期間為自核准登記日起至109年6月2日止。
3. 工廠登記編號開頭為字母S，代表為依工廠管理輔導法第4章之1核准特定工廠登記，其有效期間為自核准登記日起至129年3月19日止。
4. 「本資料僅供參考，不可當證明文件之用」。

依據行政院主計總處『行業標準分類』
105年1月第10次修訂

產業類別 (第10版)
08 食品製造業

主要產品(第10版)
083 蔬果加工

關閉視窗

圖2-11　工廠登記證範例

㈡職業安全衛生管理員

根據勞動部頒發之職業安全衛生法（最新修正公告為2019年5月15日）規定，工廠需設立職業安全衛生管理員。依據職業安全衛生法第23條規定：

「雇主應依其事業單位之規模、性質，訂定職業安全衛生管理計畫；並設置安全衛生組織、人員，實施安全衛生管理及自動檢查。

前項之事業單位達一定規模以上或有第十五條第一項所定之工作場所者，應建置職業安全衛生管理系統。

中央主管機關對前項職業安全衛生管理系統得實施訪查，其管理績效良好並經認可者，得公開表揚之。

前三項之事業單位規模、性質、安全衛生組織、人員、管理、自動檢查、職業安全衛生管理系統建置、績效認可、表揚及其他應遵行事項之辦法，由中央主管機關定之。」

依據「職業安全衛生管理辦法」之規定，平時僱用勞工人數在一百人以上之事業單位，應設職業安全衛生管理單位，平時僱用勞工人數在三十人以上未達一百人者，應選任職業安全衛生管理員。

而職業安全衛生人員之定義依據「職業安全衛生施行細則」第20條如下：

1. 職業安全衛生業務主管（分為甲、乙、丙種）
2. 職業安全管理師（須經國家考試取得甲級技術士證照）
3. 職業衛生管理師（須經國家考試取得甲級技術士證照）
4. 職業安全衛生管理員（須經國家考試取得乙級技術士證照）

職業安全衛生人員之設置依照「職業安全衛生組織管理及自動檢查辦法」規定：事業單位未滿30人者設丙種勞工安全衛生業務主管，30人至99人者設置乙種勞工安全衛生業務主管，100人以上之事業單位設甲種勞工安全衛生業務主管。除設置職業安全衛生業務主管外，100人以上事業單位依規定性質應設置有職業安全衛生管理員，或職業安全、衛生師。

㈢ 衛生管理人員

1. 衛生管理人員

根據衛福部2019年4月9日公告之「應置衛生管理人員之食品製造工廠類別及規模」，其中第二條「應置衛生管理人員之食品製造工廠類別為：㈠乳品製造業。㈡罐頭食品製造業。㈢冷凍食品製造業。㈣即食餐食業。㈤特殊營養食品製造業。㈥食品添加物製造業。㈦水產食品業。㈧肉類加工食品業。㈨健康食品製造業。㈩其他食品製造業。

前項食品製造工廠之類別及產品業別分類之認定，依食品衛生相關法規之規定、中華民國行業標準分類及經濟部工業產品分類認定。

前點第一項第十款應置衛生管理人員之食品製造工廠類別，其規模及實施日期如下：㈠資本額新臺幣一億元以上者，自中華民國一百零八年七月一日實施。㈡資本額新臺幣三千萬元以上，未達一億元者，自中華民國一百零九年一月一日實施。㈢資本額未達新臺幣三千萬元，且食品從業人員五人以上者，自中華民國一百零九年七月一日實施。」

至於衛生管理人員之資格，則由衛福部2019年4月9日公告之「食品製造工廠衛生管理人員設置辦法」規定如下：

第4條　具下列資格之一者，得任衛生管理人員：

　　　　一、公立或經政府立案之私立專科以上學校，或經教育部承認之國外專科以上學校食品、營養、家政、生活應用科學、畜牧、獸醫、化學、化工、農業化學、生物化學、生物、藥學、公共衛生等相關科系所畢業者。

　　　　二、應前款科系所相關類科之高等考試或相當於高等考試之特種考試及格者。

　　　　三、應第一款科系所相關類科之普通考試或相當於普通考試之丙等特種考試及格，並從事食品或食品添加物製造相關工作三年以上，持有證明者。

第5條　中央廚房食品工廠或餐盒食品工廠設置之衛生管理人員，得由領有中餐烹調乙級技術士證並接受衛生講習一百二十小時以上，持有經中央主管機關認可之食品衛生相關機構核發之證明文件者擔任。

第6條　資本額未達新臺幣三千萬元之食品製造工廠設置之衛生管理人員，得由同時具備下列資格者擔任：

一、公立或經政府立案之私立高級職業學校食品科、食品加工科、水產食品科、烘焙科、家政科、畜產保健科、野生動物保育科、農場經營科、園藝科、化工科、環境檢驗科、漁業科、水產養殖科、餐飲管理科、觀光事業科畢業。

二、於同一事業主體之食品或食品添加物製造工廠從事製造或製程品質管制業務四年以上，持有證明。

三、持有經中央主管機關認可之食品安全管制系統訓練機關（構）核發之食品安全管制系統訓練六十小時以上之證明文件。

第7條　中央主管機關依本法第八條第二項公告指定之食品業者，其設置之衛生管理人員除應符合第四條規定外，並應具備以下條件之一：

一、經食品安全管制系統訓練六十小時以上。

二、領有食品技師、畜牧技師、獸醫師、水產養殖技師或營養師證書，經食品安全管制系統訓練三十小時以上。

前項各款食品安全管制系統訓練時數之認定，以中央主管機關認可之食品安全管制系統訓練機關（構）核發之證明文件為據。

第9條　衛生管理人員執行工作如下：

一、食品良好衛生規範之執行與監督。

二、食品安全管制系統之擬訂、執行與監督。

三、其他有關食品衛生管理及員工教育訓練工作。

第11條　本辦法除第六條自中華民國一百零九年七月一日施行外，自發布日施行。

2. 管理衛生人員

管理衛生人員一詞出現在「食品良好衛生規範準則」中之第五條「食品業者之食品從業人員、設備器具、清潔消毒、廢棄物處理、油炸用食用油及管理衛生人員，應符合附表二良好衛生管理基準之規定」，附表二之六、七條：

六、食品業者應指派**管理衛生人員**，就建築與設施及衛生管理情形，按日填報衛生管理紀錄，其內容包括本準則之所定衛生工作。

七、食品工廠之管理衛生人員，宜於工作場所明顯處，標明該人員之姓名。

管理衛生人員與衛生管理人員不同，其並無學經歷等之限制，任何人皆可為管理衛生人員，兩者之差異如表2-5所示。

表2-5　管理衛生人員與衛生管理人員之差別

	衛生管理人員	管理衛生人員
法源	食安法第十一條	GHP準則
業別	公告之業別	所有食品業別
資格	有限定	不限
教育訓練	每年8小時相關訓練	不限
執行內容	GHP、HACCP	GHP

㈣ 專門職業人員

若為食品安全管制系統實施的業別，食藥署規定需聘請專門職業人員維護其制度，這些業別與實施規模如表2-6所示。

各業別得聘請之專門職業人員之類別如下：

1. 肉類加工食品、乳品加工食品、蛋製品：食品技師、畜牧技師或獸醫師。

2. 水產加工食品：食品技師或水產養殖技師。

3. 餐盒食品製造、加工、調配業或餐飲業：食品技師或營養師。

4. 其他食品製造業：食品技師。

表2-6　應置專門職業人員之業別

行業別	實施規模
肉類加工食品 水產加工食品	工廠登記、資本額3千萬元以上、食品從業人員20人以上
乳品加工食品	工廠登記
餐盒食品	工廠登記
設有餐飲之國際觀光旅館業	營業登記、商業登記或公司登記
設有餐飲之五星級旅館業	營業登記、商業登記或公司登記
供應鐵路運輸旅客餐食之餐盒食品業	營業登記、商業登記、公司登記或工廠登記
食用油脂業、罐頭食品業、蛋製品業、麵條及粉條業、醬油業、食用醋業、調味醬業、非酒精飲料業	1.工廠登記、資本額1億元以上、食品從業人員20人以上 2.工廠登記、資本額3千萬元以上，未達1億元、食品從業人員20人以上

㈤汙水操作管理人員

汙水操作管理人員之設置，主要爲工廠取得水汙染防治許可證（文件）後，執行廢（汙）水處理設施之操作管理、申請（報）文件之管理、廢（汙）水排放及放流口之管理、廢（汙）水水質檢測之管理等業務事項。其設立之依據爲環保署2016年5月19日公布之「廢（汙）水處理專責單位或人員設置管理辦法」。該辦法之主要內容如下：

第1條　本辦法依水汙染防治法 第21條第2項規定訂定之。

第2條　本辦法所稱廢汙水處理專責人員分爲甲級及乙級。

　　　　本法第21條第一項規定事業或汙水下水道系統應設置之廢汙水處理專責人員，應由經中央主管機關訓練合格並取得合格證書者擔任。

第7條　事業或汙水下水道系統員工人數50人以下者，負責人得兼任廢汙水處理專責人員。

㈥醫護人員

根據「職業安全衛生法」第22條之規定，事業單位勞工人數在50人以上者，應僱用或特約醫護人員，辦理健康管理、職業病預防及健康促進等勞工健康保護事項。

㈦能源技師

根據「能源管理法」第11條規定：「能源用戶使用能源達中央主管機關規定數量者，應依其能源使用量級距，自置或委託一定名額之技師或合格能源管理人員負責執行第八條、第九條及第十二條中央主管機關規定之業務。」

能源技師之資格，可見經濟部「技師或能源管理人員辦理能源管理業務資格認定辦法」：

第1條　本辦法依能源管理法（以下簡稱本法）第十一條第二項規定訂定之。

第2條　本辦法所稱中央主管機關為經濟部，以經濟部能源局為執行單位。

本辦法所定業務，中央主管機關得委任所屬機關或委託其他機關或機構辦理。

第3條　本辦法所稱技師及能源管理人員（以下簡稱能管員）指具備下列資格，並經能源用戶依能源用戶自置或委託技師或合格能源管理人員設置登記辦法，向中央主管機關申請設置登記核准者：

一、技師：領有執業執照之電機工程技師、機械工程技師、化學工程技師或冷凍空調工程技師。

二、能管員：參加本辦法所定能管員訓練，取得能管員訓練合格證書（以下簡稱合格證書）。

第4條　前條所稱能管員訓練，其參訓人員之資格及訓練時數如下：

一、資格：公立或經政府立案之私立專科以上學校或經教育部承認之國外專科以上學校理、工科系畢業，或經教育部發給之專科學校理、工科系學力鑑定通過證書。

二、訓練時數：十八小時至三十小時。

㈧ 鍋爐操作人員

根據「鍋爐及壓力容器安全規則」規定：

第14條　雇主對於鍋爐之操作管理，應僱用專任操作人員，於鍋爐運轉中不得使其從事與鍋爐操作無關之工作。

前項操作人員，應經相當等級以上之鍋爐操作人員訓練合格或鍋爐操作技能檢定合格。

第15條　雇主對於同一鍋爐房內或同一鍋爐設置場所中，設有二座以上鍋爐者，應依下列規定指派鍋爐作業主管，負責指揮、監督鍋爐之操作、管理及異常處置等有關工作：

一、各鍋爐之傳熱面積合計在五百平方公尺以上者，應指派具有甲級鍋爐操作人員資格者擔任鍋爐作業主管。但各鍋爐均屬貫流式者，得由具有乙級以上鍋爐操作人員資格者為之。

二、各鍋爐之傳熱面積合計在五十平方公尺以上未滿五百平方公尺者，應指派具有乙級以上鍋爐操作人員資格者擔任鍋爐作業主管。但各鍋爐均屬貫流式者，得由具有丙級以上鍋爐操作人員資格為之。

三、各鍋爐之傳熱面積合計未滿五十平方公尺者，應指派具有丙級以上鍋爐操作人員資格者擔任鍋爐作業主管。

㈨ 堆高機證照操作人員（一公噸以上）

根據「職業安全衛生設施規則」規定：

第126條　雇主對於荷重在一公噸以上之堆高機，應指派經特殊作業安全衛生教育訓練人員操作。

第三章

食品工廠建廠實務
(Food factory construction practice)

　　當起始創業或因應市場需求提升，必須增加產品供應量時，通常會有幾種做法：1.購買同類產品因應；2.委託他人代工；3.原廠區增建；4.購買舊廠房增設生產設施；5.購地設置新生產設施。

　　本章節主要是以原廠區增建，購買舊廠房增設生產設施或購地設置新生產設施為考量方向。

第一節　設廠規劃與設廠地點選擇

一、設廠規劃

　　一家公司設置工廠的目的主要是生產商品，並以利潤極大化，作為選擇廠址的原始動機，而廠址的好壞與利潤具有極大的關聯性。由於工廠地點一旦選定，同時開始運作後，要搬遷就必須耗費極大之成本。因此，必須在籌設工廠之初便利用各項分析方式了解廠址之可能設置地點加以評估，一般工廠之布置規劃（layout planning）分為四個階段（圖3-1）：

　　1. **第一階段：廠址之選擇**（location）。

　　2. **第二階段：全盤布置計畫**（overall layout）。

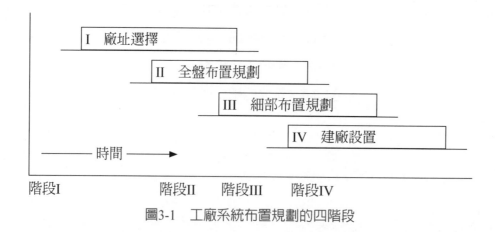

圖3-1　工廠系統布置規劃的四階段

3. 第三階段：細部布置計畫（detail layout）。

4. 第四階段：建廠設施（installation）。

圖中顯示每一階段間是有重疊的，表示每階段的決策必須考慮與前一階段如何配合進行。同時，隨著時間的推延，各階段的規劃也需要愈詳細，也愈接近建廠完成的階段。

二、選擇廠址的時機與重要性

一般需要選擇廠址的時機可能為初次建廠時，或為了擴充廠房，而原有廠房不足以供應擴充的量能。另外，當當地資源枯竭或市場移動時，也可能引起遷廠而必須另覓廠地。一般認為：廠商係以利潤極大化，作為選擇廠址的原始動機，根據此原則，決定產業區位的因素包括：運輸成本、生產因素、價格、稅、市場結構和聚集經濟等重要因素。而有些學者認為廠商對生產區位的選擇，是依據原料與產品的重量、運輸距離以及產品價值等因素而定；且運輸費用是重量和距離的函數，故當產品價格由完全競爭市場決定時，生產區位距市場愈近，生產者就愈能減少運輸成本，而提高生產利潤。

近年大量外商擬回流台灣設廠，但往往面臨「五缺」問題，即指缺水、缺電、缺工、缺地、缺人才，造成設廠的障礙。因此，以下即說明設廠需考慮之因素。

三、選擇廠址考慮因素

㈠設廠於台灣本地

設廠地點及周邊資源與建廠成本及工廠運作有極大的關聯。地點的選擇不可能樣樣都符合理想。利大於弊，優點多於缺點就是最佳的選擇。

1. 接近市場

　　廠址接近市場，可以減少運輸時間與成本，推銷容易，易獲得正確的市場資訊而可減少生產成本。但接近市區則地價必高，雜用支出亦必較高，故尚須考慮其他因素。

2. 原物料產地及運輸的可及性

　　接近原物料產地對於運輸，調度，品質及管理成本有極大的幫助。對原物料供應者也可做到敦親睦鄰，共存共榮的效果。同時，可維持原料的新鮮度與良好的品質。

3. 工業區（一般或專屬）基地

　　目前為止，國內尚無食品專屬工業區。所有的食品工廠多半是依附在一般或特殊工業區中或是自行獨立設置在自有土地上。在工業區中設廠，可以省去很多的規劃工程，如道路，水電，汙水處理。缺點是政府機關限制太多。在自有土地設廠，凡事都得自己處理。

4. 地價

　　地價是設廠考量的重點之一。基本上工業用地當然比建築用地要便宜。早年很多私人或企業大量購置工業用地，棄置不用等地價上揚。經濟部工業局已在2016年提出要求買地者須於5年內開發使用，否則政府將以原價收回（表3-1）。

表3-1　全台閒置產業用地分布

（單位：公頃）

縣市	面積	縣市	面積	縣市	面積	縣市	面積
基隆市	0.31	台中市	10.99	嘉義縣	28.56	宜蘭縣	40.83
新北市	4.92	彰化縣	95.26	台南市	91.03	花蓮縣	65.23
桃園市	64.24	南投縣	17.22	高雄市	16.65	台東縣	0.28
苗栗縣	53.66	雲林縣	80.76	屏東縣	135.83		
合計				724.9公頃			

資料來源：經濟部工業局，2017

5. 人力資源

　　在完全自動化生產前，人力資源是食品業的重要議題。食品業與電子業不同。為使產品風味特色呈現，大量使用人力的情形，短時間不易改變，包括傳統食品，如粽子、佛跳牆、燜筍罐頭等。而特殊節慶不同產業有其需求，如中秋節之於烘焙業，過年之於年貨供應商等。

　　人力資源最好以設廠附近當地的人力為優先。管理、技術人員，可以由外地聘請，但基本作業人員，則須以工廠附近為主，外聘為輔。

6. 水源及水量

　　食品工廠用水來源分為：

　　⑴自來水：向自來水公司申請。管線末端，旱季會有水源不足的現象。

　　⑵地下水：向經濟部水利署申請水權後始得鑽井。地下水品質需自我嚴格把關。尤其是有毒物質及重金屬。地下水掘井，一般分為700呎、1200呎及2000呎。鑿得愈深，成本愈高，但水質愈佳。設廠規劃前要先了解是否在環境或水源保護區內。

7. 電力

　　台灣除偏遠地區外，電力供應品質相當穩定。設廠時要先了解該區的供電電壓及輸配電系統是否完整。電力是否充足。

8. 交通運輸

　　不論原料或成品，都需要運輸，各行政區域對建地道路的規劃標準都不同。設立工廠必須考慮交通運輸的便捷性及聯外道路的寬度。當然，條件愈好，地價愈貴。

9. 公共資源

　　廠區附近的公共資源，如環保設施，娛樂設施，生活機能以及政府資源等，愈充足對工廠運作及管理愈有某種程度的助益。

10. 獎勵配合措施或當地投資法令

　　各個行政區域為招攬商機，都會對不同行業有不同的優惠獎勵措施。設廠地點決定前應先了解。

11. 周邊環境

(1)有無汙染源：包括空汙與水汙，甚至須考慮噪音干擾。

空汙：會對產品，設備，廠房及人員有絕對的不良影響。

水汙：如採用地下水為水源，應注意周圍是否有控管不佳的重汙染源，如染整、電鍍、造紙、皮革、紡織、養殖業。

(2)汙水何處去

工廠汙水排放是環保重要課題。一般汙水排放方式有二：

納管：工廠將生產汙水經初步處理後，排放至工業區汙水處理中心，再集中處理後排放至河流或海水。

自行排放：工廠將生產汙水自行處理至環保署排放標準後排放至河流或海水。

12. 當地氣候及地理條件

(1)風水：雖然不是每位老闆都會考慮，但有些人會將風水列為重要考慮項目之一。

(2)氣候：氣候影響環境之溫溼度，因而可能影響員工的工作情緒與倉儲品質，由於一般建議工作環境溼度約在65%相對溼度，當環境溼度太大時，就必須除溼造成能源的浪費。風向也會影響通風、門窗位置、採光等。甚而必須考慮當地是否常淹水。

(3)地質與地理：廠址應考慮地質堅固，避免位於地震頻繁處。

13. 衛星工廠的支援便利性

對於供應原料的衛星工廠不能離太遠，以節省各項成本，並確保產品之衛生安全與品質。

14. 當地社區的態度

食品工廠雖然較不會產生惡臭或黑煙等嫌惡物質，但頻繁的出貨或油煙可能導致當地社區的厭惡，而反對設廠。

15. 擴張問題

建廠前須考慮未來就地擴廠的可能性，否則設立後要擴廠時再考慮便太遲。

㈡設廠於海外

　　當企業達到一定規模，或原生產即以國際需求為導向，則必須考慮設廠於海外。其中，東南亞、印度為我國重要貿易投資夥伴，也是政府推動「新南向政策」的重點國家，近年更成為我國製造業轉移至海外生產，以出口全球市場的重鎮。尤其當RCEP（區域全面經濟夥伴關係）與CPTPP（跨太平洋夥伴全面進步協定）兩協定陸續成形後（圖3-1），我國商品的出口關稅勢必受到影響導致海外設廠成為新廠選項之一。

・RCEP（區域全面經濟夥伴關係）vs. CPTPP（跨太平洋夥伴關係）

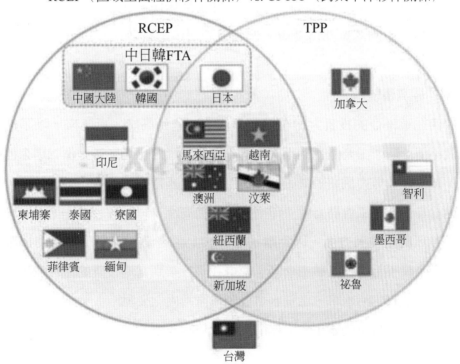

圖3-1　RCEP與CPTPP兩協定之會員國

　　海外設廠考慮因素要較國內設廠更多、更複雜。因素如下。

1. 當地政府之法律規定與獎勵措施

　　當地政府對於海外投資設廠之法律規定與獎勵措施，常隨政治環境與經濟因

素而有所改變，因此擬設廠時應隨時查閱最新之規定。

2. 當地的政治生態

公司進行海外設廠時，會面臨許多風險，其中地主國的政治風險對公司多屬不可抗力且最重要，故在設廠前應審慎評估。政治風險的來源包括政治局勢、政府政策、政府行為、社會環境，以及地主國與他國的國際關係。例如在東南亞投資，容易受到排華暴動、罷工怠工、官僚貪汙等政治風險影響。

3. 當地的法律規定

各國政府多半積極推動各項產業、建設，並給予國外相關產業許多政策性的優惠，吸引各國業者投資，但伴隨而來的投資風險，宜於事前謹慎規劃策略。例如，有些當地政府規定，需聘用一定比例的當地居民。甚至有些中央政府政策與地方政府執行上的落差都需考慮，例如對於環境影響評估、設置許可要求不一等。

4. 當地的經濟環境

台商在東南亞的投資大約在1990年代中期達到高峰，近年來，除了越南之外，就不斷下降。主要是受到東南亞本身投資環境惡化的影響，例如馬來西亞因工資不斷上升及勞力嚴重短缺，而影響生產；泰國基礎建設不足影響效率；菲律賓則因治安欠佳、工會勢力大；印尼排華情緒高漲，以及政府效率不彰。

中美洲與南美洲方面，因距離遙遠，加上語言溝通障礙、周邊支援產業欠缺、基礎建設不足、勞工缺工率高，使得我國企業到當地投資的家數並不多。

因此當地的生活水準，工資水準等皆為需考慮之要點。

當然，隨著時空的變化，上述情況都會隨時改變的。

5. 其他

其他需考慮因素則與國內設廠需考慮者相似。

第二節　規劃要點

一、安全與衛生：工作安全與環境保護

員工及公共安全，環境保護為設廠考量第一要務。同時必須符合各項施工及勞工安全法規。

1. 各項營建法令

參見內政部營建署法規公告相關之規定。

⑴建築物結構與設備專業工程技師法規。

⑵電工法規（經濟部，屋內線路裝置規則）。

⑶各種勞工安全法規。

⑷食品工廠建築及設備設廠標準（衛生福利部與經濟部工業局）。

⑸其他各項政府相關法令（汙染防治、水源保護、廢棄物處理、噪音防制等）。

2. 食品安全

必須符合政府頒佈之各式食品作業規章與法令。包括：

⑴食品安全衛生管理法

⑵食品良好衛生規範準則（The Regulations on Good Hygienic Practice for Food，簡稱GHP）

二、效益與效率

1. 成本效益

在安全與衛生的前提之下，必須評估設廠與營收之間的效益。最好最貴的設備不一定會帶來最佳的結果與效益，但用最低的成本可能會有預期不到的不良影響，不可不慎。

2. 管理效率

各項評估與規劃必須考慮未來的管理效率的發揮。例如倉儲位置、生產動線、公共設施配置、人力、物力流動方向等。

三、財務與未來

建廠所花費的資金來源及調度是很重要的課題。這些投入的成本要如何攤提，多久回收？何種產品為重？付款條件等，都是規劃者與財務會計必須要在事前做好評估與規劃。

四、成立規劃工作小組

建新廠是大事，絕非一兩人能掌握與規劃完成。建廠必須成立工作小組，基本上以該公司執行主管為負責人。

工作小組的組織及工作內容一般如下。

1. 最高主管：合約簽訂，建廠日程決議及監督全程進度。

2. 人事組：負責新廠人員招募及組織制度規劃。

3. 總務組：⑴負責建廠時廠內外人員，車輛，工地管制及一切必要之安全，行政與物資支援；⑵負責與政府相關單位交涉與往來文件之處理。

4. 工程組：負責廠房建置、土木工程、道路維護、安全維護等。

5. 生產與技術組：⑴各項生產，公用動力設備及材料之規格，流程與系統介面之制定；⑵各種動線聯繫與規劃；⑶電力，水源及用水設施及汙水處理之設計規劃。

6. 驗收與試車組：負責驗收廠房各項工程，設備，製程試運轉之檢查與驗收。

7. 教育訓練組：負責收集各項操作，維修保養手冊及安排人員教育訓練課程。

8.財務會計組：(1)賦稅減免，獎勵投資條例資訊收集與辦理；(2)合約付款文件審查；(3)資金調度與付款作業。

第三節　建廠前考量事項

一、產品

1. 品項、加工方式與包裝

產品品項、加工方式與包裝決定了組織規劃，廠房設計，倉儲空間，汙水處理及生產線設備種類與內容。舉例如下。

(1)常溫類產品：分為一般包裝與無菌包裝，原料倉儲空間可能需冷藏或冷凍，成品倉則不須冷藏庫。

無菌包裝產品：分充填包裝後殺菌與無菌充填。

一般包裝產品：烘焙，醬油，低水活性產品。

(2)生鮮冷藏品：原料及成品倉儲需冷藏，冰水耗用量大，成品保存效期短，迴轉度快。

(3)冷凍產品：需冷凍機組，成品倉規格與常溫及冷藏產品不同。

(4)畜產加工業：汙水生物需氧量（BOD）、化學需氧量（COD）高，油脂排放量高，汙水量大，汙水處理空間需求大。

(5)油炸或油脂類：加工過程油煙處理繁雜，廢水油脂含量高，不易處理。

2. 市場需求量及產能

設廠前必須依照企業政策與未來發展目標，根據行銷部門提出的銷售計畫，在各項經濟與人力效益考量下，建造與購置適合、應有的廠房設施與設備。

3. 設備

同樣的產品，可以使用不同的設備製造出來。自動化，半自動化或是完全人

力化之設備的購置成本與產能效益都不同。國內與國外採購的成本與維修保養也不同；中古與全新設備的選擇也是列為考量的選項。

綜上所述，購置設備的考慮點主要有：設備來源與種類、設備效能與產線連結性、動力匹配、設置成本、維修保養、產能效益、未來發展。

4. 研發能力

設置新廠與採購設備不是困難之事，如何招募與培養研發人才，充分利用現有或新建設施做未來的發展才是重要課題。建立新廠房與購置新設備必須考慮是否具備開發相關產品的能力。以充分利用新的投資，發揮最大的效益。

因此，在建新廠的同時，研究開發的能力與人才必須同時準備。

二、廠房

(一) 廠區整體設計

廠區整體設計考量內容包括：現場布局、流程規劃。

1. 現場佈局

工廠的空間要與生產相適應，一般情況下，生產現廠內的加工人員的人均擁有面積，除設備外，應不少於1.5平方公尺。過於擁擠的現場，不僅妨礙生產操作，而且人員之間的相互碰撞，人員工作服與生產設備的接觸，很容易造成產品汙染。現場的高度不應低於3公尺，蒸煮間不應低於5公尺。

加工區與加工人員的衛生設施，如更衣室、淋浴間和衛生間等，應該在建築上為聯體結構。水產品、肉類製品和速凍食品的冷庫與加工區也應該是聯體式結構。

現場的布局既要便於各生產環節的相互銜接，又要便於加工過程的衛生控制，防止生產過程交叉汙染的發生。

食品加工過程基本上都是從原料→半成品→成品的過程，即從非清潔到清潔的過程，因此，加工現場的生產原則上應該按照產品的加工進程順序進行布局，

使產品加工從不清潔的環節向清潔環節過渡，不允許在加工流程中出現交叉和倒流。

　　清潔區與非清潔區之間要採取相應的區隔措施，以便控制彼此間的人流和物流，從而避免產生交叉汙染，加工品傳遞通過傳遞窗進行。

　　要在現場內適當的地方，設置工器具清洗、消毒間，配置供工器具清洗、消毒用的清洗槽、消毒槽和漂洗槽，必要時，有冷熱水供應，熱水的溫度應不低於82℃。

2. 新廠與原有廠區各項設施的共用與連結

　　⑴設備產能的共用

　　⑵公共動力與資源如何匹配（水源、電、蒸氣、冰水、其他）

　　⑶汙水，事業性廢棄物處理能力之分配

　　⑷行政資源與設施如何共用

3. 廠區內與廠區外的相關考量

　　如設備噪音，異味產生點，汙水排放點，事業性廢棄物收集點之設置位置。

4. 廠房散熱，雨汙水收集及排放方式之屋頂設計

5. 高壓電源引進與廠內輸配電的相關位置

6. 人員，貨物，設備進出動線與設施

7. 逃生疏散動線

8. 風水

㈡樓層數與建材

1. 樓層數

　　為充分利用土地面積，許多工廠建築已走向高樓立體化。除了行政中心外，早期廠房多半是平面挑高建築，內部再依生產流程，在不同高度建置設施與設備。建置一樓以上之廠房，建置材料費用較高。如地基，樓板載重與耐震強度，安全設施都需考量。但如果土地面積有限，有的工廠汙水處理設施則可採地下立體化。對於需要以自然重力輸送（非動力傳輸）方式之製程，多層設計也是可以

考量的方向。多層設計仍以充分利用廠房面積爲最重要的理由。

2. 建材（RC、SRC、木造、鐵皮屋）

依據未來可能的發展性以及成本的不同，一般建廠所使用的材料有下列四種方式，建材與施工特性比較如表3-2：

⑴鋼筋混凝土，簡稱爲RC（Reinforced Concrete）。Concrete源自於希臘字Concertus，「一起成長（Grow together）」。Reinforce爲「加強」的意思。Concrete的主要成分爲爐石粉、碎石、細沙、水泥、水。RC是鋼筋與混凝土結合的建材（圖3-2）。

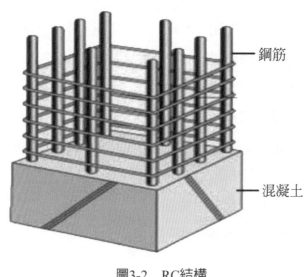

圖3-2　RC結構

⑵SRC（Steel Reinforced Concrete）。在RC結構中再加上H型鋼骨結構（圖3-3）。

⑶木造。主要是爲特殊用途或是觀光工廠環保宣傳意義所使用之建材。

⑷鐵皮屋。使用本法除爲了節省成本爲考量之外，多半是對未來的成長持觀望的態度，以臨時性爲多。這種建造法，對食品安全衛生的要求比較需要多用些心。

圖3-3　SRC結構

表3-2　各種建材與施工特性比較

	RC	SRC	木造	鐵皮屋
耐久性	屋材耐久	屋材耐久	不耐久	不耐久
施工	施工期長	施工期較RC短	較易施工	易施工，工期短
特性	耐火，承載力高	成本高，廠房設計可塑性高	強度較低	成本低，安全性低

第四節　廠房布置規劃之步驟

廠房布置規劃（facilities layout planning），它所強調的是，必須有足夠的空間作爲工作區域、放置工具與設備、存放原材料及加工品、維修設備、休息室、辦公室。有系統地進行廠房布置規劃，儘量避免發生各種錯誤，且可節省時間與獲得最佳方案。

系統布置設計（systematic layout planning, SLP）是廠房布置規劃經典方法。此設計首先要建立一個相關圖（各區之間的流動線圖），並用試演算法進行相關圖之調整，直到得到滿意方案爲止。接下來根據廠房的容積來合理地安排各個部門。並根據各部門之密切程度賦予不同權重，然後評估不同的布置方案，最後選

擇最佳的布置方案（圖3-4）。

一、系統布置設計

㈠輸入資料

傳統的系統布置設計SLP法將研究工程布置問題的依據和切入點歸納為P—產品、Q—產量、R—加工過程、S—輔助服務、T—時間5個基本要素，簡稱P.Q.R.S.T。

1. P—產品（Prodcut）。加工所產生之產品，包括原料、半成品與成品。

2. Q—產量（Quantity）。包括原料、半成品與成品的量。

3. R—加工程序（Routing）。選定製造產品之方法，並安排加工之最佳程序。加工程序可用作業表單、工程表、流程表等說明。

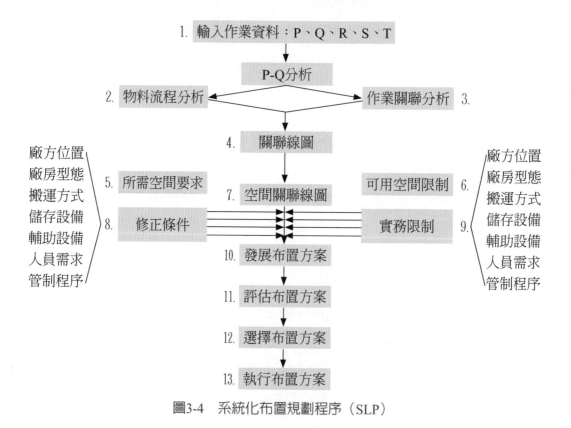

圖3-4　系統化布置規劃程序（SLP）

4. S—輔助服務（Supporting service）。為發揮有效生產機能之動力、設備、輔助設備，與相關之活動等。

5. T—時間（Time）。考慮產品開發之時間，包括目前之短期規劃或未來5年10年之長期規劃。

㈡系統布置設計程序

1. 收集資料

收集P.Q.R.S.T等資料。同時需做產品—產量分析（P-Q analysis），以決定工廠的布置型態。

2. 分析資料

進行物料流程分析。使某一產品項目依照最佳的製程順序生產，應考慮物料流程與設施規劃間之關係，以減少物料搬運距離與生產流程之順暢性，以降低生產成本。

3. 作業關聯分析

除作業場所外，其他輔助之設施，如更衣室、工具間、倉庫、鍋爐間、發電室、廁所等之關係，以及決定其相互接近程度。如倉庫應近作業場所，鍋爐間、發電室應遠離製造場所，廁所則不得正面開向食品作業場所。

4. 關聯線圖

指物料流程與輔助設施間已建立的各部門間之地理位置圖。

5. 所需空間要求

計算各部門與場所需要之空間面積大小。

6. 可用空間限制

工廠現址可用實際面積。

7. 空間關聯線圖

即空間布置圖。將各部門間之關聯線圖與所需面積結合起來，此時需考慮各種限制條件。

8. 修正條件

　　根據各種條件，如廠房位置、廠房型態、搬運方式、儲存設備、輔助設備、人員需求、管制程序等資料，並需考慮實務限制後修正空間關聯圖。

9. 實務限制

　　考慮先有或未來實際的限制。

10. 發展布置方案

　　畫出數個布置方案。

11. 評估與選擇布置方案

　　由成本分析、因素分析等有形與無形之分析方式評估後，決定最佳方案。

12. 執行布置方案

　　當選擇出全盤布置方案後，就須進行更詳細的布置規劃，此時須規劃各機械與設備的放置位置等細節。

二、需收集之資料

　　工廠布置所需收集之資料流程如圖3-5。

㈠ 產品—產量分析（P-Q analysis）

　　工廠常見現象為少量產品占產量之大部分，此可以用P-Q顯示，如20-80表示20%產品占80%產量。一般以產品種類P為橫軸，產量Q為縱軸，可畫出P-Q曲線（圖3-6）。圖中左邊S區為產品種類少卻產量大，適合大量生產方式，可用產品式布置或生產線布置；右邊L區適合功能式布置；中間M區則可用群組布置。

㈡ 工廠布置類型

1. 功能性布置（functional layout）

　　又稱程序布置（process layout）。將相同或類似功能之設備集中於同一區域。適用於訂單式生產，用於產品種類多、數量少、製程變化大者或計畫性生產者。

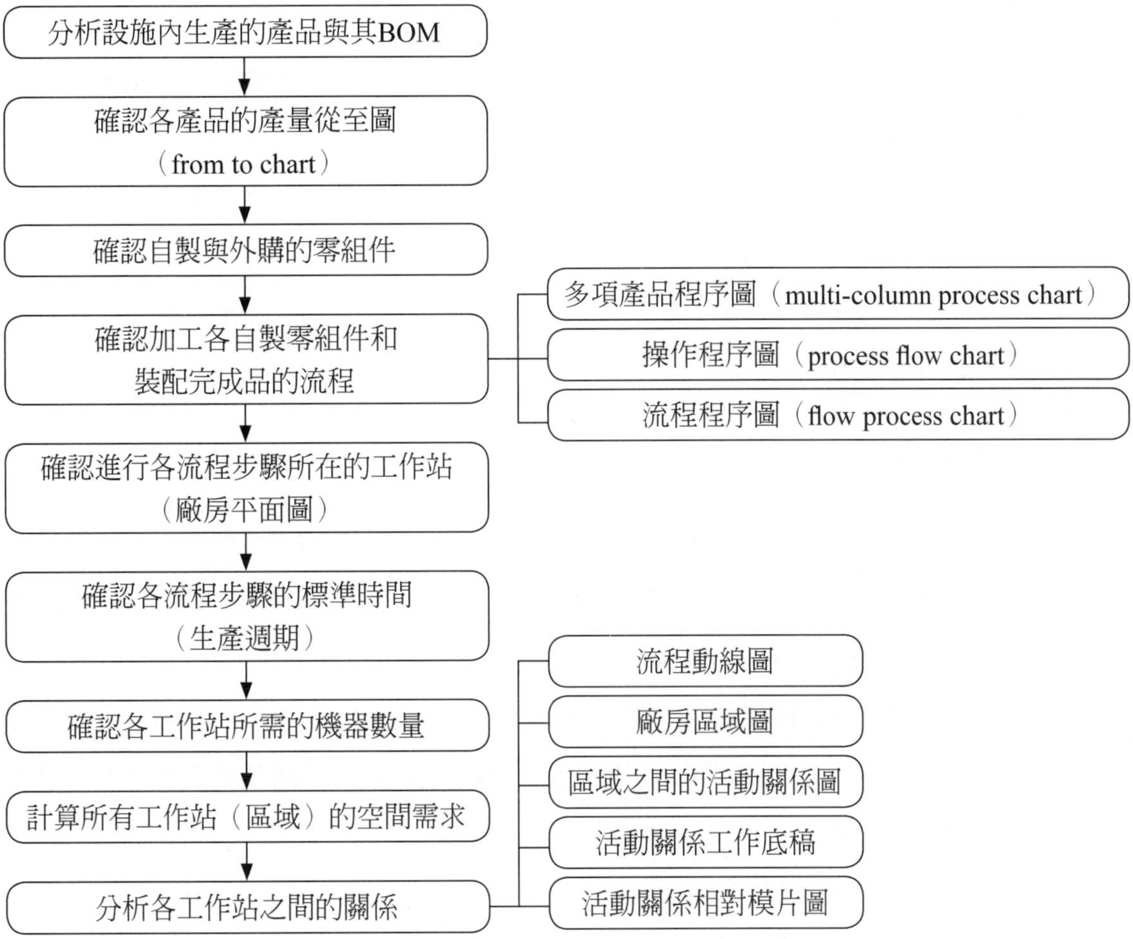

分析設施內生產的產品與其BOM
確認各產品的產量從至圖
（from to chart）
確認自製與外購的零組件
確認加工各自製零組件和
裝配完成品的流程
多項產品程序圖（multi-column process chart）
操作程序圖（process flow chart）
流程程序圖（flow process chart）
確認進行各流程步驟所在的工作站
（廠房平面圖）
確認各流程步驟的標準時間
（生產週期）
確認各工作站所需的機器數量
計算所有工作站（區域）的空間需求
分析各工作站之間的關係
流程動線圖
廠房區域圖
區域之間的活動關係圖
活動關係工作底稿
活動關係相對模片圖

圖3-5　工廠布置所需收集之資料流程

Q
產量
P-Q曲線
S區
M區
L區
產品種類或項目
P

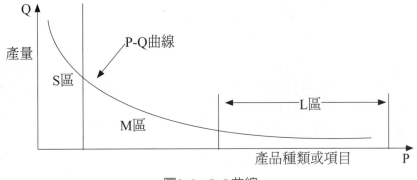

圖3-6　P-Q曲線

2. 產品布置（product layout）

又稱直線布置。依照產品加工流程進行布置。適用於連續性、大量生產。

3. 定點布置（fixed position layout）

主物件置於固定場所，人、機器、工具、零組件移至該處作業，如造船。

4. 群組布置（group layout）

將全部產品或工作依形狀、製程相似分成群組。適用於產品種類多，批量不大，且可分類者。

㈢ 物料流程分析

分析生產作業，決定搬移物料最有效的順序及流動的強度與大小。通常需與P-Q曲線配合分析，由產品種類與產量變化以選擇不同的分析法（圖3-7）。

1. 操作程序圖（operation process chart）

對一種或少數種產品用。由操作程序圖直觀地反映出生產的詳細情況。進行物流分析只需在圖上註明各道工序之間的物流量，就可以清楚地表現出生產過程中的物料搬運情況。

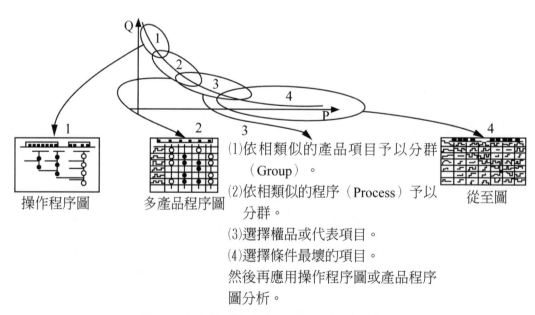

圖3-7　產品組合與物料流程分析技術之選擇

2. 多產品程序圖（multi-product process chart）

　　適用於僅數種產品時。

3. 多產品種類時

　　⑴合併為合理的群組數（group），合併之依據可用產品相類似，或程序相類似。⑵選擇代表產品。⑶選擇條件最壞的程序。⑷抽樣產品。以上述方式獲得較少之條件後，再以上述1、2方式分析。

4. 從至圖（from to chart）

　　適用於產品種類多、產量很小且零件和物料的數量又很大時。可用一個矩陣圖來表示各作業單位之間的物料移動方向和物流量，矩陣的行表示物料來源，稱為「從」；列表物料移動的目的地，稱為「至」，行列交叉點表示「由來源到目的地的物流量」。

第五節　規劃實務

一、整體動線規劃

1. 原料至出貨動線

　　全新廠區的規劃，盡量要考慮從原料進廠，儲存，發料與領料至生產，（半）成品入倉，出貨等一系列的流暢度。行政系統的動線也要考慮入內。

　　順暢度的達成與下列幾點有關：廠區面積；動線與設備設計；設置成本；組織編制；產品迴轉率；自動化程度；產能大小。

2. 廠房之互動關係

　　如果是在原廠區再設新廠。除廠區原有的資源可以考慮共用外，新廠與原廠之互動關係有必要時，須做一併考慮。例如，動力資源是否可以互相支援；原物料倉，成品倉是否可以共用；生產設備是否可以互通聯動；行政設施是否共用。

3. 公用與動力設備位置

公用設備與動力資源要考慮耗用分配的問題。如果分配路徑過長或分路太多，必會增加損耗，降低使用效率，增加成本支出。甚至會影響生產調度。

二、廠房設計與施工

1. 設計師，建築師討論

根據構想與用途，請設計師繪圖，計算承載與動線規劃。建築法規繁雜，舉凡土地使用、建物管理、消防、環保、安全等法規以及送件，取照往返等事項交由建築師較為妥當。

2. 建廠施工程序

以下程序為建廠時必須面臨的步驟（圖3-8）：

地質探勘→測量→繪圖→棄土證明、水電設計與申請、環保安全、消防計畫→水源申請→道路維修評估→工業區管理中心作業申請（如設在工業區內）→申請核發建照→廢水擴建工程提報→雨汙水分流及匯流計畫→縣市政府相關單位勘驗→核發建照→營造商確立→開工申請→施工→完工檢查→核發使用執照→核發權狀

3. 相關主管機關

從建廠送件開始至取得使用執照及權狀，所需歷經之主管機關級單位如下：工業區管理中心（如在工業區設廠），經濟部工業局，鄉鎮市政府及其附屬各主管機關，如地政、建設、戶政、稅捐、環保、警政、消防、工務。

4. 申請工廠登記證

(1) **申請時機**

應於公司登記核准後，生產設備安裝完成。經政府環境評鑑通過後，工廠才可向所在地主管機關申辦。

(2) **內容說明**

① 凡經營特許或許可業務者，應先取得該特許營業登記證或許可執照後，

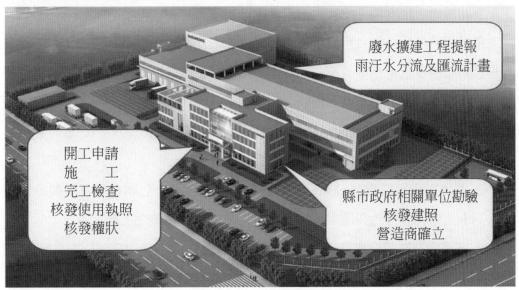

圖3-8　建廠申請程序

始得申辦工廠設立登記。

　　②屬藥商者，取得衛生主管機關許可文件後，始得申辦工廠設立登記。

　　③依工業團體法第13條相關規定，公司應於取得園區事業工廠登記後一個月內加入工業同業公會成為會員。

　　④應備文件：a.工廠登記申請書。b.建築物配置平面簡圖及建築物面積計算表。c.符合用途之使用執照影本或合法房屋證明，申請地址經門牌整編與前揭執

照或證明所載地址不符者,須檢附門牌整編證明文件。d.其他依法令規定得從事製造、加工之法人,應檢附相關證明文件。e.工廠負責人身分證影本。工廠負責人如為華僑或外國人,應檢附在台設定居所證明文件。f.環境保護主管機關出具之證明文件,惟如屬環保法令規定管制之事業種類、範圍及規模者,應依環境影響評估、水汙染防治、空氣汙染防制、廢棄物清理等類別分別檢附環境保護主管機關出具之各項核准或許可證明文件。g.屬工廠管理輔導法第15條第1項第6款規定產品,應檢附該法令主管機關出具之許可文件。h.規費。

5. 基本規模

　　工廠管理輔導法第3條規定本法所稱工廠,指有固定場所從事物品製造、加工,其廠房達一定面積,或其生產設備達一定電力容量、熱能者。

　　依據經濟部2018年12月21日修正發布「工廠從事物品製造加工範圍及面積電力容量熱能規模認定標準」第三條條文,本法(工廠管理輔導法第3條第2項)所稱一定面積及一定電力容量、熱能之規模認定標準如下:

　　⑴下列工廠,一定面積指廠房面積達五十平方公尺以上;一定電力容量、熱能。指馬力與電熱合計達二‧二五千瓦(KW)以上。

　　①中華民國行業標準分類C大類製造業之中類第十七類石油及煤製品製造業、第十八類化學材料製造業及第十九類化學製品製造業之工廠。

　　②依法令訂有設廠標準之工廠。

　　⑵前款工廠以外之工廠,一定面積指廠房面積達一百五十平方公尺以上;一定電力容量、熱能指馬力與電熱合計達七十五千瓦以上。

　　上開為已達應辦工廠登記之規模。

6. 不需辦理工廠登記的業別

　　豆漿店、魚丸店、小吃店式之糕餅店、冰果店,其他如從事單純包裝、分裝業務或修理業務者,毋須辦理工廠登記。

第六節　細部工作規劃

首要原則：符合政府法規及食品安全衛生法則。

一、決定各項設備內容

包括廠牌、機型、產能速度、保固維修能力、價格、未來擴充性等。

二、電力系統規劃

包括用電申請、契約容量、變電室規劃、高低壓用電分配。

三、水力系統規劃

水資源；用水量，排水量；普通水、軟水；除臭，離子交換；逆滲透、超過濾；冰水，儲水塔；回收再利用。

有關供水系統及設施之相關法規如下：

1. 跟食品直接接觸及清洗食品設備與用具之用水或冰塊，應符合飲用水水質標準。

2. 應有足夠之水量及供水設施。

3. 使用地下水源者，其水源與化糞池、廢棄物堆積場所等汙染源，應至少保持15公尺之距離。

4. 蓄水池（塔、槽）應保持清潔，設置地點應距汙穢場所、化糞池等汙染源3公尺以上之距離。

5. 飲用水與非飲用水之管路系統應完全分離，出水口並應明顯區分。

四、動力設施

包括高壓變電配電室、鍋爐相關設備、冰水（冷凍）機與冷卻系統、空壓系統、冷氣空調系統、發電機、堆高機。

五、安排各項設備進廠進度

包括日程、時間、順序、設備大小、裝機配管時程。

六、原物料及成品倉庫規劃

如平面、立體或自動倉儲，以及常溫、冷藏或冷凍等。

七、防洪、防鼠、照明、通風、防病媒蚊、地板材質

八、出貨區設計

保溫出貨碼頭、廢氣防止設施。

九、作業相關設施包括

1. 辦公室。

2. 更衣室：應與食品作業場所隔離，工作人員並應有個人存放衣物之箱櫃。

3. 洗手設施：於明顯之位置懸掛簡明易懂之洗手方法，洗手與乾手設備之設置地點應適當，數目足夠；應備有流動自來水，清潔劑，乾手器或擦手紙巾等設施。必要時，應設置適當之消毒設施；洗手消毒設施之設計，應能於使用時防

止已清洗之手部再度遭受汙染。

4. 除塵室。

5. 急救設施。

6. 盥洗室：設置地點應防止汙染水源；不得正面開向食品作業場所。如有緩衝設施及有效控制氣流方向達到防止汙染者，不在此限。

應保持整潔，避免有異味。

應於明顯處標示「如廁後應洗手」之字樣。

7. 員工宿舍、餐廳、休息室、檢驗場所、研究室：與食品作業場所隔離，且應有良好之通風採光，並設置防止病媒侵入或有害微生物汙染之設施。

應經常保持清潔，並指派專人負責。

8. 停車場。

十、安全與公共設施

1. 電梯：根據「內政部建築物升降設備設置及檢查管理辦法」執行載物電梯絕不可以載人，並需委請專業廠商負責升降設備之維護保養，由專業技術人員依一般維護保養之作業程序，按月實施並作成紀錄表一式二份，並應簽章及填註其證照號碼，由管理人及專業廠商各執一份。

2. 逃生設施、消防設施：依據內政部各類場所消防安全設備設置標準辦理。

3. 警衛室，監控與照明。

4. 事業性廢棄物處理場：依據環保署及各縣市政府環保局或地方管理單位管理實施辦法執行。

十一、汙水處理

1. 用水量：計算預期產能及用水量，計算用於產品及排放之水量以設置可

充分處理的汙水處理設備。

　　2. 廠內分流措施：設置新廠時，最好做好各生產線汙水排放分流及匯流之路線或管路規劃。將來可以做為節能減廢的管理工具。

　　3. 水措申請及設施（工業區規定之設施）：依相關之辦法，包括經濟部工業局水汙染防治法，水汙染防治措施計畫及許可申請審查辦法，水汙染防治措施及檢測申報管理辦法，申請放流水相關作業，水汙染防治措施種類。

　　(1)設置廢（汙）水前處理設施；(2)納入汙水下水道系統；(3)採土壤處理；(4)採委託處理或受託處理；(5)設置管線排放於海洋；(6)採貯留廢（汙）水；(7)採稀釋廢（汙）水；(8)採回收使用廢（汙）水；(9)採逕流廢水汙染削減措施；(10)排放於地面水體。

　　4. 汙水及汙泥成分與水質：依據各地環保管理單位排放標準先行了解汙水品質。

　　5. 處理成本效益（化學、生物、汙泥）：依據汙水水質特性決定採用最適當之處理模式，沒有一定標準。

　　6. 排放標準（納管或直接排放）：依據各地環保管理單位排放標準實施。

　　7. 每日排放處理量：要先行預估以設置可充分處理的汙水處理設備。

　　8. 汙泥處理方式：依據周邊環境及成本採取壓榨，擠壓或乾燥方式處理。

　　9. 回收再利用：(1)生產用水回收再利用；(2)汙水（放流水）回收再利用。

　　10.噪音與異味：(1)噪音鼓風機、汙泥乾燥機所產生的噪音分貝要在管制標準之下；(2)異味生物槽、浮除槽、汙泥暫存槽、汙泥乾燥機、汙泥儲放區的異味要做好管制。

　　11.人員設置與訓練：依據環境保護專責單位或人員設置及管理辦法辦理。

十二、設備採購、驗收、裝機配管、試車付款注意事項

1. 盡量國內採購

　　除非是特殊設備或品質要求，盡量以國內採購為優先考量。對以後之設備維

修及零件更換都比較方便。

2. 合約，罰則與付款條件

合約之訂定，盡量將雙方協議書面化。避免以後有爭議時無所憑辦。

付款方式一般分三期或四期。通常設定為：(1)訂金。一般是在合約簽訂後之付。(2)設備進廠。(3)試車完成。(4)驗收完畢。

基本上付款以現金，匯款，支票三種方式為最多。付款方式主要依買賣雙方自行協定。

3. 進廠時程確認

設備進廠時程須兼顧考慮：(1)產品上市時間。(2)設備大小與位置。(3)周邊工程進度。(4)試車驗收期程。(5)人員到位及教育訓練期程。(6)包裝設計期程。(7)原物料到位期程。

4. 裝機、配電、配管、配線、配水、配氣工程

設備進廠後的裝機，及周邊工程繁多，尤其是新廠，各項系統與主系統之間的連結。包括：(1)水源供應。(2)電力設備。(3)公共設備。(4)動力設備。(5)冰水系統。(6)配電、配管、配線、配水、配氣工程。

5. 試車與驗收付款

這是最後一項工程。一般而言對建物與設備的驗收常會因認知不同而有爭議。此部分又牽涉到付款。慎選廠商、展現誠意、秉持合約內容與精神是開張大吉的不二法門。

第七節　廠房內細部規劃

我國相關法規對於食品工廠與設施有相關之規定，包括「食品工廠建築及設備設廠標準」、「食品良好作業規範準則」，而部分欲申請相關標章之廠商，則尚有「台灣優良食品驗證方案」（TQF）、「農產品生產及驗證管理法」（CAS）。

1. 現場地面、牆面、屋頂及門窗

現場的地面要用防滑、堅固、不滲水、易清潔、耐腐蝕的材料，地面表面要平坦、不積水。整個地面的水平在設計和建造時應該比廠區的地面水平略高，地面應有排水斜度。

現場的牆面應該有1公尺以上的牆裙，牆面用耐腐蝕、易清洗消毒、堅固、不滲水的材料及用淺色、無毒、防水、防黴、不易脫落、可清洗的材料覆塗。現場的牆角、地角和頂角曲率半徑不小於3釐米，且呈弧形。

現場的頂面用的材料要便於清潔，有水蒸氣產生的作業區域，頂面所用的材料還要不易凝結水球，在建造時要形成適當的弧度，以防冷凝水滴落到產品上。

門窗有防蟲、防塵及防鼠設施，所用材料應耐腐蝕易清洗。窗臺離地面不少於1公尺，並有45度斜面。

2. 供水及排水系統

現場內生產用水的供水管應採用不易生鏽的管材，供水方向應與加工進程方向相反，即由清潔區向非清潔區流。

現場內的供水管路應儘量統一走向，冷水管要避免從操作臺上方通過，以免冷凝水凝集滴落到產品上。

為了防止水管外不潔的水被虹吸和倒流入管路內，須在水管適當的位置安裝真空消除器。

現場的排水溝應該用表面光滑、不滲水的材料鋪砌，施工時不得出現凹凸不平和裂縫，並形成3%的傾斜度，以保證排水的通暢，排水的方向也是從清潔區向非清潔區方向排放。排水溝上應加不生鏽材料製成的活動篩網。

現場排水的地漏要有防固形物進入的措施，畜禽加工廠的浸燙去毛間應採用明溝，以便於清除羽毛和汙水。

排水溝的出口要有防鼠網罩，排水溝的出口應使用U型或P型、S型等有存水彎的水封，以便防蟲防臭。

3. 控溫設施

加工易腐易變質產品的生產線應具備空調設施，肉類和水產品加工現場的溫

度在夏季應不超過15～18℃，肉製品的醃製間溫度應不超過4℃。

　　工具器材、設備加工過程使用的設備和工器具，尤其是接觸食品的機械設備、操作臺、輸送帶、管道等設備和籃筐、托盤、刀具等工器具的製作材料應符合以下條件：(1)無毒、不會對產品造成汙染。(2)耐腐蝕、不易生鏽、不易老化變形。(3)易於清洗消毒。(4)使用的軟管，材質要符合有關食品衛生標準要求。

　　食品加工設備和工器具的結構在設計上應便於日常清洗、消毒和檢查、維護。

　　槽罐設備在設計和製造時，要能保證使內容物排空。

　　現場內加工設備的安裝，一方面要符合整個生產技術布局的要求。另一方面則要便於生產過程的衛生管理，同時還要便於對設備進行日常維護和清潔。在安放較大型設備的時候，要在設備與牆壁、設備與頂面之間保留有一定的距離和空間，以便設備維護人員和清潔人員的出入。

4. 食品工廠自動化的設計

⑴ 食品工廠自動化設計概念簡介

　　食品工廠自動化設計分為兩大部分，一部分是食品工廠設計、一部分是自動化系統設計。其中食品工廠設計是指食品工廠內應該配置的一切單項工程的完整設計。包括平面布置、生產現場、動力設施、廠內外運輸、自控儀錶、溫控通風、環境保護工程、福利設施、辦公樓和技術經濟概算等單項工程設計。

　　而自動化系統設計指的是應用電腦技術，實現某些操作步驟自動控制，無需人力操作的技術。綜合以上兩個方面，食品工程自動化設計，就是指應用電腦智慧管理食品生產的步驟，使得食品工廠實現智慧化管理的一個過程。

⑵ 食品工廠實現自動化設計的優勢分析

① 初期投資成本高，但降低了生產成本

　　自動化的概念我們已經在上面解釋了，因此，我們也就會知道，自動化的最終目標就是實現流程的自動管理，無需人力，因此就無需雇用大量的人力來進行生產，從而降低了企業的生產成本。這只是其中一方面。總而言之就是食品工廠自動化，可降低勞動強度，減少損耗以及高效大批量的生產，從而降低產品成

本。

　　一般來說，實施自動化後減少了工廠的設備數量，同時減少人工及操作費用。自動化系統具有人所無法比擬的準確性和可重複性，可通過微調迅速達到最佳操作狀態。因此，自動化具有高效率、低成本的特點，且大大提高了生產能力。

　　② 保障食品的品質和衛生

　　自動化生產為何可保障食品品質呢，因自動化生產系統全程都是智慧操作，所有檢測的資料都是由電腦進行精確匹配的，一旦某個環節出現誤差，電腦就會給出提示，然後再由工作人員進行相應修改，從而保障整個生產流程的準確性。

　　另一方面，食品衛生法規的要求越來越嚴格，其方式之一是盡可能減少生產過程中人的參與與干涉，這可通過機械化和自動化實現，並有可能實現無人化工廠。自動清洗和殺菌設備提供了可靠的衛生及安全保障。

　　③ 使用機械人代替人工

　　自動化系統中，最大的一個特點就是採用很多機械人來代替人工進行操作。食品加工業被稱為勞動密集型加工企業，因為，它需要大量的人力去操作每一個步驟，而食品工廠自動化設計的實現則讓機械人取代了工人。

　　同時隨著科技的發展，現代的新型機器人與現代感測器技術的結合促進了食品業的柔性標準化加工技術。隨著抓取能力、感測器、視覺技術和尖端資訊處理技術的發展，機器人進入食品加工業已成為必然趨勢。機器人的手臂可像人類手臂一樣進行採摘、放置、運輸、定位等操作，但力量更大、更精確、重複性更好、速度更快。

　　④ 電腦優越的資料處理能力

　　食品加工行業還有一個特點，就是在生產的過程中需要運算大量的資料，監測並加以管理，從而實現企業的食品的安全，例如某個食品的加工溫度應在100-110℃之間，這就需要我們進行細緻的觀察。

　　以往的人工作業總會出現各種各樣的問題。但是智慧化系統使得這種工作變得異常簡單。通過電腦進行數學建模，然後實現自動控制系統判斷執行，使加工

簡化且準確，在有外界干擾和指令引數隨時間變化時連續指導加工操作。

　　⑶**食品工廠自動化設計的幾個主要步驟分析**

　　食品工廠自動化設計步驟十分複雜，設計的內容十分龐大，這些步驟可分為三大步驟。

　　①**自動化相關技術的引進**

　　食品加工自動化設計的第一步就是要引進相關的自動化技術，國內食品工業自動化技術的發展時間較短，技術尚未成熟。重要關鍵設備還是以國外引進為主。

　　②**自動化生產的實現**

　　引進了最為適宜的自動化生產技術，接下來要做的就是生產系統的實現了。這個過程是最主要的過程，因為它的實際操作難度大。因為常常一個技術都不是同一個廠家製造的，需要透過相關的工作原理，把這些分散的技術組裝在一起。期間會遇到各種各樣的技術問題，需要把多方的設計人員組織到一起，來分析探討如何進行組裝連結。最後才能實現整個生產線的自動化。

　　③**自動化包裝的實現**

　　最後一個步驟就是自動化包裝的實現設計，這一步驟是最後一步，也是很關鍵的一步。因為，每一個食品都需要包裝，包裝的好壞也直接決定它銷量的好壞。因此，在進行這個過程的設計一定要綜合考慮多方面因素，選擇最適合的操作設備與作業系統。

　　從上面所述中，我們可以看出目前食品工廠自動化是一個大的發展趨勢，有很多技術還不算太成熟，因此，還不能吸引所有食品加工廠商的加入。

　　但是可以確定的一點是，傳統的食品加工技術，已經不能滿足現代人們日益變化的需求了。因此，食品工業能夠重視自動化技術的相關事宜，及時的引進新型技術，為公司的發展奠定堅實的基礎。

第四章

生產線規劃
(Production line planning)

每條生產線都會依產品特色不同而有不同的規劃。

例如，飲料工廠基本上大致製程都相似，但有的是無顆粒充填，有的飲料則要加實體顆粒。有的飲料是採熱充填，有的則是冷充填。有的是採前段殺菌，有的是採後段殺菌。有的是無菌充填，有的則是開放式充填。

同樣是加氣處理，有的是在封蓋前加一滴液態氮，有的則是直接以高壓將氣體打入飲料內。

由於產品特色與包裝型態與材質不一而足，生產線的各種規劃方式就不同。因此，本章節所講述的以一般食品廠生產線共通要求及規範爲準。

生產線是工廠最主要的區域，一切的安排與規劃都是以生產順利爲最高原則。因此，生產線的規劃就必須更加用心。基於食品安全與工作安全的理念，將生產風險降到最低，生產產值與效率拉到最高的目標下，生產線前中後的各種事務也要併入規劃考量。

第一節　安全工作條件

各項工作安全條件與法令規範請參考第三章，所有工作規範與設備之安全管理必須符合勞動部公告之「職業安全衛生設施規則」執行。

一、設備安全

設備的安全設計是保障人員安全的第一要務。有了良好的設備安全自然就會有良好的工作與環境安全。

1. 銳角

在人員行動與作業動線上，設備要避免尖銳的邊角。

2. 漏電斷路保護

如環境潮溼容易斷電保護。可分單一機台與區段兩種漏電斷路設計：(1)**單一**

機台設置。成本較高，優點是容易查修，減少停機時間。⑵**區段設置**。成本較低，但查修時間較長。基於上述，採用何種方式自己判斷，亦可兩種混用。

3. 高溫及高壓防護裝置

生產線上蒸氣管、熱水通過之管路必須做隔熱防護處理，以免人員誤觸造成傷害。至於管路或閥串銜接點則視需求而定。對於壓力容器之設備管理須按「鍋爐及壓力容器安全規則」辦理。

4. 蒸氣排出方向

生產線上的蒸氣管路都會有卻水器，它會不定時排放蒸汽管中的高溫冷凝水。排放出口方向應朝外再朝下。

5. 緊急停止裝置

生產線運行之當下，任何會造成人員或產品安全疑慮的事件發生時，操作人員必須立即緊急停止生產。緊急停止裝置的位置及數量須依產線規劃考量。

6. 警報蜂鳴系統

生產線操作發生異常時，產品監控裝置必須與警報蜂鳴器連動。警示方式以燈光及聲音為主。

7. 高速運轉設備隔離

高速運轉的馬達、葉片、切刀、齒輪等是最常發生工安的所在，隔離裝置是必須的工作安全。

8. 高壓電隔離

生產線上的機台一般多以220V為主，大型公共設備如冰水機等則以380V或440V為主。這些都是屬於高壓電，高壓輸出的部分應做好防護隔離，非專業技術人員不得靠近。

二、工作安全

1. 緊急救護裝置

生產線上發生工安事件時，須在最近的地點以最快的速度做初步的處理。例

如被化學液體潑及，被蒸氣或熱水燙傷，被利器割傷，自高處跌落，被電擊，被設備切割或夾傷等。因此，在生產線上要有相關的緊急救護裝置，如沖水裝置、洗眼器、急救包等。

2. 符合規定的衣著與防護裝備

　　除了正常工作的雨鞋，符合規定之衣帽外，線上工作人員對於有危險性的工作需要有適當的防護裝備，如防壓工作鞋、安全吊掛衣。對於搬運、置放、使用有刺角物、凸出物、腐蝕性物質、毒性物質時，應備適當之手套、圍裙、裹腿、安全鞋、安全帽、防護眼鏡、防毒口罩、安全面罩等，並使勞工確實使用。

3. 消防與逃生設施

　　生產線雖有準清潔作業區，清潔作業區之要求，但生產線上的消防與順利逃生設施（如照明）應在規劃的範圍。

4. 低溫作業防護

　　低溫冷凍食品業，生產線上會有低溫管路與工作環境，低溫作業的防護與高溫亦同。以防瞬間凍傷。

5. 高空防摔落設施

　　生產線設備有高空作業需求時，必須要有防摔落設施，如安全護帶、爬梯護欄、工作平台等。

三、環境安全

1. 地面平整防滑，排水順暢

　　工作現場，難免會有油漬、積水。地面除平整外尚須做排水坡度設計。對於有可能造成人員滑倒的區域必須做好防滑處理。

2. 防撞

　　設備動線設計應考慮防撞，同時，做好管線高度標示，轉角保護措施。

3. 密閉空間安全防護

　　通風不良、沼氣產生、焊接場所都須有適當之強制通風或氧氣筒配備，並由專業人員操作。

第二節　衛生工作環境

生產線衛生環境的基本要求，必須符合GHP的規定。至於因客戶要求高於GHP的標準，則視需求而定。例如美式賣場可能要依照美國FDA的規定來要求國內廠商比照辦理。對出口產品的工廠要求，也須依進口國的要求辦理。

基本上，生產線的工作環境衛生要求分為：人員衛生、環境衛生。

一、人員衛生

人員衛生設施之法規規定內文可參考「食品良好衛生規範準則」中的「附表一、食品業者之場區及環境良好衛生管理基準」。食品從業人員衛生之法規規定內文則可參考「附表二、食品業者良好衛生管理基準」。

㈠人員衛生設施

1. 更衣室

現場要設有與加工人員數量相適宜的更衣室，更衣室要與現場相連，但應與食品作業場所隔離，必要時，要為在清潔區和非清潔區作業的加工人員分別設置更衣間，並將其出入各自工作區的通道分開。

工作人員並應有個人存放衣物之衣櫃。個人衣物、鞋要與工作服、靴分開放置。掛衣架應使掛上去的工作服與牆壁保持一定的距離，不與牆壁貼碰。更衣室要保持良好的通風和採光，室內可以透過安裝紫外燈或臭氧發生器對室內的空氣進行滅菌消毒。

2. 淋浴間

肉類食品（包括肉類罐頭）的加工現場要設有與現場相連的淋浴間，淋浴間的大小要與現場內的加工人員數量相對應，淋浴噴頭可以按照每10人1個的比例進行配置。淋浴間內要通風良好，地面和牆裙應採用淺色、易清潔、耐腐蝕、不

滲水的材料建造。地板要防滑，牆裙以上部分和頂面要塗刷防黴塗料，地面要排水通暢，通風良好，有冷熱水供應。

3. 洗手消毒設施

現場入口處要設置有與現場內人員數量相適應的洗手消毒設施，洗手龍頭所需配置的數量配置比例應該為每10人1個，200人以上每增加20人增設1個。同時，於明顯之位置懸掛簡明易懂之洗手方法。

應備有流動自來水、清潔劑、乾手器或擦手紙巾等設施；必要時，應設置適當之消毒設施。洗手龍頭必須為非手動開關，應採用腳踏式、肘動式或電眼式等開關方式，以防止已清洗或消毒之手部再度遭受汙染。

洗手處須有皂液器，數量上也要與使用人數相適應，並合理放置，以方便使用。乾手用具必須是不會導致交叉汙染的物品，如一次性紙巾、消毒毛巾或乾手機等。

在現場內適當的位置，亦應安裝足夠數量的洗手、消毒設施和配備相應的乾手用品，以便工人在生產操作過程中定時洗手、消毒、或在弄髒手後能及時和方便地洗手。從洗手處排出的水不能直接流淌在地面上，要經過水封導入排水管。

洗手消毒設施之設計，應能於使用時防止已清洗之手部再度遭受汙染。

4. 廁所

廁所設置地點應防止汙染水源。為了便於生產衛生管理，與現場相連的廁所，不應設在加工作業區內，可以設在更衣區內。廁所的門窗不能直接開向食品作業場所，但有緩衝設施及有效控制空氣流向防止汙染者，不在此限。廁所的牆面、地面和門窗應該用淺色、易清洗消毒、耐腐蝕、不滲水的材料建造，並配有沖水、洗手消毒設施，視窗有防蟲蠅裝置。同時，應保持整潔，避免有異味，並應於明顯處標示「如廁後應洗手」之字樣。

㈡從業人員的健康檢查

可依其健康檢查結果判斷其是否適合此行業之工作。新進人員須在報到前提供健康檢查報告，經檢查合格後始得被僱用，被僱用後，每年應主動健康檢查

一次。一般健康檢查項目包括：1.A型肝炎；2.出疹、膿瘡、外傷；3.胸部X光（結核病）；4.傷寒；5.手部皮膚病。如患有前述檢查疾病者，不得從事與食品接觸之工作，或者調離至非與食品直接接觸之工作。

A型肝炎之檢驗項目包括IgM或IgG二種，鼓勵食品從業人員二項皆檢查或至少需檢查其中一種。倘IgM呈現陰性者，表示未處於發病期間；IgG測定結果為陽性者，表示已具有抗體，該員可從事與食品接觸之工作。另，凡食品從業人員可提出健康檢查IgG陽性或A型肝炎疫苗已接種二劑之證明者，爾後可免再檢驗該項目（表4-1）。

表4-1　A型肝炎之檢驗結果判定標準

抗體	Anti-HAV IgM		Anti-HAV IgG	
陰性 / 陽性	陰性	陽性	陰性	陽性
特性	未發病	感染中	無抗體	具抗體
任用否	可任用	不任用	可任用，可打疫苗	可任用

㈢服裝儀容

工作時應穿戴整潔的工作服（包含上衣、長褲、圍裙）及工作帽，必要時戴口罩及穿著防滑雨鞋。工作衣帽之式樣宜簡單方便，且不易藏垢。

上衣大都以白色為主，其他淺色系的工作服亦可；宜選擇易清洗、易吸汗且透氣之材質為佳，並且多備一套，以便可以換洗；圍裙則以長過膝蓋為宜。

換裝後應將頭髮完全包覆於帽子或髮網內以防止頭髮、頭屑及其他夾雜物等異物掉入食品中。男性長髮宜剪短，女性長髮在工作時應紮起或夾住，工作帽或頭巾必須密蓋前額頭髮。

工作中與食品直接接觸之從業人員不得蓄留指甲、塗抹指甲油及佩戴飾物（手錶、手鐲、戒指、項鍊、耳環等飾物），並不得使塗抹於肌膚上之化妝品及藥品等汙染食品或食品接觸面。

　　從業人員不可穿背心、短褲及穿涼鞋、拖鞋，應穿上安全鞋（所謂安全鞋指可止滑且鞋尖以鋼片保護之包鞋，可保護腳部避免被刀具等砸傷）。

　　從業人員個人衣物應放置於更衣場所，亦不得帶食品、飲料進入作業場所。

㈣ 個人衛生習慣

　　食品從業人員養成良好衛生習慣的目的，是防止從業人員工作習性上的疏忽，而導致食物、用具遭受汙染，因此食品從業人員應養成以下良好衛生習慣：

　　1. 不可用手搔頭、挖耳、摸鼻及擦拭嘴巴後，再用手直接接觸食物或容器。

　　2. 養成勤洗手習慣，工作前、如廁後必洗手。

　　3. 常理髮、洗頭、剪指甲，且男性不可留鬍子。經常洗臉、洗澡。

　　4. 咳嗽、打噴嚏、流鼻水時，不可面向他人及工作台，應轉身用衛生紙或手帕掩蓋口鼻，並立即洗手。

　　5. 流汗時不可用工作服擦汗。

　　6. 不可隨地吐痰、或隨地丟棄廢物之壞習慣。

　　7. 工作現場內不得有吸菸、嚼檳榔、嚼口香糖、飲食或其他可能汙染食品之行為。

　　8. 以雙手直接調理不經加熱即可食用之食品時，應穿戴消毒清潔之不透水手套，或將手部澈底洗淨及消毒。

㈤ 洗手及洗手時機

　　手是傳播微生物的主要媒介，而且也是與食品直接接觸最頻繁之部位，因此手部清潔之維護相當重要，不清潔的手與食品接觸最容易引起汙染，工作人員應養成工作前洗手之習慣，並了解其重要性，以確保手部之衛生。應使用洗手乳，按照標準洗手方式洗手。

1. 洗手步驟

　　正確洗手方法之程序如圖4-1：六字口訣為溼、洗、刷、搓、沖、乾。

　　若手部有傷口應確實包紮，於戴上指套後，再加上戴一層手套，以避免包紮用品混入食材中成為異物來源，汙染食物。

　　在水龍頭下把手淋溼→使用皂液**洗**劑→兩手手心、手背互相摩擦致產生泡沫→用力互**搓**兩手之全部，包括手掌、手背及手腕，指尖則用刷子**刷**洗→雙手捧水**沖**洗水龍頭，並用手肘關閉水龍頭→用乾淨紙巾或烘手機將手弄**乾**。

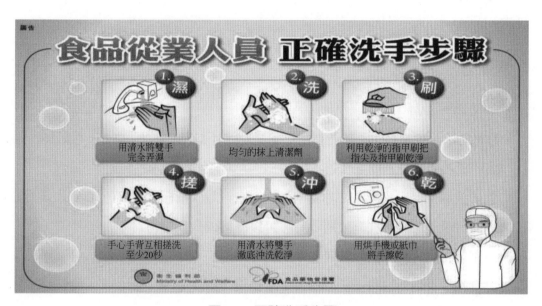

圖4-1　正確洗手步驟

2. 洗手時機

　　工作前。處理生鮮食物材料後。處理熟食前。如廁後。打噴嚏或咳嗽後，且不應面向食物。處理化學藥劑後。接觸垃圾桶後。

㈥心理及生理衛生

　　食品從業人員應有健康及正確的衛生觀念，要隨時提醒自己優良的食品對社會大眾是有益的。切勿因自己心理及生理問題對消費大眾造成影響而觸犯法律。

二、環境衛生

㈠排水防潮

場區排水系統應經常清理，保持暢通，避免有異味。廠內排水系統應完整暢通，避免有異味，排水溝應有攔截固體廢棄物之設施，並應設置防止病媒侵入之設施。

㈡病媒防治

1. 病媒防治三要素

病媒防治三要素為：不給牠進、不給牠吃、不給牠住（圖4-2）。

⑴不給牠進：使病媒無法進入廠房

①防止病媒侵入設施：如紗窗、紗網、空氣簾、柵欄或捕蟲燈等。

②當發現建築內有孔洞或間隙時，可以鐵網或矽利康密封。

⑵不給牠吃：病媒侵入後無法孳生

①食品作業場所之垃圾桶於每天生產結束後清洗乾淨。

②食品作業場所內外四周不得任意堆置廢棄物及容器（定時搬離）。

③廢棄物放置場所不得有不良氣味或有害（毒）氣體溢出（宜加蓋）。

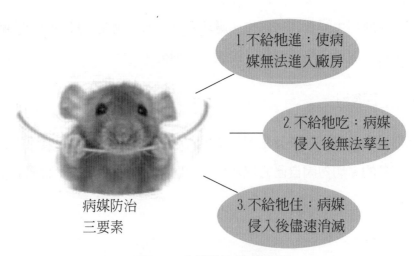

圖4-2　病媒防治三要素

④ 排水系統應經常清理保持暢通。

⑤ 廠區內草木要定期修剪，不必要之器材、物品禁止堆積。

⑶ 不給牠住：病媒侵入後儘速消滅

① 追查原因並杜絕來源。

② 自行或委託合格廠商辦理廠區環境與作業場所之清潔消毒及病媒防治。

③ 撲滅方法以不致汙染食品、食品接觸面及內包裝材料為原則（儘量避免使用殺蟲劑）。

2. 動物侵入之預防

　　廠區禽畜、寵物等應予管制，並有適當之措施。禁止攜帶任何寵物入廠內。工廠須防貓狗侵入，出入大門隨手將門關好。

3. 昆蟲、蟑螂侵入之預防

　　外購之器具設施進廠前須先檢視，清除病媒，如異物、蟑螂蟲、卵鞘等後，方可讓其入廠。乾貨或冷藏原料，應在驗收後，去除紙箱，改換廠內之容器，以避免挾帶病媒進入廠內。

　　生產設備、電氣箱、管路等應定期清理、檢查，發現有病媒即應實施消毒。

4. 病媒消毒作業

　　廠區環境應每半年消毒一次，觀察其效果，若效果不彰，可改為每季一次；反之如已全數殺滅改為每年消毒一次。

　　⑴ **老鼠之防治**。發現有老鼠出現，應放誘餌殺滅，於廠內可疑出入口放置老鼠板，每個月月初、月中更換一次；設置鼠餌站，每個月月初、月中巡查檢視。

　　⑵ **蟑螂之防治**。以在其嗜好藏匿處放置蟑螂屋，每週巡查視需要增減用量，每個月月初、月中檢點表記錄一次，若有超過10隻安排消毒，必要時每月消毒一次，連續4週未補到蟑螂或低於5隻，檢點週期改為每月巡查。

　　⑶ **蚊蠅等之防治**。在廠房成品倉庫裝設捕蠅燈，以管制蚊蠅類害蟲入侵，每台捕蠅燈有一張檢點表，每2週檢查記錄捕獲之蚊蠅數，每次超過40隻時需安排消毒。

5. 委外消毒安全注意事項

⑴消毒時作業應協調在最不影響生產的時段，委外執行。委外廠商必須為環保署認可具有相關合格證照，且須有公司病媒防治執行單位人員陪同。

⑵使用藥劑須符合環保署核准之用藥規定，且符合用藥之使用安全劑量，確保不造成環境二度汙染，並有相關安全資料表（SDS）及噴藥人員合格證照。

⑶捕蠅燈應注意安全（不可讓人類眼睛直接注視）、裝設位置、方向、燈管壽命，以免影響誘引效果。

⑷為達到有效消毒作業，每次消毒前一週事先公告各部門須將製品、原料收拾覆蓋完整，機器則須覆蓋，更衣櫃貯藏室等則應全部打開接受消毒。

⑸為防止害蟲產生抗藥性，使用藥劑必要時將數種合格用藥交互輪流使用。

⑹全面消毒作業防治工程完畢後，欲進入處理區域前，應先開啟空調系統通風。

⑺防治工程進行後開始生產前，應清掃害蟲之屍骸，以免影響產品之清潔，接觸食品之機器設備亦應擦拭乾淨方可啟用。

6. 表單記錄

病媒消毒作業實施後應就所用藥物、實施地點、實施方式、藥量多寡及發現病媒狀況作成記錄，以利追蹤查核。

第三節　照明、通風、溫溼度控制與倉儲管制

一、照明

早期工廠的照明都只以照明為唯一目標。現在在食品安全的考量前提下，做法與以前完全不同。

1. 燈具

舉凡在加工現場或是原物料存放區，或是人員工作區域的所有燈具都須具保護裝置，如燈罩，或採用LED燈管。

2. 照明度

靠自然採光的現場，現場的窗戶面積與平面面積之比應不小於1：4。現場內工作或調理台面的照度應保持200Lux以上，現場其他區域應達到100Lux以上，檢驗工作場所工作台面的照度應不低於500Lux，瓶裝液體產品的燈檢工作點照度應達到1000Lux。使用之光源，不得改變食品之顏色；照明設備應保持清潔。

二、通風

現場應該擁有良好的通風條件，如果是採用自然通風、通風的面積與現場地面面積之比應不小於1：16。若採用機械通風，則換氣量應不小於3次／小時。採用機械通風，現場的氣流方向應該是從清潔區向非清潔區流動。出入口、門窗、通風口及其他孔道應保持清潔，並應設置防止病媒侵入設施。

三、溫溼度

法規上無一定之要求，視客戶需求或自我要求而定。

生產線上的工作環境盡量舒爽為原則。溫溼度的控制管理對工作人員的情緒以及放置於加工區域的原物料都有幫助。比較先進的工廠都有依人員及環境需求作不同程度的空調。其次則以通風換氣順暢為原則。

對於室內溫度之控制，僅「冷凍食品工廠良好作業規範專則」中有規定，冷凍肉類食品加工調理場室溫應控制在15℃以下，其餘產品則應控制在25℃以下（加熱處理場所除外）。內包裝室亦經常維持在25℃以下，相對溼度應在65%以下。

四、倉儲管制

根據「食品良好衛生規範準則」第六條規定，食品業者倉儲管制，應符合下列規定：

1. 原材料、半成品及成品倉庫，應分別設置或予以適當區隔，並有足夠之空間，以供搬運。

2. 倉庫內物品應分類貯放於棧板、貨架上或採取其他有效措施，不得直接放置地面，並保持整潔及良好通風。

3. 倉儲作業應遵行先進先出之原則，並確實記錄。

4. 倉儲過程中需管制溫度或溼度者，應建立管制方法及基準，並確實記錄。

5. 倉儲過程中，應定期檢查，並確實記錄；有異狀時，應立即處理，確保原材料、半成品及成品之品質及衛生。

6. 有汙染原材料、半成品或成品之虞之物品或包裝材料，應有防止交叉汙染之措施；其未能防止交叉汙染者，不得與原材料、半成品或成品一起貯存。

第四節　劃分清潔區域

根據「食品良好衛生規範準則」第十四條第一款規定：作業性質不同之場所，應個別設置或有效區隔，並保持整潔。

所謂區隔：指就食品作業場所，依場所、時間、空氣流向等條件，予以有形或無形隔離之措施。

此段話之意義為各食品工廠應將加工生產區域依流程及衛生安全要求而定之作業性質不同之場所個別設置或加以有效區隔，並保持整潔。

一般將廠區根據其特性，分為四區：非食品作業區、一般作業區、準清潔作業區、清潔作業區。飲料加工之範例如圖4-3。

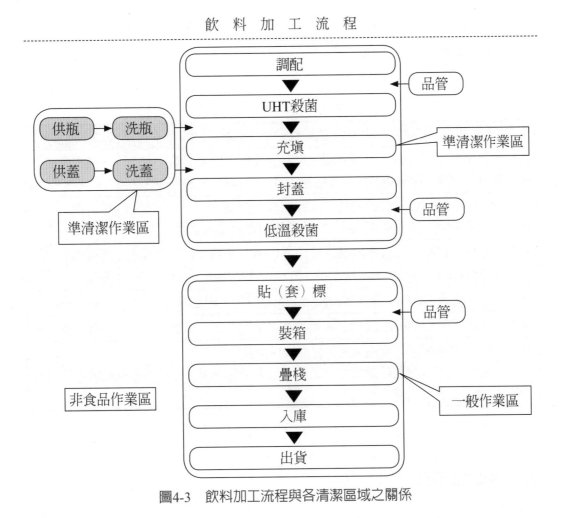

圖4-3 飲料加工流程與各清潔區域之關係

一、各區域定義

　　1. 管制作業區：指清潔度要求較高，對人員與原材料之進出及防止病媒侵入等，須有嚴密管制之作業區域，包括清潔作業區及準清潔作業區。

　　⑴清潔作業區：指內包裝室等清潔度要求最高之作業區域。

　　⑵準清潔作業區：指加工調理場等清潔度要求次於清潔作業區之作業區域。

　　2. 一般作業區：指原料倉庫、材料倉庫、外包裝室及成品倉庫等清潔度要求次於管制作業區之作業區域。

3.非食品處理區：品管（檢驗）室、辦公室、更衣及洗手消毒室、廁所等，非直接處理食品之區域（表4-2）。

表4-2　食品工廠各作業場所之清潔度區分（註1）

廠房設施（原則上依製程順序排列）	清潔度區分	
原料驗收場、原料倉庫、材料倉庫、原料處理場、空瓶（罐）整列場、殺菌處理場（採密閉設備及管路輸送者）	一般作業區	
配料室、加工調理場、殺菌處理場（採開放式設備者）、內包裝材料之準備室、緩衝室、凍結設施、非易腐敗即食性成品之內包裝室	準清潔作業區	管制作業區
易腐敗即食性成品之最終半成品之冷卻及場所、凍結前已加熱處理之冷凍調理食品、最終半成品之冷卻、貯存及凍結場所、內包裝室	清潔作業區	
外包裝室、成品凍藏庫、先包裝後凍結之凍結設施、成品倉庫	一般作業區	
品管（檢驗）室、辦公室（註2）、更衣及洗手消毒室、廁所、其他	非食品處理區	
註：1. 各作業場所清潔度區分得依實際條件提升。 　　2. 辦公室不得設置於管制作業區內（但生產管理與品管場所不在此限，惟須有適當之管制措施）。		

二、各區域劃分

根據「食品良好衛生規範準則」規定：作業性質不同之場所，應**個別設置**或**有效區隔**。

但根據「TQF專則」規定：

1.性質不同之場所（如原料倉庫、材料倉庫、原料處理場等）應個別設置或加以有效區隔。

2.**清潔度區分不同**（如清潔、準清潔及一般作業區）之場所，應加以**有效隔離**。

隔離與區隔之差異為：

1.隔離：指場所與場所之間以有形之方式予以隔開者。

2. 區隔：較隔離廣義，包括有形及無形之區隔方式。作業場所之區隔可以下列一種或一種以上之方式予以達成者，如場所區隔、時間區隔、控制空氣流向、採用密閉系統或其他有效方法。

以下將TQF專則中各區分類彙整如下。

(一) 非食品作業區

品管（檢驗）室、辦公室、更衣及洗手消毒室、廁所、清潔用品室、員工休息室、會議室、茶水間、鍋爐間、廢棄物間、回收空瓶存放區。

(二) 一般作業區

原料驗收場、原料倉庫、材料倉庫、原料處理場、內包裝容器洗滌場（採密閉設備及管路輸送者）、空瓶（罐）整列場、殺菌處理場（採密閉設備及管路輸送者）、餐具／容器洗滌區、外包裝室、成品凍藏庫、出貨暫存區、成品倉庫、蓄鰻池、封口後殺菌處理場、冷（凍）藏庫、容器堆置場、原水處理場、水處理室、萃取室、殺菌處理場（採密閉設備及管路輸送者）、包裝後保溫處理場（如玻璃或塑膠瓶裝熱充填飲料）、提油廠、精油場、收乳室、生乳貯存場、發酵場、儲運之箱（籃）洗滌場、蒸煮與糖化場、蒸餾場、殺菌處理場（採密閉設備及管路輸送者）、儲酒庫、露天儲酒場。

(三) 準清潔作業區

備料配菜區、配料室、加工調理場（包括濃縮果汁還原處理）、殺菌處理場（採開放式設備者）、內包裝室*、內包裝材料之準備室、緩衝室、凍結設施、非易腐敗即食性成品之內包裝室（水產加工廠）、烹調區、煮飯／湯區、點心烘焙區、餐具烘乾儲放區、水處理室、萃取室（採開放式設備者）、殺菌處理場（採開放式設備者）、餐具貯存場、高水活性烘焙食品裝飾充餡等後調理加工場、人造奶油及烤酥油之加工調理場、發酵室、最終半成品貯存室、調配室（包括預拌、秤量、混合、篩選等）、種麴室、製麴室、壓榨場、調煮場；味精工

廠、精製工場；醃漬蔬果工廠：乾燥室、脫鹽場所、糖漬室；肉類加工食品工廠：乾燥室、煙燻及蒸煮室；麵粉工廠：小麥精選場、磨粉場、業務用麵粉包裝室；精製糖工廠：精煉糖之乾燥室（採開放式設備者）、精煉糖之內包裝室、加工糖之再加工室、散裝車充填室、加工調理場（酒液調和、過濾等場所）、蒸煮與糖化場、發酵場、蒸餾場、殺菌處理場（採開放式設備者）、篩粉、煉合、造粒、整粒、整形、溶膠、乾燥等室、打錠室、充填室（包括充填、壓製、成型）。

*包括味精工廠業務用內包裝室、冷凍食品工廠、罐頭（先包裝後殺菌之產品）、茶葉工廠、精煉糖。

㈣ 清潔作業區

生即食調理區、冷盤／熟食沙拉區、易腐敗即食性成品之最終半成品之冷卻及儲存場所、凍結前已加熱處理之冷凍調理食品、最終半成品之冷卻、貯存及凍結場所、內包裝室、配膳包裝區、配餐出菜區、微生物接種培養室。

三、不同清潔作業區之生菌數控制標準

根據TQF專則規定，不同清潔作業區之生菌數標準如表4-3。

表4-3　不同清潔作業區之生菌數標準

區別	菌落數
一般作業區	500個以下
準清潔作業區	50個以下
清潔作業區	30個以下
＊標準洋菜培養基，直徑9公分培養皿，在作業中打開平放5分鐘後，培養於35℃，48小時之結果（2～3皿之平均值）。	

CAS則另規定，清潔作業區之黴菌落菌量保持在10CFU/plate/5min以下。

第五節　生產動線流暢

　　工廠整體動線是以原物料進廠至成品出廠爲止。而生產線的動線是以領料投料爲起點，入成品倉爲終點，這與工廠整體動線不同。因此，生產線的動線只是工廠整體動線的一部分，比較單純。

　　基本上，不論單一生產線或是複式生產線（前段單一、後段分流或前段分流、後段整合），都是要規劃以下四流：人流、物流、水流、氣流（表4-4）。

　　四流須依據一定之流動方向。原料由一般作業區向管制作業區移動，生產人流在洗手消毒完成後依生產現場作業反方向流動。水流、氣流由管制作業區向一般作業區流通，且排放廢水及廢氣時須注意是不是會造成廠房週界環境之汙染。

表4-4　不同清潔作業區之四流流向

分類	非食品作業區	一般作業區	管制作業區	
	一般工作區		準清潔區	清潔區
廠房設施	辦公室、檢驗室、廁所	驗收區、洗滌區、前處理區、倉庫	加工區、半成品加工區、外包裝區	冷卻室、內包裝區
清潔度	—	低	中	高
人流	—	←	←	←
物流（食物）	—	→	→	→
水流	獨立系統	←	←	←
空氣流	獨立系統	←	←	←
氣壓	獨立系統	充足空氣	空氣補足系統（隔熱、降溫）	正壓
進出門	—	—	—	單向管制
地板要求	乾	可潮溼	乾	乾
建議落菌數	—	500CFU以下	50CFU以下	30CFU以下

一、人流

　　生產人流在洗手消毒完成後依生產現場作業反方向流動。即清潔區→準清潔區→前處理區（一般作業區）。人流也是工廠管理中最易疏忽與便宜行事的，一般會使用單向管制門作為防制措施（圖4-4）。

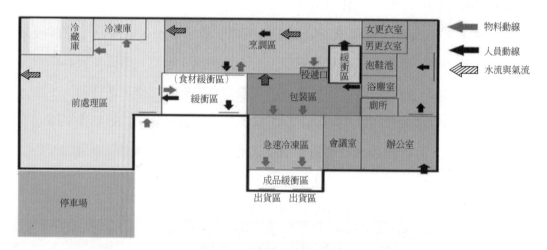

圖4-4　工廠布置圖與四流

1. 操作人員

　　各個機台設備的操作人員的行動路線必須順暢，避免互相碰撞。此與工作設計與設備的人機介面位置都有關。

2. 管理人員

　　管理人員包括品管及主管等間接人員。以不影響生產為最高目標。

3. 維修人員

　　設備間距，必須要有足夠的維修空間，不宜為利用空間而將設備排放的過於密集。

二、物流

　　原料由一般作業區向管制作業區移動。即前處理區（一般作業區）→準清潔

區→清潔區。兩區交界處常會設置緩衝區以利原料的暫存與交換傳遞。

1. 原物料

　　大部分投料，調配，包裝區都會有原物料暫存準備區。這些準備區內的原物料擺放方式與規劃原則上要以利於先進先出為原則。

　　至於品項的前後順序也是非常重要，以免發生錯料或包裝錯誤的情形發生。

2. （半）成品

　　單一品項包裝好的成品，基本上就直接入庫。有些會做二次加工或做不同的組合包裝，需再從成品倉拉出，包裝好再重新入庫。這個動線就必須與生產線作區隔。這樣的動線在食品業常見。

3. 產品管路及輸送帶

　　從原料調配（製備）到後段各式加工的生產線，一般都會透過不鏽鋼管路或輸送帶傳輸。管路及輸送帶的流向設計非常重要。要同時考慮節能設計、方便採樣、空間利用、方便維修、人員行動等因素。

三、水流

　　水流由管制作業區向一般作業區流通。即清潔區→準清潔區→前處理區（一般作業區）。且應有防止逆流之設計。

1. 飲用水

　　現場員工之飲用水一般建議宜放置於一般作業區，若一定需放置於管制作業區內，則位置必須遠離生產線，避免交互感染，並應集中放置。

2. 生產用水

　　分為：(1)普通水（無軟化處理）；(2)產品用水（軟水、超過濾、逆滲透）；(3)冰水（又分產品用冰水與冷卻用冰水）。上述三種水的水線分布與流向必須區隔與順暢。上述三種水可以做回收，但，溢流後流入地面者必須納入汙水系統。

3. 洗滌水

　　設備清洗後的水一律納入汙水系統。

4. 汙水

生產中產生之汙水必須直接納入汙水系統。必須做好汙水分流,以利節能管理。不得在排水溝內裝設其他配管。

不與食品接觸之非飲用水(如冷卻水、汙水或廢水等)之管路系統與食品製造用水之管路系統,應以顏色明顯區分,並以完全分離之管路輸送,不得有逆流或相互交接現象。

地下水源應與汙染源(化糞池、廢棄物堆置場等)保持十五公尺以上之距離、儲水設施應與汙染源(化糞池、廢棄物堆置場等)保持三公尺以上之距離,以防汙染。

四、氣流

氣流由管制作業區向一般作業區流通,即清潔區→準清潔區→前處理區(一般作業區)。以防止食品、食品接觸面及內包裝材料可能遭受汙染。

1. 環境空氣

主要是生產人員所處環境的空氣,主要有:(1)開放空間空氣;(2)半密閉空間循環氣流;(3)密閉空間空調氣流。

2. 清潔區氣流

管制作業區之排氣口應裝設防止病媒侵入之設施,而進氣口應有空氣過濾設備。兩者並應易於拆卸清洗或換新。

清潔區空氣部分依產品清潔要求程度作不同之設施。一般是以過濾空氣微塵粒子尺寸為標準,測量的單位為微米(micrometer, μm)($1\mu m = 10^{-6}m$)。潔淨室規格早期使用美國聯邦標準209D為規格標準,目前已改用ISO 14644-1。表4-5為藥廠潔淨區域之空氣等級參考數值,通常食品廠的要求不會到如此嚴格。但對於無菌充填產品清潔區的空氣品質要求必須達到高標準。

表4-5 藥廠潔淨區域之空氣等級

潔淨區域等級 （0.5μm微粒子／立方呎）	ISO等級標準	≥0.5μm 微粒子／立方公尺
100	5	3,520
1000	6	35,200
10,000	7	352,000
100,000	8	3,520,000

資料來源：無菌操作作業指導手冊，2007，衛生署

3. 生產廢氣

　　生產時所產生的廢氣，常見的有熱氣（油炸、烘焙）、蒸氣、粉塵，如何適當排出是在生產線規劃時必須考量以免造成生產環境惡化。如蒸氣未排除，冷凝後易造成滴露處發霉，粉塵未適當排除，有產生塵爆的可能。

　　因此，烹飪場所應有足夠之抽氣或排煙設備，所排出之油煙應處理至符合有關法令規定後始可排出，且抽氣或排煙設備之通風管應避免直角彎曲，並考慮加裝集油槽，以減少灰塵及雜物堆積和廢油回流之汙染。

4. 清洗蒸氣

　　沒有採用CIP（Clean In Place，定位清洗）系統之業者，在生產結束後清洗設備時，常會因使用熱水而產生大量蒸氣，造成控制設備因潮溼而受損。因此，清洗時的氣流控管非常重要。

5. 病媒消毒氣體

　　生產現場要定時做病媒蟲害之防治作業。有些地點在使用薰蒸消毒作業後，必須做換氣處理。這些氣體的排放控管必須納入規劃管制。

第六節　管線設計

生產線上管線繁多，各有各的功能。管線配置，走向，材料，大小等等對生產工作影響重大。

很多工廠管理教材都未注意到這一領域。本書特別提出。

1. 管線種類

水線（自來水、軟水、冰水、汙水）、電線、產品、蒸氣管路、空氣管。應明顯區隔（利用顏色或掛牌等）。配管外表應保持清潔。飲用水與非飲用水（如冷卻水、汙水或廢水等）之管路系統應完全分離，不得有逆流或相互交接現象。出水口並應明顯區分，一般建議以顏色明顯區分。

2. 管線設計

單位重量液體通過泵所獲得的能量叫水頭（揚程）。泵的水頭（揚程）包括吸程在內，近似為泵出口和入口壓力差。又稱為水頭（hydraulic head）或落差。

水頭（揚程）用H表示，單位為米（m）。泵的壓力用P表示，單位為MPa（兆帕）。

管線設計時，彎頭要盡量少，以減少壓損與背壓（back pressure）（圖4-5）。

各種高壓與低壓電線要明顯區隔及標示。

管路銜接要使用何種接頭或夾管，也是要考慮的。不可一視同仁。

電路、電壓、水壓、蒸氣分配比例要考慮各生產線平均及足夠。

3. 管線材質

常用蒸汽管有鍍鋅管、不鏽鋼、特殊管材，水管還有PVC的選擇。

不同的管線材料，各有其優劣點，可依實際需要採用。

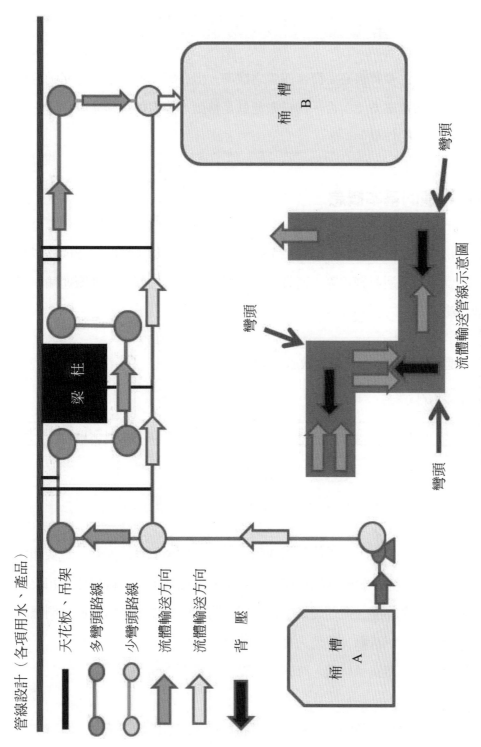

圖4-5　管線設計與水頭關係

第七節　生產動線規劃

衛生安全上，生產動線必須符合四流之標準，但在實務操作上，生產動線規劃必須考慮物料搬運之方便與否。物料搬運就是移動、運送與重新擺設物料、產品、零件、物品等的作業。

一、物料搬運的基本概念

狹義的物料搬運一般指原物料運至工廠，送交生產、加工部門製成成品以及最後出廠的儲存、裝運與發貨等。而廣義的物料搬運則包括原料的進廠運輸、廠內運輸與出廠運輸等（圖4-6）。

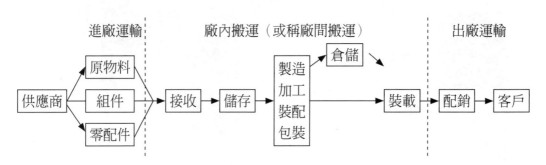

圖4-6　廣義的物料搬運關係

物料搬運作業主要有：水平或斜面運動──搬運作業；垂直運動──裝卸作業；提升或下降運動──碼頭或取貨作業；繞垂直軸線轉動──轉向作業和繞水平軸線轉動──翻轉作業。搬運還是所有作業中附加的動作，包括搬運、倒退讓路、排除路障、堆高、清點、整列、尋找、停下與返回等。

組成搬運的五要素為：移動、時間、地點、數量與空間。

1. 移動

運用最低成本，最有效的方法搬運所需的物料，創造地點價值。

2. 時間

　　物料搬運要時間恰當，適時到達目的地。

3. 地點

　　物料搬運係將物料搬到適當的地點。

4. 數量

　　確保需要物料的地方能不斷收到正確的數量。

5. 空間

　　可有效運用空間，創造更多的空間。

二、物料流程形式

　　物料流程形式一般以最省力、方便、物料損失最少、移動距離最短、人員與機械利用最有效率等為考慮點。常見之形式如下。

1. 直線式

　　①→②→③→④→⑤→

　　適用於面積大，且生產程序短且簡單，每人只做一項或數項工作之工廠。

2. 雙線式

　　①→②→③→④→⑤→
　　①→②→③→④→⑤→

　　一條直線無法容納，而採用雙線，即兩條生產線。

3. 鋸齒式或Z形（Zig-Zag）

　　→①　　④→⑤　　⑧→
　　　↓　　↑　　↓　　↑
　　②→③　　⑥→⑦

　　又稱縮短路線法。適用於廠房空間有限或長度受到限制者。此法可有效利用空間，而節省廠房之面積，但有流程不夠順暢的缺點。

4. U形

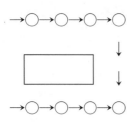

　　適用於多數操作需集中一處，而場地又有限，生產線之起點與終點需在同一通道旁，且成品需接近運輸設備。此方式可節省廠房面積，且監督較易，中間又可做為暫存區與檢驗區。

5. 環形法

　　起點與終點相接，成為無終止點之線形運動。優點為工作可回到原點，同一機具可重複使用，如某些工具或容器需送回起點時適用。

6. 奇角形排列法

　　適用於短距離之輸送，或空間受到限制之情形。

　　上述各項形式，可單獨或合併運用，以配合工廠實際之需邀與環境。

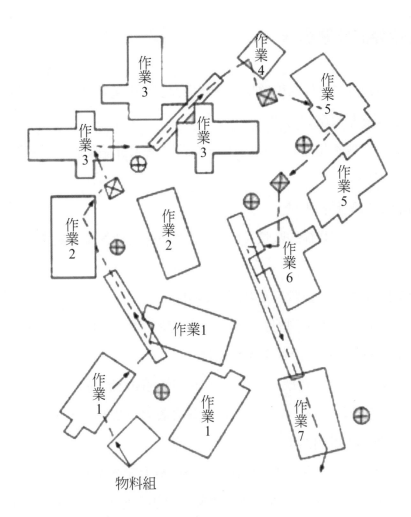

物料組

第八節　餐飲業產能評估方式

　　以下內容為餐飲業實施食品安全管制系統，於餐盒工廠符合性稽查、餐飲服務業衛生評鑑時，作為產能評估標準作業及查核參考，便於產能估算，於現場進行廠商產能之查核與是否超量生產之標準。

一、產能評估作業標準

此標準適用於工廠外部稽核時，廠商最大安全生產量之評估及確認。

　1.確認工廠最長配膳時間

60℃以下存放不超過4小時為原則，估算工廠自開始配膳至結束配膳花費之最長時間（T）。

　2.確認工廠配膳線數量

實地了解工廠配膳線的數量（L），且盒餐線及桶餐線因配膳型式不同，應分開計算。

　3.確認工廠配膳人員數目及其配膳速率

實地至工廠配膳線量測配膳人員之配膳速率（R）（R＝餐食份數／單位時間），並記錄每條配膳線之作業人員數量。

　4.訂定最大安全生產量之前提，應評估廠內硬體設備、管理方法及員工數是否能負荷，若無法負荷，則需將前述估算之最大安全生產量降低，以確保食品衛生安全。應確認之項目如下：

　⑴原料冷凍（藏）庫之空間是否足以應付最大安全生產量。

　⑵作業中使用之容器、器具及台車數目是否可達到「作業中不重覆使用」之原則，如無足夠數量，應有適當的清洗程序或管理可避免汙染發生。

　⑶作業空間是否足夠暫存半成品（菜餚），並可保持半成品於60℃以上，且不會造成交叉汙染。

　⑷達最大安全生產量時，是否仍可確實執行食品安全管制系統。

　例如：廚師仍需確實依HACCP計畫表進行溫度監測。

　5.最大安全生產量評估範例（盒餐線與團膳桶餐線）

甲工廠產量評估條件如下：

　⑴甲工廠擁有3條配膳線，包括1條盒餐線（L1）、2條團膳桶餐線（L2）。

　⑵配膳時間8：30開始至11：30結束，估計配膳最長時間為180分鐘（T）。

　⑶實地量測配膳人員速率為每10分鐘盒餐線可配膳200份（餐盒）（R1）、

桶餐線1,000餐食份（R2）。

最大安全生產量估算公式：

〔配膳速率（R）×配膳時間（T）／10（10分鐘為單位）〕×配膳線數量（L）

甲工廠盒餐線之最大安全生產量：

〔200(R)×180(T)/10〕×1(L1)＝3,600餐食份

甲工廠團膳桶餐線之最大安全生產量：

〔1,000(R)×180(T)/10]×2(L2)＝36,000餐食份

估算後甲工廠之最大安全生產量應為：

3,600＋36,000＝39,600餐食份

6. 最大安全生產量評估範例（飯店業）

甲飯店有蒸箱2個，每個蒸箱可蒸煮最受歡迎菜單之必備主菜50盅，最長蒸製時間為3小時，則在餐與餐之間估計4小時的製備時間最多可供應100桌，其供膳區面積最多每餐可擺設150桌，則其最大安全生產量為1,000餐食份／日。若該飯店有冷卻、冷藏空間，再配合隔天的復熱相同菜餚蒸製時間為1小時，則以4小時計其最大產能仍以其供膳區面積最多每餐可擺設150桌計為1,500餐食份／餐。

二、實際生產量稽查作業標準

此標準適用於外部稽核及追蹤管理，可依照產能稽查表（表4-6），以稽查工廠實際生產量是否超出最大安全生產量。

1. 確認廠商基本資料

2. 確認工廠之最大安全生產量基本資料

　　檢視該廠提報衛生單位之資料或食品安全管制系統計畫書

3. 實地觀察該廠是否提早生產

　　第一道半成品於上午8:00前完成，或第一份餐於上午8:30前配膳完成，即視為提早生產。

表4-6　餐盒食品工廠生產量基本資料

類別：餐盒食品工廠（具有工廠登記證）
生產線數：桶餐1條，盒餐1條
最大安全生產量：10,000餐食份／日
實際生產量：7,100餐食份／日（平均）
從業員工人數：39人（廠內19人）
烹調區面積：30坪　　配膳區面積：30坪工廠面積共500坪
運送車輛：5台（2000餐／台）每台車放置裝載成品平均時間：20分鐘
設備產能（以每批次餐量×設備數量計；不考慮菜餚每批製備時間及總製備時間）
蒸：3×1400份
炒：3×600份
煮：3×500份
炸：3台（50片／台）
其他：

4. 配膳線實際生產量估算（以10分鐘為單位）

　　乙工廠之盒餐配膳線每10分鐘可完成100盒，估算當日包裝時間為2小時（120分鐘），則當日單線產量為100×12＝1,200份；若工廠有多條配膳線，應分別估算。

5. 查看當日菜餚主菜原料訂貨量是否超量

　　可檢視工廠原料驗收表或訂單，但應以主菜數量為準，例如當日餐點若為雞腿飯，則以雞腿數量為準。

6. 查看湯桶數量是否超量

　　確認每桶之份數，並做當日產量之估算。例如當日湯桶數有100桶，每桶可供30人份，則當日產量為3,000份。

7. 查看訂餐學校訂單

　　可配合配膳現場保溫籃上標示之學校名稱，查核訂餐學校之訂餐數量是否超出該廠最大安全生產量。

8. 結果判定

依上述調查結果判定該廠是否未依食品安全管制系統計畫書核定，超量生產。

三、最大產值的意義

1. 意義

在產能利用率最高，生產產品製程最長的情況，所能產製的數量稱為最大產值（即在最壞最惡劣的情況，能夠產出的最大量）。

以餐盒食品工廠為例，產值可能產生的瓶頸如下：

設備產值的限制：蒸飯、油炸、燒烤等設備。

生產工序的限制：蒸、烤、炸、燉、熬煮等。

批次轉換的限制：投料、起料與排盤等步驟。

配膳作業的管理：待料。

安全管理。危險溫度帶管理：保溫、4小時、降溫與冷藏。

2. 估算時應收集與查詢之資料

(1)每月菜單。

(2)設備類型、數量、產能（批、小時）。

(3)主要生產瓶頸：清洗／解凍／醃製／烹調／配膳。

(4)業者最大安全產能估算方式：開線／截線。

(5)共用設備使用調配決策方式：解凍室／炒鍋／迴轉鍋／蒸箱／油炸機／保溫櫃等的使用時機。

(6)現場評估方式：計秒與測溫（批次轉換、時間／批量、溫度、迴轉空間與移動）。

*常見瓶頸項目：範例1

估算參數：米飯。

蒸飯：規劃蒸煮時間？五穀雜糧米、胚芽米、紫米等時間須酌增。

用膳前5～6小時開始生產：中餐看上午9點溫度。

連續式蒸飯機：2～3分鐘／鍋。

蒸飯箱：40～45分鐘／車。

蒸飯鍋：40～45分鐘／鍋。

則可根據現場連續式蒸飯機、蒸飯箱、蒸飯鍋之數量，計算出0900後至出餐前（假設1100）所生產的飯量，即為其可能出餐數之最上限之一。

*常見瓶頸項目：範例2

估算參數：炸物主菜

炸物：不能提早生產，因不宜加蓋保溫。

用膳前5～6小時開始生產：中餐看早上9點溫度。

連續式油炸機：最大6000片／小時。

批次油炸機：20～50個／鍋／8～15分鐘。

油炸鍋：4尺　120～150個／鍋／10～12分鐘。

其他設備：如淋灑式、真空油炸等。

其他影響參數：油溫、炸物種類、厚度、初溫、終溫與裹麵裹漿等。

則可根據現場連連續式油炸機、批次油炸機、油炸鍋之數量，計算出0900後至出餐前（假設1100）所生產的炸物主菜量，即為其可能出餐數之最上限之一。

亦可計算其他可能之瓶頸項目，由所有瓶頸項目之上限值中選取最小值，即為該工廠的最大產值。

第五章

企業決策
(Company business decision)

任何生產動作的啓動一定源自於企業的決策（business decision）。

決策的方向有長程方向與規劃，也有中短程的計畫配合實施。基本上，一個已經在運轉的公司，每一年度都應會依據社會現狀，市場需求及產業發展設定政策與目標。

本章以公司年度政策與方針爲起點，分述公司在此運作範圍內各單位與生產相關的工作模式與內容。因爲決策內容牽涉甚多財務與企業管理知識，故本書僅就大方向描述。

第一節　企業決策之內涵

一、企業決策之定義

決策乃是針對問題，爲達成一定目標，就諸項可行替代方案中，作一最佳判斷及抉擇的合理過程。其目的主要在理性的解決問題。

企業決策（business decision）是由一個企業有關組織所作出的旨在增強企業實力、提高獲利率的有關生產經營活動方面的決策。

企業決策可按照決策層級劃分爲：1.高層組織作出的策（戰）略決策（strategic decision）、2.中層組織作出的管理決策（職能決策，functional decision）和3.基層組織作出的作業決策（營運決策，operational decision）（圖5-1）。廣義而言，這三類組織作出的決策都稱爲企業決策。但狹義上，只把高層組織所作的策（戰）略決策稱爲企業決策。

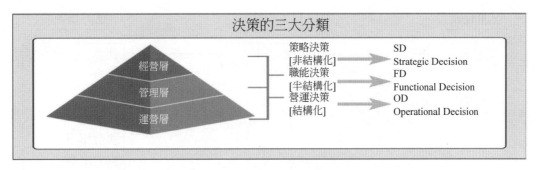

圖5-1　企業決策之層級劃分

二、企業決策之內容

㈠ 管理層級與目標策略

1. 目標策略

　　企業決策的內容包括發展戰略決策、生產決策、行銷決策、財務決策、管理決策、組織決策、人事決策等。各層級與所訂定之策略目標如圖5-2之示意圖。為了保證和提高企業決策水準，需要下列手段：⑴增強企業各類人員的決策意識和素質；⑵建立嚴格的決策組織和決策程式；⑶借助企業內外的資訊系統和諮詢力量；⑷充分利用現代化的決策手段和決策方法。

2. 設定目標之決策原則

　　設定工作目標時的決策原則可以SMART表示。

　　⑴明確（Specific）。績效目標要明確、具體、具客觀性。

　　⑵易測量（Measurable）。績效目標要容易測量，盡量採用可量化的績效指標。對於不易測量者，則以具體的、可觀察到的行為，如人物、時間、作為、預算等來描述，盡量不要涉及潛在意圖或猜想等主觀的認定。

　　⑶有能力達成（Achievable）。績效目標要能讓員工有能力達成。

　　⑷績效目標要結果導向（Result-oriented）、且能被員工認為是相關的（Relevant）、合理的（Reasonable）。

　　⑸主管應邀請員工共同參與設定工作目標與行動計畫，並訂定工作的時程表（Time table）。

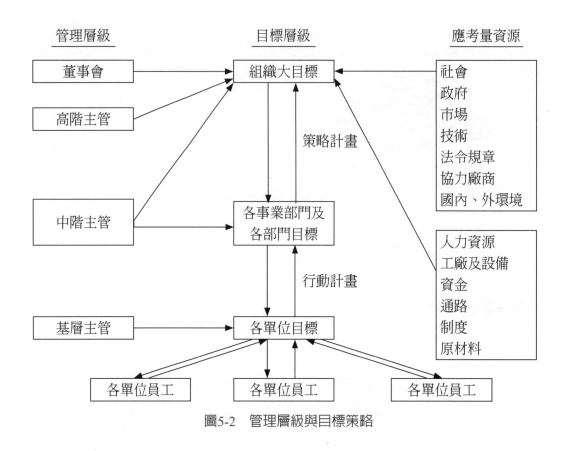

圖5-2　管理層級與目標策略

㈡企業策略的架構

　　企業策略的架構包括：基本策略、經營策略、市場行銷策略（圖5-3）。

1. 基本策略

　　為公司核心之所在，包括企業目標、定位，經營理念、企業文化，企業使命，組織與系統之建立等，是企業最高的經營原則。以「台灣微型企業發展協會」為例，該協會之發展目標，包括願景、使命、策略、理念與核心價值等如圖5-4所示。

2. 經營策略

　　包括經營計畫與企業策略。其中經營計畫包括短中長期的營運計畫，一般分為1年內的短期計畫，2～3（或2～5）年的中期計畫，4～5（或5年以上）的長期計畫。中長期計畫時間的長短會受投資回收之需求、產品開發之前置時間長短、

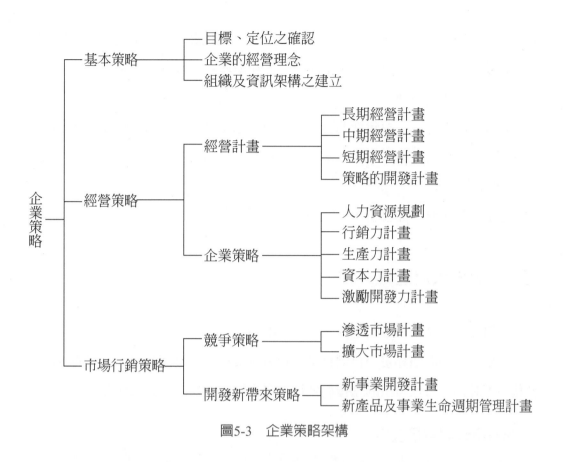

圖5-3　企業策略架構

圖5-4　發展目標之案例：以台灣微型企業發展協會發展目標為例

公司規模、環境不確定因素等影響。一般短、中期計畫一旦確定後,除非有大變革否則就不會變更。但長期計畫常因內、外在環境的改變,而必須做滾動式的調整,以因應時勢的改變。

企業策略部分,主要包括開發人力資源、生產力、行銷力、資本力與開發力等各項具體之執行方案,此也為本書第二篇管理實務之主要內容。

3. 市場行銷策略

包括競爭策略與開發新市場策略。

三、企業決策之過程

一般而言,企業決策的過程包括以下階段:

問題發現→問題界定→目標設定→資訊收集→策略選擇→替代方案的研擬→替代方案評估→替代方案的選擇與執行→實施決策→反饋與修正決策。

㈠問題發現與目標設定

診斷企業問題所在,確定決策目標,以找出企業發展的主要障礙。決策目標必須具體和明確,在時間、地點、人員和數量上都要加以確定。

㈡資訊收集

透過長期且深入地收集各種營業所需的情報、資訊、人事、制度、輿情與觀察,來做為基本參考。利用各種傳媒系統和網際網路收集信息,並健全信息的收集、解讀等各個環節,形成完善、有效的信息系統,以提供充分的資訊。

㈢策略選擇

依據上述的資訊,對決策目標作出市場預測,這是進行企業決策的一個不可或缺的步驟。市場預測的項目包括:國家3~5年內政策的變動及對市場的影響,與本身企業相關的產業發展走勢和市場潛力,同業的競爭力與企業本身的潛力。

㈣替代方案的研擬

擬訂各種可行的替代方案。要根據企業的最低目標、最高目標、中間目標，作爲對未來發展的不同判斷，制定出幾種替代方案。

㈤替代方案評估

對各種替代方案進行可行性評估。評估時，須考慮各方案的成本與效能，以及不同方案的風險與不足。

㈥替代方案的選擇與執行

從各種替代方案中選出最佳方案。最佳的標準是：正確的、好的、高效的、唯一的、風險最小的。選擇方案時要運用科學的決策方法，遵循決策規律。

㈦實施決策

㈧反饋與修正決策

四、決策影響力的四力模型（Reactive Four-Force Model）

做決策時並不容易，其因在於決策者在做決策時，會面臨許多變數的影響和考量。一般在決策的制定及執行過程中，決策者會受到四種力量的影響。

1. 外部環境的力量（Environmental Forces）

包括新技術、政府法規、消費者以及競爭對手四項。決策者必須具備能觀察與分析外在情勢的能力。

2. 個人需求的力量（Personal Needs）

包括決策者所能獲得的支持、認同與報酬等。決策者通常必須建立決策的信念與信心的能力。

3. 任務要求的力量（Task Demands）

　　指決策者個人在任務上所需要的技能、經驗、知識。決策者必須提升專業知識和技術能力。

4. 內部組織的力量（Organizational Forces）

　　指決策者和上司、同事、部屬間的互動，以及組織的政策和文化。決策者必須培育與他人溝通、協調的能力。

五、管理決策工具

　　決策者在做各種決策時，除了仰賴自己的專業知識和經驗外，必須要借助適當的工具來協助分析，以使決策的制訂變得更容易。

　　一般常用的管理決策工具，可分爲「質化」和「量化」兩類。質化的決策工具主要指BCG矩陣、SWOT分析等思考分析方法。量化的決策工具，則主要是指資料探勘（data mining）、決策支援系統（DSS）等IT軟體。

㈠質化的決策工具

　　系統性的分析方法，主要用以協助決策者拆解問題、釐清想法、分析環境情勢或因果關係，以利決策者在進行問題的思考與分析時，能夠更有條理與周延，以做出適當的判斷。一般常用到的質化決策工具有下列7種。

1. PEST分析法

　　「PEST」分析通常用來分析外在環境。針對政治（Political）、經濟（Economic）、社會（Sociological）與技術（Technological）這4大關鍵因素進行評估，可了解外在環境的變數及趨勢，進而做爲制訂決策的參考。

2. 5力分析法（five force analysis）

　　分析影響產業競爭的5大因素：現有產業的競爭者、潛在進入者的威脅、替代品的威脅、供應商的議價能力，以及購買者的議價能力。透過這5項因素的分析，可以了解企業在競爭時的優劣點，找出本身在市場中的戰略地位。

3. 成長／占有率矩陣（Growth-Share Matrix）

俗稱BCG矩陣、波士頓矩陣，因由波士頓顧問公司（Boston Consulting Group）發展出的。此矩陣是將相對市場占有率（代表市場現況）做橫軸，市場成長率（代表市場未來潛力）做為縱軸，將產品或事業單位分為瘦狗（dog）、金牛（cash cows）、明星（star）、問題（question mark）四大類，做為企業在行銷策略與資源分配的依據（圖5-5）。圖中之圈圈各代表一事業單位，圈大小表示各事業單位的銷售金額大小。各事業單位未來可能對企業產生何種貢獻以及各事業單位資源分配的地位等，皆可由其在矩陣中的位置來加以判斷及規劃。

(1) 明星業務

當市場占有率及市場成長率皆大於標準值，則此事業稱為明星（star）業務，以「★」表示。明星業務通常是具有前景的新興業務，在快速增長的市場中，占有相對較高的市占率。雖然剛開始可能不賺錢，甚至需要大量資金投入，但未來可能會帶來巨額利潤。一旦明星業務成為金牛，公司就會進入一個爆發期。

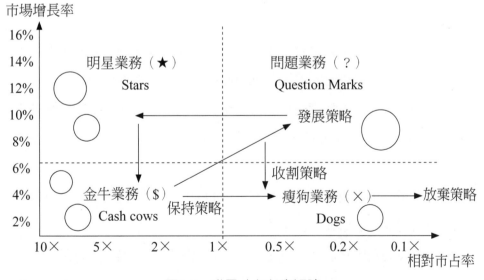

圖5-5　成長／占有率矩陣

(2) 金牛業務

當占有率高但成長率低於標準值時，稱為金牛（cash cow）業務，以「$」表示。此業務被戲稱為「印鈔機」，它通常占有很高的相對市占率，故市場增長率較低。

(3) **問題業務**

若占有率低而成長率高於標準值，則稱問題（question mark）業務，以「？」表示。問題業務是一些相對市占率還不高，但市場增長率提高很快的業務。之所以叫「問題業務」，是因為它們最終會變成明星業務、金牛業務，還是會死掉，是不確定的問題。

(4) **瘦狗業務**

若占有率低與成長率兩者皆低於標準，則稱為瘦狗（dog）業務，以「×」表示。瘦狗業務是相對市占率很低，增長機會有限，「食之無味、棄之可惜」的業務，故又稱苟延殘喘或衰退的業務。

(5) **決策依據**

明星業務在初期需要大量現金以支持其快速成長，隨後成長趨緩，漸漸轉變為金牛業務。

金牛業務能賺取大量資金且不需太多投資，因此大量剩餘的資金便可支援其他事業，並可視其未來可能的發展狀況考慮採取收割或是維持策略。

問題業務本身需要大量資金以維持其現有市占率，因此需審慎判斷其未來發展。若發展前景良好，則可以決定採積極策略使成明星業務，反之則應加以淘汰。

瘦狗業務處於市場成長率及占有率皆低的地位，因此對企業而言已無太大利益，因此可考慮採取撤退或收割策略。

瘦狗業務及問題業務過多，或是金牛業務或明星業務過少，皆是不均衡的組合狀態。另外，每個事業單位的成功生命週期，是由問題業務轉變為明星業務，再轉變為金牛業務，最後成為瘦狗業務。但瘦狗業務並不代表未來一定毫無發展性一定會退出市場，有時由於研發、技術進步或是市場需求改變等因素，可使此

事業再度跨入另一個新的生命週期。因此管理者亦可進一步檢視各項事業單位是否遵循此種成功路徑而發展，並加以思考各事業單位未來之發展策略。

4. SWOT分析法

SWOT分析法是針對分析對象的「優勢」（strengths）、「劣勢」（weaknesses）、「機會」（opportunities）和「威脅」（threats）這4大要素，進行完整的考量。其分析項目包括企業內部的優勢（S）與劣勢（W），以及外部環境的機會（O）與威脅（T）（圖5-6）。

透過SWOT分析，除了可以增進企業或了解本身的優勢與機會，還能注意到本身的弱點與所面對的威脅。如此就能在知己知彼的情況下掌握環境的變化趨勢，加以改進與補強企業本有的基礎，以強化企業或個人之競爭優勢，進而制定企業最佳戰略的方法。同時可看出分析對象的優缺點，並判斷成功的機會。

由於在分析機會（O）與威脅（T）外在環境時，其基本組成即包含了PEST相關分析，因此，有學者認為若不是非有必要，通常是無須單獨另作PEST分析的。

5. 價值鏈分析法（Value Chain Analysis）

將產品或服務視為一條由「價值活動」（value activities）和「利潤」（margin）所構成的價值鏈，企業可以利用此種分析架構，在每一個價值活動上尋找降低成本、創造差異的策略（圖5-7）。

內部環境

優勢 Strengths	劣勢 Weaknesses
機會 Opportunities	威脅 Threats

外部環境

圖5-6　SWOT分析

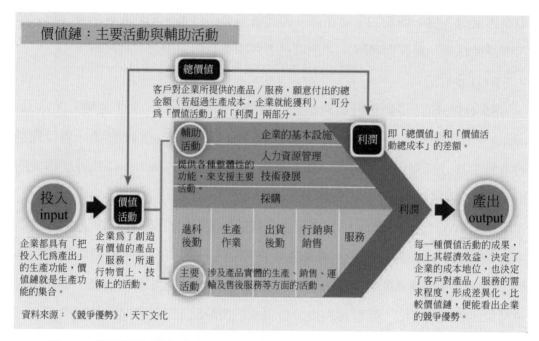

圖5-7 價值鏈分析法（https://www.managertoday.com.tw/glossary/view/31）

6. 風險矩陣（Risk Matrix）

風險矩陣是用來分析某件事情的相對風險。其方式是先將風險發生的「可能性」做為橫軸，將風險發生的「嚴重性」做為縱軸，將橫軸和縱軸由低到高分成10級，即可得到一個100個欄位的風險矩陣。決策者再依據個人的判斷，將分析對象依風險發生的可能性和嚴重性定位在矩陣中，其風險程度就是「風險發生可能性」乘以「風險發生嚴重性」的分數，分數愈高就代表風險愈大。

7. 根本原因分析（Root Cause Analysis, RCA）

根本原因分析是一種用來找尋疏失原因的分析工具。根本原因分析通常做為擬定改善措施時的決策依據，其流程大致可分成下列的階段：

⑴事前準備：包括組織RCA的團隊、定義問題及收集相關資訊。

⑵找出近端原因（proximate cause）：先針對事件進行初步的分析，找出事件最直接相關的原因，也就是近端原因，以便在發現根本原因之前先做初步的調整。

⑶確認根本原因（root cause）：依據找出的近端原因，透過不停的追問和

探究，去發掘事件最根本的原因，進而擬出改善之道。

㈡ 量化的決策工具

　　量化的決策工具，通常是指以計量方法來協助企業決策者進行判斷的工具。現代的企業決策者在決策時需要處理的資料和分析的面向愈來愈複雜，因此量化決策工具在企業管理決策中的角色就越趨重要。量化工具通常用在處理大量數據或資料的統計分析，或是利用數學運算的方法來找出最佳的決策模式，因此多是透過電腦科技來進行。而目前常見的量化決策工具，包含下列7種。

1. 統計軟體

　　常用的統計軟體如Excel、SAS。對於規模不大的企業，如果想要做一些基本的資料分析和調查統計，最常見的Microsoft Excel試算表，就可以完成95%以上的統計工作，並且能進行基本的What-if及Goal Seeking分析。另一個常見的軟體則是SAS，全名是Strategic Applications System（策略應用系統）。

2. 線上分析處理（On Line Analytical Processing, OLAP）

　　OLAP最大的特點，就是可以進行多維資料的分析，從資料的各種維度進行複雜的彙整和剖析，使主管、分析人員或執行人員能夠透過快速和互動的界面，從各種角度去研究、了解現有的資料，進而獲得所需要的決策資訊。

3. 資料倉儲（Data Warehouse）、資料探勘（Data Mining）

　　資料倉儲是企業資料管理中最核心的部分，其主要目的是透過IT的強大功能，將企業中所有的資料儲存並整合，再藉由應用軟體共享。資料探勘則是指從龐大現有資料中找出特徵、關係及知識的方法。其原理是透過統計、類神經網路等技術，從現有的資料中自動分析、辨認其相互關係，並化為有意義的數據，對於市場行銷、顧客服務、信用評估等相關決策，可發揮相當大的功用。

4. 決策支援系統（Decision Support Systems, DSS）

　　決策支援系統主要是針對特定的決策制訂工作，運用資料、模式分析、專家知識等資源，透過系統，提供決策資訊、決策模式的分析工具。DSS主要包含「資料系統」和「模式系統」兩個部分，資料系統的作用是透過不同來源的資料

收集，萃取出有助於決策的資訊。模式系統則是利用數學模式將因果關係加以分析模擬，以找出最有利的方案。

5. 專家系統（Expert System, ES）

專家系統為電腦化的決策支援系統，其特色是將相關領域專家的知識、技術、經驗，彙集和儲存在知識庫之中，並運用經驗法則和邏輯推理的機制，以找出可能的解決方案。

6. 主管資訊系統（Executive Information System, EIS）

主管資訊系統指專門提供主管所需資訊的電腦系統。EIS可以讓管理者依照個人需求去選擇、擷取、編輯企業內的各種關鍵資訊，並且能以數位的方式，透過視覺化的圖表或多媒體的形式，讓主管可用簡易的方式來監控和取得資訊。

7. 商業智慧（Business Intelligence）

商業智慧的目的，是利用資訊科技將企業所擁有的「資料」化為有價值的「智慧」。其方式是將企業中散落的各種資料，集結於資料倉儲或資料超市（data mart）中，並應用OLAP、資料探勘等工具，將其萃取、轉化成有用的資訊，以關鍵績效指標的形式，透過主管資訊系統呈現和傳遞，提供主管作動態的報表查詢。

第二節　常見之目標與內容

一般有組織規模的中小型公司，對於年度工作的運轉模式如下圖（圖5-8）。

一、年度目標

各各公司都有訂定年度目標的機制與方法，依公司組織及經營內容的大小各有不同。在此以常見的單一公司組織如何訂定大綱為主要說明方向。

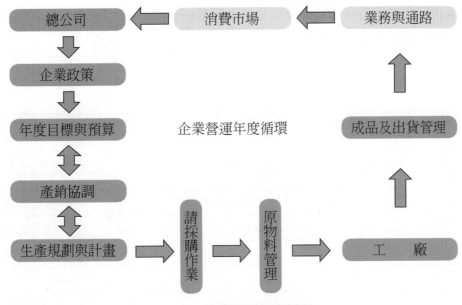

圖5-8 企業營運年度循環

　　會計年度都是以一年為準，多數的公司都以每年的1月到12月為會計年度。因此，公司在訂定下一年度的政策與目標時的起點多半在前一年的9月，這樣到開始執行時有3個月的時間，可以有協調討論與修正的空間。

　　年度目標的內容基本上有四大項：設定成長目標、設定品項種類與數量、硬軟體增減、人事或組織調整。

㈠設定成長目標

　　成長目標型態有三種（表5-1）：

　1. 正成長：又有兩類：

　⑴完全正向：原有產品超過前期100%的成長。

　⑵部分正向：原有產品較前期成長少於100%。

　2. 負成長：又有兩類：

　⑴完全負向：原有產品暫停或停止生產。

　⑵部分負向：原有產品較前期衰退少於100%。

　3. 零成長：原有產品較前期成長或衰退少於5%。

　　成長目標從公司整體到各分類產品及個別品項做設定。目標值所衍生的人，事，物都應詳細設定。設定的愈詳細，對目標的達成率就愈高。

表5-1　年度產品預估表

	今年（元）	明年（元）	成長（%）	備註
乳品類				
鮮　奶	10,000,000	12,000,000	20	部分正向
調味奶	8,000,000	7,000,000	(12.5)*	部分負向
新產品	---	2,000,000	>100	完全正向
乳品總和	18,000,000	21,000,000	16.67	部分正向
果汁類				
柳橙汁	6,000,000	6,000,000	0	零成長
葡萄汁	3,000,000	0	---	完全負向
新產品	---	1,000,000	>100	完全正向
果汁總和	9,000,000	7,000,000	(22.22)*	部分負向

*括號表示負值

㈡設定品項種類與數量

　　設定成長目標要細到各單項產品的內容，包括口味，包裝，數量及新產品計畫。因為這些數字是營運目標的基礎。

　　產品品項的種類與數量更牽涉到下列事項，以供經營層做判斷。

　1. 生產產能。

　2. 設備增減。

　3. 原物料數量，價格。

　4. 人力資源。

　5. 行銷及營業單位的市場評估。

　6. 行政管理單位的後勤支援。

　7. 財務單位對財務效益的估算。

8. 其他。

㈢ 軟硬體增減

年度計畫與目標有增減，就可能牽涉到公司軟硬體的增減。例如

1. 生產設備。

2. 原物料。

3. 公共設備。

4. 管理軟體。

5. 營業單位。

6. 運輸倉儲。

可以想見，這些增減的變動直接影響到財務的變化。

㈣ 人事或組織調整

新的年度計畫成長的方向如果在一定比例之上，就須考慮到人事與組織的變動。如有必要，尚會牽涉到公司整體的合併，收購或消失。

基本上，公司與公司的股權互動可分為下列三種：

1. 合併（Mergers），可分為：⑴吸收合併 —— 被併公司消滅；⑵設立合併 —— 兩合併公司同時消滅，再設一新公司。

2. 收購（Acquisitions）：即一家公司取得另外一家公司的控制權。

3. 合資（Joint Ventures）：合資發動者通常是最主要的出資者，各占企業一半一半的資本，且通常是以OO股份有限公司的型態組成。

二、預算編列

預算編列的基礎為：

1. 年度目標的設定。

2. 各項設備的淘汰及更新計畫。

3. 正常運作下的各項固定支出。

編訂預算時，不須小到一個迴紋針，一顆電池都要精算。通常以過往數據做初步參考，再研究比對目前及未來市場行情，做為新年度目標計算的基礎。

預算編列的重點項目包括：

1. 原物料成本。

2. 生產成本（人工、製造、設備）。

3. 管銷費用。

4. 資產增設準備金。

5. 稅則變更之影響。

6. 財務分析。

7. 股東權益。

成本部分於其後「工廠成本與會計作業」一章再詳細說明。

三、產銷協調

公司決策高層設定新年度目標後，基本上只是一個方向。細節部分需要經過各部門分析討論後，尋求一個最可以達成目標的建議轉呈最高主管決定。

各相關部門與工廠之間的協調，統稱為「產銷協調」。

而業務單位與生產單位則為是否能達成目標之決策的重點所在。

業務與生產單位在產銷協調年度目標時，各自思考的要素如表5-2，雙方必須在這些要素中達成共識。產銷協調也就是預算編列的準備工作。

表5-2　產銷協調的要素

業務單位	生產單位
企業政策	企業政策
行銷企劃目標	工廠管理
業務目標	生產計畫
	生產管制

產銷協調要素

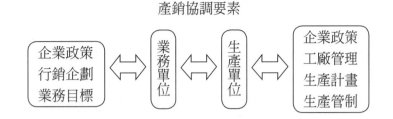

良好的產銷協調可為公司節省超乎想像的成本。這節省成本的效果來自於：

1. 減少不必要的原物料浪費。

2. 減少不必要的管銷費用。

3. 減少不必要的人力浪費。

4. 減少不必要的動力浪費。

5. 減少不必要的倉儲空間。

6. 減少其他隱性支出。

7. 快速有效地提升業務的銷售支援。

而良好的產銷協調的雙方建立在3C的基礎之上：

1. 溝通（Communication）。

2. 妥協（Compromise）。

3. 承諾（Commitment）。

有了以上的3C，第4C就會出現，即成本下降（Cost down）（圖5-9）。

四、目標與預算修正

各部門經產銷協調達成共識後就對原有的目標做修正，也因此會讓原定的預算同時產生變動。這些變動的目標有如一條食物鏈，互相影響牽動。它們包括：

1. 公司年度整體目標。

2. 財務目標。

3. 業務目標。

4. 生產產能。

降低成本的有效手法

Communication （溝通）
Compromise 　（妥協）　⇒　Cost Down
Commitment 　（承諾）

圖5-9　良好的產銷協調的雙方建立在3C的基礎之上

5. 後勤支援體系。

五、目標執行與追蹤

經公司最後核定的目標，基本上在預算的範圍內要全力達成。但是，食品業的狀況，瞬息萬變。因此，各部門（尤其是行銷，業務及生產三個單位）要定期開會檢討目標的達成率。對重大的事件要隨時檢討。如有必要應隨時修訂方針與對策。開會時機如下：

1. 月、季、半年、年度檢討。

2. 重大事件影響檢討。

3. 修訂方針與對策。

第六章

行銷企劃與業務目標
(Marketing and sales)

　　雖然行銷企劃與業務目標不在生產管理的範圍內，但它們對生產管理的影響層面卻非常大。

　　本章藉由行銷企劃工作內容與業務行為來說明它們與生產相關的事務。

第一節　食品行銷企劃

一、行銷的基本概念

㈠行銷的意義

　　行銷（marketing）一詞係指「個人或群體通過創造並同他人交換產品和價值，以滿足需求與慾望的一個社會和管理過程」。美國行銷協會（AMA）對行銷的定義為「行銷是理念、商品、服務、概念、訂價、促銷及配銷等一系列活動的規劃與執行過程，經由這個過程，可創造交換活動，以滿足個人與組織的目標」。

　　通俗地講，就是透過宣傳、推廣，進而促進產品或服務的銷售。

㈡行銷與銷售的差異

　　行銷與銷售（sales）意義不同，銷售是從生產製造出產品之後才展開的，而行銷卻是在生產前便開始的一連串規劃與決策，同時隨著產品在市場中的情形與顧客的滿意程度，不斷的調整與創新（圖6-1）。行銷決定如何推出產品到市場，如何為產品定價，如何銷售產品，如何促銷。同時，行銷還要監控成效，不斷的改善產品。行銷也決定是否終止該項產品與何時終止。

　　銷售就像抓一隻靜止的鳥（單一目標），沒抓到鳥就飛了。行銷則像在陷阱四周灑穀粒，吸引小鳥過來，再用陷阱捉住小鳥（整個市場的顧客）。

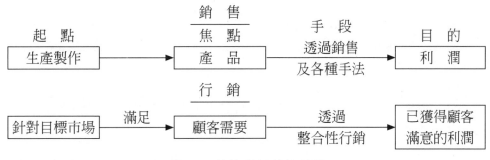

圖6-1　銷售與行銷的差異

㈢市場行銷理論發展的五個階段（表6-1）

1. 生產導向時期（19世紀末～20世紀初）

亦稱生產觀念時期，以企業為中心。工業化初期，產品與服務均非常匱乏，產品供應能力不足，但市場需求旺盛。企業集中精力提高生產力和擴大分銷範圍，以增加產量，不必考慮銷路問題。一般認為是重生產，輕市場時期。

2. 產品導向時期（20世紀初～1930年代）

亦稱產品觀念時期，以產品為中心。消費者喜歡高質量和具特色的產品，企業也隨之致力於生產優質產品，並不斷精益求精。這一時期的企業常常認為產品好就可賣，並不太關心產品在市場是否受歡迎，是否有替代品出現。

3. 銷售導向時期（1930年代～1950年代）

亦稱推銷觀念時期。因處於全球性經濟危機時期，消費者購買慾與購買力低弱，導致商家貨物滯銷，企業開始積極進行促銷活動，以說服消費者購買產品。

4. 市場導向時期（1950年代～1970年代）

亦稱市場觀念時期，以消費者為中心。由於第三次科技革命興起，研發受到重視，加上二戰後許多軍工轉為民用，使產品產量增加，供大於求，市場競爭開始激化。消費者有多樣性的選擇，但並不清楚自己真正所需。企業開始有計畫、有策略地制定行銷方案，希望能正確且快捷地滿足目標市場之需求，以達到打壓競爭對手，增加企業效益的雙重目的。

表6-1 行銷管理概念的演進與理念

時期	理念
生產導向（行銷1.0） （產品品質／成本）	我們生產的產品品質很好，一定會受消費者青睞。
銷售導向（行銷2.0） （顧客／消費者／市場）	我們只要花錢打廣告，提出好的優惠促銷，消費者一定會買單。
行銷導向（行銷2.0） （個體環境／（顧客+消費者+市場）+總體環境）	我們必須先了解目標客群的需求，提供完整的行銷組合滿足他們需求。
社會行銷導向（行銷3.0）	我們必須秉持最高的企業社會責任（CSR），善盡社會的一分子。

5. 社會長遠利益導向時期（1970年代～至今）

亦稱社會行銷觀念時期。由於企業運營所帶來的全球環境破壞，資源短缺，加上人口爆炸等問題，企業開始以消費者滿意以及消費者和社會公眾的長期福利作為企業的根本目的和責任，提倡企業社會責任（Corporate Social Responsibility, CSR）。這是對市場行銷觀念的補充和修正，同時也說明，理想的市場行銷應該同時考慮：消費者的需求與欲望，消費者和社會的長遠利益以及企業的行銷效應。

㈣ 企業經營理念發展的演變

根據上述五個時期，企業也發展出不同經營理念，分別為：生產導向、產品導向、顧客導向、競爭導向、市場導向。

1. 生產導向

以生產產品為主。企業集中精力提高生產力和擴大分銷範圍，以增加產量，不必考慮銷路問題。台灣曾有過的葡式蛋塔風潮，在最熱門時，門店前排滿人龍，業者只考慮產量夠不夠，卻忽略其後泡沫化的問題。此種企業不重視產品、品種和市場需求，僅追求短期利益。

2. 產品導向

以產品為中心。消費者喜歡高質量和具特色的產品，企業也隨之致力於生產優質產品，並不斷精益求精。這一類的企業常常認為產品好就可賣，並不太關心產品在市場是否受歡迎，也不重視市場需求的變化。此情況往往出現在一些生產高端商品的企業，如酒業。

3. 顧客導向

以顧客的立場考慮其需求，而非隨意製造商品。此類企業會選擇目標顧客，並滿足顧客之需求，同時開始積極進行促銷活動，以說服消費者購買產品。最適用於那些善於收集單個客戶信息的企業，這些企業所營銷的產品能夠藉助客戶資料庫的運用實現交叉銷售，或產品需要週期性地重購或升級，或產品價值很高。往往會給這類企業帶來異乎尋常的效益。

4. 競爭導向

當市場成長到某個程度，進入市場的競爭者愈來愈多，這類業者便會投入大量時間去追蹤探索對手公司的行銷手法，甚至想要搶先一步。由於大部分行動都根據競爭者的動向而定，卻忽略了顧客，有可能導致兩敗俱傷。但也可能因良性的競爭，致使兩家企業皆有成長。

5. 市場導向

為避免公司間的競爭及顧客導向的缺失，須兼顧兩者間之平衡，並考慮自身的實力、外在環境的變化、競爭者之優缺點、各課之需求等。

二、行銷理論中的4P、4C、4R、4V、4S與4I

以上六組英文字組合係市場行銷實務中會用到的各類組合，其意義分別為：

4P：產品（product）、價格（price）、地點（place）、促銷（promotion）

4C：消費者（consumer）、成本（cost）、方便性（convenience）、溝通（communication）

4R：關聯（relevance）、反應（reaction）、關係（relationship）、回報

（reward）

4V：差異化（variation）、功能化（versatility）、附加價值（value）、共鳴（vibration）

4S：滿意（satisfaction）、服務（service）、速度（speed）、誠意（sincerity）

4I：趣味性（interesting）、利益（interests）、互動性（interaction）、個性化（individuality）

其中，4P係指四種市場行銷組合；4C指四種行銷觀念；4R指四種較4C更新的行銷觀念；4V指最新的四種行銷理論；4S指四種行銷戰略；4I指最新型的四種行銷手法。

㈠ 4P

4P係指市場行銷過程中可以控制的因素，也是企業進行市場行銷活動的主要手段，形成了企業的市場行銷戰略。

1. **產品的組合**（product）：包括產品的實體、服務、品牌、包裝。它是指企業提供給目標市場的貨品與服務的集合。

2. **價格的組合**（price）：包括基本價格、折扣價格、付款時間等。指企業出售產品所追求的經濟回報。

3. **地點的組合**（place）：指分銷的組合，包括分銷管道、儲存設施、運輸設施、存貨控制，它代表企業為使其產品進入和達到目標市場所組織與實施的各種活動。

4. **促銷的組合**（promotion）：指企業利用各種資訊管道與目標市場進行溝通的傳播活動，包括廣告、人員推銷、宣傳與公共關係等。

㈡ 4C

4C強化以消費者需求為中心的整合行銷組合。

1. **消費者**（consumer）：指消費者的需要和慾望。企業要把重視顧客放在

第一位，強調創造顧客比開發產品更重要，滿足消費者的需要和慾望比產品功能更重要，不能僅賣企業想製造的產品，而是要提供顧客想買的產品。

2. **成本**（cost）：指企業的生產成本與消費者購物成本。這裡的企業生產成本包括生產經營過程的全部成本，如原料、行銷、人事、折舊等；消費者購物成本，不僅指購物的貨幣支出，還有時間耗費、體力和精力耗費以及風險承擔。產品定價模式：消費者支持的價格—適當的利潤 ＝ 產品成本上限。因此企業要想在消費者支持的價格限度內增加利潤，就必須降低成本。

3. **方便性**（convenience）：指購買的方便性。在銷售過程中，讓顧客既購買到商品也購買到方便性。企業要深入了解消費者不同的購買方式和偏好，把方便性原則貫穿於行銷活動的整個過程。售前做好向消費者提供產品的性能、品質、價格、使用方法和效果的準確資訊，售後重視資訊回饋和追蹤調查，對有問題的商品主動退換，對使用故障積極提供維修方便。

4. **溝通**（communication）：指與用戶溝通。企業可以採用多種行銷策劃與行銷組合，若未收到理想的效果，代表企業與產品尚未完全被消費者接受。這時，要著眼於加強雙向溝通，增進相互的理解，培養忠誠的顧客。

㈢ 4R

4R行銷理論認為，隨著市場的發展，企業需要從更高層次上以更有效的方式在企業與顧客之間建立起有別於傳統的新型的主動性關係。

1. **關聯**（relevance）：緊密聯繫顧客。企業須與顧客建立關聯，形成一種互助、互求、互需的關係，把顧客與企業聯繫在一起，以提高顧客的忠誠度。

2. **反應**（reaction）：提高對市場的反應速度。傾聽顧客的希望和需求，並及時做出反應來滿足顧客的需求。這樣才利於市場的發展。

3. **關係**（relationship）：重視與顧客的互動關係。與顧客建立長期而穩固的關係，把交易轉變成一種責任，建立起和顧客的互動關係。

4. **回報**（reward）：回報是行銷的源泉。回報是維持市場關係的必要條件，而追求回報是行銷發展的動力。

㈣ 4V

近年來，高科技企業、產品與服務不斷發展，網際網路、移動通訊工具和新的資訊技術出現，使溝通的管道多元化。在這種背景下，出現4V行銷理論。

1. **差異化**（variation）：首先強調企業要實施差異化行銷，使自己與競爭對手區別，另一方面也使消費者相互區別，滿足消費者個人化的需求。

2. **功能化**（versatility）：要求產品或服務有更大的功能化，能夠針對消費者需求進行組合。

3. **附加價值**（value）：要求產品提供最佳的附加價值。

4. **共鳴**（vibration）：加重視產品或服務中無形要素，通過品牌、文化等以滿足消費者的情感需求。

㈤ 4S

4S的行銷戰略強調建立一種全新的「消費者占有」的行銷導向。要求企業對產品、服務、品牌不斷進行消費者滿意度級度的改進，以優化服務品質，進而增加消費者忠誠度。

1. **滿意**（satisfaction）：指顧客滿意。強調企業以顧客需求為導向，要把顧客的需要和滿意度放在一切考慮因素之首。

2. **服務**（service）：服務包括幾個方面的內容，首先行銷人員要為顧客提供盡可能多的商品資訊；其次要對顧客態度親切友善，將每位顧客都視為特殊和重要的人物；最後要為顧客營造一個溫馨的服務環境。

3. **速度**（speed）：指不讓顧客久等，而能迅速的接待、辦理。

4. **誠意**（sincerity）：指以具體化的微笑與速度行動來服務客人。

㈥ 4I

網路時代，傳統的行銷方式已經難以適用。在傳統媒體時代，資訊傳播是自上而下，單向線性流動，消費者們只能被動接受。而在網路媒體時代，資訊傳播

是多向、互動式流動。於是出現最新的網路整合行銷4I原則。

　　1. **趣味性**（interesting）：現代網路已泛娛樂化，因此廣告、行銷也必須是娛樂化、具趣味性的。如許多網紅的崛起，即因好玩。

　　2. **利益**（interests）：網路行銷中除提供給消費者的實質利益外，其餘之誘因包括免費的資訊，功能或服務，心理滿足或榮譽等。如直播賣商品。

　　3. **互動性**（interaction）：網路媒體有別於傳統媒體的另一個重要的特徵是其互動性。數位媒體技術的進步，已經允許我們能以極低的成本與極大的便捷性，讓互動在直銷平台上大展拳腳。

　　4. **個性化**（individuality）：個人化的行銷，讓消費者心理產生受關注的滿足感，個人化行銷更能投消費者所好，更容易引發互動與購買行動。

第二節　食品行銷管理

一、行銷管理的基本流程

　　行銷管理的基本流程大致如下：

　　分析市場機會→**選擇**目標市場→**訂定**行銷組合→**執行**行銷計畫

　　一般大致分為（圖6-2）：

　　1. **規劃**。描繪行銷的重點及資源如何分配，包括進行情況（市場）分析，設定行銷目標，擬定STP（區隔、目標市場、定位），設計4P。

　　2. **執行**。組織行銷人才，實際推動計畫。

　　3. **控制**。驗收成果，評估績效。

行銷策略規劃

進行情況分析

（外部環境有何機會與威脅？我有何優劣勢？）

設定行銷目標

（在什麼時候要到什麼境界？）

擬定市場區隔，選擇目標市場與定位

（提供什麼特色或利益給誰）

設計行銷組合

（如何綜合產品、定價、通路與配銷、推廣）

行銷執行

（如何組織行銷人才、推動計畫）

行銷控制

（驗收成果、評估績效）

圖6-2　行銷管理程序

二、確立企業成長目標

訂定行銷策略之前，必須先思考企業目標為何。

而在擬定行銷策略時，必須先思考產品或品牌的整體的行銷目標為何。

也就是站在企業的整體規劃來思考，希望企業達到什麼樣的成長目標。是讓現有的品牌或產品能在現有的市場提高市占率、能見度？或是進入新市場？或是為現有的市場推出新產品？每一種目標，都會牽涉到企業擬投入資源的多寡、時程，因此在規劃的同時也需盤點企業的資源。

一般可用安索夫產品與市場擴張矩陣（Ansoff Matrix）或稱成長矩陣，了解4種常見的企業成長目標。

安索夫矩陣（Ansoff Matrix）將「市場」和「產品」，分別切成「現有」和「新」兩部分，並組合成一個2×2矩陣，協助我們建構產品與市場的關係，以及明確瞭解該採取什麼策略（表6-2）。以下介紹這四種類別，分別可以採取的策略。

1. 市場滲透（market penetration）：現有產品×現有市場

市場滲透，即思考現有產品如何提升在現有市場的市佔率。藉由促銷或是服務加值，說服消費者在既有的使用習慣上，改變使用習慣，採用你的品牌，增加對你的品牌認知或是產品購買量。可利用舉辦促銷活動、設計多元價格組合方面、併購同業等方式。例如：超商咖啡買一送一拉高購買數量。亦可使用BCG矩陣分析，以找出具有發展潛力的產品。

2. 開發新產品（product development）：新產品×現有市場

向現有客戶提供新產品，增加客單銷售。最常見的就是軟體更新跟電子商品類的更新。

3. 開發新市場（market development）：現有產品×新市場

在不同的市場找到有相同產品需求的使用者，可以是不同地區的市場，也可以是不同客群的市場。近年來最有名的例子就是珍珠奶茶的行銷全世界。

4. 多角化經營（diversification）：新產品×新市場

陌生的市場、陌生的產品，這是最難最有風險的策略，幾乎跳出企業原有的

表6-2　安索夫產品與市場擴張矩陣

		產品	
		現有產品	新產品
市場	現有市場	1.市場滲透： 透過廣告、降價、促銷、或強化顧客關係等進行成長	2.開發新產品： 透過異業結盟、產品升級、產品改良或更細的市場區隔來成長
	新市場	3.開發新市場： 透過產品或服務的重新定位進行成長	4.多角化經營： 發展新產品滿足新市場需求

經營領域。這個通常會是在成長策略中最冒險的。

三、進行情況（市場）分析

在了解企業目標為何後，接著要對市場情況進行分析，主要是對內外環境進行分析。

內外環境分析是企業訂定發展戰略、競爭戰略的基礎。利用對宏觀環境的分析、行業分析，藉助科學的分析模型和方法，掌握企業的優勢和劣勢，為企業定戰略和定模式提供依據。其方法包括SWOT分析，五力分析與PESTEL分析。三者之關聯如圖6-3所示。

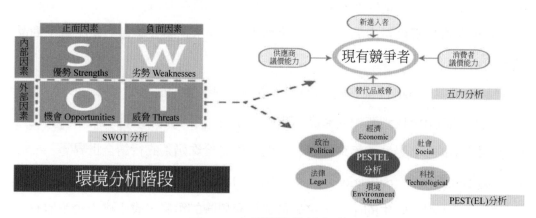

圖6-3　內外環境分析方式

此三種方法，在第五章中皆已略述，其中，SWOT分析因已詳述，故本章僅對五力分析與PEST分析加以介紹。

㈠五力分析法（five force analysis）

分析影響產業競爭的5大因素：現有產業的競爭者、潛在進入者的威脅、替代品的威脅、供應商的議價能力以及購買者的議價能力。透過這五項因素的分析，可以了解企業在競爭時的優劣點，找出本身在市場中的戰略地位。

1. 現有產業的競爭者

包括：現有競爭者的多寡、產業成長率、產業存在的超額產能、退出障礙、競爭者的多樣性、品牌權益、每單位附加價值攤提到的固定資產、廣告量的需求、是否有不同的產品。

2. 潛在進入者的威脅

包括：進入障礙、規模經濟、品牌權益、轉換成本、資本的需求、掌控通路能力、成本優勢、學習曲線、政策。

3. 替代品的威脅

包括：消費者對替代品的偏好傾向、替代品相對的性價比（price-performance ratio，俗稱CP值）、消費者的轉換成本、消費者認知的品牌差異。

4. 供應商的議價能力

包括：供應商相對的轉換成本、原料的差異化、現存的替代原料、供應商集中度、供應商垂直整合的程度或可能性、原料價格占產品售價的比例。

5. 購買者的議價能力

包括：買方集中度、談判槓桿、購買數量、買方相對的轉換成本、買方獲取資訊的能力、買方垂直整合的程度或可能性、現存替代品、消費者價格敏感度與消費金額。

㈡PESTEL分析法

PEST分析通常用來分析外在環境（**宏觀環境**）。主要針對政治（Political）、經濟（Economic）、社會（Sociological）與技術（Technological）這4大關鍵因素進行評估，可了解外在環境的變數及趨勢，進而做為制訂決策的參考。此四因素包含一切影響行業和企業的宏觀因素。

PESTEL分析是在PEST分析架構上加上環境因素（Environmental）和法律因素（Legal）演變形成的分析模型，又稱大環境分析。是分析宏觀環境的有效工具，不僅能夠分析外部環境，而且能夠識別一切對組織有衝擊作用的力量。

1. 政治因素（Political）

是指對企業具有實際與潛在影響的政治力量和有關的政策、法律及法規等因素。包括：政府的管制措施、特種關稅、專利數、財政和貨幣政策的變化、特殊的地方及行業規定、世界貨幣及勞動力市場、進出口限制、他國的政治條件、政府的預算規模、國際關係。

2. 經濟因素（Economic）

是指企業外部的經濟結構、產業布局、資源狀況、經濟發展水準以及未來的經濟走勢等。包括：經濟轉型、可支配的收入水平、利率規模經濟、消費模式、政府預算赤字、勞動生產率、股票市場趨勢、進出口因素、地區間的收入和銷售消費習慣差別、勞動力及資本輸出、財政政策、歐盟政策、居民的消費趨向、通貨膨脹、貨幣市場利率、匯率、國民生產總額變化趨勢、區域經濟差距。

3. 社會因素（Social）

是指企業所在社會的歷史發展、文化傳統、價值觀念、教育水平以及風俗習慣等因素。包括：企業或行業的特殊利益團體、國家和企業市場人口的變化、結婚數、離婚率、人口出生死亡率、居民的生活方式、當地人文節日習俗，習俗重視的與否、當地消費習慣、贈品偏好、當地人消費心理、公眾道德觀念、對環境汙染的態度、社會責任、收入差距、人均收入、價值觀、審美觀、對售後服務的態度、地區性趣味和偏好評價。

4. 技術因素（Technological）

技術要素包括與企業生產有關的新技術、新工藝、新材料的出現和發展趨勢以及應用前景。包括：企業的技術水準和競爭對手相比如何？這些技術最近的發展動向如何？哪些企業掌握最新的技術動態？公司的技術對企業競爭地位的影響如何？是否影響企業的經營戰略？企業的現有技術有哪些能應用？利用程度如何？外界對各公司技術的主觀排序為何？

5. 環境因素（Environmental）

指企業的活動、產品或服務中能與環境發生相互作用的要素。包括：企業概況（數量、規模、結構、分佈）、該行業與相關行業發展趨勢、對相關行業影

響、對其他行業影響、對非產業環境影響（自然環境、道德標準）、民眾和媒體對環保的關注程度、可持續發展空間（氣候、能源、資源）、全球相關行業發展（模式、趨勢、影響）。

6. 法律因素（Legal）

指的是企業外部的法律、法規、司法狀況和公民法律意識所組成的綜合系統。包括：世界性公約與條款、基本法（憲法、民法）、勞動基準法、公司法、競爭法、環境保護法、消費者保護法、行業公約等。

㈢核心技術與關鍵成功因素分析

利用特性要因圖（亦稱魚骨圖），說明公司擁有以5M爲核心技術與產業環境的關連性。5M說明如下：

1. 人（Man）：公司各部門的人員，知識、技能的成熟度與忠誠度等。

2. **機器**（Machines）：精密機器設備、工具，科技等應用的成熟度。

3. **原料**（Materials）：原、物料的使用，注重品質、數量、包裝的一致性。

4. **方法**（Method）：各部門的生產、採購作業、服務方法，協同一致性。

5. **測量**（Measurement）：注重測量系統與應用，並且全員品質管理。

四、行銷策略規劃（市場區隔、目標市場、定位）

在了解市場情況後，接著要進行行銷策略之規劃，首先要對品牌與產品定位，而後進行STP分析，找出目標族群。其過程如下：

1. 描繪顧客輪廓，區隔市場（S）。

2. 找出產品的賣點及目標市場（T）。

3. 定位：目標顧客、選定市場、產品賣點，提出產品獨特的價值主張（P）。

其中，S爲市場區隔（market segmentation），如依性別將整體市場區隔爲男性與女性市場。T爲鎖定目標市場（market targeting; targeting），如鎖定20～34歲女性消費者做爲目標市場。P爲定位（positioning），如某商品定位爲青少女

的清潔保養用品品牌。其關聯如圖6-4。

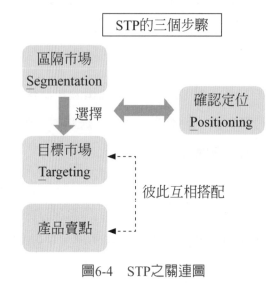

圖6-4　STP之關連圖

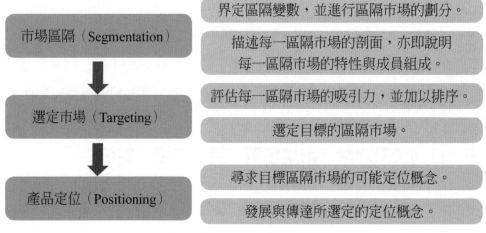

圖6-5　STP之作法

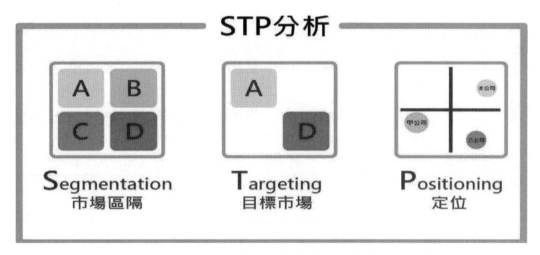

圖6-6　如何由市場區隔找出目標市場與企業定位之示意圖

㈠ S：市場區隔（market segmentation）

市場區隔最主要的目的，是要將消費者區分為不同的群體，並讓每一個子群體具有相類似的需求及特徵，以助於企業去進行分析及尋找目標客群，再分別從目標定位之要素，如價格、類型、品質等進行探討，以找到企業、品牌或產品之定位。

但市場區隔不是由產品來進行的，而是從消費者的角度進行劃分，根據消費者的需求、購買行為、動機的差異和多元來劃分，是企業進行市場定位消費者定位的重要依據，更能因此發現新的市場並有效集中目前的資源，助於提高整體經濟效益。如紅樓夢中賈寶玉所說：「任憑弱水三千，我只取一瓢飲」，即為市場區隔之意涵。

1. 市場區隔之變數

常用的市場區隔變數有四類（表6-3），分別為：

表6-3　市場區隔變數

市場區隔變數	變數
地理變數	地區、氣候、規模、季節、郵遞區號、人口密度、都市化程度、地形
人口統計變數	年齡、性別、職業、收入、婚姻狀況、家庭結構、教育程度、宗教信仰、種族、語言、住房類型、家庭生命週期
心理統計變數	個性／人格特質、生活型態、社會階級、態度、價值觀、動機
行為變數	購買時機、使用者地位、尋求之利益點、忠誠度、使用率、對產品的態度、行動度

⑴**地理（Geographic）變數**

地理變數是我們對市場所在地區的基本描述，如國家、地理區域、位置等。

常用者包括地區、氣候、規模、季節、郵遞區號、人口密度、都市化程度、地形等變數。

其中，以位置（location）最重要，尤其是實體店，店面所在位置是非常重要的。在網購普及之前，人口密度、都市化程度能決定實體通路的成敗。但現在網購盛行，這兩個因素已不再那麼重要。

⑵**人口統計（Demographic）變數**

人口統計變數是我們對人的不同分布所做的基本描述，如年齡及生命週期、性別、所得等。

常用者包括年齡、性別、職業、收入、婚姻狀況、家庭結構、教育程度、宗教信仰、種族、社會階層、省籍、國籍、語言、住房類型、家庭生命週期等變數。

其中以性別、年齡與收入是最常見的變數，因為和很多產品／服務相關，如在化妝品市場，性別是重要的區隔變數。宗教信仰市場區隔如清真認證（Halal）、猶太食品認證（Kosher）在近年來變得非常重要。

⑶**心理統計（Psychographic）變數**

心理統計變數是我們對消費者的人格特質如內向、外向、依賴、獨立、消極

或積極等的分析。

常用者包括個性／人格特質、生活型態、社會階級、態度、價值觀、動機等變數。人格特質和生活型態，會展現在態度與價值觀上，並影響追求的產品利益／特色。而小至選產品，大至選政黨，價值觀是超強力的區隔變數。如操作意識形態議題，是政客常用的宣傳手法。

⑷行為（Behavioral）**變數**

行為變數是消費者的消費習慣。

常用者包括購買時機、使用時機、使用者地位、尋求之利益點、忠誠度、使用率、對產品的態度、行動度、接受速度等變數。

其中產品使用率＝使用頻率×使用時長。所謂追求的利益，如有人購買強效的普拿疼，有人則買比較不傷身的一般性普拿疼。

2. 市場區隔之分析法

市場區隔分析進行方式，可以就前述四變數自行決定需要參考哪些變數進行分析。分析時，可根據企業自行劃分之區隔加以分析，亦可以問卷方式收集相關資料後，再加以分析。

範例1：今以某保健品為例，進行市場區隔分析。

首先，依顧客的性別、年齡層、顧客使用的功能訴求等，可先列出可能的要素如表6-4。再根據產品特性劃分出各個子市場，決定產品行銷目標。如分析結果發現該產品訴求對象為中年女性，功能訴求為提供鈣質與調節血脂。

表6-4　某保健品公司進行之市場區隔分析要素

市場別	分析要素
性別	男性、女性
年齡層	青少年、青年、中年、中老年、老年
功能訴求	增加營養、提高免疫力、提供鈣質、保護肝臟、調節血脂

同一企業，由於產品眾多，產品間亦可能會作不同的產品區隔。

範例2：以王品為例，將王品的品牌依餐飲的類型及價格，可發現每一個品牌，都位在不同的市場區隔中，如表6-5。

表6-5　王品餐飲業進行之市場區隔

價格＼餐飲類型	牛排	火鍋	鐵板料理	日式料理	其他
600元以上	王品 Wang Steak		夏慕尼 新香榭鐵板燒	藝奇 新日本料理	原燒 優質原味燒肉
300～600元	TASTY 西堤牛排	聚 北海道昆布鍋		陶板屋 和風創作料理	舒果／ita
300元以下		石二鍋	hot 7 新鉄板料理		品田牧場／Famonn Coffei

資料來源：http://www.cboss.tw/2014/08/stp.html

範例3：一公司為咖啡市場後進者，欲分析台灣咖啡市場，作為進入咖啡市場之參考。

⑴以「價格」與「方便可得」為兩軸，畫出台灣咖啡市場分布（圖6-7）。

⑵劃出幾個沒有競爭者進駐之區塊（1/2/3/4）。

⑶檢視這幾個區塊的消費者動向與自身優劣勢，判斷是否能比競爭對手更能滿足消費者。

⑷決定走哪一個區塊後，檢視此區塊中的競爭對手品牌形象與定位。

3. 有效市場區隔的準則

在進行區隔市場時，所區隔出來的市場必須符合以下幾項。

⑴**可衡量性**（Measurable）：區隔出的市場範圍是否夠具體，大小是否能衡量。這種的市場資料通常可透過相關的開放資料或是產業調查報告來取得。

⑵**足量性**（Substantial）：區隔市場之大小，例如區域內的居民數、消費能力，是否能讓企業獲利。這一部分可利用市場調查獲得估計值。

⑶**可接近性**（Accessible）：企業的產品與服務，能否進入該市場區隔。有些產品或原料，無法在當地取得，則須考慮境外輸入的成本，或有無替代品。

市場區隔：以咖啡為例

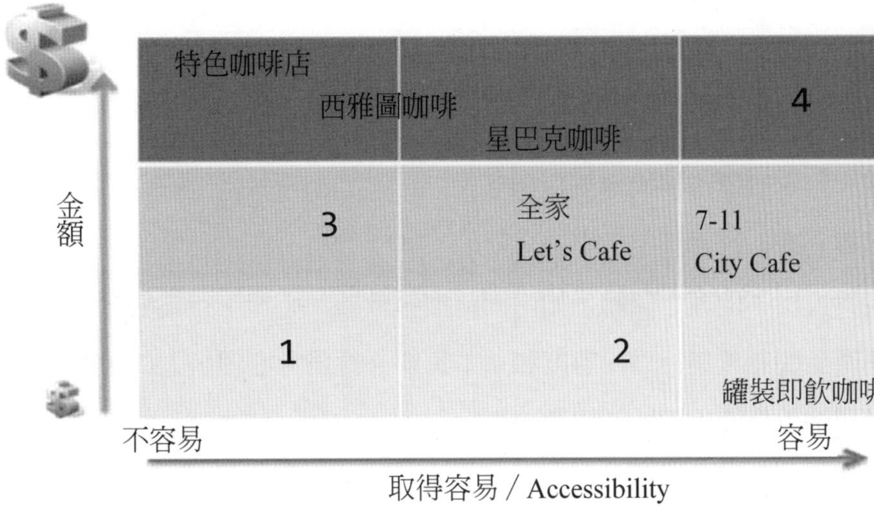

圖6-7　台灣咖啡市場之市場區隔（資料來源：https://www.brain.com.tw/news/ articlecontent？ID=1096）

⑷**可差異化**（Differentiable）：區隔出之市場與其他市場是否不同。

⑸**可行動性**（Actionable）：能否發展有用的行銷計畫以進入並占有該市場。

綜合言之，影響市場區隔吸引力的主要因素包括：市場區隔的大小、市場區隔的競爭強度、組織的資源與優勢、接觸該市場區隔的成本、市場區隔的未來成長性。

4. 市場區隔的優點

⑴行銷人員容易發覺及比較行銷機會。

⑵行銷人員可以正確地調整其產品及行銷訴求。

⑶行銷人員可以更深入地了解各區隔市場的反應差異，進而研擬更適當的行銷計畫。

細分出「相似特徵」的客群，能讓**行銷**更精準有效＝降低行銷成本。

㈡T：鎖定目標市場（market targeting; targeting）

從市場區隔中，選擇一個或多個群體，作為行銷的目標受眾（Target Audience, TA）的過程。

常用的鎖定目標市場操作流程如下：

先根據心理、行為選定市場→

檢視與人口、地理之關聯，如由網路搜尋數據（心理＋行為變數）→

透過產品問卷蒐集行為、態度和基本資料（行為、心理、人口變數）→

透過網站蒐集使用者地理變數→

交叉分析這些變數→

得到目標市場之輪廓（圖6-8）。

一般多選擇人數最多、購買意願最高的一個或多個群體。

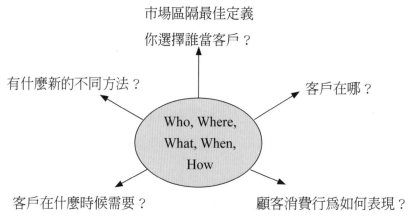

圖6-8　市場區隔之解析

1. 目標市場的選擇策略

通常有五種模式供參考：

⑴市場集中化

選擇一個細分市場，集中力量為之服務。較小的企業一般這樣專門經營市場的某一部分。集中市場可使企業深入了解市場的需求特點，採用針對的產品、價

格、管道和促銷策略，從而獲得強有力的市場地位和良好的聲譽。但也隱含較大的經營風險。

⑵產品專門化

集中生產一種產品，並向所有顧客銷售這種產品。例如台灣曾出現的葡式蛋塔店，只做一種產品，但一旦出現其它品牌的替代品或消費者流行的偏好轉移，企業將面臨巨大的威脅。

⑶市場專門化

企業專門服務於某一特定顧客群，盡力滿足他們的各種需求。例如飯店專門為老顧客提供各種家鄉菜（如福州菜、上海菜）。企業專門為這個顧客群服務，能建立良好的聲譽。但一旦這個顧客群的需求量降低，企業要承擔較大風險。

⑷有選擇的專門化

企業選擇幾個細分市場，每一個對企業的目標和資源利用都有一定的吸引力。但各細分市場彼此之間很少或根本沒有任何聯繫。這種策略能分散企業經營風險，即使其中某個細分市場失去了吸引力，企業還能在其他細分市場盈利。

⑸完全市場覆蓋

企業力圖用各種產品滿足各種顧客群體的需求，即以所有的細分市場作為目標市場。一般只有實力強大的大企業才能採用這種策略。

2. 目標市場的選擇後之行銷策略

一般市場區隔選擇後，依其涵蓋範圍可分為三種行銷策略：無差異、差異化及集中行銷策略。企業要獲得相對的競爭優勢，就必須做出策略選擇；企業若未能明確地選定一種策略，就會處於左右為難的窘境。

⑴**無差異行銷**。又稱大量行銷，消費者需求沒有很大的差異，該市場又稱大眾市場。

此行銷方式視整個市場為同質性市場，公司對整個大眾市場只提供一種標準化的商品或服務，以單一行銷組合策略滿足整個市場。具體的做法通常是靠規模化經營來實現，透過提高效率，降低成本。

但規模化經營會妨礙產品的更新，加上產品若易於製造，新進入者和追隨者

易於模仿產品。同時，當企業集中精力於成本時，很可能會忽視消費者的心理需求和市場的變化。

⑵**差異行銷**。選擇兩個以上的市場區隔，強調人們需求的差異性。針對每種市場分別設計不同產品與行銷計畫。

此行銷方式為利用價格以外的因素，讓顧客感覺有所不同。而企業將做出差異所需的成本（改變設計、追加功能）轉嫁到定價上，所以售價變貴，但顧客願意為該項差異支付比對手高的代價。此類產品首要考量為其特色，成本和價格反而放在第二位考慮。此特色可能是獨特的設計和品牌形象，也可能是技術上的獨家創新，或者是客戶高度依賴的售後服務，甚至包括別具一格的產品外觀。但產品的獨特性和市場占有率相衝突，二者不可兼顧。隨著市場占有率的擴大，產品的特殊性一般將隨之下降。

⑶**集中行銷**。廠商資源有限，在兩個或以上之區隔市場中，僅選擇一個具獨特屬性之市場區隔，或其他廠商看不上眼的次要市場，集中全力經營此市場。

此行銷策略是將資源集中在特定買家、市場或產品種類，專門滿足特定對象或特定細分市場的需要，通俗講法就是市場定位。此類企業或許在整個市場上並不占優勢，但卻能在某一較為狹窄的範圍內表現突出。

與差異行銷的差異為集中行銷是以顧客角度經營，差異行銷則是站在企業角度經營。一般採用集中策略的公司，因為把自己的生產資源和精力放在特定的目標市場，所以在整體市場占有率上，有其先天上的限制。而鎖定分眾市場的公司與大範圍提供服務的公司，兩者之間的成本差距如果過大，將使得目標集中公司失去成本優勢，或失去特色優勢。而且，隨著時間的流逝，當原本確定的目標顧客與其他客戶逐漸趨同、當針對特定目標提供特色服務的需求不再時，細分客戶市場就會失去其意義。

⑷**個人行銷／一對一行銷**。此為市場區隔化行銷的最終層次，通常規模較小，屬於寡眾市場。針對市場客戶層之個人需求，提供客制化的產品與服務。比如為單一女性顧客量身打造的專屬減重飲食即是最顯著的例子。若讓顧客參與設計、研發，即由客製化提升為顧客化。

㈢ P：產品／品牌定位（positioning）

選定目標市場後，就可以為產品定位。產品／品牌定位即市場定位、價值主張、獨特賣點、差異化策略。定位是基於目標客群、競爭者、規模等市場分析資料，再加上企業的核心能力所訂出的。

1. 產品定位的步驟

產品定位的步驟如下：辨認競爭產品品牌→辨認目標客群，以界定產品品牌間差異的定位基礎→了解目標客群對各個品牌間相對位置的知覺→找出產品知覺圖的構面，以便解讀產品知覺圖→找出目標客群的理想點→尋求可能的定位位置→選定產品定位位置。

2. 產品知覺圖（product perceptual map）

或稱產品定位圖（圖6-9），係將最重視的兩個利益作為X、Y軸，對競爭產品進行評分。

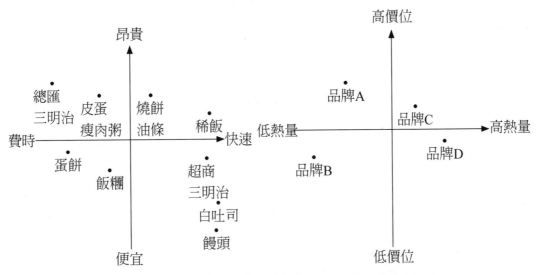

圖6-9 早餐市場產品知覺圖（左為定位基礎，右為品牌）

透過產品知覺圖有助於了解各競爭產品與品牌在消費者的心目中的地位，或不同的印象，進而可以進一步選擇自己的定位或市場切入定位，或是分析後該如

何調整或重塑。

　　產品知覺圖有兩大要素：定位基礎（圖6-9左圖）與品牌（圖6-9右圖）。

3. 定位關聯圖

　　又稱定位基礎圖（圖6-10），是由屬性與功能、利益與用途、品牌個性、使用者、競爭者五大構面中挑選兩種項目作為X軸與Y軸，於是可將市場切成四大區塊，軸線的距離也可代表程度的差別，再把各品牌的相對位置放入，即可進行定位上的分析與解讀。

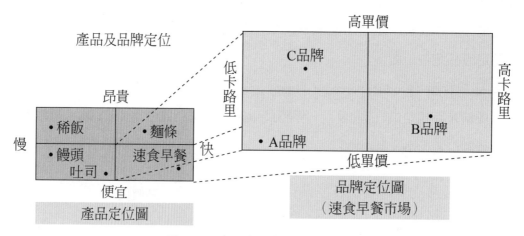

圖6-10　產品與品牌定位關聯圖

4. 品牌定位

　　另外，品牌定位亦可由黃金三角中推求。此三角由產品、市場、需求三者，並加上5W1H組成（圖6-11）。5W即who、what、why、when、where，1H即how。

　　在產品定位上，藉由以下兩問句出發：

　　What：本產品或品牌可以成為唯一的優勢？

　　How：要如何成為這一個唯一？

　　在市場定位上，藉由以下兩問句出發：

　　Who：主要的消費族群是誰？

　　Where：期望的市場範圍目標在哪？

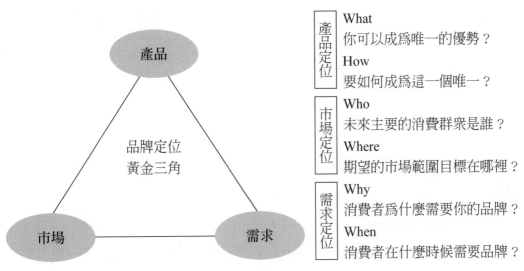

產品定位
What
你可以成為唯一的優勢？
How
要如何成為這一個唯一？

市場定位
Who
未來主要的消費群眾是誰？
Where
期望的市場範圍目標在哪裡？

需求定位
Why
消費者為什麼需要你的品牌？
When
消費者在什麼時候需要品牌？

圖6-11　品牌定位黃金三角

在需求定位上，藉由以下兩問句出發：

Why：消費者為何需要你的品牌？

When：消費者在什麼時候需要此品牌？

五、行銷組合

㈠4P

　　找出目標族群後，會利用4P以找出最佳之行銷組合。如前所述，在市場行銷組合中，4P分別是產品（product）、價格（price）、通路（place）、促銷（promotion）。

　　1.產品（product）：包括產品的品質、品牌、服務項目、使用時機、包裝。

　　發展設計適合企業提供給目標市場的產品或服務，如開發色香味俱全的新產品，在包裝上良好設計，使消費者滿意。

　　2.價格（price）：包括定價、顧客認知價值、折扣、付費方法、贈品優惠。

訂定適當價格（零售價、批發價、折扣等）以迎合消費者，如開發新產品比同類產品便宜，並能刷卡消費。

3. 通路（place）：銷售通路、銷售地點、易達性、範圍、存貨、運輸設施。

運用不同的配銷通路，將產品或服務送達目標市場，如開發的新產品除便利商店均上架，使消費者容易購買外，並用網路宅配通路，使消費者不用出門就可購買。

4. 促銷（promotion）：行銷方式、廣告、宣傳、公共關係、直銷。

利用各種廣告、人員銷售等促銷技巧，宣導產品的優點，增加產品或服務於目標市場的銷售量，如使用電視廣告，報章雜誌大舉曝光，並推出半年的買一送一優惠活動。

㈡由4P到4C到4R再到4V

4P行銷組合策略係1960年代提出，該理論認為一個成功和完整的市場行銷活動，包含適當的產品、適當的價格、適當的通路和適當的促銷手段，將適當的產品和服務投放到特定市場的行為。

消費者（consumer）、成本（cost）、方便性（convenience）、溝通（communication）之簡稱為4C。4C指四種行銷觀念，其內容已如前段所述。

4C理論是1990年提出的，是以消費者需求為導向，重新設定市場行銷組合的四個基本要素。強調企業應把消費者的滿意放在第一位（consumer），其次是降低消費者購買成本（cost），並要注意消費者購買過程的便利性（convenience），而不是從企業的角度來決定銷售通路，最後還應以消費者為中心實施有效的溝通（communication）。與產品導向的4P理論相比，4C理論有了很大的進步，它是消費者導向，以追求消費者滿意為目標，這也越貼近消費者在行銷中越來越居主動地位的市場現況。也可說4P是以生產者角度行銷，而4C是以消費者角度行銷。

本質上，4C是行銷理念和標準，4P是行銷的策略和手段，屬於不同的概念

和範疇。4C所提出的行銷理念和標準最終還是要藉由4P為策略和手段來實現的。因此，行銷組合可由4P擴散至4C，如圖6-12，而行銷組合4P與4C的影響則如圖6-13。

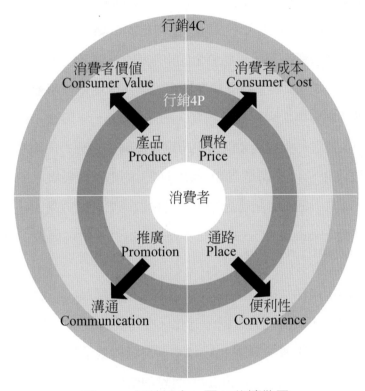

圖6-12　行銷組合4P至4C的擴散圖

互動性（interactivity）

企業 角度	產品 （product）	價格 （price）	通路 （place）	促銷 （promotion）

品牌（brand）

社群（community）

消費者 角度	消費者 （consumer）	成本 （cost）	方便性 （convenience）	溝通 （communication）

個人化（individualization）

圖6-13　行銷組合4P與4C的影響

4R指關聯（relevance）、反應（reaction）、關係（relationship）、回報（reward）。

4R理論為2000年左右提出的。其以關係行銷為核心，重在建立顧客忠誠。該理論強調企業與顧客應建立長久互動的關係（relevance），以防止顧客流失，贏得長期而穩定的市場。其次，面對迅速變化的市場，企業應傾聽顧客意見，及時發現顧客的期望與不滿及可能發生的市場變化，並建立迅速反應機制（reaction）。另外，企業與顧客間建立長期穩定的關係，從銷售轉變為對顧客的責任與承諾，以維持顧客再次購買的忠誠度（relationship）。最後，企業應追求市場回報，並當作企業進一步發展和保持與市場建立關係的動力與源泉（reward）。

4R不是取代4P、4C，而是在4P、4C基礎上的創新與發展，所以三者不可割裂開甚至對立起來。把三者結合起來，可能會取得更好的效果。

4V指差異化（variation）、功能化（versatility）、附加價值（value）、共鳴（vibration）。

4V理論為2010年左右提出的。因為近年來網際網路、移動通訊工具和新的資訊技術不斷出現，使溝通的管道多元化。在這種背景下，出現4V行銷理論。該理論首先強調企業要實施差異化行銷，使自己與競爭對手區別。其次要求產品或服務有更大的功能化（versatility）與附加價值（value）。最後希望透過品牌、服務等以獲得消費者的共鳴（vibration）。

(三)由4P到6P或7P

1. 6P

強勢行銷：在4P的基礎上，加上政治權力（political power）與公共關係（public relation）形成新的6P行銷策略組合。即要運用政治力量（如民意代表、政府機關、公會、環保團體、公益團體）和公共關係，打破國際或國內市場上的貿易壁壘，為企業的市場行銷開闢道路。

2. 7P

亦有在4P行銷組合中，再加入3個元素，於是形成7P（圖6-14，表6-6）。

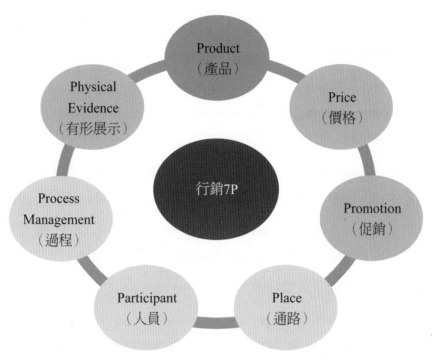

圖6-14　行銷7P

表6-6　行銷7P組合之內涵

要素	內容
產品	品質、水準、品牌、服務項目、保證、售後服務
價格	折扣、付款條件、顧客認知價值、質量價格比、差異化
通路	所在地、可及性、分銷管道、分銷範圍
促銷	廣告、人員推銷、宣傳、公關、形象促銷、業務推廣
人員	態度與行為、可靠性、負責、溝通、顧客參與
過程	員工決斷權、活動流程、顧客參與度
有形展示	環境設計、設備設施

⑴人員（participant/people）

指態度與行為、顧客關係經營模式。

意指人為元素，扮演著傳遞與接受服務的角色，分別指服務人員與消費者。服務人員非常重要，其可完全影響消費者對企業服務品質的認知與喜好。因此，服務人員的品質便成為產品的一部分。企業必須特別注意服務人員品質的培養與

訓練，時時追蹤其表現。尤其是服務業，人員素質參差不齊，服務表現的品質就無法達到一致的要求。人員也包括未消費的顧客，因此企業不僅要處理與已購消費者的互動關係，還得兼顧未購消費者的態度。

⑵**過程**（process management）

指顧客體驗、購物流程、活動流程。

這裡的過程是指，顧客獲得服務前所必經的過程。例如，若顧客在獲得服務前必須排隊等待，那麼這項服務傳遞到顧客手中的過程，時間的耗費即為重要的考慮因素。行銷人員必須了解「排隊」與「等待中所耗掉的時間」能否被顧客接受。因此，消費者對速食店與高級餐廳的服務過程一定不同。

⑶**有形展示／服務環境與氛圍**（physical evidence）

指環境設計、設備設施。

有形展示的重要性在於顧客能從中得到可觸及的感受，以體認你所提供的服務品質之氛圍。經由展示商品或服務可使所促銷的東西更加貼近顧客。因此，最好的服務是將無法觸及的東西變成有形的。而服務環境本身（如外觀、裝潢、擺設、配置等）也是顧客評估服務程度與品質的依據，特別是傳統店面、餐廳、旅館等。總之，服務環境就是產品本身不可或缺的一部份。

從行銷過程上來講，4P注重的是宏觀層面上的過程，從產品的誕生到價格的制定，然後透過通路和推廣使產品到達消費者手中，這樣的過程是粗略的，並沒有考慮到行銷過程中的細節。相較之下，7P則增加了微觀元素，注重行銷過程中的一些細節。如考慮到了顧客購買時的等待，顧客本身的消費知識，以及顧客對於消費過程中所接觸人員的要求。

行銷理論日新月異，行銷方式更是光速式的發展，今將4P與各相關理論彙整如下，以利讀者方便比較（表6-7）。

表6-7 4P→4C/4V/4I/4R/4S

4P	Product 產品	Price 價格	Place 地點	Promotion 促銷	消費者需求
4C	Consumer 消費者	Cost 成本	Convenience 方便性	Communication 溝通	消費者利益觀點
4V	Validity 效能	Value 價值	Venus 轄區	Vogue 時尚	競爭者觀點
4V	Variation 差異化	Value 附加價值	Versatility 功能化	Vibration 共鳴	差異化觀點
4I 網路 行銷	Interesting 趣味性	Interests 利益	Individuality 個性化	Interaction 互動性	網路創新
4R	Relevance 關聯	Reaction 反應	Relationship 關係	Reward 回報	
4S 社群 行銷	Sense 認同感、感知	Service 服務	Speed 速度	Social network 社群	
4S	Satisfaction 滿意度	Service 服務	Speed 速度	Sincerity 誠意	消費者心占率行銷 導向

五、消費者行為分析

在進行行銷策略之規劃，找出目標族群的同時，往往也會進行消費行為者的分析。

由於教育的普及，知識水準的提升，各種新興媒體的出現，人與人溝通方式的不斷改變，因此消費者的行為已不如以往的單純。因此企業經營者必須要對消費者進行研究，以找出產品之主要消費對象。

一般最傳統方式為利用5W1H進行食品消費特性分析，有學者將其衍生成市場七個O：

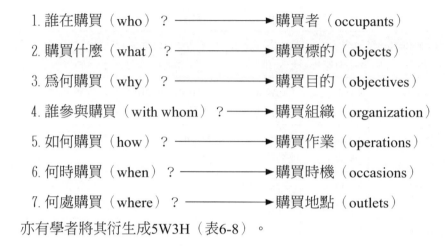

1. 誰在購買（who）？ ──────→ 購買者（occupants）

2. 購買什麼（what）？ ──────→ 購買標的（objects）

3. 爲何購買（why）？ ──────→ 購買目的（objectives）

4. 誰參與購買（with whom）？ ──→ 購買組織（organization）

5. 如何購買（how）？ ──────→ 購買作業（operations）

6. 何時購買（when）？ ──────→ 購買時機（occasions）

7. 何處購買（where）？ ──────→ 購買地點（outlets）

亦有學者將其衍生成5W3H（表6-8）。

表6-8　消費者情報掌握與分析（5W3H）

類別		情報的意義	分析內容
5W	Who	誰在購買？誰主導購買？	客層分析
	What	購買什麼商品或服務？	商品別分析
	Why	爲何購買？	購買動機分析
	When	何時購買？	時間點分析
	Where	到何處購買？從何處來？	商圈分析
3H	How to	如何來？	交通工具分析
	How much	購買金額？	客單價分析
	How many	購買數量？	商品數分析

　　不論用哪種方式進行消費行爲者的分析，其目的主要在了解對企業所安排的各種行銷，消費者的反應爲何？以找出該企業商品之主要消費對象，進行行銷活動之設計。

六、行銷的執行與管理

　　在行銷策略與對象決定後，就要開始決定執行策略，並制定行銷計畫。而公司的各部門，如生產、人事、財務、企劃等的活動，就可依此計畫開始展開。同

時，在計畫告一段落後，尚要進行結果檢討，做為下一次策略之改善依據，以形成PDCA迴圈。

行銷策略即是從企業目標往下展開的其中一個環節，一般而言，行銷策略目標可分成4種主要的目標：1.被更多潛在客群找到。2.讓更多潛在客群知道你的存在。3.提高產品銷售量／金額。4.吸引更多客戶回訪（圖6-15）。

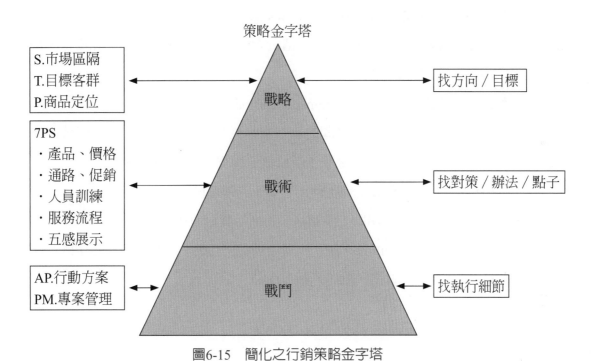

圖6-15　簡化之行銷策略金字塔

近年來網路行銷形成另一種熱門的行銷方式。所謂網路行銷即是用電腦媒體環境做多對多的行銷模式，消費者可由網站獲得產品資訊，再直接由網路訂購或進行產品訊息溝通，購買商品完全不用出門。其互動方式可分為下列方式。

1. 企業對企業（B2B）（Business to Business）

英文中的2的發音同to。B2B是指進行電子商務交易的供需雙方都是商家（或企業、公司），雙方使用Internet的技術或各種商務網路平台，完成商務交易的過程。知名的B2B電商平台包括中國阿里巴巴集團的1688、台灣經貿網、Ebay Business Supply平台。

2. 企業對消費者（B2C）（Business to Customer）

B2C電商平台是目前最為大眾熟知的零售電子商務模式。這種形式的電子商務一般以網路零售業為主，主要藉助於網際網路開展在線銷售活動。此平台媒合企業與消費者，企業在平台上提供商品或服務給消費者，而消費者也可以利用平台搜尋喜歡的商品，Amazon、天貓都是經營B2C電子商務的網站。

3. 消費者對企業（C2B）（Customer to Business）

C2B電商平台是以消費者為核心，消費者根據自身需求訂製產品和價格，廠商生產消費者所需要的商品。

4. 消費者對消費者（C2C）（Customer to Customer）

C2C電商平台則是以消費者間的互相交易為主，而電商平台則主要負責管理、匯流資訊。知名的 C2C電商平台有 Ebay、淘寶、Yahoo拍賣等。

電子商務在這四個模式下還衍伸出了不少的營運模式，如：

1. B2B2C（電商平台串聯上游廠商，將商品賣給消費者）。

2. O2O（Online to Offline，線上消費帶動線下活動）。只要產業鏈中既可涉及到線上，又可涉及到線下，就可通稱為O2O。

第三節　業務目標

行銷與業務直接或間接地牽動與影響生產計畫與生產管制的因素有八大項：通路分配、品項分配、回饋方案、特殊檔期、長假方案、競爭方案、廣告企劃、銷售計畫。以下逐一說明它們與生產的直間接關係。

一、通路分配

通路可以依通路階層數目區分如圖6-16。

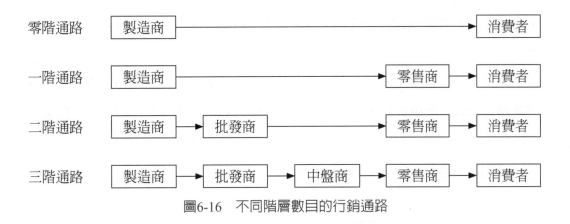

圖6-16　不同階層數目的行銷通路

㈠分配地點

透過業務單位向生管單位下的訂單，運輸單位會將產品配送到下列三個主要地點：

1. 直營單位：這個單位所有編製組織都屬於總公司的業務單位。

2. 經銷商：一般經銷商是獨資的業者不屬於總公司（有些經銷商也有總公司入股合作）。

3. 統倉物流中心：一般大型量販或連鎖超市都有自己的統倉物流中心。

㈡一般通路

公司的產品透過營業單位或統倉物流中心，再配送到下列一般通路後，再轉到消費者手中。主要包括：1.批發市場；2.農貿市場（市集）；3.傳統市場；4.量販店；5.超級市場；6.連鎖便利商店（Convenient Store, CVS）；7.餐廳；8.福利總處；9.合作社；10.副食供應站（軍隊）。

以上各通路交易方式都不同，有些以現金交易，有些以按月結算。

㈢特殊通路

除了一般通路項中的各式通路外，前述分配地點項中的營業單位也會將產品配送到特殊指定通路。包括：特定娛樂場所（如KTV）、宗教活動團體、感化

中心。以上三個特殊通路，比一般通路少了一層銷售層，所以銷售價格跟一般通路不同。

業務單位在年度銷售計畫中須觀察與評估上述通路中各產品的銷售計畫及這些通路在未來一年中與公司的互動關係，進而估算出各季度生產的品項與數量。

二、品項分配

一個公司不能只有一個產品，必須在不同的地區針對不同的年齡層，不同的消費需求提供不同款式的產品。可是，如何推出最適合的組合以達到最有利的收益，是行銷與業務單位的最主要的課題。產品組合與內容，必須考量生產線的能力與後勤支援能力。這必須在規劃前進行多次的產銷協調。不可閉門造車，天馬行空的規劃。

為了滿足消費者的需求，以及考慮前述的狀況，行銷與業務單位對產品規格的規劃必須考慮以下項目：

㈠ 包裝種類與大小

產品性質與需要的加工條件不同，也需要不同的包裝。

外銷及遠洋漁業的業者適合鋁鐵罐包裝，紙盒較適合短程，高單價場所。

對同一種產品，針對不同的消費者會有不同大小的包裝。例如，1000cc以上的果汁，適合餐廳與家庭；500cc則適合上班族；250cc或更小包裝則適合小學或幼教安親班。

㈡ 強弱搭配

基於市場上的需求，一個公司的產品不可能只有單一項產品。對同一包裝也有不同的品項。例，葡萄汁、柳橙汁、芒果汁、鮮奶等。每一個地區，每一種銷售通路，對同一種包裝或類型的產品都有它不同的需求量。

行銷業務單位須依照各品項的需求量與利潤做出規劃，必要時淘汰或替換。

對同一通路也要規劃弱勢產品配合強勢產品動作。計算出需求計畫提供給工廠。

㈢季節產品

　　隨著季節與節氣的不同，市場對產品需求量也會有不同。冬夏季節變化明顯，產品品項與需求量也會有變化。有些因應節氣，如端午、中元、中秋、冬至、過年，也會有特殊與明顯的需求變化。

㈣常溫、冷藏、冷凍

　　常溫、冷藏與冷凍品有下列幾點的不同：1.保存期限；2.生產線設備；3.加工條件；4.倉儲空間與條件；5.運輸條件；6.交易條件；7.行銷通路；8.其他。

　　因此，行銷與業務對此三類品項的需求也需不同。

　　不同的消費群在不同時段會有不同的需求。行銷業務單位須做好規劃以利工廠做好生產計畫，讓後勤單位做好原物料與人力的供需準備對市場做最有力的支援。

三、買賣方式與回饋方案

　　市場通路上的經營策略中包含了對通路商做不同的買賣方式與回饋方案。這些所增加出來的生產量，對業務單位是不計算在營業額中的。但對生產單位卻是實際要生產的。在業務單位與通路商之間的買賣與回饋不外乎下列幾種。

㈠買斷與包退

　　所謂「買斷」就是買賣金額＝進貨數量×進價計算。產品屆期或過期都不退貨。但，產品異常另計。

　　「包退」就是買賣金額＝銷貨數量×進價計算。不管進貨多少，依合約屆期或到期的產品由供應商自行回收或由通路商代為處理。

㈡經銷與通路搭贈

所謂「搭贈」就是公司在出貨時除了訂單的貨量外，另外再贈送一些產品。數量則依雙方協議訂定。

㈢折讓

「折讓」就是，依買賣雙方協議，對出貨價格做一定比例之折讓。

㈣通路促銷

經銷貨通路商在某種情況下會要求供應商做定期或不定時的促銷。促銷方式有各型各色。不論如何，工廠出貨量一定會增加（銷售量不一定增加）。

㈤新產品推廣搭配

新產品上市一定會遭遇到磨合期，為了縮短磨合期並達到預期效果，行銷業務單位一定會對新產品做出推廣動作。這些動作絕對會影響到工廠的運作。

四、特殊檔期

在一年當中，社會上一定會有一些特殊節慶或事件，而這些活動也會造成產品供給的波動。對定期或例行的活動，行銷及業務單位應將這些影響所帶來的銷售量波動事先做評估。

對於突發事故則需有歷史經驗的數據準備。如周年慶、重大節日、團體活動、災變前後（颱風、地震）。

五、長假方案

一般而言，學校的寒暑假期間，銷售生態會有很大的轉變。學生的團膳午餐

及福利社銷售量會明顯的下降。以小包裝產品爲主，低糖產品也會減少。

反觀學生因放長假在家中用餐次數增加，大包裝的家庭用產品銷量會增加。

另外，遊憩區的銷售量也會提高。甜食產品銷售量增高（表6-9）。

表6-9　學校長假之產品銷售數量效應（參考）

	小包裝	大包裝	團膳	低糖	甜食
學　校	↓		↓	↓	
家　庭	↑	↑		↑	↑
遊憩區	↑	↑		↑	↑

六、競爭方案

不同的公司對相同或相類似的產品一定會在市場上碰面，當然也避免不了競爭。行銷業務單位的工作職責之一就是要透過各種的方法以增加本身公司產品的銷量。競爭手法包括下列幾種。當然，再次強調，任何手法都會直間接影響工廠的產量。

1. **促銷潛規則**：在通路上，通路商或賣場爲公平起見，除非條件或狀況特殊，一般會讓兩個旗鼓相當的公司對同類產品做輪流性的促銷活動，這也是一種有默契的潛規則。

2. **拔樁**：業務單位會依狀況對競爭對手公司的經銷商提出更有利的條件，讓競爭對手公司的經銷改賣本公司的產品。這叫拔樁。

3. **正面交鋒**：在某些沒有潛規則的通路或賣場，兩競爭公司爲了增加業績常會用盡各種方法打擊對方。稱爲正面交鋒。

4. **副品牌策略**：所謂副品牌是指對同一產品A，設計生產出另一品牌B。

B就是A的副品牌。副品牌的特色就是品質相同，售價偏低。

副品牌的功能很多。主要是用低價位來與市場上其他品牌低價位的同類產品

競爭，以區隔原有高價位的市場地位與利潤。

七、廣告企劃

對於一個資金足夠的公司，為了讓產品在市場占有率上提升，行銷企劃單位就會執行廣告企劃，以達成公司的年度目標。在做廣告企劃之後，一定會有產量增加的效應。在做廣告企劃時的幾個與生產量有關的重點如下。

1. **檔期與時段**：在何時推出？哪個節日或時間推出需依產品特性，消費對象及經費預算做考量。

2. **媒體種類**：常見的媒體有電視、電影，平面媒體如報章雜誌、網路等。

3. **回溯效應分析**：廣告推出後的回饋反映及回溯效應也應做統計分析。以利產品方向的修正。

八、銷售計畫

㈠年／季／月計畫與目標

行銷業務單位在公司最高層做出年度目標後，再依照上述各考量，依各品項、各包裝別分別做出年、季、月的計畫與目標。在這計畫中當然也會依照直營，經銷等對不同通路的銷售量。這些數字統計好之後，展開與工廠及其他部門的協調。

㈡新產品上市計畫

行銷單位對年度預定的新產品計畫，在上市前必須執行的工作。包括市場調查、產品定位、包裝設計、宣傳、上市時間、舖貨計畫、原物料準備時間、試車、利潤推算、安全性檢驗、其他。

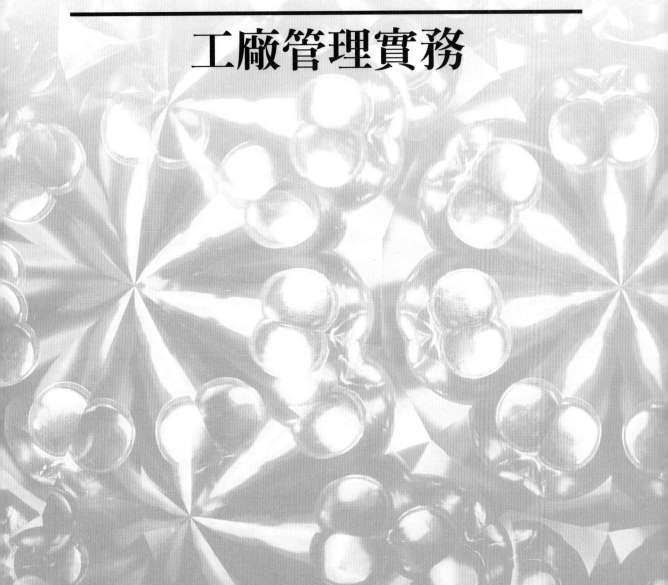

第二篇

工廠管理實務

第七章

生產管理
(Production management)

廣義的生產管理主要內容包括本書第二篇管理實務中的生產計畫、製程管理、生產管制、行政後勤管理（請採購作業、原物料管理、成品與出貨管理）、人員及資源管理，以及第三篇品質管理實務中的品質管理與衛生管理。幾乎占去本書絕大部分的篇章。

本章僅就生產管理（Production Management）基本定義與概述加以說明，其餘較詳細部分則分見其後之各章。

第一節　總論

一、概論

一般生產管理的執行者為工廠或負責生產的部門。生產管理的範圍非常廣。基本上，與生產有關係的任何人、事、物（原料）、財（資金）都屬於生產管理範圍。

但一般教科書在討論生產管理時，是以較狹義的生產管理做為討論之項目。因此，一般生產管理涵蓋內容就僅指：生產計畫、製程管理、生產管制等三項。

1. 生產計畫包括：預測及產品計畫，新產品開發，產品設計、編制生產計畫、生產技術準備計畫和生產作業計畫等。

2. 製程管理與生產管制包括：製造途徑安排，製造日程安排，工作指派單，進度跟催、控制生產進度、生產庫存、生產品質和生產成本等。

實施工廠管理主要在追求高品質、低成本、交期準，以提高生產效率，創造工廠利潤。

二、生產管理的意義與目的

　　生產管理（production management）乃是運用資源去製造有價值的產品與服務之過程管理或系統管理。所謂資源，就是人力、物力（土地、設施、生產設備、原料等）與財力（資金）。是對企業生產系統的設定和運行的各項管理工作的總稱。又稱生產控制。

　　由於生產管理是一種有計畫、有組織、控制生產活動的綜合管理活動，其內容包括生產組織、生產計畫以及生產控制和統籌。若僅是其中之一或是之二的管理則被視作為生產管理的部分管理。

　　生產管理的目的，是為了在規定的時期、僅以規定的量去高效率地生產高品質的產品。但必須注意的是生產管理是企業達成目標之手段而不是目的。

三、生產管理的目標

　　1. 確保生產系統的有效運作，全面完成產品品項、品質、產量、成本和交易期等各項要求。

　　2. 有效利用企業的製造資源，不斷降低物耗與生產成本，縮短生產週期，減少在製品占用的生產資金，以不斷提高企業的經濟效益和競爭能力。

　　3. 為適應市場、環境的迅速變化，要努力提高生產系統的彈性，使企業能根據市場需求不斷推出新產品，並使生產系統適應多元化生產，能夠快速的調整生產，進行品項更換。

四、生產管理要素

　　管理學家E.S. Buffa認為「生產管理要以最低成本」提供適時、適量、適值的產品或服務。

　　生產管理的五個要素：1.生產廠房；2.生產設備；3.生產技術；4.生產人

員；5.生產資金。

　　「成本」一直是早期管理觀念中非常重要的要素，隨著資訊與知識的發展，21世紀的現代社會很多產品已經不將成本列為第一考量。

　　對食品而言，「食品安全」才是第一優先考量的要素。由這個理念延伸，生產管理要素就是完整執行生產管理的內容。

第二節　生產管理與過程管理

　　過程（process）是由輸入（input）、輸出（output）與過程活動（activities）所組成（圖7-1）。將一個過程視做基本單元（basic unit），若系統由多個過程組成，則稱此系統為過程系統（the system of process），因此，過程之定義應可延伸如圖7-2。生產系統應該採用過程為其基本單元，以方便管理。

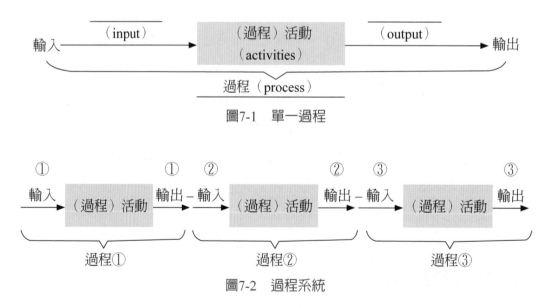

圖7-1　單一過程

圖7-2　過程系統

　　所謂系統（system）乃一連串彼此互相關聯（分工與合作）的過程所組成。可依結構分成兩種：封閉式系統（closed system）與開放式系統（open system）（圖7-3）。

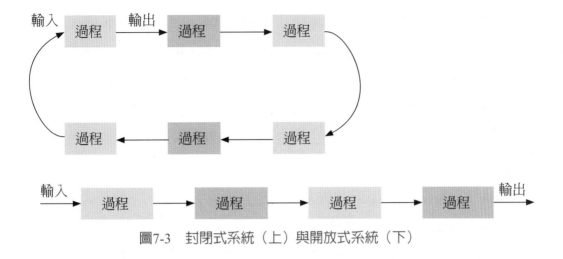

圖7-3　封閉式系統（上）與開放式系統（下）

　　管理是科學與藝術綜合的學問，人、事、物之管理以「人」為第一優先，「人」管成功了，則「事在人為」，便不會做錯的「事」，其成果由屬「物」的產品滿足顧客的需求，使企業獲得利潤而得以永續經營。

　　管理的內容，可以目標管理循環，或稱戴明循環（Deming Cycle）加以說明。

　　目標管理循環（PDCA Cycle）是戴明博士（Dr. W. Edwards Deming，1900～1993）在1950年於日本講習時所介紹的一項管理理念。最初應用於品質管理的手法，後來擴及企業各階層的管理思維及行動層面上，並經由不斷的改進而成為知名的戴明循環（Deming Cycle）（圖7-4）。

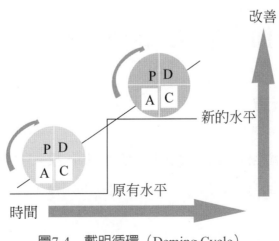

圖7-4　戴明循環（Deming Cycle）

　　PDCA循環，就是由規劃（Plan, P）、執行（Do, D）、檢核（Check, C）及行動（Act, A）四大步驟過程所構成，一個循環結束，再進行下一個循環，周而復始，不斷向前。

　　有人稱為戴明循環（Deming Cycle）或戴明轉輪（Deming Wheel）。

　　P規劃（Plan）：分析現狀找出問題、訂定影響因素及因應（當有問題來的時候）。

　　D執行（Do）：執行因應措施。

　　C檢核（Check）：檢核結果。

　　A行動（Act）：彙整經驗、訂定標準、將未解決或新問題及提升期望納入下一循環。

　　這種管理改進模式對生產管理非常有效。

　　其重點在於：

　1. 定義過程與過程活動。

　2. 建立並規劃過程與過程間輸出與輸入之介面標準（P）。

　3. 依規劃之作業程序，落實執行並加以督導與監控（D）。

　4. 查核並評估過程之輸出是否已要求達到要求（C）。

　5. 採取行動進行不斷的過程改善，並建立標準作業程序（A）。

第三節　生產系統型態與常見問題

一、生產系統概念

　　所謂生產系統就是依照企業政策所訂定之目標，投入所需資源經各種計畫管理及加工生產後將合格產品安全地送到銷售通路的過程（圖7-5）。

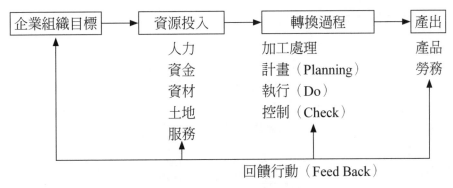

圖7-5　生產系統關係圖

要做好生產管理首先要建立工廠管理之體系，如圖7-6。

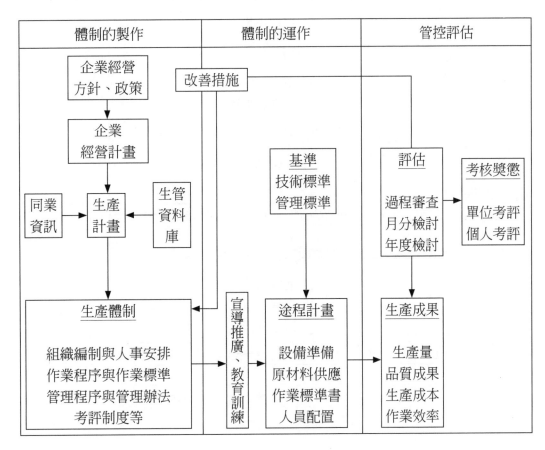

圖7-6　工廠管理體系

完整的生產管理流程如圖7-7。

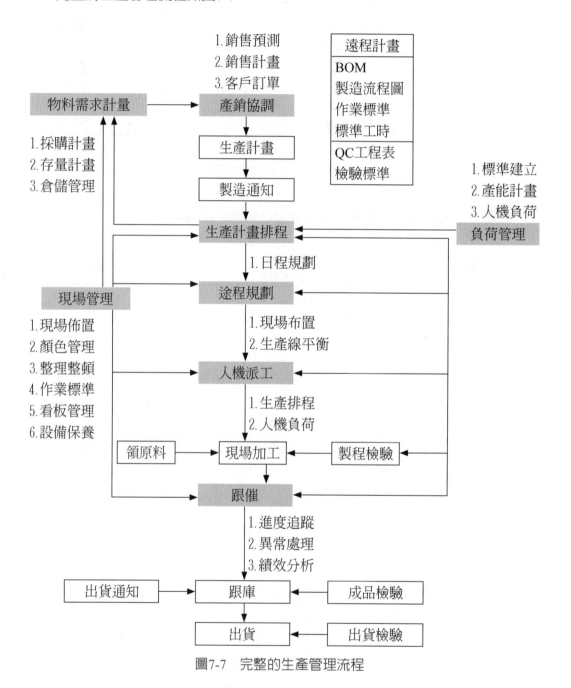

圖7-7 完整的生產管理流程

二、生產系統型態

㈠從顧客訂貨方式之觀點分

1. 存貨生產（計畫生產）（make-to-stock）

即生產量依預測而得。此類生產模式屬於「計畫生產」，所謂計畫生產的延伸就是「計畫出貨」。這種生產模式主要適用於保存期限（或是賞味期限）較長的食品，如利樂包飲料、罐頭食品、餅乾、凍豆腐等。由於保存期限長，在運輸、銷售及消費過程中較生鮮食品容易照顧的情形下，從銷售端下到工廠的訂單就可以提早預知。生產端也可以依銷售慣性安排不同的產品的生產排程做規劃性的「量產」，備好庫存，依序出貨。

此方式著重需求預測，然後計畫生產，以使生產能夠與銷售相配合，最擔心的問題是不可預測的變因。由於計畫性生產，導致庫存較多。一旦有變化，造成無法出貨，導致產品與資金積壓，帳款流動性發生問題，對公司的影響甚鉅。

2. 訂貨生產（機動生產）（make-to-order）

即生產量依顧客的訂單加總而得。此類生產模式的特徵是從營銷單位下訂單到工廠出貨最多不超過3天。生鮮、冷藏的產品就屬於這一類生產模式。

由於保存期限（或賞味期限）較短，從生產出來到消費完成平均不到10天，產品在貨架上的展售期間也非常短暫。產品流通性高，影響銷售預估的因素也多（如氣溫、假日、微生物、風味變化等）所以很難做計畫性生產。從生產，運輸到銷售的機動性要非常強。因此營運成本也相對提高。

當市場發生變數時，訂貨生產的營運成本雖然比較高，但由於從生產到消費的週期時間較「存貨生產」為短，因此損失也較有限。

㈡從使用設備時間之長短及反覆性分

由設備使用時間長短與反覆性可分為三種（表7-1）。

表7-1　三種生產型態的特性摘要

	連續性	批次性	單一訂製
產品	標準	非標準	單一
工作單位量	大	小	通常只一個
設備形式	專用型	通用型	通用型
物料運輸	輸送帶／輸送管線	搬運車	搬運車
工人技能水準	非常低	高	極高
監督困難度	簡單	難	相當難
事前計畫	非常複雜，但重複性大	複雜	複雜
控制	非常簡單	複雜	複雜
製程彈性	非常少	高	高
工作負荷之平衡	困難	簡單	簡單
單位成本	低	高	非常高
生產途程	固定	較不固定	變動大
產量	很大	較少	很少
產品種類	少	多	最少
實例	果汁、牛乳	麵包、凍乾蔬果	生日蛋糕

1. 連續性生產（continuous processing）

　　生產線之生產方式。原料（或物料）之流動持續。大量生產、單位成本低、產能固定。部分產品及製造規格十分標準化，產品種類少。作業技術水準要求較低。如果汁、鮮乳。

2. 批次性生產（batch processing）

　　非生產線之生產方式。製造生產多種產品共用數種設備。生產設備按其功能區分設置，多為通用型設備。製造過程依不同產品而異，原料間歇性流動。生產彈性較連續性生產大。作業技術水準要求較高。如麵包、乾燥食品。

3. 單一訂製

　　生產數量少，專一性強，無法大量製造者。與傳統生產方式很大的不同就是員工會漸漸變成什麼都會，而不只是專精一項的專家。如生日蛋糕。

三、生產管理常見問題

生產管理上幾個主要常見的問題如下：

1. 顧客需求品質不易掌握

食品原料多半來自農產品，因產期、庫存管理所產生的生化變化，在顧客的規格需求上需要縝密的溝通，以免造成退貨。

2. 多樣少量生產型態的困擾（生產）

量產（mass production）是設立工廠的主因。對於小量訂單的生產模式容易造成品質管控、庫存管理不及、設備利用率不高等問題。

3. 少樣多量生產型態的隱憂（庫存管理）

少樣大量的生產是對生產線最有利的模式，但如果發生滯銷則會造成工廠整體運作循環上的不利。

4. 生產成本大幅上升

隨著經濟的成長，生產成本大幅上升似乎是不可避免的趨勢。影響生產成本上升的因素不外乎：(1)原物料成本；(2)員工的流動及薪資；(3)設備成本；(4)製造成本；(5)管銷成本。

5. 原物料進銷存管控

這是一項精密的作業，從公司訂定的目標開始，行銷與業務單位的銷售計畫，原物料供應的狀態及消費市場的變化，隨時隨地都會影響原物料進銷存管控。進而影響到生產管理。

6. 成品庫存供需管控

成品能夠供需平衡是生產管理的最高理想。但牽涉層面太廣。稍一不慎就會造成生產管理的問題。

第四節 產能規劃

產能係指一個生產單位於現有的內在資源以及外在因素下，在某個生產時間內所能負荷的生產上限，亦即生產單位的最大產出率。

產能規劃係指組織機構檢視目前產能是否足以應付未來市場需求之變動。一般是以工廠規模之角度為依據，如廠址的選擇、機器的購置、工作的設計等。倘若產能過剩時，則需思考如何處置過剩產能；反之，倘若產能不足時，則需思考評估擴充產能之可能性，而這一連串的活動即是產能規劃。

一、產能規劃的重要性

1. 產能是決定一個組織機構規模能力大小的主要因素，會影響未來策略的達成能力。

2. 產能是營運成本中重要的函數變數之一，會影響企業的資金調度。

3. 產能會影響其他作業成本，如折舊成本。

4. 產能投資是對於資源設備做長期承諾，因此一旦決策要更改時必定要付出相當的代價。

5. 會影響組織未來的競爭力與影響未來管理的難易度。

二、產能評估的目的

1. 用來評估是否要調整機器設備或人員數量的參考依據。

2. 用來評估是否需要尋求代工或外包合作伙伴的參考依據。

3. 用來評估是否能夠承接訂單的參考依據。

4. 用來評估訂單是否能夠如期完成的參考依據。

三、產能效率之定義

1. 設計產能（design capacity, DC）

   指在理想狀況下所能達到的最大產出，又稱理想產能（ideal capacity）。

2. 有效產能（effective capacity, EFC）

   將產品組合、日程安排所面臨之困難、機器維護之問題及品質等因素考慮之後期望最大之可能產出。

3. 實際產出（actual output, AO）

   實際達到的產出量。

4. 最大產能（maximum capacity）

   當生產資源用到極致時，所能達到的最大產出量。

   效率＝實際產出（AO）／有效產能（EFC）

   產能利用率＝實際產出（AO）／設計產能（DC）

   生產效率的提升變化包括：

   1. 投入減少，產出增加
   2. 投入不變，產出增加
   3. 投入減少，產出不變
   4. 投入微微增多，產出大幅增加
   5. 投入大幅減少，產出微微下降

四、衡量產能方式

評估資源有效使用的指標就是生產力：

生產力（Productivity）＝產出（產品，Outputs）÷投入（資源，Input）

原料生產力＝生產量÷原料用量

設備生產力＝生產量÷設備數量

人員生產力＝生產量÷人數

生產力（productivity）與效率（efficiency）常被人們等同視之，但兩者間是有差別。效率是指把一組固定之資源發揮到最大的效用。比起生產力，效率之效用觀念較狹小，因為，生產力的觀念涉及整個資源的有效使用。換言之，生產力的主要焦點在於把事情做的更有效率或更好。例如，鳳梨罐頭工廠要將鳳梨去皮，就效率之觀點，會請有經驗的老手用最快的速度手工去皮。而就生產力的觀點，為有效率的去皮，會考慮使用機械方式去皮。

各種食品工廠經營效率公式如表7-2。

表7-2　食品工廠經營效率公式例證說明

1. 生產效率 $= \dfrac{產出}{投入}$

2. 土地的生產效率：

　　生產工廠：固定資產週轉率 $= \dfrac{營業收入}{固定資產}$，基本上週轉比例愈高愈好。

　　銷售店面：評效 $= \dfrac{營業收入}{總面積 \times 單位面積價格}$，其值愈高，評效愈高。

3. 資金的生產效率總資產週轉率 $= \dfrac{營業收入}{資產總額}$，其值愈高愈好。

4. 資材的生產效率資材存貨週轉率 $= \dfrac{營業成本}{存貨平均值}$，就資金運用觀點言之，週轉次數愈高愈好。

5. 人力的生產效率每人每年產銷 $= \dfrac{每年營業收入}{員工總數}$，其值愈高愈好。

五、影響有效產能的主要因素

影響有效產能之因素包括：廠房因素、產品服務因素、製程因素、人為因素、作業因素、外在因素。

一般工廠會根據上述因素，將每日產出數量與平均單位成本作圖比較（圖

7-8），由圖中可知，當每日生產500件時，較每日生產250件之平均單位成本較低。然而當每日生產750件時，單位成本又提升，因此顯示每日生產500件是最符合經濟規模之生產量。

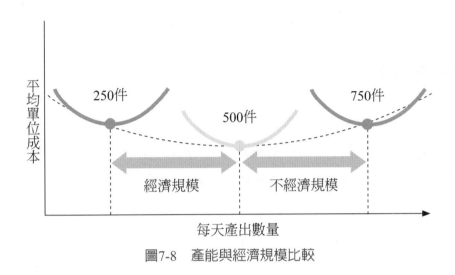

圖7-8　產能與經濟規模比較

第五節　生產作業贏的策略

　　企業要在商場上獲勝，必須在各方面能夠考慮周詳，管理得當。其中，生產條件及管理上，是贏的基礎。以下就是幾個重點。

一、產品特質

　　市面上的清酒產品琳瑯滿目。這些清酒所使用的白米原料為例，主要有四類：1.一般白米；2.精選白米；3.指定品種白米；4.指定品種再深加工白米。

　　這種在起跑點上就做區隔的做法，在產品質量與特性上就已決定未來在市場上的定位。

二、產能產量

產能不足與過剩是高成本生產的主因之一，理想的產能產量有賴於良好的產銷協調機制。

三、廠房設備

良好的廠房規劃與設計是優質生產的基礎。適當的設備與完善的保養維修是良好生產運作的最大幫手。以魚漿煉製品（火鍋料）為例，製漿打粉的過程中如果沒有抽眞空設備，最終產品品質比較容易產生粗糙，氣泡多的現象。導致市售價格與商品價值也較低。

四、生產技術

生產同樣的產品，生產技術的差異會導致不同的產品品質。以豆腐為例，加工技術不同，最終產品的質地與風味，保存期限都不同。當然，售價也會不同。

五、組織系統

在組織運作上，明確的指揮系統與組織協調架構對成本與效益有莫大的幫助。進而提升產品的競爭力。

相對的，疊床架屋，橫向溝通機制不良的組織架構，會造成權利義務不清，最後一定會看到產品品質不佳，人員向心力不足等不良的後果。

六、人力資源

人力資源分為一般性與專業性兩種。對於各單位的人力需求與職缺的合理分

配比例（正職、臨時、工讀生、外勞、派遣）都要仔細規劃。這與成本有相當大的關係。

七、控制與操作系統

製程單純的產品比較容易採用全自動化製程。例如乳品，飲料。

一般傳統產業，製程複雜，多半採用半自動化或人工化製程。

在自動或半自動化的製程中，控制與操作系統的設計，購置與維護占了較高的製造費用，但其效率卻能使整體成本大幅下降。

八、上下游垂直整合

多半的中小企業都是獨資經營，所有風險與利潤都獨自承擔。如能與上游的原物料及設備供應商以及下游的經銷商在互信的基礎上，建立起共存共榮的合作關係，對公司的競爭力絕對是正面的。

第六節　生產管理的主要模組

生產部門對生產管理之項目包括：計畫管理、採購管理、製造管理、品質管理、效率管理、設備管理、庫存管理、士氣管理及精益生產管理共九大模組。

一、計畫管理

生產部門必須製訂生產計畫。原則上，生產部門要以行銷部門的銷售計畫為基準來確定自己的生產計畫，否則在實行時就很可能會出現產銷脫節的問題，如生產出來的產品不能出貨，或是需出貨的產品卻沒有生產。不管是哪一種情形，

都會給企業帶來浪費。然而，行銷部門有時也無法確定未來一段時期內的銷售計畫。這時，生產部門就要根據以往的出貨及當前的庫存情況去安排計畫。但是，做出之生產計畫一定要請採購部門及行銷部門確認。

二、採購管理

掌握材料供給情況。原物料的供給需要行銷企劃、業務目標、生產管制與生產計畫共同規劃完成。

三、製造管理

把握生產進度。為完成事先製訂的生產計畫，生產管理者必須不斷地確認生產的實際進度。每天將生產進度與計畫作比較，以便及時發現差距並建立有效的補救措施。

四、品質管理

把握產品的品質狀況。衡量產品品質的指標一般有兩個：過程不良率及出貨檢查不良率。把握品質不僅僅要求生產管理者去了解不良品的資料，而且更要對品質問題進行持續有效的改善和追蹤。

五、效率管理

按計畫生產與出貨。按照行銷部門的出貨計畫安排出貨，如果庫存不足，應提前與行銷部門聯系以確定解決方法。

六、設備管理

把握生產機器的妥善率。生產管理者必須隨時注意生產機器的運作情形，並須掌握未來幾天需使用的設備的狀況，以備萬一設備不妥善時，隨時調整生產計畫。

七、庫存管理

生產部門必須隨時把握生產所需的各種原物料的庫存數量，目的是在材料發生短缺前能及時調整生產並通報行銷部門，以減少材料不足所帶來的損失。此部分會在第十章詳述。

八、士氣管理

對從業人員的管理。和單純技術工作不同的是，生產管理者要對自己屬下的廣大從業人員負責，包括把握他們的工作、健康、安全及思想狀況。對人員的管理能力是生產管理者業務能力的重要組成部分。

九、精益生產管理

在職教育。要對屬下的各級人員實施持續的在職教育，目的在于不斷提高他們的衛生觀念和工作能力，同時還可以預防某些問題的再發生。為了做到這一點，生產管理者要不斷地提高自身的業務水準，因為他不可能完全聘請外部講師來完成所有的教育計畫。

第七節　生產管理的三大手法

一、標準化

企業裡有各種各樣的規範，如規程、規定、規則、標準、要領等，這些規範形成文字化的東西統稱為標準（或稱標準書）。制定標準，而後依標準付諸行動則稱之為標準化。若認為編製了標準即已完成標準化的觀點是錯的，只有經過教育訓練使員工了解該標準，並實際執行，才能算是實施了標準化。

二、目視管理

所謂目視管理，就是通過視覺導致人的意識變化的一種管理方法。目視管理有三個要點：

　　1. 無論是誰都能判明是好是壞（異常）。

　　2. 能迅速判斷，精度高。

　　3. 判斷結果不會因人而異。

在日常活動中，最常用的感官是視覺。因此，在管理中，強調各種管理狀態、方法清楚明瞭，使員工易於遵守，讓員工自主地完全理解、接受、執行各項工作。

三、看板管理

看板管理是管理可視化的一種表現形式，即將數據、情報等一目瞭然地呈現。它利用各種形式，如標語／現況板／圖表／電子螢幕等把文件上或現場等隱藏的情報揭露出來，以便任何人都可以及時掌握管理現狀和必要的情報，從而能夠快速制定並實施應對措施。

第八節　企業資源規劃系統

一、ERP系統介紹

　　企業資源規劃系統（Enterprise Resource Planning），簡稱ERP系統，是一個以會計為導向的資訊系統。其利用模組化的方式，用來接收、製造、運送和結算客戶訂單所需的整個企業資源，將原本企業功能導向的組織部門轉化為流程導向的作業整合，進而將企業營運的資料，轉化為使經營決策能更加明快，並依據強調資料一致性、即時性及整體性的有效資訊。整個企業資源包含了產（生產）、銷（配銷）、人（人力資源）、發（研發）、財（財務）等企業各功能性部門的作業。

　　若把ERP的概念轉化為資訊系統，則可以系統功能來區分，一般而言ERP系統應具備以下功能：基本資料與管理維護、庫存管理、採購進貨管理、配銷管理、財務管理、人資／事務管理、生產管理與決策支援管理等系統功能，及根據業態有不同之ERP相關子系統。

　　簡單地說，ERP是「一個大型模組化、整合性的流程導向系統，整合企業內部財務會計、製造、進銷存等資訊流，快速提供決策資訊，提升企業的營運績效與快速反應能力。」它是e化企業的後台心臟與骨幹。任何前台的應用系統包括電子商務（EC）、客戶關係管理（CRM）、供應鏈管理（SCM）等都以它為基礎。

二、功能模組

　　ERP系統涵蓋了以下常見功能領域。在許多ERP系統中，這些功能領域被命名並組合在一起作為ERP模組（圖7-9）：

理想的ERP作業流程圖

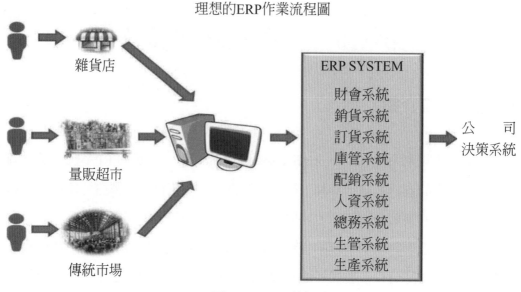

圖7-9　ERP系統

1. **生產管理**：工程、材料清單（bill of materials）、排程、產能、工作流管理、品質控制、成本管理、生產過程、生產工程、生產流程、生產組態、產品生命週期管理。

2. **進銷存管理**：庫存、訂單輸入、採購、供應商排程、貨物檢查、付款請求處理、佣金計算。

3. **財務管理及會計專案**：總帳、現金管理、應付帳款管理、應收帳款管理、票據資金管理、固定資產管理。

4. **成本管理**：帳單、時間和支出、活動管理。

5. **人力資源管理**：人力資源、薪金名冊、培訓管理、員工班別和出勤管理、津貼、勞健保、績效考核。

6. **供應鏈管理**：和客戶、供應商、員工之間的各種自服務介面、採購、存貨、處理索賠、倉儲（收貨、上架、揀貨和包裝）。

7. **專案管理**：專案規劃、資源規劃、專案花費、工作分解結構、發票、時間和費用、業績單元、活動管理。

8. **客戶關係管理**（CRM）：銷售和市場行銷、佣金、服務、客戶聯絡、呼

叫中心支援——CRM系統並不總是被認為ERP系統的一部分，而是業務支撐系統（BSS）。

9. **資料服務**：為客戶，供應商及／或雇員的各種「自我服務」的介面。

但對於食品產業而言，尤其是對生鮮冷藏的食品作業，要執行理想的ERP系統幾近不可能。

第九節　生產管理的績效考核

生產管理績效是指生產部門所有人員透過不斷豐富自己的知識、提高自己的技能、改善自己的工作態度，努力創造良好的工作環境及工作機會，不斷提高生產效率、提高產品品質、提高員工士氣、降低成本以及保證交期和安全生產的結果和行為。生產部門的職能就是根據企業的經營目標和經營計畫，從產品品項、品質、數量、成本、交貨期等市場需求出發，採取有效的方法和措施，對企業的人力、材料、設備、資金等資源進行計畫、組織、指揮、協調和控制，生產出滿足市場需求的產品。相應地，生產管理績效主要分為以下六大主要方面：

1. 效率（Productivity, P）

效率是指在給定的資源下有最大的產出。也可為相對作業目的所採用的工具及方法，是否最適合與被充分利用。效率提高了，單位時間人均產量就會提高，生產成本就會降低。

2. 品質（Quality, Q）

品質，就是把顧客的要求分解，轉化成具體的設計數據，形成預期的目標值，最終生產出成本低、性能穩定、品質可靠、物美價廉的產品。產品品質是一個企業生存的根本。對於生產主管來說，品質管理和控制的效果是評價其生產管理績效的重要指標之一。所謂品質管理，就是為了充分滿足客戶要求，企業集合全體的智慧經驗等各種管理手段，活用所有組織體系，實施所有管理及改善的全部，從而達到優良品質、短交貨期、低成本、優質服務來滿足客戶的要求。

3. 成本（Cost, C）

成本是產品生產活動中所發生的各種費用。企業效益的好壞很大程度上是取決於相對成本的高低，如果成本所占的利潤空間很大，那麼相對的企業淨利潤則降低。因此，生產主管在進行績效管理時，必須將成本績效管理作為其工作的主要內容之一。

4. 交貨期（Delivery, D）

交貨期是指及時送達所需數量的產品或服務。在現在的市場競爭中，交貨期的準時是非常重要的。準時是在用戶需要的時間，按用戶需要的數量，提供所需的產品和服務。一個企業即便有先進的技術、昂貴的檢測設備，能夠確保所生產的產品品質，而且生產的產品成本低、價格便宜。但是沒有良好的交貨期管理體系，不能按照客戶指定的交貨期交貨，直接影響客戶的商業活動，客戶也不會購買貴公司的產品。因此交貨期管理的好壞是直接影響客戶進行商業活動的關鍵，不能嚴守交貨期也就失去了生存權，這比品質、成本更為重要。

5. 安全（Safety, S）

安全生產管理就是為了保護員工的安全與健康，保護財產免遭損失，安全地進行生產，提高經濟效益而進行的計畫、組織、指揮、協調和控制的一系列活動。安全生產對於任何一個企業來說都是非常重要的，因為一旦出現工安事故，不僅會影響產品質、生產效率、交貨期，還會對員工個人、企業帶來很大的損失。

6. 士氣（M, Morale）

員工士氣主要表現在三個方面：離職率、出勤率、工作滿意度。高昂的員工士氣是企業活力的表現，是取之不盡、用之不竭的寶貴資源。只有不斷提高員工士氣，才能充分發揮人的積極性和創造性，讓員工發揮最大的潛能，從而為公司的發展做出最大的貢獻，從而使公司盡可能地快速發展。

因此，要想考訂生產管理績效，就應該從以上六個方面進行全面地考核。

第八章

生產計畫
(Production planning)

生產計畫又稱生產規劃。

工廠之生產主要是根據下列四個要素來執行：

1. 企業政策與目標

2. 行銷企劃方向

3. 業務目標

4. 生產單位必備之事務

生產計畫，其主要是以第4項的內容來做規劃。亦為本章討論之範圍。

第一節　生產計畫簡介

一、生產計畫的意義與目的

計畫作業為生產管理工作之首要工作，而生產計畫係指企業為實行生產活動而建立的有系統規劃，以達成企業目的之活動作業。就是協調生產部門與企業組織中的其他部門，對於未來一段期間，規劃所需生產的產品、數量、品質、價格、生產程序、機器工具與生產期限等，以建立生產目標，並完成企業使命的一種活動過程（圖8-1）。

生產計畫在企業中所扮演的功能如下：

1. 生產計畫乃依銷售計畫而製作，是產銷配合的重要工具。

2. 生產計畫是企業內各部門共同努力的目標。

3. 生產計畫是企業內部細部生產作業的指導原則。

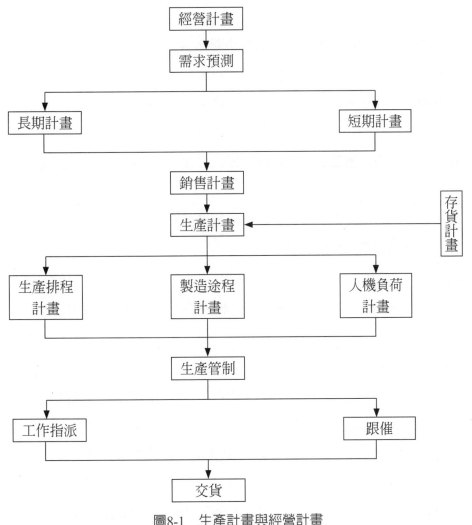

圖8-1　生產計畫與經營計畫

二、生產計畫的職責

生產計畫的任務如下：

1. 生產預測。

2. 接受客戶訂單。

3. 分析每一訂單中所需原物料種類與數量，並計算合理之存貨量。

4. 作為物料採購的基準依據。

5. 將重要的產品或物料的庫存量維持在適當水平。

6. 要保證交貨日期與生產量。

7. 準備途程單與作業單,並註明各相關事項。

8. 指派作業至各機器,並計算機器之負荷量。

9. 計算各項作業所需人力,並指派工作。

10.使企業維持同其生產能力相稱的工作量(負荷)及適當開工率。

11.依顧客之需求變動(如設計或訂單內容變更),而修正生產計畫。

12.計算生產成本。

13.對長期的增產計畫,做人員與機械設備補充的安排。

14.評估各項作業工作站之績效。

　　以上大約可歸納為:⑴預測;⑵存貨管理;⑶生產計畫;⑷途程安排;⑸生產安排;⑹工作分派;⑺工作催查。在此謹說明⑴、⑶項,其餘項目見其後各章中。

1. 預測(forecasting)

　　評估未來經營環境與公司本身之經營能力,並預估未來一定期間內,公司之銷售額或銷售量,或是產量。因為預測值係參考內外環境之相關數值所作之預估值,一定不可能完全正確。但其後之各項計畫,包括生產計畫,皆以此做為依據。

　　預測方式有主觀法與客觀法兩類,如圖8-2所示。客觀法為定量方式,主觀法為定性方式。

　　定量預測是以數據為基礎。主要包括以內生數據(歷史需求數據)分析對象的時間序列預測法,和以外生數據(解釋性數據,比如促銷)分析對象的因果分析預測法。兩種方法又有許多模式去加以推測(如圖8-2)。定量預測側重於解釋過去。無論是時間序列還是迴歸分析,都對商業運行環境的突變無能為力。這時,定性預測就有其一定的作用。

　　定性預測也稱主觀判定預測法。定性預測是一個過程,是將專業人員或內外部專家的意見、經驗以及直覺轉變為正規預測結果的過程。定性預測側重於預測未來而不是解釋過去。

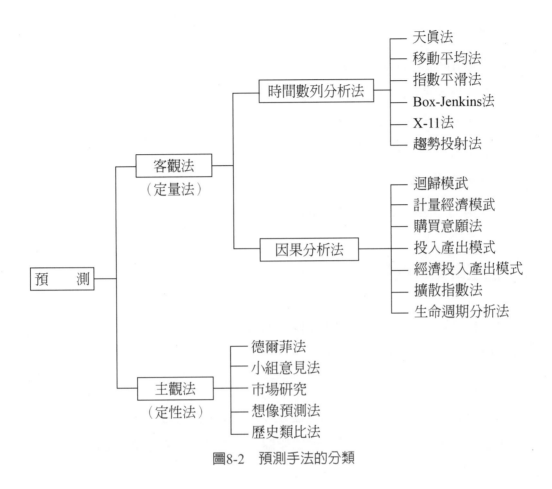

圖8-2　預測手法的分類

預測
├─ 客觀法（定量法）
│   ├─ 時間數列分析法
│   │   ├─ 天眞法
│   │   ├─ 移動平均法
│   │   ├─ 指數平滑法
│   │   ├─ Box-Jenkins法
│   │   ├─ X-11法
│   │   └─ 趨勢投射法
│   └─ 因果分析法
│   ├─ 迴歸模武
│   ├─ 計量經濟模武
│   ├─ 購買意願法
│   ├─ 投入產出模式
│   ├─ 經濟投入產出模式
│   ├─ 擴散指數法
│   └─ 生命週期分析法
└─ 主觀法（定性法）
     ├─ 德爾菲法
     ├─ 小組意見法
     ├─ 市場研究
     ├─ 想像預測法
     └─ 歷史類比法

2. 生產計畫

即本章將說明之重點部分屬之。

第二節　生產計畫

一、生產計畫的用途

生產計畫的用途包括：

1. 物資需求計畫（material requirement planning, MRP）的依據。

2. 產能需求計畫的依據。

3. 其他相關計畫的制定依據。

生產計畫應滿足的條件包括：

1. 計畫應是綜合考慮各有關因素的結果。

2. 必須是有能力基礎的生產計畫。

3. 計畫的粗細必須符合活動的內容。

4. 計畫的下達必須在必要的時期。

二、生產計畫的內容

生產計畫的內容，依企業的生產條件而有所不同，生產計畫可分為即期、短期、中期、長期等（圖8-3、表8-1）。

1. 長期生產計畫

如廠址選擇、產能計畫與產品計畫等，其計畫期間涵蓋一年以上至十年。長期計畫用以處理長期的生產條件，如產能擴充、技術引進與衛星工廠的建立等。計畫必須與企業的經營目標相配合，其內容包括：產品計畫、產能計畫、長期原物料來源的掌握與採購、長期自製或外購政策與供應商的建立、長期人才招募與

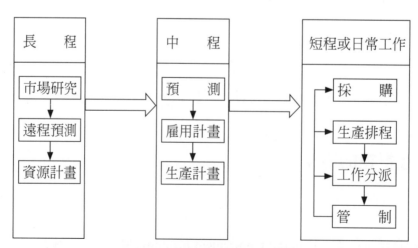

圖8-3　生產計畫與管制次序

表8-1　按不同性質劃分之生產計畫

劃分種類		對象	期間	期別
大日程（長期）	長期生產計畫	產品群	2～3年	季
	年度生產計畫	產品群、產品別	1年	月
中日程（中期）	3～6月生產計畫	產品別	季、半	週、月
	月分生產計畫	產品別、零件別	月	日
小日程（短期）	週生產計畫	產品別、零件別	週	日
	日生產計畫	產品別、零件別	日	小時

培訓、生產技術研究、效率改進與成本降低等改善計畫。

通常一年檢討一次，規劃一年以上的期間。

2. 中期生產計畫

中期的生產計畫如人力僱用、採購計畫、存量計畫及生產量等，其計畫期間涵蓋一季至一年。一般以月或季為單位，規劃期間約6～18個月，主要為總和生產計畫。

3. 短期生產計畫

短期計畫以處理短期可調整、可準備與可協調的事項為主。如生產排程、原物料採購、人員工作分派及進度管制等，其計畫期間涵蓋一週至一個月。一般內容包括月產能之調整計畫，全用上班日數與加班之決策，各種產品之生產量、期間等，各單位生產效率與考核辦法之擬訂等。

4. 即期生產計畫

以週為基礎或每月欲排定的生產計畫，現場實際作業與狀況處理等計畫。包括存貨補充、缺料處理、緊急訂單處理、人力調配等。

另一種以一年為單位的生產計畫分類法如下：

1. 年度生產計畫

配合長期生產計畫、修正調整計畫的執行內容，以及作為生產單位年度努力的目標，其內容規劃超過一年期以上的生產條件為目標，包括：各種產品的預定生產量及各月概略的生產數量、年度物料採購計畫、年度人力需求與訓練計畫、

各月份產能調整計畫。

2. 半年或季生產計畫

係根據年度計畫再作細部性的規劃，亦可對年度計畫的執行結果，作半年或季的修訂。

3. 月份生產計畫

必須與實際生產狀況相配合，其內容需詳盡，一般而言，月生產計畫的內容包括：各項產品的生產數量、金額與生產期間、各生產單位預計所需人力、月份上班日數與加班時數、原物料供應採購量與外包數量、各生產單位的生產目標。

三、生產計畫的種類

生產計畫的內容，依企業的生產條件而有所不同，生產計畫可分為即期、短期、中期、長期等。若以生產組成之因素來分析，則可將生產計畫種類與內容以下列方式表示（表8-2）。

1. 生產什麼東西（what）：產品名稱、零件名稱。

2. 生產多少（what）：數量或重量。

3. 在哪裡生產（where）：部門、單位。

4. 什麼時候開始生產、什麼時候完成（when）：期間、交期。

表8-2　依生產組成因素分類之生產計畫

因素	種類	內容
生產方式（How）	途程計畫、負荷計畫	決定作業內容、順序、方法或條件
生產時間（When）	日程計畫	決定生產開始、進行、完成時間、工作分配
生產主體（Who）	人員計畫、設備計畫	決定所需人員、設備數量
生產投入（What）	原料計畫	所需原料種類、數量
生產場所（Where）	布置計畫（設施計畫）	決定作業流程與機器設備之配置
目的（Why）	生產預定表	排定各種生產時間表

5. 生產順序（how）。

6. 哪些成員負責生產（who）：人員、設備。

7. 賣給誰（why）。

四、生產計畫的考慮因素

在制定生產計畫時，需考慮諸多公司內、外在因素。外部因素包括：競爭者的行為、原材料取得的方便性、市場需求、經濟環境、外包時外部產能等。內部因素包括：目前實際產能、員工數、存貨量、可能影響計畫的必要之一些生產活動等（圖8-4）。

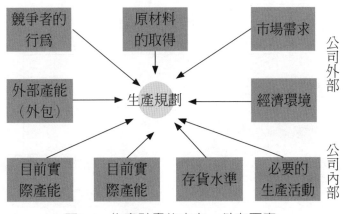

圖8-4　生產計畫的內在、外在因素

五、生產計畫的內容細節

生產計畫包括：總合生產計畫（aggregate planning）、主生產計畫（MPS）、物資需求計畫（MRP）、粗略產能規劃（RCCP）、產能需求計畫（CRP）、訂單規劃（order scheduling）、研究發展計畫、製造成本預算、人力運用計算、作業方法的計畫、社會問題的考慮。由於內容繁多，且是一門專門課程，無法一一詳述，故以下僅就其中較重要者加以說明。

1. 總合生產計畫（Aggregate planning, AP）

　　總合性生產計畫是將年度及季計畫轉換成中程（6到18個月）工時需求及產品別產出量的技巧。其目標在以最少的成本與有限資源來滿足規劃期內的工時及產品需求。其所依據為年度計畫（預定營業額），由年度計畫規劃出應生產的產品類型及數量。計畫之重點為加班工時管控與庫存管理。因此，總合生產規劃必需在主生產計畫（MPS）之前，排定各產品線的中程（6～18月）最佳化月／週產量、雇用人數、存貨量等（圖8-5）。

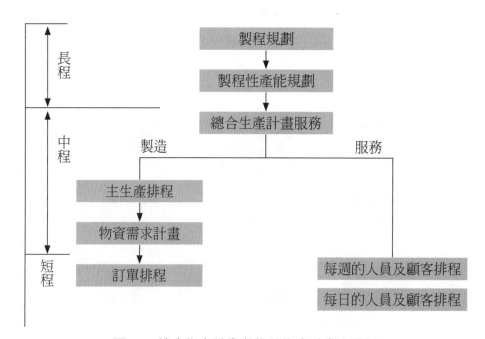

圖8-5　總合生產計畫與整個生產計畫之關係

　　另一種總和生產規劃為模擬許多不同的生產計畫（MPS），然後計算各MPS的產能需求，最後核對現有人力、設備是否足以應付。若產能不足，則考慮加班、外包、聘臨時工等方式應付。

2. 主生產計畫（master production schedule, MPS）

　　主生產計畫（MPS）為物資需求計畫（MRP）的基本依據之一（圖8-5）。其係依據客戶訂單與市場預測的獨立需求計畫，確定某一段期間內生產某產品的數量生產計畫。通常以週為單位，日、旬、月亦可。主生產計畫詳細規定生產什

麼（what）、甚麼時段應該產出（when）（圖8-6）。

　　主生產計畫具備總合生產計畫過渡至具體生產計畫的承上起下作用，地位十分重要。因為透過主生產計畫推算出來的產品週期需求量，才可以繼續進行後續各產品的原物料、零件、組件等的物料需求計畫（MRP）。

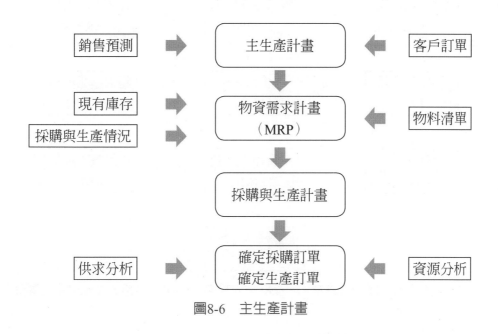

圖8-6　主生產計畫

3. 物資需求計畫（Material Requirement Planning, MRP）

　　此計畫的目的在控制存貨的水準。其基本構件包括：主生產計畫（MPS）、產品結構與物料清單（Bill Of Material, BOM）與庫存資訊（inventory information）。

　　由圖8-6可知，物資需求計畫（MRP）是由主生產計畫產生，經由MPS導出產品的數量要求、裝配關係等需求排程，於是產生採購與生產計畫。生產計畫內容為自製產品何時發出生產工單；採購計畫則為外購產品何時發出訂單。計畫中亦會列出預計完成的時間等。亦即「排定正確的材料，於正確的時刻，給正確的生產數量」。

4. 粗略產能規劃（Rough-Cut Capacity Planning, RCCP）

　　將工廠原訂計畫性的生產，依工廠負荷、用料計畫與估算期間等各種因子推

算出模擬產能，供生管、業務人員等進行產銷協調，以達最適切的生產產能。即為將主生產排程轉換成關鍵產能需求的過程。關鍵產能包括人力和設備，有時也包括倉儲空間、供應商產能、資金等（圖8-7）。

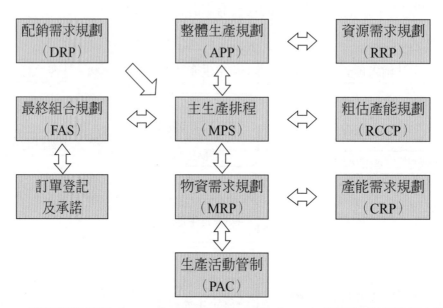

圖8-7　粗略產能規劃（RCCP）、產能需求規劃（CRP）與整個生產計畫之關係

5. 產能需求規劃（Capacity Requirement Planning, CRP）

決定完成生產計畫所需詳細產能的過程。主要內容為詳細估算工廠的負荷與生產計畫的用料需求、估算的所需訂單需求量以及所需產能與可承諾量，供生管與業務人員參考與協調（圖8-7）。其目的為以有限產能為導向，主控產能與時間，檢驗在規劃的範圍內，確定是否有足夠的產能來處理所有的訂單。

確定CRP之後，即可建立一個可接受的MPS，而後CRP則須決定每一個期間、每一個工作站的工作量。

六、科層式生產計畫（Hierarchical production planning, HPP）

總合性生產計畫是由公司決策單位統一研擬、發布。而科層式生產計畫係採

分割決策權方式，達到各決策層所需的生產資料與模式單純化。

　　企業中各個階層各司其職，各個訂定相關之計畫，其模式如圖8-8：

　　最高管理階層決定各廠之年度產量。

　　廠長依據產品需求來決定產量、庫存量及人員雇用量。

　　現場領班在已知產能上，排定所需產品的生產時程。

　　即高階主管不涉入決定現場生產批量的問題，而現場領班亦不應加入規劃新的產品。

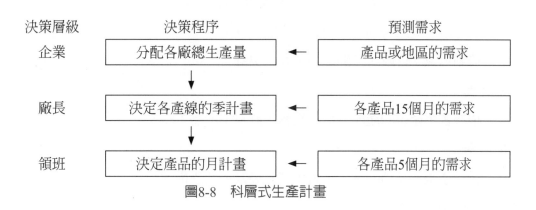

圖8-8　科層式生產計畫

第三節　生產計畫項目

一、產品分配結構評估

　　工廠根據經協調討論後的年度目標，將在未來一年內所要生產的先做產品分配比例計算。然後再評估最佳生產效能的結構。例如，未來一年要生產的產品分配比例如下：

果汁		乳品		包裝	
常溫	60%	鮮奶	40%	1000 mL	45%
冷藏	40%	調味奶	60%	250 mL	55%

再根據上述比例計算出各生產線的產能，工時與人力需求。

二、設備產能與人力需求

依據產品比例的分配，分別計算出下列數據。

1. 人力

各生產線所需的操作人員列為「直接人工」。

品管、工務單位人員及負責監督指導的主管列為「間接人工」。

如有兩班或三班制的生產線，人數另計。

後勤單位（行政、後勤、運輸等）另計。

2. 時間

依據各生產線的產能及標準製程，計算出所需工時。

3. 設備

依據產量及品項的需求，對生產設備及公共設備做評估。

4. 生產空間

產量或品項如有增減，生產線增購或閒置設備的儲存空間必須預估。

5. 倉儲空間

依據年度所需及迴轉數據（日出貨量、成品、半成品及原物料安全庫存）計算出所需的各種倉儲空間。

6. 費用估算

為達成目標所需要的整體費用。

三、人力資源與組織編制

為達到「設備產能與人力需求」所需的各項需求，各單位人力資源的規劃內容主要有下列幾項。

1. 招募作業與人力資源

人事行政單位必須建立起人力資源資料庫，隨時保持工廠各單位所需人力。人力資源的提供來源不外乎：(1)親朋好友；(2)左鄰右舍；(3)國民就業輔導中心；(4)人力銀行；(5)學校（工讀或建教合作）；(6)外籍勞工；(7)派遣公司；(8)自行登報或海報張貼。計算人力資源時必須考慮員工因各種假別造成的缺額以及人員流動的空窗。

人力資源的準備不可能盡善盡美，這一點公司上下都應要有共識。

2. 精實方案

如因景氣循環或其他因素造成人員需求下降，或是為降低成本，提升內部教育所做的組織重整也是各部門在做年度計畫時需要事先規劃的。

3. 正職、外勞、臨時、派遣的比例

如前所述，人事行政單位在準備人力資源時，必須考慮不同的人力資源有不同的成本及適用性。哪些部門的人力適合何種資源，這是一項重要的課題。對生產效率及工廠甚至公司的整體效率都有一定的影響。不可不慎。

4. 自動化規劃

傳統食品的自動化生產不易。但製程單純且量大的產品，在自動化加工技術成熟，公司資源允許的情況下，自動化生產有其必要性。

自動化生產所需的資金、人力、效率及維修成本是可以計算得出來的。

全線或是分段分線的自動化規劃可視各公司狀況而定。

5. 政府法規

在各種規劃時必須將政府法規列入考量。例如因政府法令加班時數不得超過某個數字，或是加班費的計算公式，最低工資，稅法等對年度目標所造成的影響，都必須列入考量。

四、原物料供應計畫

年度目標確認後，以下幾項關於原物料的後勤補給規劃是非常重要的工作。

1. 新品設計與製作期程

　　新產品的生產不是只有經相關部門認同後就隨時可以生產了。在生產前有幾項工作必須先準備好：

　　⑴原料是否能準時到位？

　　⑵原料是否能驗證過關？（樣品與實際量產的品質常有差異）

　　⑶包裝設計及材料的準備期。

　　⑷量產試車是否成功？

　　⑸各項生產及品管條件是否完整？

　　⑹業務部門對新品的了解是否充分？

　　⑺行銷單位預計的新品推廣模式（包括預定進展及需求量）。

2. 訂貨與庫存

　　經生管單位依標準配方加上損耗估量後，評估原物料倉儲空間及安全庫存量後，提出各原物料進貨預估量及時間點供相關單位參考。原料部分如有大宗物資的期貨波動影響因素要特別注意市場波動。必要時要與供應商簽訂年度合約。

　　物料部分要注意最低訂購量的要求。

　　以上細節會在「第十一章、請採購作業」一章中詳述。

3. 國外採購

　　國外採購最重要的是要能夠如期如數供應給生產單位。其細節繁多，主要要注意幾點：⑴供應來源及供應商；⑵安全庫存量；⑶品質變化；⑷匯率波動；⑸合約內容；⑹船期與報關；⑺海關檢疫作業。

　　以上細節會在「第十一章、請採購作業」一章中詳述。

4. 供應商檢查

　　供應商的狀態要隨時檢查，前一年的供應商不一定會是下一年的供應商。

　　以上細節會在「第十一章、請採購作業」一章中詳述。

5. 成本估算

　　年度預估所需耗費之原物料金額，必須依合約或供應規則做出成本估算供財務單位參考。

五、公共設施與生財器具

要達到年度目標，除了各生產線設備外，各項公共設施及生財器具也必須列入規劃及檢查的項目。

一般公共設施工廠都有，但年度計畫變更時（尤其是正向成長），除了檢查維修外，要檢查是否足以因應成長的需求。

1. 生產用水及處理系統

與生產有關的用水，主要有普通水（硬水）、一般處理水（軟水）、精密過濾水（膜過濾水、逆滲透水）、再生水。主要用途有：產品、冷卻、蒸氣、設備內部清洗、設備外部洗滌、環境或衛生用水。

凡是與食品接觸或需經過熱交換器的用水都以一般處理水或精密過濾水為主。其他則以使用普通水或再生水即可。

水資源及相關處理設備如下：

(1) 水源

食品工廠水源有二，自來水及地下水。有些小型工廠使用天然用水，如，山泉水、溫泉水、溪流水在此不列入討論。

台灣地處亞熱帶，照理說應有豐沛的水源，但因氣候變遷，台灣河流淺短，水庫淤積嚴重，因此蓄水量常常不足。使用自來水作為水源的工廠要特別注意旱季的供應量。這幾年，為避免地層下陷，政府對抽取地下水權的限制越趨嚴格。如果地下水的水源不夠深，則會有汙染的情形發生，不可不慎。

(2) 水質

在經過水質處理的前後，各種用水的內容物含量都須符合國家標準，尤其是重金屬、微生物及有害物質的殘存量。

(3) 水量

生產用水的水量不能僅計算產品的水含量，不含在產品中的用水量往往是用在產品中所需的水量的好幾倍。因此，各種需求用水，包括從冷卻設備蒸發的水量都要精算（用量非常大）。

⑷ **水槽及水塔**

進入工廠的水源（自來水或地下水）不會單純以管線直接通到使用設備上。水源與最後用水的中間必須設置有儲水槽（或稱緩衝槽），常見的儲水槽有硬水槽、軟水槽、冷卻水槽、冰水槽、廢水緩衝槽等，大小不一，視產能而定。產量增加，儲水槽的容量一定要考慮增加，以備不時之需。水槽的位置、型態與建材規格也要考慮食品安全衛生。

⑸ **管線**

各種用水的運輸管線設計非常重要，要考慮的要素有：①外部干擾：如溫差、空氣侵蝕、管外水滲漏。②傳輸切換：不同水槽及生產線的支援。③管件選擇：a.鐵管、PVC、不鏽鋼；b.閥；c.傳輸泵。④管徑與流速計算：以免傳輸不及。

⑹ **淨水設備**

淨水設備主要功能是將水源的水變成更純淨的水。經過以下第①及第②步驟處理的水仍是硬水，不適合用在產品中。經過第④步驟以後的水就比較適合。

這些淨水設備的評估主要是要考慮處理能量，以便生產時有足夠的水。

① **曝氣池**。對水源的水做初步的曝氣除味及初步的消毒。

② **砂石過濾桶**。曝氣後的水要做初步的砂石過濾，以去除水源中的粗雜質，如細沙、鐵砂。

③ **離子交換樹脂桶**。主要功能是將水源中的鈣與鎂離子去除。經過這一步驟後，水源的水就可稱為軟水了。

④ **活性碳桶**。為了去除水源中的不良異味，可以將水源經過活性碳桶的處理，將不良異味去除。

⑤ **膜過濾**（membrane filtration或ultra filtration, UF）。UF水是指經過超濾處理（ultra-filtration）的水。是指在壓力差的驅動下，用可以阻擋不同大小分子的濾板或濾膜過濾後的水。當水通過超濾膜後，可去除大量的有機物以及細菌等（圖8-9）。

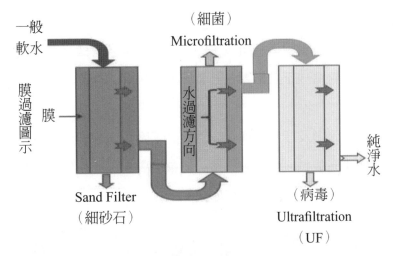

圖8-9　超濾膜作業模式

⑥逆滲透（reverse osmosis, RO）。RO水即逆滲透水。其原理為在原水一端施加大於滲透壓的壓力，而產生逆滲透作用，此時溶解與非溶解性無機鹽、重金屬、有機物菌體顆粒等無法透過半透膜，使水分子及較小分子之鹽類可透過半透膜，流向淨水的一邊，可以直接喝。而汙染成分濃縮於原水（圖8-10）。

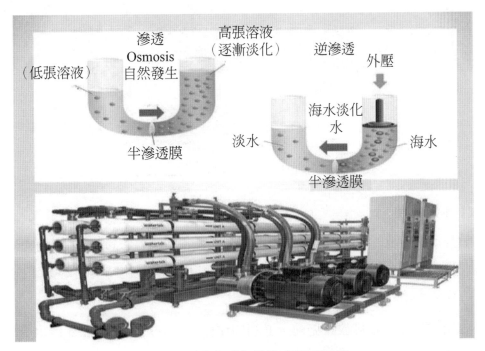

圖8-10　逆滲透作業模式與其設施

2. 汙水處理系統

食品加工過程及環境清洗所產生的汙水含有很多有機物質，這對大自然中的河流或海洋生物會造成不良影響，同時經過食物鏈的循環，最後環境被汙染，食物也被汙染。

因此，環境保護及汙水處理是完善食品工廠生產線的重要工作。

年度目標正向成長，汙水排放量可能會增多，因此在生產規劃時，必須檢視廢水處理相關設備。汙水處理系統如圖8-11所示。

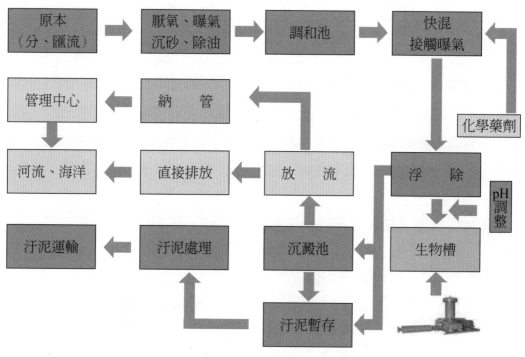

圖8-11　汙水處理系統

⑴水措檢查

管理汙水排放的單位由行政院環保署主導，各縣市環保局負責稽查。如工廠設在工業區內，工廠也將汙水排放納入工業區集體處理設施時，也要受到工業區管理（服務）中心的稽查。

工廠在設立汙水排放設施前，必須向環保局及管理中心提報「汙水處理措施」，簡稱水措。這些水措包含：排放量、排放水質、汙水處理設備等。

工廠設立時，就已經有申報這些資料，但是工廠汙水排放量有增加時，必須重新申報，經核定後才能排放，否則要受處罰，甚至被勒令停工之命運。

⑵汙水匯流、分流系統

汙水排放有分「自排」與「納管」。自排，就是工廠的汙水經處理後直接排入河流或海洋。納管，就是工廠的汙水經處理後排入工業區汙水處理中心。

自排的汙水，只管水質，不管水量。納管的汙水，管水質也管水量。但兩個管理單位都會要求工廠雨水與汙水要分開匯流，不可混在一起。雨水進雨水溝，汙水進汙水管。因此，如有增設新廠房或生產線，雨汙水的收集設計要考慮在內。

⑶厭氧槽

汙水中的油脂，除刮除法外，也有用厭氧（無氧）槽處理。現在很多工廠不管是否處理油脂，都把汙水處理的重心，轉移到厭氧醱酵處理（圖8-12）。

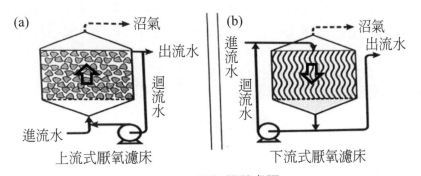

圖8-12　厭氧醱酵處理

⑷汙水調整槽（水質、水量、pH）

生產過程中，每一段時間所產生的汙水的水質都不同。也就是說BOD、COD、pH都不同。這種情況會對汙水處理的功能產生極不穩定的現象。

舉例來說，化學處理的用藥量是一定的，如果COD不一樣，對用藥效率就不同。或生物處理時，微生物無法忍受忽高忽低的pH變化。

因此，汙水調整槽的功能就是將一定時段內進來的汙水，將其中的有機物質及pH值調整穩定。

如果產量增加或減少，年度計畫的生產品項變化較大，汙水排放量及汙水品質也會跟前年不同。所以，汙水調整槽體或是流量分配都要做調整變更。

(5) 化學快混槽

為減輕生物槽的工作負擔，有些汙水處理設施就會在生物槽處理前，先用化學藥劑將汙水中的COD、BOD降低。如此一來，後段的生物槽就可以比較輕鬆地處理汙水。化學快混槽的功能就是使化學藥劑能與汙水充分混合，達到良好的化學反應（圖8-13）。

圖8-13　化學快混槽

(6) 化學浮除槽

化學浮除槽的功能就是提供一個讓化學藥劑與汙水中的有機物有充分混合時間的空間。經處理後的汙水，水中的有機物會逐漸凝集而上浮。浮除槽上方有一個旋轉的刮除器將這些從汙水中分離出來的有機物刮進汙泥暫存槽（圖8-14）。

(7) 生物槽

汙水處理的程序中，生物槽是非常重要的一環（圖8-15）。它的基本功能就是利用生物槽中的微生物與原生動物，將汙水中的有機物消化分解。這些微生物或原生動物死亡後就沉降成為汙泥。這些汙泥中尚有殘留一些活的菌體，所以在未變成黑色前稱為「活性汙泥」。這些微生物與原生動物約略如下：

圖8-14 化學浮除槽

圖8-15 生物槽（左）與沉澱槽（右）

細菌：球菌，桿菌等。

眞菌：主要是酵母菌與類酵母菌。

原生動物：變形蟲、鞭毛蟲、游動型纖毛蟲、杯形纖毛蟲。

後生動物：輪蟲。

　　一般從調整槽或浮除槽進到生物槽的汙水，在生物槽中滯留時間約24小時。因此，評估生物槽的大小就要隨著汙水流量及處理量而變動。

　　有些公司會在生物槽中加裝生物床，以增加生物與汙水處理的面積。

⑻**汙泥回流及暫存槽**

生物槽中的活性汙泥要與汙泥暫存槽中的汙泥做循環，以維持生物體的活性與含量。暫存槽的大小，視汙水處理量而定。

⑼**沉澱槽**

在生物槽中的汙水，經24小時的漸進式滯留後由生物槽後端排放口排至沉澱槽靜置，以讓汙泥沉澱後收集（圖8-15）。

⑽**放流槽**

經沉澱槽靜置後的水，溢流到放流槽。在放流槽中必須裝置環保單位或管理中心所核定的標準流量計。有些公司也會在此處放置自動檢測設備，以監視排放的水質。

⑾**汙泥乾燥設備**

生產量增加，汙泥量也會增加。爲了減少儲存的空間以及運輸的成本，汙泥減量是重要的課題（圖8-16）。汙泥乾燥方式主要有：

擠壓：成本低，效率較差，清洗不方便。

離心：成本高，效率好，噪音大。

烘乾：成本最高，燃燒空氣有異味。

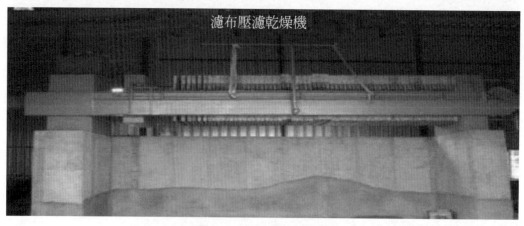

圖8-16　汙泥乾燥設備

⑿**汙泥儲存區**

汙泥經乾燥處理後，必須遠離生產線，所以最好立即載出廠區。如無法當日載出，就必須有儲存區存放。由於不論何種乾燥方式，汙泥中水分含量仍然很高。再加上多半是微生物屍體，有機質含量非常高。所以很容易腐壞產生臭味。因此，汙泥儲存的方式與場地需要特別注意。以免造成生產線二次汙染。

⒀**相關設備（鼓風機、馬達）**

汙水處理設施中所使用到的設備有別於一般生產線的設備。例如送風的鼓風機，汙泥傳輸的泵，都不一樣。

3. 電力系統及備載契約容量

⑴**全廠設備動力需求總檢查**

產量增減會影響的層面非常多。電力需求就是一個重要事項。以產量增加為例，生產時間拉長可以降低瞬間電量增加的可能性，但人力及設備是否搭配就是要同時考慮的。因此，當產量不論增或減，一定要對電力需求做總檢查。

⑵**預估尖峰時段契約容量負載**

一般而言，電力公司對工業用電的供應價格有分尖峰與離峰兩種。離峰用電價格較尖峰用電價格便宜很多。主要是在夜間。

契約容量，依據台電營業規則定義為：契約上得使用之最大用電需量（15分鐘平均KW數）。如果一個工廠的契約用量訂在500KW，當超過就會有罰款或加重計價的問題。

公司要繳給電力公司的的基本費用與契約容量的高低成正比，所以要計算好所需電力，才不至於增加電力成本。

⑶**檢查輸配電能力（各級電壓負載需求及變電設備）**

各項設備所使用的電壓與用量都不同，一般從外部電源進到工廠的電壓分11000伏特（Volt）或22000伏特。工廠內設備常用的電壓為440V、380V、220V與110V。而110V可以由220V分出來（圖8-17）。

⑷**不斷電系統能力檢查**

為了維持重要生產運作與減少損失，工廠應有不斷電系統的能力。例如鍋

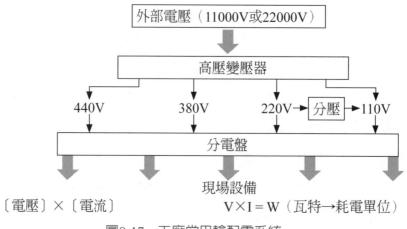

圖8-17　工廠常用輸配電系統

爐、殺菌設備、冰水系統、汙水處理系統、電梯等。一般在電力穩定的國家或地區，不斷電系統的啓用率較低，但仍應設立並定期保養測試爲佳。

4. 冰水（冷凍機）系統

　　凡是在生產冷藏或冷凍食品的工廠，大部分都會設置冰水或冷凍機系統。所需溫度視產品與製程需求（圖8-18）。

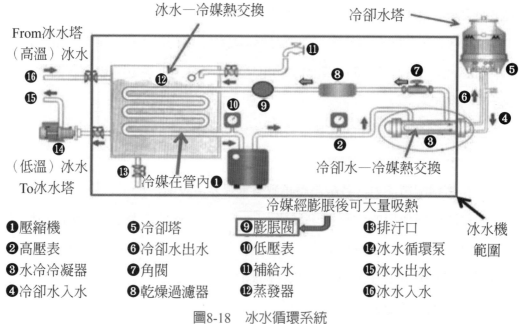

圖8-18　冰水循環系統

本文中主要以介紹冰水機爲例。冷凍機的原理相同，只是冷媒系統與溫度不同。一般冰水機所製出之冰水主要是用來與產品或產品用水做熱交換，不是用在產品中。

⑴ **產能冰水需求量**

冰水機的計算單位爲「冷凍噸」。冷凍噸簡稱RT（Refrigeration Ton），是一些國家用來描述冷凍及空調能力的功率單位。

冷凍噸定義爲在攝氏零度下將一短噸（2,000磅）的冰熔化24小時產生的熔化熱。若以公噸計算，則稱爲公制冷凍噸，約等於3320 Kcal/hr，相當於1.1冷凍噸。在台灣稱「日本冷凍噸」是10,000BTU/h（2,500卡／h），但其實日本使用的也是公制冷凍噸。

在做產品年度計畫之中，要計算各品項產品在加工所需要的冷凍噸，供設備裝製作參考依據。

⑵ **冰水機**

冰水機的壓縮機系統，早期主要是以往復式爲主，現在因冷媒系統及效率提升，主要是螺旋式、離心式以及渦卷式爲主（圖8-19）。

圖8-19 冰水機

⑶ **冰水儲存塔**

冰水儲存塔的功能在於儲存進出冰水機的冰水，也稱之爲緩衝塔。此塔之大小視冰水機及現場流量需求而定。

⑷冷卻水塔

冷卻水塔主要是用來冷卻與壓縮機冷媒做熱交換的水。通常置於室外。

5. 熱動力系統

凡是在生產過程中需要做熱交換時，不外乎三種熱源：⑴蒸氣（自製或外購）；⑵天然氣；⑶電熱。一般而言，這三種熱源以蒸汽熱源相對成本最低。但溫度僅在150℃以下。而後兩者則可高過150℃以上。

熱動力的選擇依加工設備及製程需求而定。本文以介紹常見的自製蒸氣源為主。而外購的蒸氣源則來自周邊的汽電共生工廠，此處不多做介紹。

做為熱源的蒸氣與冰水機做出的冰水一樣，不宜直接使用在產品中。尤其是一般鍋爐做出的蒸氣。

鍋爐是由鍋和爐兩大部分組成。鍋是裝水的容器，由鍋筒和許多鋼管組成；爐是燃料燃燒的場所。燃料在爐內燃燒產生的高溫煙氣，借傳導、對流和輻射三種換熱的形式，將煙氣的熱量傳給鍋中的水而產生蒸汽。

食品加工廠常用的鍋爐有立式鍋爐與臥式鍋爐。臥式多半屬大型鍋爐。

按燃料則分：燃煤鍋爐、燃油鍋爐、燃氣鍋爐、餘熱鍋爐、電加熱鍋爐、生物質鍋爐、煤氣混燃鍋爐、煤油混燃鍋爐等（圖8-20）。鍋爐的能力以每小時能產生的蒸汽量而定。

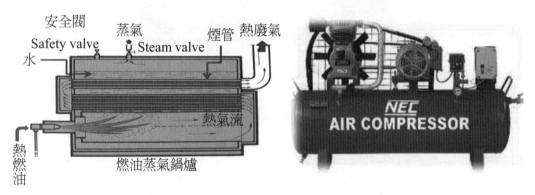

圖8-20　燃油鍋爐（左）與空壓機（右）

　　在做生產規劃時，以下四點是必須考量的事項，以免造成加工上的問題（如管線分佈）：⑴產能需求；⑵蒸氣源；⑶鍋爐能力；⑷管線分布。

　　鍋爐屬於壓力容器，必須要經過壓力檢定合格後由有鍋爐證照的人員方可執行操作。

6. 高壓空氣系統

　　生產製程與設備有很多地方需要用到高壓空氣系統，例如控制系統，氣動閥，空壓唧筒（也有油壓唧筒）等。

　　大自然空氣經過壓縮機壓縮出來後，必須經過一些設備處理後才能送到前述的設備中使用，否則會造成控制不穩或設備損壞。

　⑴**空壓機負載能力**

　　計算所需空氣及壓力，選定適合的空壓機（圖8-20）。

　⑵**高壓儲氣槽**

　　供氣經過壓縮後送進此高壓儲氣槽中，以提供現場穩定的氣源（圖8-21）。

　⑶**乾燥機**

　　經過壓縮後的空氣會產生冷凝水，除了在高壓儲氣槽中要定期排水外，高壓空氣送進現場前最好先經過乾燥機，不會造成現場空壓管線積水（圖8-21）。

　⑷**全線空壓管**

　　空壓管負責高壓空氣的傳輸。它的材質與接管方式要同水線邏輯一樣，盡量

圖8-21　高壓儲氣槽（左）與乾燥機（右）

減少彎頭。更不能產生漏氣情形。

7. 生財器具

堆高機（電動、柴油、載重）、油壓拖板車（電動、人工）、可回收循環使用器材（塑膠空箱、棧板）、行政器材等。

六、倉儲空間及運輸調度能力

見「第十二章、原物料管理」。

七、成本估算

經過上述的各種考量後，按產線分配比例，計算出大致的成本。成本計算另專章說明。

第九章

製程管理
(Processing management)

　　再好的廠房，再好的設備，如果沒有好的製程管理，仍然會造成食安問題。基本上，生產製程是從生管開出製令（工令）開始到產品入庫結束。如圖9-1。

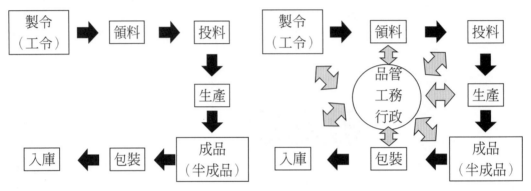

圖9-1　生產製程的範圍（左）以及與後勤作業關係（右）

　　而行政及後勤單位與各個階段都有直接或間接的關係。所有牽涉到製程的相關單位都應列入製程管理的範圍（圖9-1）。本章除介紹食品工廠製程管理之內容外，亦將介紹途程計畫與負荷管理。

第一節　食品工廠製程管理的定義、目的與構成要素

一、食品工廠製程管理的定義

　　在製造過程中，將製造條件充分的標準化，並控制其變動在可管制的狀態，使產品品質符合規格要求。若發生異常時，立刻追查原因，採取更正行動，預防其再度發生，必要時並修正標準的連續工作稱之。

二、食品工廠製程管理的目的

　　在於明確各工程間的品質責任，以獲得一穩定且可信任的製程，避免產品產生不良品。

三、食品工廠製程管理的構成要素

　　構成食品工廠製程要素有五，即人（man）、設備（machine）、原材料（material）、操作方法（method）、測定（measurement）。又稱5M（圖9-2）。也就是管理好人，夠水準的設備，穩定與安全衛生的原材料，操作方法要標準，品管測定要正確。

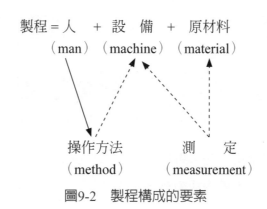

圖9-2　製程構成的要素

第二節　食品工廠製程管理細節

　　製程管理的要點內容，可分為下列幾點。

一、成立食安小組

　　食安小組在工廠的運作中扮演十分重要的腳色。其組織運作方式與成員背景對食安管理的成與敗有決定性的影響。

㈠確立食安組織及成員

　　工廠多半以「品管課」為食安小組的基本運作單位。成員以品管單位成員為

基本成員，並以其他單位主管為必要成員。運作時，品管課直屬廠長。立場超然獨立。

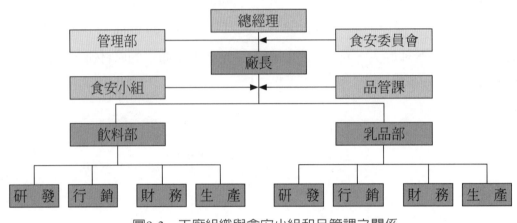

圖9-3　工廠組織與食安小組和品管課之關係

如果組織內容更精密一些，可以另外成立一個獨立的「食安小組」。這樣不會與品管單位的工作內容重複或衝突。

組織規模較大的公司，會將食安小組的層級拉高到直屬總經理。其監管的範圍不只有工廠或生產部門，而是涵蓋到整個公司的各個部門。如果是拉到這個層級，一般都會以「食安委員會」名稱來取代「食安小組」。組織成員會拉升到各部門主管。

㈡ 生產與製程監督管理

生產全線與製程的監督管理是食安小組的重點工作。成品是否有瑕疵，是否會因為製成不良品而導致食安問題，這個階段的管制就益顯重要。

一般而言，食安小組的管理重點分為下列五個項目：

1. 生產製程與衛生管理
2. 生產區域硬體設施管理
3. 生產機器設備之維護與保養
4. 生產異常處理與矯正
5. 監督重要管制點CCP（Critical Control Point）之監測與矯正

食安小組需將要管理之項目製成表格（表9-1），表中包括頻率、執行人、提報管制日期等，以加以有效管控。

表9-1　食安管制監控頻率表

頻率	負責人員	計畫提報日期
每月10日	食安小組長	--
每年		
每季3、6、9、12月	內稽小組長	
每月		--
每年		放入教育訓練計畫中
每半年		放入教育訓練計畫中
每季		放入教育訓練計畫中
每季2、5、8、11月	衛管人員	
每季	各組長	
7/31前完成		

二、建立生產管制（生管）系統

包括產銷規劃與協調、生產途徑安排、生產日程安排、工作指派、產銷進度跟催、新產品作業規劃。本節內容前五項將於第十章詳述。

三、落實報表管理

報表的功能是紀錄管理行為。報表的格式與內容依使用單位的管理行為而訂定。各使用單位的報表在設計上應考慮連貫性與共通性。最好能依生產管理流程規劃。切勿各自為政。公司在組織上的編制也會影響報表的功能。例如：行政管理部門的主管有協理、經理、課長、處長、組長；生產部門的主管有經理、課

長、組長、班長。當兩部門報表需要會簽時，就會發生對等關係的問題。

報表簽核的層級也應明確簡單，簽核審閱的人不宜多，以免影響效率。

報表管理的手法不只是責任的劃分，負責簽核的主管首重勾稽與分析。

1. 線上庫存，原物料備料登錄，先進先出，投料紀錄

所有紀錄應符合非登不可，非追不可之追蹤追溯精神。詳實記錄與保存。

2. 製程管制點定時定點紀錄

生產報表是紀錄生產過程的工具，在生產流程中，設定必要的位置與時間對操作設定，設備狀況及產量等作定時定點的紀錄，其功能在於異常發生時可做追蹤檢討、改進問題、釐清責任以及產品回收之判斷依據。

3. 異常及維修紀錄要落實

生產過程一定會發生異常狀況，除了定時定點的紀錄外，任何異常狀況發生時，例如停電、設備故障、維修內容、天災、操作異常等，都應在報表中記錄。

4. 生產、工務、品管、倉管紀錄要同步

如前所述，生產製程不僅是現場操作的動作而已，而是從領料、入料、投料一直到成品入庫交給倉管單位為止。在上述過程中，各單位所有與生產過程的工作紀錄都應同步進行，以利後續追蹤與管理。

5. 線上異常品要集中管理，並依異常品處理程序辦理

公司對異常品的管制與管理往往會將重點放在統計入庫後的異常品，然後依異常品作業辦法處理。將生產線上之異常成品僅視為生產異常，而以生產不良率的管理辦法另外處理。這些線上的異常品，如未作適當處理，很可能流出廠外。因此必須要集中管理。

6. 當日成品入庫單要第三方值班主管複核

生產線生產出來成品，應立即入成品庫，交由倉管單位接手。

生產單位與倉管單位的介面就是「入庫單」

一般入庫單的內容主要是：(1)產品名稱，(2)產品數量，(3)生產及入庫時間與日期，(4)產品須標示之日期，(5)生產線名稱，(6)入庫人員，(7)倉管人員。

入庫單常見錯誤有：(1)填寫錯誤，(2)漏填，(3)單據毀損，(4)字跡不清，(5)遺

失，⑹無清點交接。

　　爲避免問題發生，並確實查核帳與物的正確性，以利會計帳盤點及追蹤追溯，應設立第三方主管做確認動作。

四、分析管理（魚骨分析圖，5W1H）

　　不管魚骨圖類型爲何，主要架構如下（圖9-4）：

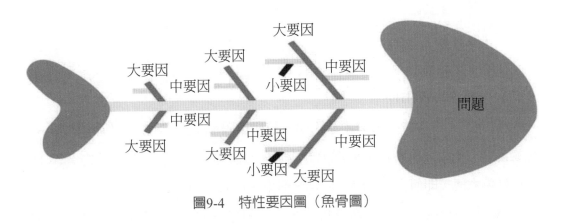

圖9-4　特性要因圖（魚骨圖）

1. 魚骨圖

　　問題的特性總是受到一些因素的影響，我們通過腦力激盪找出這些因素，並將它們與特性值一起，按相互關聯性整理而成的層次分明、條理清楚，並標出重要因素的圖形就叫特性要因圖。因其形狀如魚骨，所以又叫魚骨圖（以下稱魚骨圖），它是一種透過現象看本質的分析方法。同時，魚骨圖也用在生產中，用來形象地表示生產現場的流程。

　　魚骨圖（Fishbone Diagram），又稱特性要因圖、因果分析圖、石川圖（Ishikawa Diagram），由日本的管理大師石川馨先生所發展出來的。是一種發現問題「根本原因」的一種方法。不管是規劃活動流程、分析一個問題、製作一個專案等，都可以使用。

　　問題本身被各種因素影響著，透過思考分析、與他人溝通討論，找出這些要因之間的關係並連結起來。

魚骨圖有3種類型：

(1)整理問題型魚骨圖（各因素與問題間不存在原因關係，而是結構構成關係）。

(2)原因型魚骨圖（魚頭在右，問題以「為什麼……」作為開頭。

(3)對策型魚骨圖（魚頭在左，問題以「如何改善／提升……」做為開頭。

魚頭表示需要解決的問題：魚頭在右，特性值通常以「為什麼……」來寫。

魚頭在左，特性值通常以「如何提高／改善……」來寫。

大魚骨：主要因

中魚骨：次要因

小魚骨：小要因

2. 六何分析法（5W1H）

「5W」是在1932年由美國政治學家拉斯維爾最早提出的一套傳播模式，後經過人們的不斷運用和總結，逐步形成了一套成熟的「5W＋1H」模式。5W1H也被稱為六何，即何人、何時、何處、何事、為何、如何。

5W1H分析法，也稱六何分析法，是一種思考方法，也可說是一種創造技法。

5W1H分析法指的是5個W開頭和1個H開頭的英文單詞，通過5W1H分析法能幫助我們發現解決問題的線索，尋找到問題的解決辦法。

5W1H分別代表：

What：是什麼？目的是什麼？做什麼工作？

Why：為什麼？為什麼要這麼做？理由何在？原因是什麼？造成這樣的結果為什麼？

When：何時？什麼時間完成？什麼時機最適宜？

Where：何處？在哪裡做？從哪裡入手？

Who：誰？由誰來承擔？誰來完成？誰負責？

How：怎麼做？如何提高效率？如何實施？方法怎樣？

運用到工作分析中，就其工作內容（What）、責任者（Who）、工作崗位

（Where）、工作時間（When）、怎樣操作（How）以及爲何這樣做（Why），
進行書面描述。

並按此描述進行操作，達到完成任務的目標。

第三節　清潔與自我稽核以及5S運動

一、清潔與自我稽核

1. 清潔

製程清潔要切實，不可取巧。勿過於依賴化學藥品。

製程設備的清潔攸關消費者的食品安全及公司的生命。不確實的清潔操作會
導致微生物與毒素的孳生。

設備的清洗方式依方法有：全自動清洗、半自動清洗、人工清洗三種。

清洗時除了藉由幫浦推力與管路設計，利用清水在設備中產生擾流及亂流
外，也須藉由酸，鹼，熱水，蒸氣或食品級化學藥劑輔助。

千萬要注意的是不可僅倚賴一種清潔方式（例，熱水）或單純使用化學藥劑
來達成製程清潔的任務。

2. 清潔及消毒等化學物質及用具之管理

⑴清潔劑、消毒劑及有毒化學物質，應符合相關主管機關之規定，並明確
標示，存放於固定場所，且應指定專人負責保管及記錄其用量。

⑵食品作業場所內，除維護衛生所必須使用之藥劑外，不得存放使用。

⑶清潔及清洗用機具，應有專用場所妥善保存。

3. 自我稽核

建立自我稽核流程，工廠管理階層定期（每年、每半年或每月）必須按GHP
或HACCP作業規定自我稽核，以評估工廠內部和外部狀況。不可完全倚賴外部

稽核達成食品安全的保障。

二、建立5S管理與5S運動

㈠5S運動

1. 目的

為消除生產中不必要、浪費的行為、動作。

2. 內容

5S係由五個日文所組成，由於其發音第一節皆有S故名。又被稱為「五常法則」或「五常法」（圖9-5）。

⑴**整理**（Seiri）：區分要與不要的東西，工作場所除了要的東西以外，一切都不可以放置，把不需要的東西丟棄。

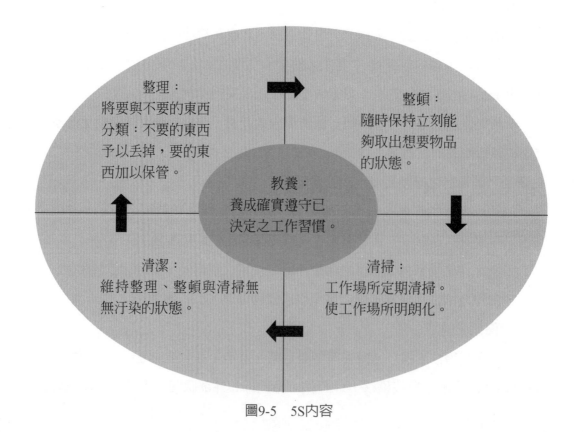

整理：
將要與不要的東西分類：不要的東西予以丟掉，要的東西加以保管。

整頓：
隨時保持立刻能夠取出想要物品的狀態。

教養：
養成確實遵守已決定之工作習慣。

清潔：
維持整理、整頓與清掃無無汙染的狀態。

清掃：
工作場所定期清掃。使工作場所明朗化。

圖9-5　5S內容

⑵**整頓**（Seiton）：任何人在想要什麼東西時，都可以隨時取到想要的東西。因此把要用的東西井然有序地放置在容易取用的地方，並使大家都一目了然。

⑶**清掃**（Seiso）：將看得到與看不到的工作場所清掃乾淨，保持整潔。

⑷**清潔**（Seiketsu）：貫徹整理、整頓、清掃的3S，而使同仁工作效率提升。

⑸**教養**（Shitsuke）：由內心發出養成遵守紀律，並且以正確的方法去做。

5S之英文為：整理（Systematise, sort）、整頓（Structurise, stabilize）、清掃（Sanitise, shine）、清潔（Standardise, standardize）、教養（Self-discipline, sustain）。

3. 重要性

常見之食品品質自主管理制度，其對於食品工廠相關的硬體設與軟體有一定之規定，這些規定之執行與貫徹可以藉由5S運動的輔助實施加以完成。

4. 5S之內涵

5S之內涵可以表9-2顯示。

5. 工具

⑴透明化：在機器上加裝透明物件使加工過程透明化。如：麵糰攪拌器，透過上方檢查窗觀察。

⑵狀態化：如：在冷氣的出風口加上紙條以了解送風狀態。

㈡5S常見之管理方法

1. 管理標籤：將各種物品標示名稱。

2. 管理界限標誌：如儀表的管制線利用顏色或線條區分。

3. 人員動態標示：如人員差勤表。

4. 顏色管理：依重要性、危險性、緊急程度等，使用各種顏色提醒有關人員，以便監控。

5. 安裝警示燈：可提醒異常。如：冷凍庫溫度異常、油脂工廠正己烷外洩

表9-2　5S之內涵

項目	對象	實施方法	工作場所不良現象	工具	目的	評價方法	期望目標
整理	空間	1.區分「需要」與「不需要」；2.丟棄不需要區；3.分類不需要區	擁擠；堵塞	1.層別管理；2.紅牌作戰，標籤	物品減量，騰出空間	1.定點照相；2.錄影	塑造清爽的工作場所
整頓	時間	1.定位置；2.品目或品名；3.定數量；4.不良品壓克力掛牌	雜亂	1.看板管理；2.區域線標示	減少尋找時間，擠出空間	1.定點照相；2.錄影	塑造一目瞭然的工作現場
清掃	機器	1.掃黑；2.掃漏；3.掃怪	骯髒	1.規劃責任區與清掃時間表；2.點檢表	減少停機、當機的機會和時間	1.定點照相；2.錄影	塑造不當機的工作場所
清潔	環境	1.不製造髒亂；2.不擴散髒亂；3.不恢復髒亂	汙染	整理整頓清掃標準化；比賽	提升公司形象	1.定點照相；2.錄影	塑造潔淨明朗的工作場所
紀律	人員	1.守規矩；2.重紀律；3.遵規範	1.遲到；2.聊天；3.吃東西	教育訓練	養成習慣	考核	塑造守紀律的工作場所

警示燈。

　　6.看板管理：記錄物品讓任何人在想要什麼東西時，都可以隨時取到想要的東西。

　　7.紅色標籤運動：將不需要的東西貼上紅色標籤，並定期檢討，使工作人員便於處理。

三、實施5S之方法

㈠整理（SEIRI）

1. 目的

⑴騰出空間，空間活用。現場擺放不要的物品，會使工作場所愈變窄小。櫥櫃等被雜物占據則減少使用空間。同時增加尋找工具、零件等物品的時間。物品雜亂無章的擺放，增加盤點的困難，使成本核算失準。

⑵防止誤用、誤送。

⑶塑造清爽的工作場所。生產過程中常有一些殘餘物料、待修品、待返品、報廢品等滯留在現場，既占據了地方又阻礙生產，如不及時清除，會使現場變得凌亂。

2. 執行技巧

整理的工作包括三個步驟：

⑴分開需要與不需要的東西。把必要的東西與不必要的東西明確地、嚴格地區分開來。

⑵丟棄或處理掉不需要的東西：這要抱著「搬家」的魄力來做，丟掉眞正不需要的事物。

⑶保留保管需要的東西。

3. 實施要領

⑴自己的工作場所（範圍）全面檢查，包括看得到和看不到的。

⑵制定「要」和「不要」的判別基準。

⑶將不要物品清除出工作場所。

⑷對需要的物品調查使用頻度，決定日常用量及放置位置。

⑸制訂廢棄物處理方法。

⑹每日自我檢查。

4. 常用的方法：

　　使用頻率法、定點拍照法、紅牌作戰法、看板管理法等。機具／設備／材料使用層別管理。

5. 紅牌作戰法

　　⑴對象：工作場所、倉庫、公共場所、辦公場所、人。

　　⑵紅牌製作規格：A4或B5紙張。

　　內容包括：品名、數量、評價、處置方式、時間、地點。

　　⑶張貼紅牌（紅牌＝不要），由非當事者張貼。

　　⑷紅牌評價與處置：

　　不合格品：移往物品待處理區或報廢處理。

　　廢品：報廢處理。

　　呆料／呆品：集中儲藏、報廢處理。

　　整理的內涵如表9-3。「要」和「不要」的判別基準如表9-4。

表9-3　整理的內涵

對象	物品空間
定義	清理要與不要物品、清除不要用品、清爽空間
目的	物品減量、騰出空間、清除死角
要領	三清：清理要與不要的，清除不要的，清爽空間
常用工具	層別管理、紅牌作戰
評價方法	定點照相
效益	製造清爽的工作場所

表9-4　「要」和「不要」的判別基準

使用頻率	基準	保管方法
每週使用一次；每天使用一次；每小時都在使用	經常使用	放在作業區域內隨手可得之處
一個月用不到一次；兩個月使用一次	偶而使用	在工作場所內集中保管
半年用不到一次；一年使用一次	很少使用	放置在倉庫或固定區域
兩年用不到一次	幾乎不用	丟棄，報廢

㈡整頓（SEITON）

1. 目的

⑴工作場所一目瞭然。⑵整整齊齊的工作環境。⑶消除找尋物品的時間。⑷消除過多的積壓物品。

2. 執行技巧

整頓包括三個動作：

⑴將東西定位。⑵將東西標示清楚。⑶將東西歸位。

3. 實施要領

前一步驟整理的工作要落實。

流程布置，確定放置場所。

規定放置方法、明確數量。

劃線定位。

場所、物品標識。

⑴**整頓的「3要素」：場所、方法、標識**

放置場所：物品的放置場所原則上要100%設定。物品的保管要定點、定容、定量。生產線附近只能放真正需要的物品。

放置方法：易取，不超出所規定的範圍。

標識方法：放置場所和物品原則上一對一表示。表示方法全公司要統一。

⑵**整頓的「3定」原則：定點、定容、定量**

定點：放在哪裡合適（具備必要的存放條件，方便取用、還原放置的一個或數個固定的區域）。

定容：用什麼容器、顏色（可以是不同意義上的容器、器皿類的物件，如：筐、桶、箱等，也可以是車、特殊存放平台甚至是一個固定的存儲空間等均可當作容器看待）。

定量：規定合適的數量（對存儲的物件在量上規定上下限，或直接定量，方便將其推廣為容器類的看板使用，一舉兩得）。

4. 常用的方法：

　⑴**整頓的工具－定位管理**

　目的：員工可迅速知道（放在那裡－where；有什麼品項－what；數量有多少－how many）、拿到、用到、歸位。

　定位基本原則：

　① 以人為中心，減少尋找時間、走動距離，為達到效率化為目標。

　② 以成本為依歸，降低沒有必要的浪費。

　③ 充分利用空間。

　方法：定位：設定料址和地號（A、B、C、1、2、3等）及架號（A-1、B-1、C-1等）。

　定品：一址一品。

　定量：標示最大庫存量及最小庫存量、庫存量及最適採購點。

　⑵**顏色管理**（目視管理）

　顏色意義－紅色：禁止、危險。黃色：警告。

　地板油漆作戰－作業區：綠色。休息區：藍色或乳白色。走道：橙色。

　畫線－區隔線：黃色（10cm）。禁止線：紅色（10cm）。位置定位線：白色（5cm）。穿越線：黃黑相間。方向標示：黃色或白色箭頭。

　⑶**看板管理**（目視管理）

　對象決定－現場看板：物料、設備、棚架、機具、倉儲標示。

　　　　　　　　工程看板：作業條件／方法，技藝標準／指導。

　　　　　　　　布告看板：績效、激勵、考核、人事。

　整頓的內涵如表9-5。

表9-5　整頓的內涵

對象	物品空間
定義	定位標識、定品目或對象，定量
目的	井然排序，檢少搜尋時間
要領	三定：定位置、定品名、定數量
常用工具	目視管理、定位管理、顏色管理、標示管理
評價方法	定點照相
效益	建造井然有序、一目了然的工作場所

㈢清掃（SEISO）

1. 目的

就是把環境中及設備的灰塵消除乾淨，是檢查亦是裝備設備保養。

2. 執行技巧

由於灰塵髒汙是慢性品質不良的主因，因此清掃最重要的動作就是清除汙垢、髒汙，藉此達到塑造「高稼動率的工作環境」，其主要清掃對象是機械設備。

3. 實施要領

針對汙染源劃分責任區進行清除汙塵、點檢，以利持續改善。

清掃對象—公共場所、工作場所、倉庫、辦公場所。

落實辦公環境清掃要領為：

⑴個人座位：除正使用中之物品、資料外，一概清除。垃圾、紙屑等，隨時清除不留在座位。

⑵文件資料：過期不用公文、檔案，按時進行銷毀。

⑶辦公事務機器及設備：電腦、影印機、傳眞機、電話、飲水機、櫥櫃等設備清洗擦拭乾淨，遇故障立即叫修，隨時保持正常使用狀態。

⑷公共區域：公布欄、記事欄，定期更換擦拭。

清掃的內涵如表9-6。

表9-6 清掃的內涵

對象	空間設備
定義	檢查、發現缺點
目的	減少髒亂、停工、當機的時間與機會
要領	三掃：掃黑、掃怪、掃漏
常用工具	規劃責任區域與清掃時間表、點檢表
評價方法	定點照相
效益	塑造潔淨明亮和零故障的工作場所

㈣清潔（SEIKETSU）

1. 目的

⑴消除髒汙，保持職場乾淨、明亮。⑵穩定品質。⑶減少工業傷害。

2. 執行技巧

清潔就是根絕髒亂的源頭。藉著維持前面整理、整頓、清掃的既有水準及從根源杜絕髒亂，希望達到「明朗的工作環境」。

為徹底作好整理整頓清掃，維持清爽乾淨工作環境，並予標準化。查檢：

⑴有無不要用的東西？多餘的空間有善加利用──整理。

⑵能迅速找到要用的東西？所有東西依規定擺置（定位，定品，定量）──整頓。

⑶有按時清掃？（上面關心，幹部用心，員工盡心）──清掃。

⑷垃圾及汙物發生源完全被改善。

3. 實施要領

⑴建立清掃責任區（室內、外）。⑵執行例行掃除，清理髒汙。⑶調查汙染源，予以杜絕或隔離。⑷建立清掃基準，作為規範。

就是對工作的場所、個人服裝儀容等，時時保持潔淨、衛生的狀態，是一種精神教育亦是作業要求。如針對辦公室：

⑴徹底執行落實：整理、整頓、清掃3S工作。

　　⑵工作場所及四周環境：保持整齊與乾淨。桌椅、櫥櫃、器具及機具、設備等，經常擦拭、清理、維護整潔美觀，杜絕汙染來源。工作掉落地上之紙屑、迴紋針、訂書針、橡皮筋等在地面時隨手撿拾。

　　⑶公共區域：地面、門窗、牆壁、天花板等，保持清潔；牆壁、地毯、門窗或材等，表面破損剝落時，應儘速報請負責單位修復；窗台邊、樓梯間、走道、茶水間、影印機室等，公用區域不隨意堆放物品。

　　⑷營造良好的工作環境：徹底做好垃圾、廢棄物分類；美化環境加強盆景綠化、養護及修剪，盆栽接水容器及其周邊隨時進行清理。

　　清潔的內涵如表9-7。

表9-7　清潔的內涵

對象	環境：物品空間、設備
定義	不製造髒亂、不擴散髒亂、不恢復髒亂
目的	提高企業形象及產品品質
要領	三要：要清除髒亂、要消除凌亂、要掃除異樣
常用工具	整理整頓清掃標準化、文宣、比賽
評價方法	定點照相
效益	營造乾淨的工作環境

㈤教養（SHITSUKE）

1. 目的

　　⑴培養具好習慣、遵守規則的員工。⑵提高員工禮貌。⑶營造團體精神。

　　塑造正確遵守規定的習慣，建立以品質為先的企業文化（品質是設計出來，管理出來，經營而變成習慣）。

2. 執行技巧

　　通過晨會等手段，提高全員禮貌。培養每位成員養成良好的習慣，並遵守規則做事。開展5S容易，但長時間的維持必須靠素養的提升。

3. 實施要領

　　(1)制訂服裝、儀容、識別證標準。

　　(2)制訂共同遵守的有關規則、規定。

　　(3)制訂禮儀守則。

　　(4)教育訓練（新進人員強化5S教育、實踐）。

　　(5)推動各種精神提升活動（晨會、禮貌運動等）。

　　教養的內涵如表9-8。

表9-8　教養的內涵

對象	人
定義	守規矩、重紀律、遵規範
目的	養成習慣
要領	三守：守時間、守規定、守標準
常用工具	點檢表
評價方法	考核
效益	製造自主管理、守法的工作環境

　　把5S管理活動視為日常工作，隨時注意環境的乾淨、整潔、舒適、合理的工作場所，讓全員參與並發揮自動自發、團結合作的精神，積極持續不斷的改善，創造良好井然有序的工作環境。

四、5S的延伸

　　根據企業進一步發展的需要，有的企業在原來5S的基礎上又增加了許多由S開頭之項目，而形成6S、7S、10S、12S、16S等。

　　除傳統之5S外，最常見的包括安全（Safety）、節約（Saving）、效率（Speed）、堅持（Shikoku）。

　　其他如習慣（Shiukanka）、服務（Service）、滿意（Satisfication）、學

習（study）、共用（share）、標準（Standardization）、銷售（Sales）、技能（Skill）、簡化程序（Simple）、軟體設計與應用（Software）等亦有將其列為管理項目之一者。

第四節　維修保養與行政後勤作業

一、建立維修保養制度

1. 工務單位要有24小時待命之準備

　　工廠公務維修單位必須要有全天待命出勤的準備與能力。生產線雖然停止，但很多公共設備仍在運轉。如冰水系統、廢水處理系統等。基於此，工務單位的人力與零組件配備系統要完善。

　　除了工廠自己本身必備的基礎人力或零組件外，外圍協助資源也要隨時保持聯繫。如電力公司、自來水公司、大型零組件供應商等。盡量以保持產線運作處於最佳狀態為原則。

2. 定期專業培訓

　　要維持食品工廠正常運作所牽涉的範圍包羅萬象，除了加工技術、品質、行政，財務管理外還包括：機械、電機、土木、廢水、修繕、消防、動力等項目。這些事務幾乎都與工務單位有關。因此，在無法各項專業人員齊備的情況下，定期的專業培訓就非常重要。

　　這種專業培訓分為外訓及內訓。

　　外訓有分：⑴政府相關單位的訓練課程；⑵受政府委託的機構辦理；⑶配合設備廠商的專業訓練。

　　內訓則是以資深專業的人員對內作教育訓練。對象分為：⑴工務單位人員；⑵生產單位人員；⑶其他相關單位人員。

3. 做好分級保養制度

由於食品工廠在尋找與培訓工務專業人員不易，且工務人員必須24小時備勤。所以不能把所有設備維修的責任全部由工務人員承擔。

設備操作人員必須懂得：⑴設備的基本結構；⑵操作方法；⑶基本維修能力。

因此，分級保養制度必須妥善建立。分級保養分為三級：

⑴一級保養：通稱為操作者保養，誰負責使用誰就得負責保養，操作者保養是一切保養的基礎，其保養項目均為操作者就可執行的工作。主要內容是：普遍地進行擰緊、清潔、潤滑、緊固，還要部分地進行調整。

⑵二級保養：通常是由廠內工務部門負責對機器進行局部更換的檢查，更換消耗性部件，保養週期則視具體情況而定。

⑶三級保養：是指定期對設備進行全面的檢修，以期使設備在良好的狀態下運轉。並對主要零部件的磨損情況進行測量、鑑定和記錄。如果本廠內無法完成，通常與專業檢修或原設備製造商簽定檢修協議，並定期至廠內保養檢修。

4. 各項公共設施，動力及生產設備定期管理

二、設備管理 (facility management)

設備管理的基本目的為通過效益、技術、組織措施，逐步做到對主要生產設備的設計、製造、購置、使用、維修，直至報廢、更新全過程進行管理，以獲得設備使用週期費用最經濟、設備產能最高的理想目標。

㈠設備管理的內容

1. 設備選擇

企業根據技術、預算和生產的需要的原則，正確地選擇設備。同時要進行各項評估，再選擇最理想的方案。

2. 設備使用

　　針對設備的特點，正確地使用設備、安排生產任務。因此企業可以減輕設備的損耗、延長使用壽命，防止設備和安全事故的發生，並避免設備閒置。

3. 設備檢查、保養和修理

　　這是設備管理方面的重心。企業要合理制訂設備的檢查、維護保養和修理等方面的計畫，進行定期檢修與保養。

4. 設備改造與更新

　　企業根據生產經營的規模、產品的品項，以及發展新產品、改造舊產品的需要，有計畫、有重點地對現有設備進行改造或更新。

5. 設備的日常管理

　　⑴主要包括設備的分類、編號、封存、報廢、事故處理和技術資料管理等。

　　⑵設備的封存和遷移。企業對閒置不用或停用三個月以上的設備，應由保管部門提出計畫，經生產部門和設備管理部門審核，經批准後進行封存。封存的設備應採取防塵、防潮、防鏽等措施，並要定期維護和檢查。當生產技術改變需要遷移設備時，必須由生產部門提出方案，經設備保管部門審查，經主管批准後，辦理遷移手續後方可遷移。

　　⑶設備的調撥和報廢。對本企業已不適用，長期閒置不用或利用率極低的設備應予調出。企業調出的設備，需報有關部門批准，並做好帳務處理後方可調出。調出的形式有出租和有償轉讓兩種。

　　由於超過使用年限或結構老舊、精度低劣、生產效率低、能源消耗高，或由於事故造成損壞而在經濟上、技術上都不值得修復改裝的設備，都可報廢。要報廢的設備，通常由使用部門提出申請，設備保管部門及有關部門進行技術鑑定，並報請上級主管部門批准後方可報廢。

　　⑷設備的事故處理。由於非正常損壞而導致設備效能降低或不能使用即為設備事故。當設備發生事故後，應積極搶修，同時分析原因並進行檢討，從中吸取經驗教訓，採取有效措施，防止類似事故的發生。

　　凡是人為原因所引起的設備事故，應視情節輕重給予處分。對重大設備事故及處理情況要及時向上級主管部門報告。

　　⑸設備技術資料的管理包括：

　　①建立設備檔案。包括：出廠檢驗單、進廠驗收單、安裝工程記錄單、修理卡片、定期檢查記錄、設計圖面與說明、檢修文件。設備檔案是保證設備正確使用、對設備進行檢查和維護修理的重要依據。

　　②積累設備技術資料。

　　③加強設備資料的管理。

　　透過對設備技術資料的分析，可以掌握設備的技術狀況，從而制訂出切合實際的檢查修理計畫，預防設備事故的發生。

㈡設備管理的分類

1. 自有設備管理

　　根據設備使用計畫進行設備的調配，提高設備使用效率，合理調配設備資源，保證工程順利施工。主要內容為處理現場設備的日常管理及機械費的核算業務。包括：使用計畫、採購管理、庫存管理、設備台帳管理、設備使用、設備日常管理、機械費核算等。

2. 設備租賃管理

　　根據工程預算和整體進度計畫，結合自有設備情況制訂設備租賃計畫，合理調配資源，提高設備利用率，確保工程順利施工。

　　根據租賃數量、租出時間、退租時間、租賃單價核算租賃費，根據租賃費、賠償費結合工程項目進行機械料費的核算。主要包括：租賃計畫、租賃合同管理、設備進場、機械出場、租賃費用結算等費用結算支付。

三、優化行政後勤作業

　　即使有最優秀的技術人員，最先進的設備，最好的品管系統，沒有好的後勤

管理系統，也無法有完美的產品。

行政後勤作業的工作內容非常繁雜，除了例行性事務外，以下幾項與製程管理攸關的行政後勤作業，如能更進一步優化，則對製程管理有一定的幫助，對公司的發展也會有極大的幫助。

1. 人力資源掌控

人力是生產運作的根本。因此，如何掌握人力資源，讓工廠內各單位的人力適才適所，在適當的成本下，提供最佳的人力資源。

⑴各線人員依產能編制準備

依標準製程生產運作（一班、兩班、三班或加班），再加上勞基法規定的輪休工時、人員請假等經常性大數據分析後，計算出所需人力需求。任何缺人缺工的製程絕對是高於標準成本的。

⑵編制內與外之配額管制

編制外的員工主要有：臨時員工、建教合作的員工、外籍員工、派遣員工、實習或工讀生等。

這些編制外的員工流動性大，工作熟悉度，成本結構與編制內的員工也不同。行政管理單位應與各用人單位詳細討論後對編制內與編制內的員工比例做適當的招募與分配。

⑶淡旺季人力配置與調度

食品產業在一年中，幾乎都有淡旺季的區別。行政後勤管理單位宜依公司淡旺季的人力需求做適當的配置與調度。

⑷掌握各類人員資料庫

未到職不表示不適用，離職不表示不再用。人事單位應依專業所需，將所有應徵人員，在職人員及離職人員的資料庫分類建檔，以備不時之需。

2. 總務事務的齊備

士兵在前方作戰，最需要的就是無後顧之憂。總務單位所做的各項工作就是要將這些事務盡量準備的完備，以免因小失大。

⑴工作需求之裝備：各單位執勤所需的必備事物，如服裝、工作鞋，基本

工具等應在員工到職當日準備妥善。

　　(2)文具：工作中所需的文具也應準備妥當。

　　(3)餐飲照顧及生活需求：員工的基本生理需求應在公司合理的成本範圍內準備妥當，並給予充分合理的供給。

　　(4)宿舍管理與照顧：住宿者多半來自外地，基本生活起居的照顧應合乎人性。

　　(5)出勤制度管理適時適切：幾乎各公司都有出勤管理制度。所有制度應是以服務多數守法群眾，管理少數脫軌行為為宗旨。不宜以小事大，影響正常守法員工的權益。對公司沒有多少好處，對員工心理影響較大。

　　(6)員工福利與家屬急難協助：基本上員工福利須視公司營運狀態而定，易於比較，難於強求。在員工家屬有急需幫助時，公司如能適時適切地伸出援手，對公司的隱性幫助會有意想不到的效果。

3. 資材，成品庫存管理適當充足

　　如何以有限的空間符合產銷所需是生管單位（生產管制）的工作重點。包括生產所需物資充足，不可斷料；成品倉儲空間要調度得宜。

4. 門禁打卡管制中立

　　門禁管制是出勤考核的關鍵點，人事單位或有因事因時制宜的變通方案，但一定要秉持中立，不可偏頗處理。否則會造成部門間的矛盾。

5. 薪資福利準時到位

　　公司都有營運困難的時候，但要與員工做充分的說明與溝通。切忌有施恩授惠的心態。員工家庭生活必需的開銷都是有計畫性的，不可只要求員工要以廠為家，四海歸心。

第五節　建立標準化作業程序

　　要做好製程管理，必須對下列事項建立標準化作業程序（SOP）：

1. 原物料驗收

2. 生產製程及加工條件

3. 品管與稽核作業

4. 領料與入庫作業

5. 不良品處理

6. 維修保養

7. 行政與後勤作業

以上細節部分可參考相對應的章節，在此便不贅述。

第六節　途程計畫

途程計畫係依產品的設計圖與施工說明而決定之加工作業順序。就是將人員及機器設備的安排、佈置與生產流程相結合，並考慮每一個流程步驟的負荷程度（如工作量或所需的工作時間），使每一步驟間不用等待，而能夠順暢地進行，減少瓶頸的發生、人力的閒置及避免過多的搬運或行走，以提高生產效率。

一、影響因素

1. 生產型態

連續性生產與批次生產由於產線布置不同，因此會影響到途程計畫之設計。

2. 機器設備之性能

若有兩種機器選擇，一般多選用功能相同，而製造費用較少者。若廠內有兩台機器可選擇，一台可加工之產品較多（較有彈性）（A），另一台之產品較少（B），則應選擇B，以將A留給其他產品與產線使用。注意，A、B之不同，指的是產品種類，而非產量。

3. 機器設備之負荷

某機器之負荷若已達到飽和或常故障，則不應將該機器規劃入途程計畫中。

4. 員工之安排

高技術性之工作，需安排有經驗的員工；易操作，技術性低的工作可安排初經訓練之員工。計畫中亦須考慮各單一操作所需之員工數。

5. 標準化作業之建立

應將工廠內所有內容標準化，包括操作方法、作業時間、品質標準、用料與工具類別等，以做為設計操作時間與準備工具等之參考依據。

二、設計流程

1. 途程計畫

(1)詳列產品製造過程的所有步驟（根據SOP）（表9-9）。

表9-9　產品作業步驟規劃

產品	作業步驟
米糕	洗米→攪拌→蒸煮→包裝
肉粽	洗米→包裝→蒸煮→包裝
菜包	洗米→磨米→脫水→粄糰→包餡→蒸煮→包裝
湯圓	洗米→磨米→脫水→搓揉→成型→包裝
年糕	洗米→磨米→脫水→搓揉→裝模→蒸煮→包裝

(2)決定每一製程的機器設備（表9-10）

目的為增加機器設備的稼動率。同時依照此圖來安排設備的擺放位置，可減少搬運或行走的距離及時間。選用機器時須注意，若每一產品皆選擇某一性能最佳之機器，則該機器可能形成瓶頸機器，而其他機器則會有閒置現象。故選擇機器時，除考慮經濟性與成本外，尚須考慮各機器之負荷平衡。

表9-10　產品途程規劃

產品＼設備	洗米機	磨米機	脫水機	板糰機	包餡機	攪拌機	蒸箱	包裝機
米糕	□					▶□	▶□	▶⊕
肉粽	□						□	□ ／ ⊕
菜包	□	▶□	▶□	▶□	▶□			▶□ ▶⊕
湯圓	□	▶□	▶□		▶搓揉	▶成型		▶⊕
年糕	□	▶□	▶□		▶搓揉	▶裝模	□	▶⊕
設備需用次數合計	5	3	3	1	1	1	4	6

註：□表示會使用的機器設備　　⊕表示最終步驟使用的機器設備

2. 決定操作人力與時間

進行生產線負荷能力及工作效率的計算。

⑴ 找出週期時間（cycle time）

計算每個操作步驟所需的工作時間，以找出週期時間（指前後相鄰的兩個產品離開生產線的間隔時間）（表9-11）。由於每個操作步驟所需工作時間不同，先做好的必須等待後做好的，才能接下去處理，因此週期時間為所有操作步驟中工作時間最長者。

表9-11　作業步驟所需工作時間表　　　　單位：分／公斤

產品＼工作時間	洗米機	磨米機	脫水機	飯糰機	包餡機	攪拌機	蒸箱	包裝機	週期時間
米糕	1.2					1.5	1.0	1.1	1.5
菜包	1.4	1.1	2.0	1.3	1.2		1.0	1.1	2.0
年糕	1.8	1.1	2.0				1.0	1.1	2.0

藉此項目可算出每種產品的標準產能。將每天的工作時間除以各種產品的週期時間，即可得到每項產品每天的最大產量。

(2)**計算工作效率**

工作效率＝（所有步驟作業時間之總和）／（週期時間×作業步驟數）（表9-12）。

此表示在所有作業步驟的週期時間內，真正從事處理工作時間所占的比率。藉由此算出每項產品的工作效率，可做為未來改進的依據。

3. 生產線平衡

(1)**找出瓶頸作業點**

瓶頸作業點係指所有步驟中，所需工作時間最長的步驟（表9-13）。由於該步驟會導致其他步驟停工待料，因而降低工作效率，因此稱之為瓶頸作業點。藉由此過程，可找出影響工作效率低落的問題點所在。

因每項產品的瓶頸作業點不一定只有一個，原則上先從最長工作時間的瓶頸作業點著手進行改善。完成後可重複此過程直到找到最佳的生產過程。

表9-12　工作效率計算　　　　　　　　單位：分／公斤

產品 ＼ 工作時間	洗米機	磨米機	脫水機	飯糰機	包餡機	攪拌機	蒸箱	包裝機	週期時間
米糕	1.2					1.5	1.0	1.1	1.5
工作效率	(1.2＋1.5＋1.0＋1.1)/(1.5×4)＝80.00%								
菜包	1.4	1.1	2.0	1.3	1.2		1.0	1.1	2.0
工作效率	(1.4＋1.1＋2.0＋1.3＋1.2＋1.0＋1.1)/(2.0×7)＝65.00%								
年糕	1.8	1.1	2.0				1.0	1.1	2.0
工作效率	(1.8＋1.1＋2.0＋1.0＋1.1)/(2.0×5)＝70.00%								

表9-13　瓶頸作業點

產品 \ 工作時間	洗米機	磨米機	脫水機	飯糰機	包餡機	攪拌機	蒸箱	包裝機	週期時間	工作效率%
米糕	1.2					1.5	1.0	1.1	1.5	80
菜包	1.4	1.1	2.0	1.3	1.2		1.0	1.1	2.0	65
年糕	1.8	1.1	2.0				1.0	1.1	2.0	70

⑵**尋求縮短瓶頸作業點工作時間改進方法**（表9-14、表9-15）

① 增加瓶頸作業機器設備數。

② 提高瓶頸作業機器設備的生產效率。

③ 增加瓶頸作業人員數。

④ 提高瓶頸作業人員的生產效率。

⑤ 在瓶頸作業點設置緩衝區（buffer），先預備一些半成品庫存，以提供給工作效率較高的下一站，於其工作閒置時使用。

⑥ 將瓶頸作業分割，部分工作分配給其他機器設備或人員來執行。

表9-14　瓶頸作業點改善措施

產品	改善措施
米糕	若將攪拌機的生產效率提高，使其工作時間減為1.1，週期時間便減為1.2（因為瓶頸作業改為洗米機），因此工作效率改為$(1.2 + 1.1 + 1.0 + 1.1)/(1.2 \times 4) = 91.67\%$，比原來的80.00%提高
菜包	若將脫水機增為2台，使其工作時間減為1.0，週期時間便減為1.4（因為瓶頸作業改為洗米機），因此工作效率改為$(1.4 + 1.1 + 1.0 + 1.3 + 1.2 + 1.0 + 1.1)/(1.4 \times 7) = 82.65\%$，比原來的65.00%提高
年糕	若將脫水機增為2台，使其工作時間減為1.0，週期時間便減為1.8（因為瓶頸作業改為洗米機），因此工作效率改為$(1.8 + 1.1 + 1.0 + 1.0 + 1.1)/(1.8 \times 8) = 66.67\%$，比原來的70.00%降低。原因為另一瓶頸作業（洗米機）的工作時間高達1.8，與原瓶頸作業（脫水機）的工作時間2.0差不多。故必須再做一次生產線平衡
	若將洗米機增為2台，使其工作時間減為0.9，週期時間便減為1.1（因為瓶頸作業改為磨米機與包裝機），因此工作效率改為$(0.9 + 1.1 + 1.0 + 1.0 + 1.1)/(1.1 \times 5) = 92.73\%$，比原來的70.00%及第一次改善後的66.67%提高

表9-15　瓶頸作業改善成效比較　　　　單位：分／公斤

產品＼工作時間		洗米機	磨米機	脫水機	飯糰機	包餡機	攪拌機	蒸箱	包裝機	週期時間	工作效率%
米糕	改善前	1.2					1.5	1.0	1.1	1.5	80.00
	改善後	1.2					1.1	1.0	1.1	1.2	91.67
菜包	改善前	1.4	1.1	2.0	1.3	1.2		1.0	1.1	2.0	65.00
	改善後	1.4	1.1	1.0	1.3	1.2		1.0	1.1	1.4	70.00
年糕	改善前	1.8	1.1	2.0				1.0	1.1	2.0	70.00
	第一次改善後	1.8	1.1	1.0				1.0	1.1	1.8	66.67
	第二次改善後	0.9	1.1	1.0				1.0	1.1	1.1	92.73

　　經由表9-14所提出之瓶頸作業點改善措施，可比較改善前後之工作效率比較（表9-15）。

　　若要增加機器設備或增聘人員數目，雖可縮短週期時間，提高工作效率，卻會增加成本。因此必須針對獲得的效益與增加的成本進行比較，當效益可使投資成本回收，且尚有利潤時，才可以進行。而經此改善後，可增加產量，提高產能。

4. 產生製造途程單（route sheet）

　　前述流程決定後，最後產生製造途程單（route sheet）（表9-16），以及作業單（operation sheet）、生產命令單、物料清單（Bill Of Material, BOM）、檢驗單等。

表9-16　製造途程單

品名： 編號： 材料：						生產命令： 批量： 日期：					
加工 號碼	加工 說明	加工 班別	所需 機器 名稱	所需 原料	所需 工人	機器 準備 工時	標準 工時	每小 時工 資	工資 率	加工期間	
										開工	完工

第七節　負荷管理

負荷管理就是實際瞭解人員、機器設備等生產要項，其在一定時間內之最大產量，然後再配合市場的需求，安排人員、機器做有效的產量管理。

生產能力與人機負荷的關係有三種：

1. 能力＜負荷（超負荷）

2. 能力＝負荷（負荷相當）

3. 能力＞負荷（負荷不足）

就管理目標而言，生產能力等於負荷是最佳的狀態。

一、負荷的內容

負荷即工作量，通常以人時（man-hour）或機器小時（machine-hour）表示。

人數（或機台數）×工作期間（天）×工作時間（時／天）＝人時（或機時）

每件標準工時（分／件）×計畫生產量＝計畫總人時

欲進行負荷安排，首先要測定生產能力，即基本產能。

生產能力 = 人數（或機台數）×工作期間×實際工作時間×效率（或操作數）

在確定工作負荷量後，擬定工作負荷表。

二、設計流程

1. 設定標準產能

影響產能的因素及應注意事項包括：(1)物料：供應情形、搬運方式等。(2)流程：場地布置、作業方法、瓶頸現象等。(3)設備：保養維護、故障頻率等。(4)品質：不良率、精度、損耗率等。(5)其他：準備時間、工作環境、效率、人員熟練性等。

標準產能的設定方式（表9-17、表9-18）：

(1)經驗法：由有經驗者，以其經驗估計標準產能，做為暫行標準，再與每月之實際產能比較後加以修正，以趨向正確的標準產能。

(2)過去實例統計法：由過去每月報表統計實際產能，經檢討修正為暫行標準產能，再與每月實際產能比較後修正，以趨向正確的標準產能。

(3)標準時間法：以馬錶量測時間，並藉此建立標準工時或標準產能。

表9-17用於算出每日人員或機器的生產效率，表9-18用於算出標準產能。兩表製作時，人員或機器皆應分開製表。

表9-17　標準產能統計㈠

日期	產品	產量	單位	人員或機器數目	投入工時 （人員或機器）
		(1)	(2)	(3)	(4)

註：(1)產量係指當日該產品的生產數量。(2)單位係指該產品的計量單位，如包、盒、箱等。(3)人員或機器數目係指當日投入生產的人員數目或機器數目。(4)投入工時是指所有人員投入工時或所有機器投入工時之加總。

表9-18　標準產能統計㈡

產品	產量彙總	單位	工時彙總	標準產能 （人員工時或機器工時）
	(1)	(2)	(3)	(4)＝(2)÷(3)

註：(1)產能彙總係指當月所有該產品生產數量的總和。(2)單位係指該產品的計量單位、如包、盒、箱等。(3)工時彙總係指當月所有人員投入工時的總和或當月所有機器投入工時的總和。(4)標準產能係指人員或機器生產該產品每小時所能處理的數量。

　　表9-17可以用來計算標準產能。並可以算出每日人員或機器的生產效率，以做為改善的依據。

　　表9-18可以做為規劃生產計畫時安排人員或機器投入的參考。

2. 建立標準產能參考表（如表9-19）

　　標準產能參考表可以做為接受訂單時的參考，以免發生逾期交貨的情況。亦可以做為規劃生產計畫時安排人員或機器投入的參考。

3. 計算人機負荷

　　依據訂單彙總生產品項及數量，以計算人員及機器的負荷狀況（表9-20）。人員或機器應分開製表。此可以做為接受訂單時的參考，以免發生逾期交貨的情況。亦可以做為規劃生產計畫時安排人員或機器投入的參考。

表9-19　標準產能參考表（人員或機器應分開製表）

產品	單位	小時產能 （每人或每機）	日產能 （每人或每機8小時）	月產能 （每人或每機25日）
	(1)	(2)	(3)＝(2)×8	(4)＝(3)×25

註：(1)單位係指該產品的計量單位，如包、盒、箱等。(2)小時產能係指該產品每人或單機每小時所能生產的數量。(3)日產能係指該產品每人或單機每日（8小時）所能生產的數量。(4)月產能係指該產品每人或單機每月（25日）所能生產的數量。

表9-20　人機負荷表

日期	產品	應生產數量	小時產能（人員或機器）	總需求工時（人員或機器）	可投入人機數	應投入人機數	人機需求工時	超負荷	負荷不足
		(1)	(2)	(3) = (1)/(2)	(4)	(5) = (3)/(6)	(6) = (3)/(5)	(7)	(8)

註：(1)應生產數量係指當日該產品應生產出的數量。

(2)小時產能係指該產品每人或單機每小時所能生產的數量。

(3)總需求工時係指為應生產數量(1)所需投入的人員或機小時數。

(4)可投入人機數係指當日可以投入生產的人員數目或機器數目。

(5)應投入人機數係指當日應該投入生產的人員數目或機器數目。

(6)人機需求工時係指所有應投入人機數(5)平均所需生產的小時數。

(3) = (5)×(6)，當投入人機數目多時，人機需求工時減少；當投入人機數目少時，人機需求工時就需增加。

(7)若應投入人機數 = 可投入人機數，且人機需求工時 > 每日8小時，則為超負荷；若人機需求工時 = 每日8小時，且應投入人機數 > 可投入人機數，亦為超負荷。

(8)若應投入人機數 = 可投入人機數，且人機需求工時 < 每日8小時，則為負荷不足；若人機需求工時 = 每日8小時，且應投入人機數 < 可投入人機數，亦為負荷不足。

4. 超負荷或負荷不足處理

負荷不足：表示有閒置的機器或人力，可利用來做其他的工作，如教育訓練、開會或第二專長培育等。

負荷相當：適當調用機器與人力，以使工作負荷與標準產能相同，此為最理想的狀況。

超負荷：表示工作量超出機器或人力所能負荷的能力，如此將有部分工作無法如期處理完成，若有此情況可以採取下列方式：

(1)延長工作時間或增加人手。

(2)徵調其他單位人力及機器之支援。

(3)不得已延期交貨或上市。

第十章

生產管制
(Production control)

如果說研發部門是公司的大腦，生產管制部門應該就是公司的靈魂了。

所謂「生產管制」的工作精神就是對各階段的生產流程加以管理與制約，以便能在預定期程內，以「最適當」的成本，運用產銷協調機制、原物料安排及適當的生產排程等方法，讓生產單位達成行銷企劃與業務目標。又可以稱為生產活動控制（production activity control, PAC）。其規劃之工作大綱如下：

1. 產能估算（包括設備及人力）

2. 產銷協調

3. 產程安排（短，中，長）（排程）

4. 原物料進銷存規劃

5. 成品庫空間規劃

6. 出貨計畫安排

基本上，生產管制的工作內容是依據ERP系統的邏輯概念執行，它的工作內容也是屬於ERP系統的一部分。至於生產管制所使用的各種分析統計工具，本章不討論。

在公司的年度的目標達成共識後，生產管制最重要工作就是生產單位與業務單位定期與機動的產銷協調工作（圖10-1）。同時進行產程之安排，與進度之追蹤，此部分即為本章說明之重點。

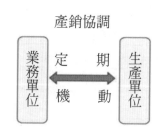

圖10-1　產銷協調工作概念圖

第一節　生產排程

　　延續上一章工作，在完成途程計畫與負荷計畫後，便可進行生產排程，而後實際執行生產製造之工作（圖10-2）。

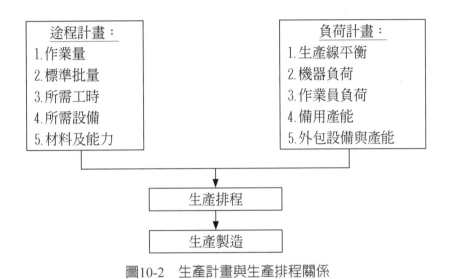

圖10-2　生產計畫與生產排程關係

一、排程定義

　　所謂排程（scheduling）是對已決定進行之工作或作業，訂定進行的時間表。因在途程單與作業單中已規定加工進行的程序、使用的機器及操作的標準工時，故生產排程即依該資料，配合生產計畫與客戶交期之要求，以及機器負荷與人力負荷計畫，而訂出適當的日程表。

　　今以學校安排教室，在以下三個限制存在下，做日程表之說明：

　　1. 十四位老師（編號A～N）

　　2. 五間教室（教室一～五）

　　3. 共有八節的時段（1～8節）

在以下條件下，將教室之安排如表10-1所示，此即排程之一種方式。

表10-1　學校安排A～K教師上課教室排程表範例

時段	1	2	3	4	5	6	7	8
教室一	D	D	C	C	F	F	B	B
教室二	I	I			E	E	G	G
教室三		H	H	H	J	J	K	K
教室四			M	M	N	N	N	
教室五	A	A			L	L		

安排製造日程之目的如下：

　1. 製造日程計畫之安排

　2. 確保交貨日期

　3. 確保製造過程中原物料等之配合與調整

　4. 使全廠的生產線平衡，讓作業效率最高、成本最低

二、排程之分類

1. 總排程（master schedule）

　　又稱大日程計畫，考慮的期間以年為單位，故屬於長期生產計畫。係針對工作的整體性做計畫，內容包括：向外採購相關物料與設備之準備日期與完成日期、材料與工具之準備與到廠日期、裝配開始與完成之日期（表10-2）。

2. 中排程（shop schedule）

　　又稱中日程計畫，屬於中期生產計畫。一般以季或月為單位。係由總排程計畫中，取一時段，依產品別、訂單別、或生產線別為基礎，訂定各成品之相關作業開始生產與完成日期。

3. 細排程（detail schedule）

　　又稱小日程計畫，屬於短期生產計畫。一般以週、日或時為單位。依機器

表10-2　排程之分類與定義

規劃	名詞	定義
長期生產 計畫	大日程 計畫	定義：以年度為單位（半年／一年／2～3年） 目的：為符合公司政策，工廠經營方向而定 手段：投入設備增置、目標產品項目生產 產品：公司主力產品
中期生產 計畫	中日程 計畫	定義：以月、季為單位（一季／兩季） 目的：為展開公司大日程計畫而設定 手段：明確訂定生產項目、生產數量、生產排程、原材料採購時間表 產品：當季季節性原料盛產，如蔬果 特定節日生產：中秋節（月餅）、母親節（蛋糕） 大宗原物料採購價格低時，如醬油
短期生產 計畫	小日程 計畫	定義：以週、日、小時為單位 目的：有效控制當月、週、日產品生產進度 手段：當月、週、日人力安排、產品良率控制、生產品質控制、庫存管理及水、電等成本控制 產品：所有個別產品

別、製程別、人員別等為單位，安排更詳細的日程表。

　　製造日程之安排係指對某一個產品事前製造時間與製造進度的安排，用以規範該產品製造之開工及完工時間，以達到在一定時限內完成，因此可望達到製造日程安排之目的如下：

　　1. 製造日程計畫之安排

　　2. 交貨日期之確保

　　3. 確保製造過程中原物料等之配合與調整

　　4. 使全廠的生產線平衡，作業效率最高、成本最低

三、排程之方法

　　生產管制最常使用平衡線（line of balance, LOB）圖或甘特圖（gantt

chart）。一般平衡線圖使用較廣，但在食品工業則較常用甘特圖（圖10-3）。

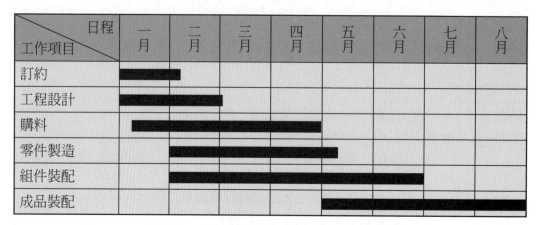

圖10-3　甘特圖範例（工程計畫日程圖）

一般排程的方法有兩種：

1. 順推排程法（forward scheduling）：由開始生產日期順推可以交貨的時間。在產品不複雜的情況下，適用此方法。

2. 回溯排程法（backward scheduling）：由交貨時間回溯應該開始生產的日期。

兩種方法都可用甘特圖做排程。圖10-4與圖10-5分別為以產品別、人員別所安排的生產排程甘特圖。

日期 星期 產品　班員	1	2	3	5	7	9	11	13	15	17	19	21	23	25	27	29	31	備註
(1)　　(2)	(3)																	
小計	(4)																	

圖10-4　產品別生產排程甘特圖

註：(1)「產品」指欲生產的產品名稱。(2)「班員」指生產該產品的班員。(3)該產品該班員該日應生產的數量。(4)該日所有班員生產該產品的合計數量。

日期 星期 班員　　產品		1	2	3	5	7	9	11	13	15	17	19	21	23	25	27	29	31	備註
(1)	(2)	(3)																	
	小計	(4)																	

圖10-5　人員別生產排程甘特圖

註：(1)「班員」指本班的各位班員。(2)「產品」指該班員所生產的所有產品名稱。
　　(3)該班員、該產品、該日應生產的數量。(4)該日、該班員所有生產產品的合計數
　　量。

　　食品業，尤其餐飲業，由於生產方式特殊，從原料處理到產品往往只有幾
分鐘，故亦發展出特殊之排程方式，如圖10-6為漢堡之生產排程。為管控生產時
間，故管理者先利用碼錶紀錄由下單後，到出餐時每一步驟所需之時間（秒），
據此計算每天備料、人員等之數量。

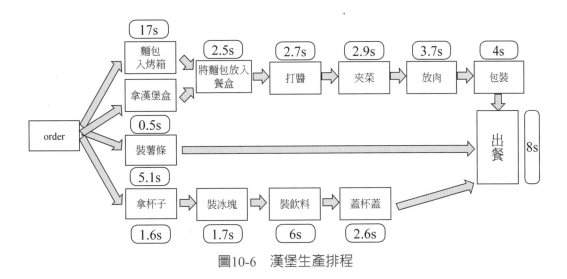

圖10-6　漢堡生產排程

第二節　工作分派與跟催

一、工作分派（dispatching）

　　依製造途程或日程安排，對現場發出製造明令或派工單以開始生產製造，其目的在使工人或機器能依照排程排定之時間，完成所規定之工作。

㈠工作分派項目

　　1.依日程計畫，並考慮工作之優先順序與日程，將作業分配給機器或人員。

　　2.簽發製造命令及工作通知單，開始生產產品。

　　3.簽發領料單，由倉庫領出所需原物料。

　　4.簽發工具領用單，準備各種必要之工具。

　　5.簽發檢驗命令，對指定產品於作業完成後進行檢驗。

　　6.依加工順序搬運成品與半成品。

　　7.記錄各作業開始與完成時間。

　　8.紀錄不量物料與加工不良品之數量與原因。

　　9.紀錄並說明排程作業延遲之原因。

　　10.收集現場工作負荷資料。

㈡工作分派原則

　　一般工作分派原則有四種：

　　1.按交貨日期先後順序分派。

　　2.按顧客種類排定優先順序。

　　3.按製程中瓶頸的工作優先分派。

　　4.按交貨可延誤與否進行分派。

二、工作跟催（follow-up）

　　跟催係檢核作業進度是否依照計畫進行，以確保作業如期如數完成。如果發生異常則催查員或生產管制人員應該找出問題原因，立即採取必要的對策，以使實際進度能與預定進度相符。其目的為確實管制生產計畫的進行，即時發現問題、解決問題。同時確保客戶需求的品項及數量能夠按時完成。

　　跟催工作若由生產部門派人擔任，則自開始至完成皆歸其負責。若是連續性生產，則各階段生產線領班本身須有督促工作進行之責任。

　　跟催者之任務為紀錄事實、比較進度、列舉差異原因與撰寫報告。跟催計畫表如表10-3。表中： 1.班員係指生產該產品的班員。 2.產品係指該班員所生產的所有產品名稱。 3.計畫數係指該班員、該產品的計畫生產數量。 4.實際數係指該班員、該產品的實際生產數量。以上為事實之紀錄。 5.差異係指該班員、該產品的實際生產數量與計畫生產數量之差異。此項目的在比較進度。

表10-3　跟催計畫表

日期 星期 數量		1	1	1	2	2	2
班員	產品	計畫數	實際數	差異	計畫數	實際數	差異

第三節　生產管制

　　生產管制的目的，在於協調廠內人員、材料、機器，以發揮最大的生產效用。控制的內容包括時間控制、數量控制、品質控制與成本控制。若以生產計畫

的角度，則控制的項目包括：

途程計畫與負荷計畫→製程管制

日程計畫→進度管制

製程管制主要在管制作業進度、操作情形、以及作業餘力等，目的在使實際工作與製程計畫相符。

進度管制則通常於幾個重要的過程處設立管制站（點），以進行管控。一般多選擇較重要的工作站（點）、瓶頸作業處等作為管制站（點）。

連續生產的進度管制方式可使用流動曲線圖（圖10-7）。橫軸為日期，縱軸為預訂生產量，折線為實際生產量。以20日為例，預計生產至500單位，實際生產440單位，尚不足60單位產量，因每天預計生產50單位，故進度落後了1.2天。

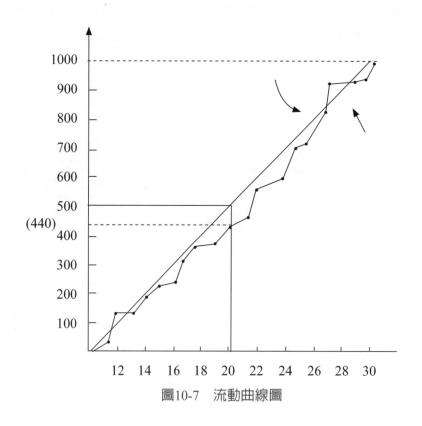

圖10-7　流動曲線圖

對大部分大量生產的工廠，排程的重點是要維持原料與零件的供應正常，以保障生產的持續與平衡。為達此目的，須將生產排程延伸至原物料的採購，與零件的穩定供應。此時就可使用平衡線圖（圖10-8）。其係利用生產線平衡考慮之圖形化的一種製造生產排程方法，主要是利用各個組合元件之排程，以配合最終之組合工作，構成平衡線法之技術可區分為決定生產目標、決定單元生產計畫與繪製進度圖三部分。圖中各作業預定完成單元數量之折線稱為平衡線，由此折線可以得知某特定時間點各作業之預定生產目標。LOB線代表生產進度之健康狀態，可用以診斷整個計畫之健全情形，並提出矯正方法。

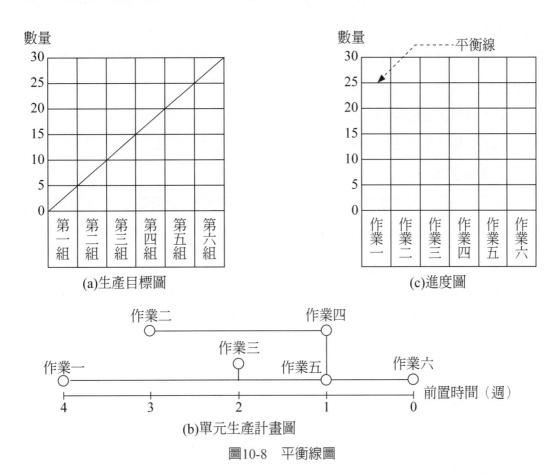

圖10-8　平衡線圖

第四節　生產管制要點

一、生產管制綱要及注意事項

1. 檢視年、季、月、週銷售與生產計畫

在公司各部門做年度預算之後雖然經過各部門討論定案，由公司最高層交付實施。行銷企劃與銷售部門也針對各產品品項提出各月之銷售計畫。但是因市場及各項因素都有可能造成銷售與生產計畫波動。

因此，生管部門的每日工作就是要建立銷售計畫與生產計畫的監控系統。以確保各項人、事、物按計畫進行。

對於計畫生產的產品（常溫或冷凍）可以月計畫為監控指標。

對於訂單生產的產品（生鮮或冷藏）則必須可以週或日計畫為監控指標。

2. 每日生產製令

為了維持原物料供應與員工出勤的穩定，不論何種生產模式，生管單位應該以日為單位，每週五前訂出下週各日的生產製令。再在每一生產日的前一日檢視次日工作製令。必要時需加以調整與修正。

3. 每日檢視人員出勤及設備狀態

生管單位為了維持生產製令的穩定，必須要與生產單位保持密切聯繫。每日檢視各生產線直接與間接員工到勤狀況。同時也要知曉各生產線及公共設備的運作狀況。萬一有狀況則必須立即檢視各相關資訊做處理。

4. 機動變更製令及調整出貨

變動製令或調整出貨的主要原因有：

(1)同業突發狀況

(2)災變（天災、人禍）

(3)公司政策修正

⑷通路發生異常狀況（無預期關店）

由於市場因素或生產變數，有可能造成訂貨量變動量過大，或是生產線停止因而缺貨。生管部門應立即啟動產銷協調機制，對產品出貨量做修正，或是立即變更生產製令以供應市場所需。基本上這些應變措施多半都會是高成本生產機制，應盡量避免。

5. 掌控原物料狀態，請購作業及進廠排程

對生產而言，生管單位做主導的原物料管控機制，絕對不可讓生產線產生停工待料的空窗現象發生。

生管單位應該與採購及資材管理部門建立控管機制。生管單位對生產排程與銷售計畫的安排瞭若指掌，因此延伸到原物料進廠時間及成品出貨的控制，都在生管工作範圍內。

為避免不必要的資金積壓，同時也要顧及安全庫存。對於原物料管理的工作分配將在「第十二章、原物料管理」專章中再論述。

6. 檢視成品庫存

不論計畫生產或是訂單生產，工廠的理想狀況是不存放成品庫存。但現實運作下這幾乎是不可能的情況。除了工廠內有庫存成品外，在各地的經銷（包括國外），直營所，甚至賣場及遠洋出口的在途成品數量，都應盡可能地在生管監控範圍之內。對於生鮮或冷藏製品更應每日檢視。

7. 產品有效期限的考量

產品有效期限對生管工作是一個極大的挑戰，尤其是生鮮冷藏品。由於賣場的規定與消費習慣的限制，生鮮冷藏產品的有效期限與生產排程及成品庫存量有極大的互動關係。生管單位要依各品項的平均出貨量與保存期限去安排有效率的生產排程及最低的安全庫存。

8. 安排品項生產順序

生產順序依據以下因素安排：

⑴提高生產效率

⑵依產品加工條件的限制

(3) 業務出貨需求

(4) 倉儲空間及庫存量

(5) 人員調度（尤其是人力密集產品）

生管單位必須與生產單位保持密切聯繫，對生產製令中產品的生產順序做出有效的安排。

9. 預留設備保養時間

設備保養是工廠行事曆中的重要事項。除了每日例行性簡易保養之外，另有不定期與定期的維修保養。生管在計畫產能的生產排程上，必須將此段時間與人力排在工作計畫之內。

10. 預留人員請假及法定休假時間

政府賦予員工休假的權利以及員工自行發生的請假（不論何種假別），生產與總務行政單位應確實掌握，列入生管單位對生產排程的考量。

11. 外銷訂單，船期掌握

從國外進口的原物料或是設備及零組件，或是從國內出口到國外的產品訂單都會與生產排程有絕對的關係。

生管單位在考量這些因素時，要考量：

(1) 內陸運輸（國內外）

(2) 海關作業時間（包括檢驗，港口滯留，各項文件補件及往返時間）

(3) 船期

(4) 其他（如天災、人禍）

另外有兩件與生管有關的事項，對工廠管理也是非常重要的關鍵。其一為生管的立場，以及該職位之必備條件。

二、生管的立場

生管單位是產銷協調的關鍵，也是行銷與生產部門的窗口。在正常運行下，業務部門為爭取業績，最大的希望就是隨時有最新日期的產品可以出貨。生產部

門則希望以最節省成本最省力的方式生產。而生管部門最大的功能與目的就是要以最適合的作業方式達成產銷滿意，公司達成目標爲宗旨。

　　因此，生管不可有個人傾向與偏頗的立場。公司最高主管也應該不偏不倚協助與指導生管部門達成任務。

三、生管職位的必備條件

　　綜觀上述生管部門的工作內容，生管單位的執行者必須對各部門作業內容有充分的認知。如稍有不愼或經驗不足就會讓整體營運成本上升，產銷無法和諧，更無法達成公司年度目標了。

第五節　生產管理總結

　　一般生產管理範圍，涵蓋本書第七章（生產管理）、第八章（生產計畫）、第九章（製程管理）、第十章（生產管制）。而整個生產計畫，由公司長日程的計畫，到最後之跟催計畫之關係，可歸納成圖10-9。

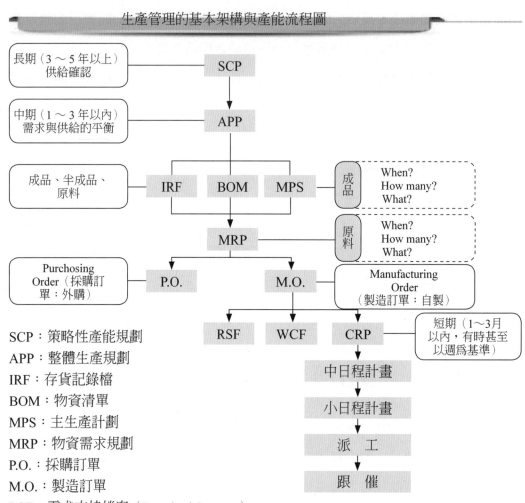

圖10-9　生產管理架構與產能流程圖

第十一章

請採購作業
（Purchasing management）

工廠絕大部分設備及耗用品的請採購動作，都是爲了因應行銷部門訂定的目標以達成公司賦予的任務而來。

如前所述，各部門討論同意且經公司認定的決策目標交付各單位辦理後，各單位就依權責開始執行。

第一節　請採購作業模式與流程

請購是指提出購買物料之申請，爲採購的先期作業。在採購單位向供應商發出採買物料訂單之前，這些物料應先由某些單位（如倉儲單位、生產管制單位）提出採購需求。

採購係指企業爲獲得各種所需的原物料，而向外界所作的買賣行爲。

一般請採購項目包括：

1. 原物料
2. 一般事務性器材
3. 文件表單
4. 生財器具
5. 設備，耗材及零件

一、原物料採購作業

從行銷部門依銷售計畫發出訊息後，一直到開始生產，各相關單位對於「原物料」請採購作業的互動模式如圖11-1。

在此模式中包括以下幾項重要工作，其關係可對應到圖11-1。

A1.業務訂貨：行銷單位根據年、月、週的銷售計畫，向工廠生管單位下出貨訂單。

A2.盤點精算：生管單位接到訂單後，立即盤點資材倉庫中相關原物料的庫

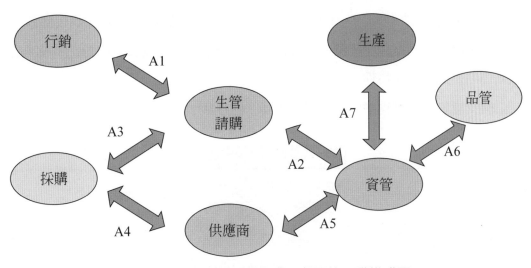

圖11-1　原物料請採購作業，各單位互動模式圖

存數量。

　　A3.申請購買：經過生管單位精算並考慮各種必要事項後，提出所需原物料之請購程序申請單。

　　A4.採購訂單作業：生管單位提出的申請經許可後，交付採購單位依作業程序向供應商交涉。

　　A5.供應商交貨：採購單位將採購資訊與交易條件提報上級經許可後，供應商開始交貨至資材管理單位。

　　A6.驗收：貨到工廠後，資材管理及品管單位依權責進行驗收。

　　A7.生產領料：驗收合格後，生產單位提出領料，資材單位依先進先出原則發貨給生產單位。

　　以上所有程序都是雙向互動，可以增減與退回。

　　至於原物料請採購作業流程中，可將原物料分為三種。

　　1.**原有原物料**：現行生產的產品所使用的原物料。包括現行的供應商、規格、交易條件等。

　　2.**同級品更替**：基於某些原因，期望對現行使用的原物料做更替。為維持品質規格及產品特性，在請採購作業上必須比原有的作業流程多一些程序。

　　3. **全新原物料**：對於生產線完全沒有使用過的原物料，在請採購投產前，第一次提出請購的單位應由開發單位提報。因為全廠只有開發單位的人才最清楚全新原物料的規格與特性。

　　經同意後，採購程序與原有程序相同（圖11-2）。

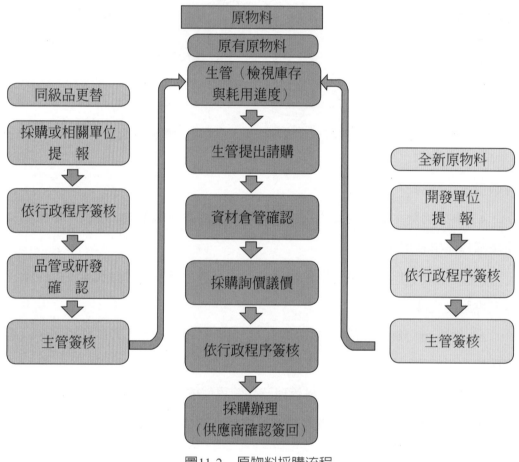

圖11-2　原物料採購流程

二、其他物品採購作業

　　至於B（一般事務性器材）、C（文件表單）、D（生財器具）、E（設備，耗材及零件）這四類的請採購作業流程如圖11-3。

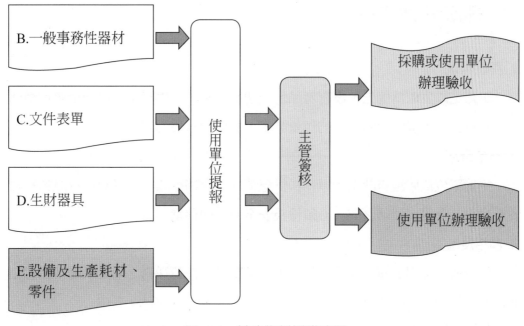

圖11-3　其他物料採購流程

　　其中B，C，D三項數量與採購期程比較單純。E項，設備，耗材及零件的專業度較高，宜由使用單位自行辦理驗收。稽核工作可另外辦理。

　　如不符合驗收標準，則依原流程退回。

第二節　請採購注意要點

　　在請採購作業上，有許多意想不到的變數。此處所提只是一些基本原則，一切還是要以當時的狀況下決定。任何事情沒有絕對的答案。請採購時機與條件就是如此。一切要以相對的結論做比較。

　　請採購人員只要注意下列事項，就算不負公司所託。此處及以下提出之各項解說，都是以原物料為主。

一、請購時機與條件

1. 產量需求

工廠是以生產為優先，沒有產品，一切都是枉然。生管單位必須依照行銷部門的銷售計畫，依照相關產品的產量需求，提出所需要的請購。

2. 安全庫存

生管單位依據銷售計畫，原物料供應情況與倉儲空間等等計算出各原物料之安全庫存。在提出請購之前，必須檢視安全庫存的存量。

3. 價格及匯率

對於無法以固定價格供應全年需求的原物料，在請採購之前必須隨時注意相關原物料的價格波動情形。

對於由國外進口的原物料則需將匯率變動趨勢列入考慮。

價格與匯率的最適當點不見得能提出請購。這點必須認清。

工廠以生產為第一要件，務必要以原物料充足為優先，不可因價格問題造成無法生產的窘境。

4. 最低訂購量

對於特殊規格或是客製化的原物料，抑或是對有規模的供應商，在請採購時，會遇到最低訂購量的請求。這點必須做出權衡的考量。

二、供應商管理

工廠需採購物品眾多，因此供應商種類繁多，對於供應商的管理，應做到分類、分級以及備位的考量。

對於食材部分，食藥署有提供「食材供應商之衛生管理及採購契約範本」置於網路上，可提供參考，本書之表格亦參考該範本。

1. 選擇與評估

⑴由各單位視本公司業務之實際需求，以產品品質、價格、交期作為選擇

之基本依據。

⑵凡符合以下條件之一者可列入合格廠商名冊：

■以電話訪尋協會、公會或廠商轉介市場反應評價優良者。

■國家認可之提供服務性之財團法人機構或機關（台糖、台酒）。

■獲各種品質制度認証合格者，如ISO、JIS、CNS、TQF、CAS等。

■賣方獨占市場時（如涉及技術專利權等）。

■經客戶指定之廠商。

■公司目前已往來之廠商，且無重大品質不良紀錄者。

2. 評鑑作業

⑴**資格審核**

除了對供應商的供應能力外，對於貨源掌握、資本額、專業度、公司組織、過往紀錄等都要列入資格審核的條件。

採購會辦使用單位，經樣品或實地或書面評鑑審核通過者，由採購單位填寫「供應商基本資料卡」。

⑵**樣品評鑑**

除了樣品測試之外，樣品的品質標準、數量是否充足、來源（是否從他處調貨）、規格文件、產地證明、檢驗報告等都是重點。

①合作廠商供應商品，應由採購單位通知廠商準備樣品或試作樣品後，由採購單位進行評核並填寫「新供應商評鑑暨原物料變更提案」。

②會辦品管單位或研發單位後，經主管核准後方為合格。

③樣品確認合格時，則可列為合格供應商作為後續採購依據。

樣品不合格時，由採購將檢查結果通知廠商，可再第二次送樣評鑑，若仍判定不合格，則取消資格。

⑶**實地評鑑**

對於重要的原物料，其供應來源與產地的評鑑是有必要定期或不定期評鑑。

①當無法實施樣品評鑑時，可視需求由採購會同相關單位人員，對供應商進行實地評鑑，回公司後填寫「新供應商評鑑暨原物料變更提案表」，並呈報核

准。

②核准之供應商由採購登錄於「合格供應商名冊」內。

不合格之供應商，由採購通知廠商限期改善，改善後再提出申請評鑑，若再不合格則取消資格。

食材供應商的評選可依食品安全管制系統工作小組（管制小組）或管理者訂定之訪視或評鑑項目及給分，予以評比（表11-1至表11-3），達到標準者，列為合格之食材供應商。

表11-1　食材供應商訪視（評鑑）紀錄表

廠商名稱：＿＿＿＿＿＿　□初次訪視評核　　□年度訪視評核

訪視評核人員		日期	供應商聯絡人員
		年　月　日	
前次評核結果說明	□初次訪視評核，無前次訪視評核結果。 □前次缺失已完成改善。 □前次缺失未完成改善，併入此次缺失內容。		
項目	內容	評分	備註
自主管理 （25%）	公司設立相關登記證文件2%		
	是否完成食品業者登錄並取得登錄字號5%		
	是否有追蹤追溯相關資料5%		
	是否實施例行性自主品管檢驗5%		
	是否聘用專門職業或技術證照人員3%		
	可否提供適當檢驗證明文件3%		
	是否具備適當產品認證2%		
產品品質 （20%）	品質及規格是否符合需求3%		
	能否提具相關檢驗報告4%		
	是否有檢驗制度並認真執行4%		
	包裝標示是否符合標示規範3%		
	原物料管理及庫存管理是否適當3%		
	運輸作業的控管是否適當3%		

經營管理 （20%）	負責人對品質的重視程度4%		
	工廠作業環境及整潔4%		
	器械設備衛生4%		
	人員操作衛生4%		
	作業流程的標準化及一致性4%		
價格 （15%）	售價是否合理5%		
	是否可配合公司付款方式5%		
	量價調整彈性是否合理5%		
配合情形 及意願 （10%）	交貨品質及交期穩定性3%		
	可否供應足夠數量2%		
	可否配合臨時調度2%		
	售後服務3%		
產品測試 （10%）	產品測試結果是否符合需求10%		
總分	○○分（含）以上合格		
訪視評核結果：□合格□不合格供應商簽名：			

表11-2　食品廠食材供應商訪視（評鑑）紀錄表

評鑑日期：

廠商名稱：		負責人：	電話：	
工廠地址：			傳真：	
調查項目				評核分數
一、文件評核 （30%）	1. 工廠登記證、商業登記等證明文件5%			
	2. 是否完成食品業者登錄並取得登錄字號5%			
	3. 是否有追蹤追溯相關資料10%			
	4. 是否聘用專門職業或技術證照人員5%			
	5. 具CAS、TQF或TAP等認證資料（若無，需進行現場查核）5%			
二、現場評核 （24%）	5. 作業現場是否清潔4%			
	6. 動線與空間規劃是否適當4%			

	7.生產流程規劃是否適當4%	
	8.是否有適當的管制制度4%	
	9.是否有預防／改善／矯正機制4%	
	10.是否實施例行性自主品管檢驗4%	
三、供貨狀況（21%）	11.外包裝是否完整、清潔及符合標示規範5%	
	12.是否夾帶異物4%	
	13.貨品品質是否符合需求4%	
	14.送貨時間可配合我方要求4%	
	15.緊急應變佳，能配合我方要求4%	
四、服務品質（25%）	16.價格合理4%	
	17.臨時訂貨可否配合4%	
	18.服務態度是否良好（接電話、送貨服務等）5%	
	19.意見反應是否確實改善4%	
	20.少量訂購可否配合4%	
	21.特殊規格商品可否配合4%	

總評		合計分數	
備註	□總分○○分以上列爲「合格供應商」 □總分○○分～○○分列爲「保留」 □總分○○分以下列爲「不合格供應商」	評定 結果	□合格供應商 □保留 □不合格供應

單位主管簽名	採購簽名	評核人員簽名

表11-3　供應商訪視（評鑑）會議紀錄（每半年一次。）

日期	
召開會議單位	
主席	
列席人員	
供應商訪視（評鑑）預定廠家	
供應商訪視（評鑑）確定廠家與日期	
供應商訪視（評鑑）注意事項	
備註	
主管：	記錄：

⑷分級分類

對不同的原物料供應商做分類管理。對相同的原物料，不同的供應商做分級管理，包括供應能力，價格比較，資本額等。

3. 建立合格廠商名冊

即使目前沒有生意往來，對合格供應商的名單應建立名冊。以備不時之需。同時為確保食材供應及衛生安全之可追溯性，供應商名冊更是有建立之必要性。其內容包括：

⑴供應商基本資料卡。

⑵合格供應商名冊。內容應至少包括供應商名稱、食品業者登錄字號、地址、負責人、聯絡電話、供應品項與提供之檢驗或證明文件（表11-4）。

表11-4　食材供應商名冊

供應商名稱	食品業者登錄字號	主要供應食材	食材製造或來源廠（場）	供應商所在地	供應商負責人	供應商聯絡電話	是否簽約	具備證件
○○公司	A-○○○○○○○○○○-○○○○○-○	冷凍水產品	溢○公司鑫○公司新○興公司	台北市內湖區○○路○○巷○○號	李○○	（02）○○○○-○○○○	供貨合約	商業登記證明文件
○○企業	H-○○○○○○○○○○-○○○○○-○	豬肉全產品	津○公司立○公司誠○公司	桃園市龜山區○○路○○○號	王○○	(03)○○○-○○○○	供貨合約	ＣＡＳ證書影本，雙方訂定合約書，明定不得供應抗生素／磺胺劑殘留不符合法規之食材
○○農產企業社	N-○○○○○○○○○-○○○○○-○	蔬菜類	－	彰化縣秀水鄉○○村○○號	蔡○○	(04)○○○-○○○○	供貨合約	每半年提供一次農藥殘留檢驗報告單

4. 年度評鑑

根據ISO及 HACCP作業標準執行。每年應對供應商名冊審視更新一次,並建立管理制度,必要時可進行評鑑或訪視。評鑑項目可包括自主管理、產品認證、品質、配合度與價格等,並依供應食材的規格正確性、數量、交貨狀況等,記錄於供應商評鑑表(表11-5)。評鑑不合格之廠商,在改善前將不再採購其食材。

表11-5　食品廠供應商供貨狀況紀錄表

供應商紀錄				供貨紀錄	
年度	供應商	供貨類別	年供貨品項	不合格品項	不合格內容與改善情形
110	○○公司	肉品	120	1	1.冷凍肉品以冷藏車運送,表面溫度-5℃。 2.書面通知改善後,已改用冷凍車運送。
110	○○公司	蔬菜	60	0	
110	○○公司	冷凍食品	40	0	
	供貨狀況評估	不合格高於10%者,列為下半年供應商之後補名單。			
主管:		記錄:			

*每年由管制小組依供應商之供貨狀況評估。

三、檢視各種文件、法規與原物料相關的文件

1. 原產地文件。

2. 檢疫證明。

3. 進出口文件。

4. 第三方之食安成份檢驗報告。

5. 食品添加物許可證。

6. 非基因改造證明文件。

以上這些文件格式與內容必須符合政府法令規範。

四、船期、到廠日、邊境作業

對於進口之原物料，除了文件以外，必須注意運輸條件。

1. 下訂單後到港前之期程

　　⑴裝貨日；⑵內陸運輸時間；⑶裝船日；⑷啓航日及途經點；⑸有無換船；⑹有無工運發生；⑺航行動態及到港日追蹤。

2. 到港後之期程

　　⑴港口滯留時間；⑵是否遇假期；⑶邊境作業：包括海關抽檢、文件審核、法令認知交流；⑷報關作業；⑸內陸運輸安排至工廠；⑹退貨與保險賠償（如有發生）。

五、命名統一

同一種原物料的來源不同，命名就可能不同。例如，自豬皮提煉出來的 Gelatin（明膠），其商品中文名就有吉利丁、明（透）膠、結拉丁、豬皮膠等。在公司內部管理上，如果對同一種原物料有不同的命名時，會產生嚴重的困擾。

請採購對外採購時，對命名就應注意此點，以免後續流程發生問題。

六、合約訂定

訂定採購合約時需注意的重點如下：

1. 供需平衡比例原則

一般公司爲降低資金壓力，都採最低需求量方式作爲採購方式。但遇到大型

供應商時，供應商為降低生產成本，可能會要求最低訂購量而非最低需求量來合議。遇此情況，可與供應商協議同意最低訂購量（數量遠超過工廠短期內的需求），但可以寄庫方式處理。等開始使用再結算。

2. 特殊規格

公司要求特有專用的原物料，會有因客製化產生的情況，包括：(1)基本費；(2)保證量；(3)模具費；(4)最低訂購量；(5)專用協議。

3. 獨家供應

如果遇到所需要的原物料只有一家供應商時，在各種條件的協議上就不比一般狀況。最好以合約做為合作基礎。

4. 價格訂定模式與付款條件

採購原物料時的單價議定方式需視市場機制而定。

一般而言，價格會隨市場因素而起伏較大的商品多採浮動制。參考基準買賣雙方自行議定。當然也有採固定式價格。風險由買賣雙方自付。

資金週轉是商業運作中最重要的一環。因此買賣行為發生後的結帳方式與付款條件，就必須謹慎考慮。

結帳方式有：預先付款（或訂金）、貨到付款、旬結（10天）、半月結、月結等。

一般付款方式與條件有下列幾種：(1)現金支付（月結10天內也算現金交易）；(2)匯款；(3)支票付款；(4)信用狀。

5. 雙贏原則

任何正常的買賣交易，單方獲得全勝的情況已不常見，採購心態上要盡量採取雙贏的態度，才能有穩定的供應商及貨源。這對產品品質也有直接、間接的影響。

6. 食材供應商切結書及合約書

為確保食材供應及衛生安全之可追溯性，並保障所採買原料之供貨品質，可由雙方協議簽訂合約以示誠信。供應商合約之簽訂由採購、管制小組或管理部門擬定後執行，其內容視雙方同意可包含：買、賣雙方基本資料、合約有效期間、

訂貨方式、供貨短缺之罰則、付款方式、交貨方式、價格、產品檢查及驗收、權利轉移及退貨等。並應要求供應商提供食品業者登錄字號及經濟部所核發之公司或工廠登記證、商業登記證明文件，以及明定工廠供貨之品質，驗收時符合工廠驗收標準或提供產品檢驗合格報告書等。

供應商若有違反合約規範相關事項或食安法及食品衛生標準等相關法規，得以停止合約，供應商不得有異議，並需負擔賠償責任，若有發生訴訟時，雙方約定以地方法院為管轄法院。與供應商訂定合約之流程如下：合約草案→審查→裁示→簽約→歸檔。合約有多種型式，視雙方需求訂定之（表11-6至表11-8）。

表11-6　食材供應商切結書

＿＿＿＿＿＿＿＿＿＿＿＿（以下簡稱甲方） 立切結書人 　　　　　　　　　　　　　　　　　（以下簡稱乙方） 乙方於○○年○○月○○日起至○○年○○月○○日止供應甲方下列產品： 品名： 數量： 重量： 產品均在符合衛生安全之條件下進行生產、包裝，且產品之品質規格、成分、標示及包裝皆符合食品安全衛生管理法及食品衛生標準等相關衛生法規規定。如有違反，將負法律上一切責任。 立切結書人 　　　　　甲方： 　　　　　負責人：　　　　　　　（簽章） 　　　　　身分證字號： 　　　　　地址： 　　　　　乙方： 　　　　　負責人：　　　　　　　（簽章） 　　　　　身分證字號： 　　　　　地址： 中　華　民　國　　　　　年　　　　　月　　　　　日

表11-7　供貨合約書

合約字號：

簽訂日期：　　年　　月　　日

_____（以下簡稱甲方）向_____（以下簡稱乙方）訂購貨（物）品，經雙方約定之買賣條件如下，特立本合約書，以確認雙方之權利義務。

驗收	1.乙方販售予甲方之物品，乙方應保證提供之物品符合雙方既定之規格。 2.乙方提供之物品，其安全及合法性由乙方負責，甲方應於物品入廠時進行驗收作業，確認檢附之資料是否符合甲方要求。 3.乙方所售之物品必須限期交貨，由甲方照驗收標準驗收。 4.不合規範之貨品由乙方取回，並限期調換交齊。 5.因退貨所發生之費用或損失概由乙方負擔延期罰款。
延期罰款	1.除經甲方查明認為非人力所能抗拒之災禍，並確有具體證明外，乙方應依本合約所約定之日期交貨，否則每遲一日罰未繳貨款○○元。 2.因退貨而致延期交貨，概作延遲論。
解約辦理	乙方未能履行合約或罰款未能繳付時，即可辦理解約。
甲方簽章：	乙方簽章：
廠商名稱：	廠商名稱：
負責人：	負責人：
地址：	地址：
電話：	電話：

表11-8　採購契約書

一、本協議書由買方：　　　　　　　　（以下簡稱甲方）
　　　　　　　賣方：　　　　　　　　（以下簡稱乙方）依據下列協議條款訂定之。
二、保證事項：
　　1.協議書簽訂日期：　年 月 日至 年 月 日
　　2.乙方保證願依照甲方驗收標準（包裝應完整、衛生、品質及標示應符合食品安全衛生管理法及食品衛生標準等相關衛生法規規定，有效期限不得短於三分之一日期）供應，如有不符甲方得以拒收，乙方應立即接受退貨或更換，並負責於指定時間內配送至甲方指定收貨地點，若造成延誤乙方需負相關之補償。
　　3.除事先經雙方同意或不可抗拒因素（發生臨時事故時，乙方需於第一時間通知甲方，並配合啓動臨時應變處理機制），乙方不得私自更改送貨品項、送貨地點或時間（若因乙方私自更改而造成任何甲方損失或罰則，須由乙方負完全責任）。
　　4.乙方送貨人員須將送貨單交由驗收人員驗收通過，乙方應保留驗收單據以憑結帳。申請貨款時乙方應檢附具甲方驗收簽名之憑證。
　　5.蔬菜水果：每次進貨檢附化學法農藥檢驗報告或食品藥物管理署公告之食品中殘留農藥檢驗方法報告影本，乙方每年需提供商業登記證明文件；CAS及TQF等廠商需提供認證有效證明文件。
　　6.若乙方供應之物品有衛生安全問題（如抗生素、添加物殘留過量、過期、腐敗及衛生不良等），必要時需配合甲方至發生地點負責解釋說明，若責任歸屬經確認爲乙方時，乙方必須負相關法律及應有賠償責任。
　　7.合約期間，甲方得不定期至乙方廠房視察生產流程及衛生條件。
　　8.甲方實施供應商考核，供應商若有違反承諾事項（如附屬條款）而造成甲方損害，將於次月帳款結算時扣除（依協議）相關補償。
　　9.乙方爲保證供貨之品質及供貨正常提供新台幣○○元爲保證金，若因乙方之故造成甲方經營受影響（如食品中毒事件、重大違約事件及停權等）甲方得予沒收保證金。
三、以上條例經雙方同意簽訂，特立此約一式兩份，雙方各執一份以爲憑據。
　　立合約人：甲方：
　　　　　　　負責人：
　　　　　　　住址：
　　立合約人：乙方：
　　　　　　　負責人：
　　　　　　　住址：

七、驗收程序

請採購在與供應商交涉過程中應就下列事項規範驗收方式與內容，如此才不會產生爭議：

    1. 數量或重量

    2. 包裝規格

    3. 標示內容與方式

    4. 抽樣及品質標準

    5. 檢驗項目

    6. 不良率（允收率）標準

    7. 賠償貨退貨規則

    8. 文件審核

物料之驗收包括品質的檢驗與數量的點收兩項。

驗收時應進行點收及官能檢查，確認食材保存期限、包裝完整性、標示、標章、運輸條件及異物判定，符合規定者准予驗收，不符合規定者拒收。

驗收時，還須注意原料是否保有原貯存狀態，例如冷凍、冷藏等低溫貯存食品是否依照所規範的溫度下貯運（冷凍食材應維持在-18℃以下、冷藏食材應維持在7℃以下）。並藉由感官方法（如觸摸、嗅聞等）檢視食材是否有任何異常的現象，常溫乾燥食品是否有吸溼受潮的現象，生鮮食品是否已有軟腐、生黏等現象。驗收後之食材，應立即依照其特性，加以分類儲存於常溫或冷凍或冷藏庫，以確保食材之安全品質。

八、不良品退貨談判

採購單位在訂定合約時必須考慮到退貨條件的設定。

因為不合格原物料衍生的不良品分為：

1. 原物料本身

　　(1)訂單成立但未生產

　　(2)在途品（已出供應商公司，尚未到買方工廠）

　　(3)已交貨之工廠庫存

　　(4)生產線已使用

2. 使用不合格原物料製成的產品

　　(1)未出廠

　　(2)已出廠未售出

　　(3)已售出至消費者未食用

　　(4)已售出至消費者已食用

　　由於原物料進廠的檢驗屬抽樣檢查，不會百分之百檢驗，因此常在生產過程或由市場回饋而得知。

　　以上這些問題的處理方案，買賣雙方相當難達成明確的協議。但必須在合約內考慮。

第三節　請採購方式

　　最常見的採購方式分為定期或定量，但不論為何種採購方式，必須依照生管單位提出，經主管核定的請購申請內容為準。

　　採購分類細則如下：

1. 方式

　　(1)直接採購：直接向供應商下單。

　　(2)委託採購：委託第三者採購。

　　(3)調撥採購：向同業調撥。

2. 期程模式

　　這兩種採購方式比較傳統，在制度僵硬的公司常見。對採購人員比較有保

障。對整體產銷作業的風險較大。

(1)**定期採購**

這種採購模式多半屬於穩定生產，穩定交貨的作業模式。也常見大宗物資的買賣方式。在不低於安全庫存的情況下，固定時間辦理採購，採購數量以達到最高庫存為基準（圖11-4）。

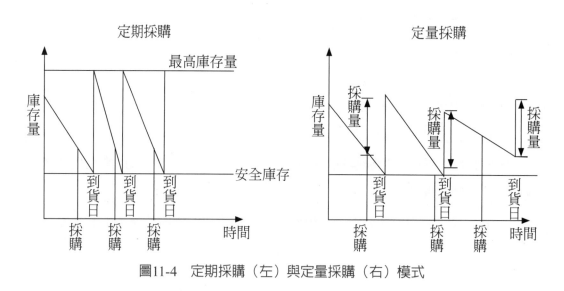

圖11-4　定期採購（左）與定量採購（右）模式

(2)**定量採購**

這種採購方式比較機動。在資金允許下，是多半看到採購時機採取的作法。買進數量固定。原則上也必須遵守到貨日的庫存量不可低於安全庫存。但比較有風險（圖11-4）。

3. 地區

(1)國內採購；(2)國外採購

4. 種類

(1)合約採購

(2)統包契作：包地、包產、包購

(3)口頭、電話採購：易出問題

(4)試探性採購（trial order）：一般屬測試生產之少量採購

5. 價格

(1) 招標採購

一般係對大宗物資買賣之採購方式。屬公平公開模式。內容包含品項規格、數量、交貨日期、付款條件、罰則、履約保證、投標金、投標資格等事項。

(2) 詢價、比價、議價採購

此屬對審核過關之廠商一對一之對談非公開採購行為。多半企業採此方式。

(3) 定價採購

採購數量龐大，且供應來源分散各地時，由採購單位訂定統一價格收購之採購方式。農產品收購會採此方式。

第十二章

原物料管理
（Material management）

　　原物料爲企業組成的五大要素之一（原物料、人力、金錢、機器及管理），而原物料管理之成敗亦將影響企業營運，因此企業須發揮原物料管理之後勤支援功能，以成就企業產銷活動。原物料管理主要是在處理耗材、存貨、生產水準與配銷等的一種短程的決策。原物料普遍存在於每一產業的每一個組織，且隨著生產技術的進展，原物料成本占銷貨成本的比重愈來愈大。本章先介紹原物料定義，接著介紹原物料管理中最重要的系統——產銷協調與物料需求計畫（MRP），而後介紹倉儲環境與作業管理、存量管理、領料、發料、退料、呆料與廢料管理、農畜產品原料、盤點，以及供應鏈管理等內容。

第一節　原物料定義與物料管理目的

一、原物料管理的意義

　　在產品的組成中，通常原料是指直接投入生產之主原料，副料物料是指使用於產品的各項物料及剩餘呆廢料之總稱。

　　原物料一般可歸類爲以下幾項：

　　1. **原料**（raw materials）：未經過加工處理，而準備組成產品的材料，包括自製與外購品。食品原料尚有主原料、副原料或微量原料（小料）等。

　　2. **配件**（component parts）：組件，製造過程不改變形狀或性質，直接用於裝配爲成品者，如蛋糕上之裝飾品。

　　3. **間接材料或供應品**（indirect materials or supplies）：生產過程中，非直接投入產品之材料，如冷媒、機器之維修零件、辦公用品。

　　4. **在製品**（work-in-process）**或半成品**：指已完成一部分或大部分之材料。

　　5. **殘廢料**（salvage stores）：不能使用的物料，本身無利用價值者稱爲廢料；加工過程產生的物料零頭者，稱爲殘料。

6. **雜料**（unclassified materials）：不能歸類在上述物料者，如管線等。

7. **物料**：包裝成品中非食用的部分均屬物料。

二、原物料管理目的

企業用於生產製造、銷售及管理等業務之一切有關物品的分類、編號、預算、採購、驗收、倉儲、搬運、盤存、轉撥、呆廢料處理、包裝、保險等，皆為物料管理之工作範圍。若將此管理科學化，則稱為物料管理。

(一)原物料管理的目的與目標

良好的原物料管理可達到適時、適地、適量、適質與適價地提供各部門所需的原物料，並減少閒置的呆廢料、資金周轉靈活與降低生產成本。其目的與目標如下：

1. **穩定供料以確保穩定生產**。適時、適地、適量地提供各部門所需的原物料，避免工廠停工待料。

2. **管制數量以減少資金積壓**。存貨週轉率（inventory turnover）是指銷售成本除以平均存貨。存貨週轉率愈高表示銷售量愈大且存貨愈少，積壓在存貨上的資金就愈少，資金的使用率就高。

3. **管制品質**。保持成品品質一致性。使不同批次之相同物料達到一致的品質，以利生產與品質管制。

4. **最適價格**。以最適價格購入原物料，以降低成本、提高利潤、增加產品競爭力。

5. **降低物料保管成本**。在原物料搬運及儲存方面有效率的運作，以降低保管及取得成本，減少資金積壓。

6. **確保料帳正確**。完善的原物料使用紀錄，可協助原物料需求的預測、庫存管制作業與價格的控制。

7. **妥當保管原物料**。基於先進先出之原則，可得到最妥善的原物料保管結

果。

8. **降低人工成本**。良好的原物料管理可減少處理物料的人員數量。

9. **維持良好的供應關係**。良好的供應關係不僅可使原物料取得容易,且品質一致,甚至可降低購入價,提升利潤與競爭力。

㈡原物料管理的重要性

1. 原物料是企業經營的八大要素之一

企業經營係由**原物料**(material)、**資金**(money)、**機器**(machine)、**方法**(method)、**人力**(man)、**市場**(market)、**管理**(management)、**士氣**(morale)等八大因素組成,又稱為8M。

2. 原物料管理為降低成本最有效的方法

原物料管理良好,則存貨周轉率高,採購效率提高,可降低存貨成本與管理費用,可因而提高經營效率與利潤。

3. 降低原物料成本可增加利潤

一般原物料成本占產品銷售成本很高,即使近年來工資成本提高,但原物料成本比重仍相當重。

4. 其他

良好的原物料管理制度,可簡化文書作業、提高行政效率,減少舞弊問題。

圖12-1為整個生產流程圖,由圖中可知,原物料的來去在整個生產過程中占據最中間也是最重要的角色。

㈢原物料管理目標之間的衝突性

1. 低價採購,可能會使品質不穩定。

2. 高存貨週轉率,可能導致供料不繼。

3. 降低倉儲人工成本,可能導致管理不當的損失。

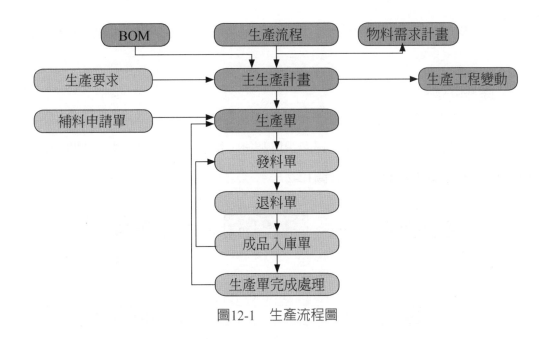

圖12-1　生產流程圖

第二節　產銷協調與物資需求計畫

生管與採購、資材管理三個單位在原物料管理的分工應該如下：

生管：依生產及銷售計畫提出請購。

採購：依核定之「請購申請單」尋找最適合的供應商並協調出最適當的交易條件，並確保交易完成。

資管：接收公司採購的原物料，經驗收核可後給予最妥善的帳與物的保管，交給相關單位使用。

在公司管理制度上，請購與採購應該分開。請購由生管單位負責，採購由採購單位負責。

生管單位是負責產銷的窗口。在達成公司預定年度目標的工作上是重要的關鍵位置。生管單位同時兼具：1.協助完成行銷單位的銷售計畫，2.協助完成生產單位的生產計畫等兩項計畫。因此，生管單位必須掌握從銷售計畫到成品出貨完成的整體歷程。各產品使用的原物料品項、數量、安全庫存、進廠時程等資訊都

屬於生管單位的工作安排。因此，生管單位是最適合提出請購時間點的單位。

一、產銷協調

依據企業政策及業務目標，經產銷協調後，按大中小日程計畫，視供應商及庫存狀況做請採購之管理動作（圖12-2）。

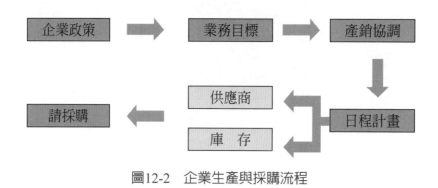

圖12-2　企業生產與採購流程

二、物資需求計畫 (Material Requirement Planning, MRP)

物資需求計畫（MRP）是指根據產品結構各層次物品的從屬和數量關係，以每個物品為計畫對象，以完工時期為時間基準倒排計畫，按提前期長短區別各個物品下達計畫時間的先後順序，是一種工業製造企業內物資計畫管理模式。

MRP源自美國60年代初，是物料需求計算器。MRP根據市場需求預測和顧客訂單制定產品的主生產計畫，然後基於產品生產計畫，組成產品的材料結構表和庫存狀況，透過電腦計算所需物資的需求量和需求時間，從而確定材料的加工進度和訂貨日程的一種實用技術。

其主要內容包括客戶需求管理、產品生產計畫、原物料計畫以及庫存資訊。

其中客戶需求管理包括客戶訂單管理及銷售計畫，將實際的客戶訂單數與科學的客戶需求預測相結合即能得出客戶需要什麼以及需求多少。

㈠使用MRP目的與原理

1. 目的

要達到的目標是在盡量控制庫存的前提下，保證企業生產的正常運行。

保證產品的交貨期，而且還能夠降低原材料的庫存，減少資金積壓提高資金運用的空間。

2. 原理

由主生產計畫中所蒐集的資訊及將企業生產過程中可能使用到的原料、物料、半成品以及成品，通過將物料按照結構和需求關係分解爲物資清單（Bill of Material, BOM）

MRP基本的原理是，由主生產進度計畫（MPS），物資清單，庫存資訊所集合的訊息計算出生產所需的採購單及生產工令。

以保證產品的交貨期，而且還能夠降低原材料的庫存，減少資金積壓提高資金運用的空間。

㈡MRP的需求量計算邏輯

MRP運作所需輸入資訊和輸出資訊（圖12-3）：

1. 輸入資訊

⑴根據銷售（S/O）和預測（F/O）確定的主生產計畫（Master Product schedule, MPS）。

⑵物資清單（BOM）。

⑶各項庫存資訊（INV）。

2. 輸出資訊

⑴製造工令（W/O）。

⑵採購單（P/O）。

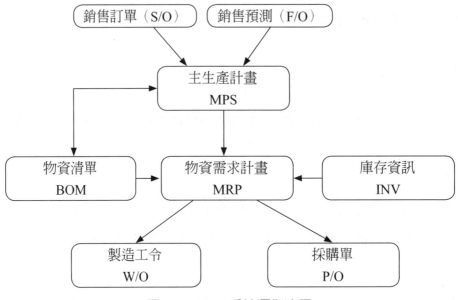

圖12-3　MRP系統運作流程

詳細過程如下：

1. 首先由成品需求來源，如**銷售訂單**（S/O）及**銷售預測**（F/O）對沖，產出需求資料，經人為考量及調整後，就是**主生產計畫**（MPS）。

2. 將該成品的供給與需求，依據日期排序，查核每個日期點的庫存可利用量是否大於等於零。**庫存可利用量**（INV）＝供給－需求

其中供給包含：庫存，採購單，製令單（含委外）

需求包含：訂單，預測，製令用料單，安庫量。

3. 針對供給不足者，依據料件自製採購碼，產生建議**製令**（W/O）或建議**採購**（P/O）。

4. 假如產生的是建議製令，則展出其所屬子階料件（BOM），再查核所屬子階料件的供給需求，如此重複2、3、4步驟，直到全部子階展算完畢為止。

5. 關於供給／需求的單據計算條件：

⑴有效單據才可含括進來。

⑵有效數量＝訂單數量－已實現數量（如已出貨／已驗收／已領料／已繳庫）。

㈢MRP的日期計算邏輯

MRP計算供給不足而產生建議製令（W/O）或建議採購（P/O）單時，其單據的相關日期計算方式如下（圖12-4）：

1. **訂單預計出貨日**：我方裝箱上貨櫃（貨運）的日期
2. **工單預計完工日**：訂單預計出貨日－生產後整備（品檢／理貨）時間
3. **工單預計投料日**：工單預計完工日－料件生產前置期
4. **採購單預計交貨日**：工單預計投料日－收料後整備（品檢／理貨）時間
5. **採購單預計下單日**：採購單預計交貨日－料件採購前置期
6. **急單**：採購單預計下單日在今天之前，即是為急單，因前置期不足

上列公式必須再扣除例假日（於工廠行事曆設定），也就是如果遇到假日，日期必須再往前調整。

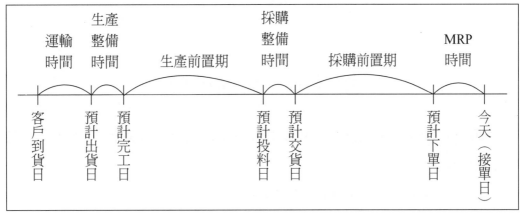

圖12-4　MRP日期計算方式

㈣哪些生產型態的公司不需要MRP

1. 原材料共用性高的行業，或原物料採季或年採購者，比如金屬加工業、螺絲業、某些化工配方業（如電感）。

2. 原材料項目數少，而半成品項目數量較多，成品項目數更多者，如圖12-5。

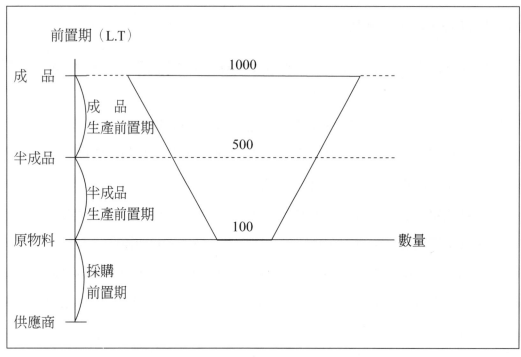

圖12-5　無需使用MRP公司的原料與成品模式

第三節　倉儲環境

原物料倉庫環境必須符合衛福部訂定的食品良好衛生規範準則（GHP），其中第6條規定如下：

食品業者倉儲管制，應符合下列規定：

一、原材料、半成品及成品倉庫，應分別設置或予以適當區隔，並有足夠之空間，以供搬運。

二、倉庫內物品應分類貯放於棧板、貨架上或採取其他有效措施，不得直接放置地面，並保持整潔及良好通風。

三、倉儲作業應遵行先進先出之原則，並確實記錄。

四、倉儲過程中需管制溫度或溼度者，應建立管制方法及基準，並確實記錄。

　　五、倉儲過程中，應定期檢查，並確實記錄；有異狀時，應立即處理，確保原材料、半成品及成品之品質及衛生。

　　六、有汙染原材料、半成品或成品之虞之物品或包裝材料，應有防止交叉汙染之措施；其未能防止交叉汙染者，不得與原材料、半成品或成品一起貯存。

　　以下列出一些倉儲環境須注意事項供參考：

1. 照明

　　光線達到一百公尺燭光以上，使用日光燈管，照明設備皆採用有罩式燈具；燈具、配管等外表保持清潔。

2. 建築與設施清潔

　　⑴**牆壁、支柱與地面**：每日打掃清潔，不得有髒汙、侵蝕或積水。地板全面鋪設平滑、不透水、易清洗、無裂縫之建築材料。牆壁不得發霉有剝落物，並每週清掃或清潔。各項設施隨時保持清潔及良好維修。各作業場所地面及排水設施不得有破損或積水。

　　⑵**天花板**：每日檢查，不得有長霉、剝落、積塵、納垢等情形，天花板不得有結露現象。

　　⑶**出入口設置自動門**，門窗、通風口及其他孔道設有紗窗／濾網／空氣門（簾），以防止病媒侵入，並保持清潔。乾物料室使用冷氣空調，其他作業場所有紗窗，保持通風良好，通風口保持清潔。

　　⑷**排水系統**：每日清潔，保持通暢。設置截流網以防止病媒侵入及攔截固體廢棄物，並且每日清理殘渣，破損時則重新加裝。

　　⑸**病媒防治**：固定時間與合格的消毒公司配合，實施全區病媒防治工作，並填寫「病媒防治紀錄表」。

3. 溫溼度

　　由於部分原物料的品質會受到溫溼度變化的影響，甚至在未領料前就發生質變。因此，對於部分原物料如粉體，塑膠材質的包裝封膜的儲存空間應做溫溼度控制。

4. 陽光

　　某些原物料會受陽光直接照射產生質變，如天然色素，塑膠類包裝材料。應置於不受陽光直射之所在。

5. 進出動線

　　為配合進料，領料及發料的動作，應設計良好的工作動線才不會造成錯誤。

第四節　倉儲作業管理

　　所謂倉儲（warehouse）乃指執行倉儲作業與管理之場所或據點，其主要功能除了儲存與保管貨品之外，還包括訂單處理、進貨、儲存、揀貨、流通加工、出貨、補貨、配送及銷售資訊提供等活動。簡言之，倉儲就是在特定的場所儲存物品的行為。

　　倉儲管理（warehouse management）就是對倉庫及倉庫內的物料所進行的管理，是企業為了充分利用所具有的倉儲資源提供高效的倉儲服務所進行的計畫、控制和協調過程。

　　良好的倉儲具有下列功能：

1. 提供產品存放場所，降低運輸成本。
2. 降低生產與採購價格。
3. 提升生產之附加價值。
4. 建立調節性庫存、掌握及時商機。

一、倉儲規劃

㈠分區分類規劃

　　倉庫現場規劃需分區分類，大型的倉庫區域規劃會製作倉儲平面規劃圖，劃

分辦公區、包裝作業區、出貨區、進貨區、儲存區。儲存區域可按照貨物品種、貨物狀態分類擺放儲存，製作區域標示牌，貨物定點定位擺放，製作標識卡，物品出入卡，並實施目視化管理：

　　1. 倉庫各區域編號管理，懸掛標識牌。

　　2. 貨品儲存區域擺掛貨品看板圖。

　　3. 貨品存放位置編號，定點定位定量管理。

　　4. 貨品存放位置張貼物料標識牌、建立貨品卡出入管理。

　　6. 建立長效檢查機制並不斷循環整改，確保倉庫目視化管理形成日常管理工作中一部分。

㈡ 倉庫環境規劃

1. 五防

　　倉庫儲存環境要求，做好防水、防火、防潮、防電、防壓之五防工作。防電尚須注意靜電的產生；防壓指重壓，應避免或勿過度的堆疊。

2. 倉庫安全管理要求，做好人防、物防、技防

　　倉庫安全管理要求，做好人防、物防、技防，確保貨物的儲存安全。

　　人防是透過人力進行安全防範，如人員巡邏、執勤、站崗、放哨等措施。

　　物防是物理防範，由能保護防護目標的物理設施，如門、窗、櫃等構成，主要作用是應急防範、阻擋罪犯作案。

　　技防是利用現代科學技術進行安全防範，如電視監控，電子防盜報警等。

3. 五距

　　根據GHP的規定，對於倉庫內存貨間彼此距離或是與牆邊的距離皆是「適當距離」。國內業者通常的作法是離牆5公分，離地10公分。貨與貨之間也是5公分。當然，因客戶的要求不同，也會有不同的距離要求標準。以下是中國的要求規範：

　　倉庫消防安全，須嚴格按照「五距」一遠離要求，確保倉庫安全。五距指**頂距、燈距、牆距、柱距、棧距**（圖12-6）。

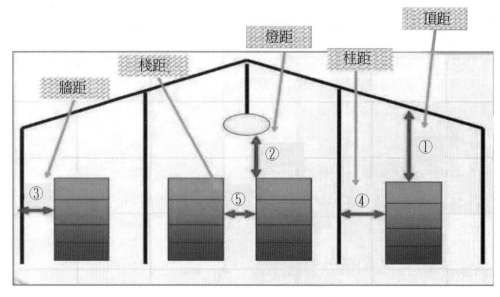

圖12-6   倉庫五距

(1)**頂距**

指堆貨的頂面與倉庫屋頂之間的距離，一般需30公分以上（人字形屋頂，堆貨頂面以不超過橫梁為準）。

作用：貨物燃燒時，可防止大火直接燒至屋頂，導致房屋起火。

(2)**燈距**

指倉庫內照明燈與貨物之間的距離，通常大於50公分。

作用：防止照明燈過於接近貨物時燈具產生的熱量將貨物引燃。

(3)**牆距**

指牆壁與堆貨之間的距離，一般為50公分以上。

作用：便於通風散潮和防火，如發生火災，可供消防救援人員出入。

(4)**柱距**

指貨堆與屋柱的距離，一般為30公分。

作用：發生火災導致貨物起火後，如果貨物緊挨著柱子，大火會對柱子直接灼燒，導致柱子的結構發生變化，喪失對房屋的承重，最後造成房屋整體垮塌。

⑸**棧距**

指貨堆與貨堆之間的距離，一般爲100公分。

作用：爲了防止貨物混淆，也便於通風檢查，一旦發生火災，便於搶救、疏散物資（圖12-7）。

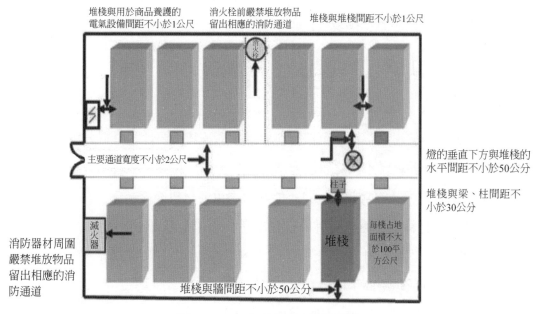

圖12-7　倉庫「五距」示意圖

二、倉位編號及位置

材料編號係物料管理之首要工作，代表一項物料之所有資料，包括型式、類別、材質、尺寸、特性等，爲利物料之請購、採購、驗收、儲存、發料、盤點等工作，材料編號應爲「一料一號」，絕不可以一項物料編數個料號，或不同規格的物料編同一個料號，始能達到管理的目的。

(一)良好分類與編號的功能與優點

1. 易於查核管制，可以節省人力、減少開支、降低成本。

2. 便於電腦化資料整理分析。

3. 增加存貨商品資料的正確性。

4. 提高存貨商品活動的工作效率。

5. 削減存貨。因有了統一編號，可以防止重複訂購相同的貨品。

6. 可考慮選擇作業的優先性，並達到貨品先進先出的目的。

7. 易於評估物料管理績效。

㈡ 分類編號原則

1. 材料分類原則

企業對於其使用之材料，可按材料使用頻率及其重要性將材料分為常備材料與非常備材料，並給予不同之管制方法。

⑴**常備材料**。凡經常使用，且不能斷料之重要材料屬之。

⑵**非常備材料**。非經常使用，於需要時才提出請購之材料。

在編號時，也會依材料性質分類，如粉類、添加物、調味料等。

或依採購地或供應商不同分類。

或依使用地點不同分類，如輸美用、國內用。

或依物料之用途，如原料、半成品、成品等。

2. 分類編號原則

⑴**簡單性**。分類編號要簡單易記。

⑵**一致性**。分類編號要依一定的標準與邏輯，自大分類至小分類，均依同一原理。

⑶**彈性**。分類編號要隨時可增列新物料或新產品。

⑷**完全性**。普遍性，分類編號要能將所有物料歸入某一類別，使其周全。

⑸**組織性**。分類編號要完整，並具有組織性。

⑹**充足性**。分類編號要能將所有物料皆涵蓋到。

⑺**易記性**。編號具有暗示性或聯想性，可利於記憶。

⑻**分類展開性**。分類編號必須能有系統地展開，以達層次分明。

⑼**適應機械性**。未來企業勢必要將物料管理進入資訊化，因此分類編號必須要具有機械化之可能性。

⑽**互斥性**。能歸入某類之物料，僅能歸屬該類，而無歸於他類之可能。目的在避免重複。

⑾**適用性**。分類方式必須適合企業本身的需要。

㈢物料編號的步驟

　1.明確訂定編號管理的目標。

　2.召集相關部門人員（如現場人員、生管、採購、倉管與研發設計人員等）開會商討。

　3.協助相關部門，並制定分類系統及編號方式。

　4.頒佈與實施所擬定的物料編號辦法。

㈣物料編號的方法

1.流水號

　　由1開始往下編，使用上需有編號索引，否則無法顯示代表項目的特性。

2.數字法

　　以1組數字代表某類物料的樹狀分類可分為順序編號法、區段編號法及十進位編號法。

　　⑴**順序編號法**。將物料依某種方式排列，再自1號起依序編流水號以分別代表各種物料。缺點為編號與物料間無關聯性，且日後新物料無法插入。

　　⑵**區段編號法**。先將物料依主要屬性分為若干大類，編定其號碼，再依其次要特性編號。優點為有系統性，缺點為空號過多。如CAS標章文字下方有六碼標章編號，前2碼為產品類別編號，第3、4碼為工廠編號，第5、6碼為產品編號。

　　⑶**十進位編號法**。先將物品分為十類，分別為0至9，每一大類再分為十中類，依序便號下去，最常見的如圖書編號。

3. 英文字母法

以1個或一組英文字母代表某類用途或材質的物料。

4. 暗示法

以有助於記憶的文字代表某類物料,可分為數字暗示法及文字暗示法。

5. 混合法

混合英文字母與數字編號。

三、ABC分析分類法

ABC分析法源自義大利經濟學家柏拉圖之80-20法則,其主要論述為:20%的人擁有社會80%之財富,只要控制這些20%的富有階級,即能有效地平均社會財富。

後來美國奇異公司利用該80-20法則進而發展而成ABC物料分類法,屬於重點管理法則,其主要方法係按存貨的價值、數量及其供需特性,予以適當分類,並有效控制重要的存貨項目,以符合經濟管理效益。

此類分類與管理方法對於單一產品比較有參考價值。如果產品項目多,共用原物料項目也多,例如,砂糖、食鹽、收縮包裝膜等原料很多品項產品都有使用。如果以ABC方式分類與管理,對存量控管的效率與功能較為有限(圖12-8)。

1. A類

此類物資約有10~15%的存貨項目,價值約占全部庫存價值的70~80%,通稱為A類存貨。這類材料屬於重要材料,故對其存量管理控制應特別嚴格。

2. B類

此類物資項目佔總項目比率較多,約占25%左右,而其價值占總價值之比率次高於A類,約為20%。這類材料屬於次重要材料,對其存量控制程度,僅次於A類。

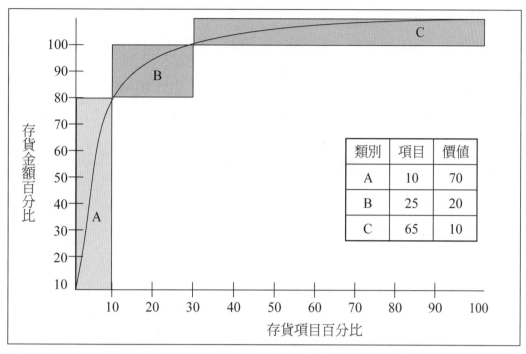

圖12-8　ABC分析分類法

3. C類

此類物資有50～65%的存貨項目，其價值約占全部庫存價值的5～15%。這類材料之重要性最低，對其存量控制程度可略予放鬆，避免增加管理成本。

四、倉儲原則

1. 安全存放

　　⑴原物料應置於棧板上，且離牆5公分以上，離地面則需10公分以上。

　　⑵倉儲儲位規劃：出貨區、原（物）料區，待檢區、成品區及報廢區。

2. 倉儲空間分配與設置

　　共同原物料及最近動線，進出頻率做妥善安排。

3. 包裝與儲存方式

　　不同大小、不同材質、散裝、袋裝分別控制環境與安排最佳儲放位置。

4. 先進先出

各項原物料應排列整齊,並標明品名、進貨日期、數量及相關批號。以符合追蹤追溯管理。

第五節 存量管理

一、存量管制的意義

存量管制是工廠為生產之需要及配合生產進度,需對其物料、工具、半成品及成品做某數量的儲存,並以最低成本維持存量的工作。由於物料自請購到驗收入庫需一段前置時間(lead time, LT),因此倉庫必須保有一些存量,以備在此前置時間讓工廠的生產持續進行,而不會發生斷料停工的問題。然而,原物料庫存量的高低,也代表企業資金積壓的多少,故庫存量亦不能太多。兩者間如何達到平衡,即為存量管制的意義。

二、存量管理的功能

1. 配合預期的顧客需求。
2. 促進生產目標的達成。
3. 作業變動的吸收。
4. 缺貨保障。
5. 預防價格上漲。
6. 防止商品損失及浪費。
7. 降低超額存量,減少成本,增加可用資金。
8. 迅速出貨,使顧客缺貨之損失得以避免。
9. 減少呆料之發生,避免商品之過時與跌價。

10.使商品出貨趨於正常與穩定。

三、及時管理（Just In Time，JIT）制度

1. 及時管理意義

是一種生產管理的方法學，源自於**豐田生產方式**。由於庫存帶來了隱含的成本，因此高效率的企業應該不存在庫存。所以公司需要採取一系列新的管理辦法，進行變革。

及時庫存邏輯闡述了庫存的內涵以及與管理的關係。採取了統計學、工業工程學、生產管理和行為科學中的管理辦法。

簡單來說，及時管理制度主要的核心是「讓正確的物資，在正確的時間，流動到正確的地方，數量是剛剛好的數量。」

2. JIT實施方法

(1)**設計產品流動流程**

依生產流程重新設計／重新布置場地與動線，減少每個批次的數量，同時合併可以合併的環節，以平衡產線上下游的產能。適時預防保養，並降低架設工時。

(2)**全面品質控制**

提高工人認知度，並激發工人的參與。進行自動化檢查，同時對品質進行量化測量，以篩檢出瑕疵產品。

(3)**穩定生產時間**

將生產時程平準化，建立凍結窗口（freeze windows），保留部分產能。

(4)**看板拉動系統**

根據需求進行拉動管理，減少每批次數量。

(5)**與供應商合作，降低前置時間**

頻繁但有規律的供貨，使項目用法需求統一。

(6)**進一步降低其他部門的庫存**

包括降低零售店面庫存與運輸過程中庫存。改善運輸工具如利用傳送帶，以

減少運輸庫存。

(7)**改善產品設計**

把產品設計進行流程化或產品構型標準化,減少零件的數量。

四、存量管制的基本概念

1. 訂購前置時間或購備時間

從下訂購單給廠商到物料入庫所需的時間,訂購前置時間包括:

(1)供應廠商備料時間。

(2)供應廠商生產時間。

(3)送到交貨地點所需之時間。

2. 訂購點(reorder point)

訂購點決定某一物料的訂購時間。一旦該物料存貨量低於訂購點時,就必須提出申購。訂購點太高,則存貨增加,增加儲存成本與資金積壓;太低,則有可能發生停工待料之風險。訂購點如圖12-9之P點,即實際最低存量。

訂購點＝安全存量＋訂購前置時間被領用量

3. 訂購量

如圖12-9之Q值。為一次訂購必須訂購的數量。訂購量太多,會增加持有成本,且積壓資金;數量太少,則會增加訂購次數,而增加訂購成本與搬運成本,且有斷料之虞。

訂購量＝最高存量－安全存量

4. 存量水準(inventory level)

即應維持多少存量,包括最低存量與最高存量。

(1)最低存量。指在特定期間內,確保生產所需之最低物料庫存量。又分為實際最低存量(圖12-9R值)與理想最低存量(圖12-9R1值)。

理想最低存量＝購備時間×每日耗用量

實際最低存量＝(購備時間×每日耗用量)＋安全存量

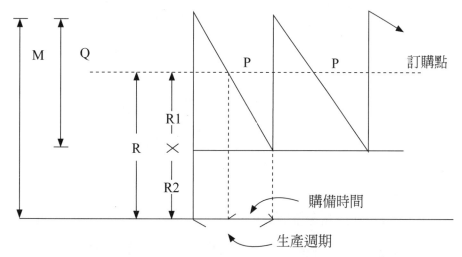

圖12-9 存量管制名詞解釋（M：最高存量，Q：訂購量，R：實際最低存量，R1：理
想最低存量，R2：安全存量，P：訂購點）

(2)最高存量。指在特定期間內，某項物料之最高庫存量（圖12-9M值）。

最高存量＝（生產週期×每日耗用量）＋安全存量

最高存量乃做為限制存量之標準，而不是做為訂購或儲存物料之目標。

5. 安全存量

如圖12-9之R2值。其目的為：

(1)預防物料因耗用速率變動而造成缺料。若耗用速率穩定，則安全存量可
減少。

(2)預防備購期限到時，物料尚未送到而缺料。

五、物料的存量管制模式

物料存量管制之主要目的在「決定適當的訂購時機與訂購數量，使其發生的
總成本最小」。一般常用之存量管制方法有下列幾種方式。

1. 複倉式管制法（適用於C類物料）

將同一項材料分成等分之兩份，分置AB兩個倉庫、貨堆、容器或位置。當
A材料用完時，即提出請購。同時，繼續使用B材料。等A材料進廠時，B材料已

用至接近安全存量界限,等B用完再提出B之請購。如此反覆地施行下去(圖12-10)。

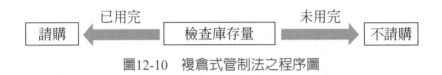

圖12-10　複倉式管制法之程序圖

2. 最高最低存量管制法

物料的存量維持在最高存量與最低存量之間。庫存超過最高存量的部份應即時檢討處理,低於最低存量時,亦需儘快補充。由於物料的真正需求經常會改變,最高存量與最低存量也必須適時修正。此一存量管制方法適用於低價物料。

3. 定量請購管制法(適用於B類物料)

每次之訂購數量固定,而藉訂購期間的變化來調整需求的變動,亦即當庫存量到達某一定點(即請購點)時即進行訂購,每次訂購的數量一定而訂購週期不定。此種方式以請購點決定何時訂購,以「訂購量」決定訂購多少,安全存量之高低與物料需求是否穩定及前置時間能否掌握有關,當物料的需求量及前置時間愈固定時,安全存量愈可能降低。但最高存量僅提供決策者之參考,並非執行管制之重心(圖12-11)。

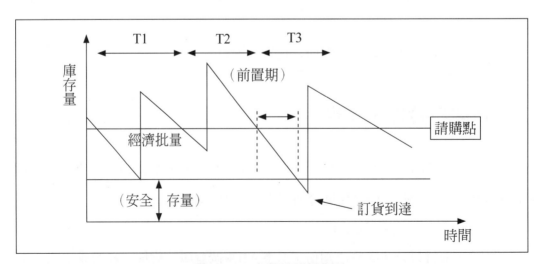

圖12-11　定量請購管制法

定量請購牽涉到要訂購多少量才符合經濟原則，亦即經濟訂購量（economic ordering quantity, EOQ）。此指在存貨總成本最低情況下所訂購的批量。

總成本包括訂購成本、存貨持有成本（儲存成本）與物料訂購價值。

訂購成本包括：請購手續成本、採購成本、檢驗驗收成本、入庫與會計入帳成本。此成本隨訂購量增加而減少。

儲存成本包括：資金成本、搬運與裝卸成本、倉儲成本、折舊與陳腐成本、保險與稅金。此成本隨訂購量增加而增加。

經濟訂購量指在物料採購價不受訂購量影響下，於訂購成本與儲存成本兩者總和下，總成本最小時之訂購量（圖12-12）。

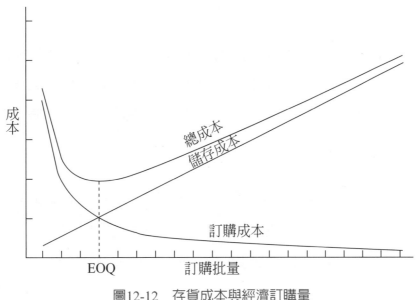

圖12-12　存貨成本與經濟訂購量

4. 定期請購管制法（適用於A類物料）

用於A類價值高且請購次數頻繁的物料。即適用需求變動較小之存貨管制方式。每隔一段時間（每週、每月、每季）即請購一批物料，以補充存量，請購週期固定，請購數量則不定，要依該請購週期之預估用量及現有庫存量（包括已訂未交量）之動態與安全存量，決定當期之請購量。即請購量 + 現有存量 + 在途量 + 安全存量≦最高存量。以訂購週期決定何時訂購，以最高存量作為決定訂

購多少之基準，在作決策時並須考慮安全存量（圖12-13）。

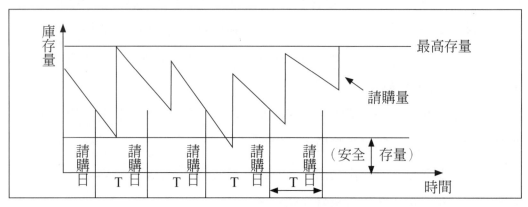

圖12-13　定期請購管制法

5. S-s請購管制法

介於定量控制與定期控制間的一種折衷方式，係設立一定之檢查週期，檢查時若發現其庫存量降至小s（請購點）之水準時，即進行訂購，其訂購量為大S（最高存量）與現存庫存量之差距。若檢查時發現庫存量大於小s時，則不進行訂購。

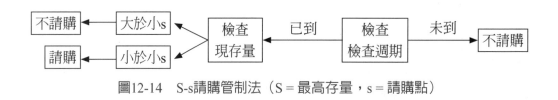

圖12-14　S-s請購管制法（S＝最高存量，s＝請購點）

6. 批對批法（Lot For Lot, LFL）

訂貨的數量與每一期淨需求的數量相同。淨需求一旦改變，訂單的數量就隨之改變。是所有方法中最直接、簡單的方法。如果訂單成本不高，此法最適用。

六、ABC分析管理方法（參閱第四節之三）

1. A類管理

此類屬高價貴重物品，應嚴格管制，要有完整紀錄。應預估未來需要，加以事先規劃，以分析其需求型態，需要數量及需要時間。並管制備購期間，適時提出請購。

盡量降低存量以降低資金積壓。應注意保存條件，並經常盤點。使用時須經一級主管簽核。

(1)須嚴格執行盤存，並儘可能降低存貨。

(2)採用定期訂貨方式，對交貨期限須加強控制。

2. B類管理

存量之未來需求，不必做太詳細之預測。只要每日對存量之增減加以記錄，達到請購點時以經濟訂購量採購即可

3. C類管理

應放在使用人員附近，以便於取用，存量管制應採用複倉式。不必予以隔離庫存以免浪費等待發料時間。最好一次領取多量，用完後再領。大批量購買較合適。

(1)安全庫存量可較高。

(2)多採用訂購點採購法，以節省採購作業手續。

以碗裝牛肉麵為例說明ABC類管理方式（圖12-15）。

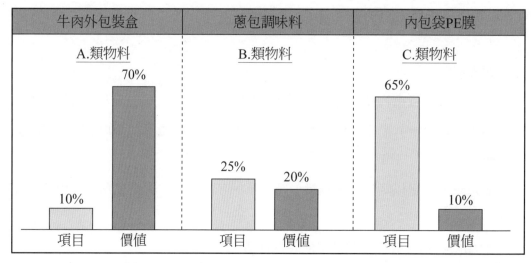

圖12-15　以碗裝牛肉麵為例說明ABC類管理方式

第六節　領料、發料、退料

一、領料、發料、退料之基本操作

　　生產線根據生管單位發出的生產工令向資材管理單位領取所需的原物料。由於每日領取會造成雙方的作業困擾，如工作時數增加、領料單據增多。因此，多半的公司會依生管單位所發出的生產計畫（如週計畫）做領料作業。一週領一次。生產線就是領料單位，資管單位就負責保管原物料與發料。

　　領料與發料時間應該設定，要以兩單位人員都在正常工作時間內執行為佳。因生產線常有兩班或三班生產的情況，但資管單位屬行政後勤單位，以一班制較多。如果在資管人員下班或不足的情況下產生領料的情況，就易產生錯帳的情形。

　　生產線領料不可能只按標準配方領料，因為生產總有損耗或臨時追加減生產的情況，因此都會有多領的情況發生。

　　現場生產線對領取的原物料也應有進出紀錄，以符合追蹤追溯原則。

由於會計必須做帳務盤點，所以生產線與資管單位在一定時間必須將多餘或不用的原物料做退料動作。退料時間與作業模式與領料相同。

二、領料制和發料制

根據是倉庫人員還是生產人員發起流程又可分為領料制和發料制，根據領料單所包括的內容可分配套領料、分倉領料、受託領料、合併領料、工序領料。發料制與領料制對人員的要求沒有多大區別，但對系統要求比較大。

1. 領料制

領料制是指由現場作業人員填寫領料單，經過相關業務主管單位核章之後，再由現場作業領料人員到倉庫領料。倉管單位備妥物料，並且與領料單核對無誤之後，單據簽章並且送請相關單位部門記錄與登帳。

倉庫人員在收到領料單後，需在規定的時間內，按領料單上所列的物料項目及數量進行揀料。揀料完成後將物料交領料人員，雙方在領料單上簽字並確認領取數量。

領料制較為常見，但存在如下問題：

⑴領料導致物料之搶占。只要有領料單就可以領料，誰先到誰先領，而不考慮需求時間，會出現四處挪料來救急之情形。如A、B產線生產都需用到物料a，A產線有一個10000份的生產任務需要生產5天，B產線有一個1000份的生產任務，而開工時間比A產線晚一天。此時庫存有5000單位的物料a，預計兩天後會再進貨10000單位，從需求角度是夠的，但領料制下就會出現5000單位的物料都被A產線領走，導致B產線要生產時出現缺料的現象。

⑵領料制間接導致倉庫料帳不準確。因領料時間不確定，數量不確定，內容不確定，導致倉管人員每天忙於發料，而不能按時作帳。因此，必須建立一套合適的領放料時間表。

若採用發料制，則每天的工作內容就相對十分明確，可以有計畫的執行，如每日固定時間進行盤點、備料、收料、補料、作帳、整理，倉管人員工作輕鬆，

且使料帳準確率提高。

⑶領料後常導致廠區製品、材料、成品擺放混亂、擁擠等，放的多了，不好控制，丟失了也不好找人負責。

2. 發料制

發料制是指倉庫根據工廠的用料計畫，事先準備好各個生產任務單所需的物料，當領料人員來領用物料時，則立即將備好的物料發給領料人員，或者按生產的進度直接將備好的物料發到生產線，雙方在發料單上簽字確認。當生產管理部門開具工作命令單送到物料倉管部門，倉管部門如果發現所需物料不足時，則需將工作命令單退回生產管理部門，然後進行改變生產計畫作業。

發料制具有下列之特點：

⑴要求較高的管理水準，生產的計畫性較強。

⑵倉管部門能夠積極、主動與直接地掌握物料需求狀況。在整個過程中，倉庫處理處於主動狀態，要負責及時提供所需的物料。

⑶倉儲管理較為順暢，可提高倉庫的管理效率。

⑷加強用料單位的控管意識。

⑸有利生產管理作業時程的安排。

⑹有利成本會計作業。

此種制度關鍵在於產線用料計畫的準確性，如果用量計畫不準確或生產過程中的不確定性很大，發料制將難以執行。因此，影響發料作業順暢之因素包括：⑴生產計畫之穩定度；⑵生產時程安排之合適性；⑶良率估算之準確性；⑷物料供應之持續性。

發料制的好處為從源頭進行控制。如計畫生產1000個產品，就發1000單位原料，一個也不多發。等料不足時，就會暴露問題，比如品質問題、加工工藝問題等，不足的料採取補料方式進行控制。發到廠區的料也都是配套的，不會導致大量的材料存放，廠區也就整潔了。當然一些低值易耗的材料可不用這麼控制。這樣也可以保證倉庫資料的準確性。

因此，領料制還是發料制要因企業管理水準而定，也可以按物料分類而兩種

方式並存。

3. 領發料作業之原則

　　(1)先進先出之原則。

　　(2)按照正確之作業程序操作之原則。

　　(3)安全之原則。運送過程中注意人員、物料與機具設備之安全。

　　(4)經濟之原則。透過作業流程與機具設備之改善。

　　(5)時間之原則。配合需求之時程，及時地將物料送抵用料現場。

三、退料或轉撥作業管理

　　為了使工作現場維持井然有序，因此有必要將現場之中一些對於目前作業沒有助益之物料進行處置，處置的方式：繳回倉儲庫房、轉撥到其他單位或部門運用、轉移到其他單位或部門繼續進行作業、清除等。

　　處置之對象包括：成品、半成品、在製品、廢料、不良物料、不良品、規格不符之物料、超發之物料（餘料）。

第七節　呆料與廢料管理（含事業性廢棄物）

一、呆料與廢料定義

　　呆料：短期內不使用的原物料。即物料存量過多，耗用量極少，而庫存週轉率極低的物料。這種物料可能偶爾耗用少許，很可能不知何時才能動用，甚至根本不再有動用的可能。呆料為百分百可用的物料，仍保有物料原有應具備的特性和功能，只是呆置在倉庫中，很少動用。

　　廢料：不堪或永遠不再使用的原物料。報廢的物料，即經過相當使用時間，

本身已殘破不堪、磨損過甚或已超過其壽命年限，以致失去原有的功能而無利用價值的物料。

事業性廢棄物：因生產後所產生出來且不能使用於生產線，必須丟棄或資源回收處理的物質。

呆料經放置一段期間後決定不再使用時就轉成廢料帳。

二、呆廢料來源

1. 變質。如金屬生鏽、塑膠硬化等。
2. 驗收之疏忽。
3. 設計變更或營業項目改變。
4. 設備更新，舊設備之維修零件不再使用。
5. 剪裁之零頭邊屑，經濟價值低，而被視為廢料。
6. 拆解之包裝材料，經濟價值低，而被視為廢料。

判斷呆廢料應有一定之程序與處理原則。一般以物料標準儲存天數（365天／物料週轉率）為基礎，儲存天數超過者，則視為呆料。

三、呆廢料處理的目的

1. 物盡其用。呆廢料棄置在倉庫內而不能加以利用，久而久之物料將鏽損腐蝕，降低其價值，因此應物盡其用，適時予以處理。
2. 減少資金積壓。呆廢料閒置在倉庫而不能加以利用，使一部分資金積壓於呆廢料上，若能適時加以處理，即可減少資金的積壓。
3. 節省人力及費用。呆廢料發生，在未處理前仍需有關的人員加以管理而發生各種管理費用。若能將呆廢料加以處理，則上述人力及管理費用即可節省。
4. 節約倉儲空間。呆廢料日積月累，占用倉儲空間，影響倉儲管理。故呆廢料應適時處理，以節省倉儲空間。

四、呆廢料及事業性廢棄物處理原則

　　1. 主管單位提報廢單。

　　2. 管制單位（品管或食安小組）驗證品質與數量。

　　3. 公司核可後，記錄品項數量封存待辦。

　　4. 廢料經塗佈或破壞後交專責單位處理，事業性廢棄物須符合環保署頒訂之「事業廢棄物貯存清除處理方法及設施標準」執行。

　　5. 除帳，列損失。經核定報廢及處理後之表單交會計單位辦理。

第八節　農畜產品原料

　　在食品原料中，屬於農產品的原料有四類，其處理原則大致如下：

1. 生鮮到貨

　　如新鮮採收的農產品，如蘆筍、番茄、蔬菜等，進工廠後應立即處理，如清洗、殺菁、分條、切割後，如不立即使用則必須冷藏或冷凍貯存。

2. 冷藏到貨

　　如來自已有前處理過程的產品，如蛋液、生乳、濃縮果汁等，則應盡速使用，或殺菌暫存。此類產品在前處理時多半未經完整的滅菌處理，因此要注意其有效期限。若需暫存，則需適當包裝或完整覆蓋後，置於冷藏庫內（7℃以下）保存。

3. 冷凍到貨

　　如到貨時已先經冷凍處理，如冷凍牛肉、雞肉、魚漿等，要注意到貨前及到貨時的溫度，並迅速送入冷凍庫（−18℃以下）保存。

4. 乾貨

　　例如五穀雜糧、砂糖、麵粉等，此類產品較易保存，但要注意倉儲空間的溫溼度，以免長黴菌。一般溫度設定在28℃以下，相對溼度控制在70%以下。

第九節 盤點

原物料的管理，除了從進料驗收起，到使用前及退料後的品質控管外，最重要的就是帳務管理。

一、盤點的目的

1. 確切掌握庫存量。
2. 掌握損耗並加以改善。
3. 加強管理，防微杜漸。

二、盤點後之處理

盤點後，一般有三種結果：

1. 帳物相符，就不需要調帳。
2. 帳面記錄數小於實際擁有數，此為「盤盈」。
3. 帳面記錄數大於實際擁有數，此為「盤虧」。

無論是盤盈還是盤虧，都要依據實際擁有數來調整帳面記錄數。最終目的是，達到帳物相符。

三、盤點方式

1. 定期盤點：由審查單位或其他管理單位所發起的定期性質的盤點，目的在對資材管理單位是否落實管理工作進行審核。定期盤點的週期依各公司需求自行設定。以有效達到目的為優先考量。
2. 臨時盤點：因為特定目的對特定原物料進行的不定時間的盤點等。或稱

「抽盤」。

　　3. 年中或年終盤點：定期舉行大規模、全面性的盤點工作，根據相關的規定，一般企業每年年終應該實施全面的盤點，有些公司部分在年中還要實施一次全面的盤點。

四、盤點工作應注意事項

　　1. 盤點報表必須由部門主管以上人員簽名。

　　2. 主管必須檢視每位員工負責的盤點區域是否依盤點計畫確實執行。

　　3. 主管須負責對盤點過程中彙集的呆廢料（如破損、變質、過保存期、暫時停用、待退品等）做出相應處理。

　　4. 經主管核查無誤後，並由部門經理以上人員簽字後，由盤點紀錄入實際盤點報表。

　　5. 後續行政及會計處理。

第十節　供應鏈管理

一、供應鏈與供應鏈管理

　　供應鏈（supply chain）是指從採購、製造所需的未經加工產品及物料，一直到將成品送達終端顧客手中一連串介於交易夥伴（包括原料供應商、製造商、批發商、零售商等）之間所有的商業活動（包括物流、資訊流、金流等）的過程。

　　企業為了追求運作效率的提升、並進而創造出更多的企業價值，不應只拘泥於追求企業內部流程的改善，而是應該就協同運作的觀點，將焦點轉移至動態價

值鏈管理的議題上，即是指企業協同供應商共同致力於產品創意，一直到最終把產品遞交給最終客戶的完整流程。

所謂供應鏈管理（Supply Chain Management, SCM）係指從原物料取得到生產製造、銷售物流相關作業，藉由有效的整合程序，將上中下游廠商聯繫起來，使整個企業和供應體系間的所有原物料、零組件、半成品、成品以及相關服務資訊能以低廉成本，適時、適量且即時的方式傳遞。

若藉由資訊科技建立供應鏈管理系統，可獲得下列效益：

1. 資料格式標準化。

2. 進貨作業有效率。

3. 消除不必要的倉儲作業。

4. 能更有效利倉儲空間用。

5. 供應補貨作業可即時化。

6. 降低庫存成本。

因此，供應鏈基本上是一種網路與資訊科技的結合，作爲企業彼此交易往來間一系列活動與程序的工具，目的在從顧客觀點提供實體產品或服務的一種系統性作法。進一步以實體商品流通觀點來看，供應鏈就是利用網路來連結研發、生產計畫、採購、製造、配銷與售後服務等相關活動，形成有利於最終產品進出的銷運模式。

二、企業資源規劃系統

企業資源規劃（enterprise resource planning, ERP）係指從整個企業供應鏈體系中，建立起能夠提供顧客具附加價值的產品、服務與資訊的整合性營運流程。作法上，主要是以供應鏈管理與客戶關係管理（customer relationship management, CRM）爲基礎，將企業內部與外部環境資源有效的加以整合，以達到降低營運成本，滿足市場需求的目標。

ERP是利用資訊科技將企業內部各部門包括財務、會計、生產、物料管理、

銷售與配銷、人力資源連結整合在一起的系統，它是一個跨部門、地區的整合工作流程，能將所有的營運資訊納爲決策資訊，以即時監控並支援公司的各項關鍵決策、提升資源管理效率。

ERP與傳統的物料需求計畫（MRP）的不同之處在於：

1. **物料需求計畫（MRP）純粹只應用在計算材料的需求。**

2. **製造資源規劃（MRP II）應用在所有與製造有關的資源上。**

3. **企業資源規劃（ERP）**則是除了在製造以外，更推廣到其他的企業功能如財務、人力資源、研發（R & D）等，ERP扮演的角色是將各部門連貫起來，讓所有資訊能在線上即時揭露；組織內部的人員在一定的權限下，就可以得知各部門相關資訊，由於資訊的透明化、即時化，使企業能達成立即反應、整體規劃的目標，同時考慮到各部門的現況和市場需求，做整體決策最佳化的目標。

作爲一個獨立的系統，MRP通常也是ERP軟體的許多模塊之一，主要處理企業業務領域的庫存管理和生產調度。

除此之外，拜網際網路興起之賜，以前分佈各地的事業單位各自爲政也有了新的解決方案。通常一個企業在各地會有工廠、倉庫、營業處和分公司等。利用企業資源規劃系統，讓各地的員工可以突破時空的限制而進行團隊工作。這也是在製造資源規劃中所達不到的，在現代科技進步一日千里之下，將會有更多的管理理論可以獲得實現。

企業資源規劃發展之歷程如表12-1所示。

表12-1　企業資源規劃發展歷程

	1970年代	1980年代	1990年代初期	1990年代後期	2000年代
應用軟體	MRP	MRP II	CIM	ERP	ERP、SCM、E-Commerce
應用範圍	部門	工廠	工廠	企業	供應鏈
應用區域	小區域	大區域	大區域	全球	全球
需求重點	成本	品質	彈性	速度	協同規劃
組織型態	集中組織	集中組織	分散組織	分散組織	虛擬組織
營運週期	定期	定期	定期／即時	定期／即時	即時
管理重點	以生產與物料規劃為主	強調銷售、生產與物料、財務管理以及製造資源的整合規劃與執行	強調整體企業各項生產自動化及資訊系統的整合	強調研發、採購、生產、配銷、服務與財務內部資源整合的最佳應用	強調結合內外部客戶與廠商的全球運籌管理模式
市場特性	大眾市場	區隔市場	區隔市場	利基市場	一對一行銷
生產模式	少樣多量	多樣少量	彈性化	套裝軟體	大量客製化
	產品供給導向		客戶需求導向		

　　供應鏈管理是企業交易夥伴共同承諾一起緊密合作，並有效率及效益地管理供應鏈中的資訊流、金流，以期在付出最少整體供應成本的情況下，為消費者或顧客帶來更大的價值。

第十三章

成品與出貨管理
(Finished product and delivery management)

　　以往品質管制只需要考慮生產過程，而現代的品管尚須考慮販售產品之品質，因此成品與出貨管理也成爲衛生要注重的一環。同時，成品與出貨管理若不恰當，亦可能造成成品品質不良而導致商品退貨，因而造成損失。

第一節　食品成品的分類與運送模式

一、食品成品的分類

(一)包裝食品

　　包裝食品係指「經固定密封包裝且可延長保存時間之食品」。相對的，「散裝食品」係指陳列販賣時無包裝，或有包裝而有下列情形之一者：1.不具啓封辨識性。2.不具延長保存期限。3.非密封。4.非以擴大販賣範圍爲目的。

　　由於一般工廠多以生產包裝食品爲主，故本章主要以包裝食品爲說明對象。

　　一般包裝食品分爲三類：

　　1. **常溫食品**。可在室溫下存放，在保存期限內無食品安全疑慮者。如碳酸飲料、無菌包裝常溫品、罐頭食品、餅乾等。

　　2. **冷藏食品**。需在冷藏條件下存放，讓食品之中心溫度保持在7℃以下凍結點以上，且在保存期限內無食品安全疑慮者。如生鮮品、冷藏乳製品、巴氏殺菌飲品等。

　　3. **冷凍食品**。需在冷凍條件下存放，讓食品之中心溫度保持在–18℃以下，且在保存期限內無食品安全疑慮者。如冷凍肉品、魚漿煉製品、冷凍水餃等。

(二)鮮食食品

　　廣義的鮮食食品涵蓋所有通路商，包括專賣店、便利商店、超市、量販店與百貨公司等，結合製造商所提供的即食性食品。狹義的定義則僅指便利商店通路

業者結合製造商所提供的即食性食品，如便當、飯糰、涼麵、熱狗等，此類食品多為製造商為便利商店量身訂做的商品。鮮食依溫層與販售狀況，業者一般將其分為五大類：

　　1. 18℃**商品**。便當、飯糰、壽司、三明治等。

　　2. 4℃**商品**。涼麵、微波速食類、沙拉、水果、燴飯等。

　　3. **常溫麵包**。吐司、蛋糕、點心、麵包等。

　　4. **自助機台**。蒸包機、關東煮、茶葉蛋、熱狗機等。

　　5. **其他**。冷凍調理食品等。

　　鮮食之供應需有完整之供應鏈，整個供應的環節緊密相扣，任何一個環節的掌控有了疏失，都會對最終的產品品質造成影響。

　　完整的鮮食食品產業鏈包括上游的原料供應商，中游的食品加工廠，下游的物流中心、配銷中心與各通路，最後到消費者手中（圖13-1）。理想的程序為：

　　1. 上游的原料供應商在產地將原料進行初級加工，成為半成品或成品。

　　2. 中游的食品加工廠進行次級加工製成最終產品。

　　3. 生產出之產品交給下游食品批發運銷業進行銷售。其過程包括物流中心、配銷中心與各通路，最後到消費者手中。

　　配銷中心包括批發商與經銷商，其主要工作為拓展末端通路與面對客訴。通路方面，包括零售通路與業務通路兩種。零售通路即一般超市、量販店、便利商店等。業務通路包括餐飲業、醫院、學校、團膳用等。

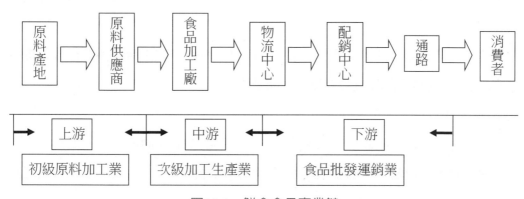

圖13-1　鮮食食品產業鏈

由於低溫食品由工廠製造出廠後，包括配送、販賣，甚至到消費者手中都必須保持低溫狀態，因此這整個過程稱為冷鏈（cold chain）。

㈡包裝食品訂單與運送模式

1. 常溫食品

此類產品保存期限較長，業務單位向工廠下訂單的前置期可在一個月以內。

常溫品出貨基本上多用無外廂的板車做為運輸工具。也有使用有外廂的常溫運輸車輛。目前運輸時，除傳統紙箱包裝外，亦可能使用各式物流箱（plastic logistics box）（圖13-2）。

圖13-2　各式物流箱

2. 冷藏食品

此類產品保存期限僅在一個月以內，因市場通路存貨有限，且需每日盤點銷貨量後再轉知供應商。因此接到市場通路通知的業務單位向工廠下訂單的前置期多在出貨前一兩天。

冷藏食品運輸工具為溫控廂型車，車內溫控條件需在冷藏條件下存放，讓冷藏食品之中心溫度應保持在7℃以下、凍結點以上。

3. 冷凍食品

此類產品保存期限較長，業務單位向工廠下訂單的前置期可在一個月以內。

冷凍食品的運輸工具為溫控廂型車，車內溫控條件讓冷凍食品之中心溫度應保持在−18℃以下。

第二節　成品倉工作內容與作業流程

㈠成品倉工作內容

對工廠成品倉庫而言，每日的工作內容部外乎下列幾項：

1. 進貨入帳：當日生產之成品或半成品入倉。
2. 調撥：外倉（工廠以外的倉庫）調撥入出倉。
3. 出貨：成品出貨。
4. 整理及盤點：整理倉庫依生產日期排列整齊並做入出貨後之盤點。
5. 報廢品處理：過期或不良品報廢處理。

以上工作除盤點差異外尚需注意其他差異追蹤。包括：

1. 依據生產工令比對各品項在生產數與成品入庫數是否吻合。
2. 依據出貨單比對出貨點之品項與數量是否吻合。

㈡訂貨至出貨作業

一般從市場通路傳回公司的訂單可分為：1.向公司業務部下訂單；2.向工廠直接下訂單。本章以第1項方式做說明，其流程如圖13-3。

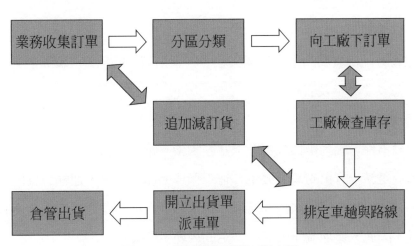

圖13-3　訂貨至出貨作業流程

1. 業務收集訂單

　　業務單位會有一接收訂單的單位（或人員）專門做接收訂單的工作。

2. 分區分類

　　比較大的公司會依客戶型態（送物流統倉）或客戶種類（直接配送）做區分。

　　客戶型態（物流）可分為：量販超市、系統超市、便利連鎖、網路訂單。

　　客戶種類（直接配送）可分為：經銷商、代理商、福利總處、公司直營點、特殊封閉通路。

　　一般業務單位將接收到的訂單依「帳務系統」將訂單分區分類轉交給工廠。

3. 向工廠下訂單

　　如前所述，就常溫及冷凍品而言，業務單位對工廠下訂單的前置期較長。工廠可依計畫生產。

　　而對生鮮冷藏品，市場通路對業務下訂單往往是在出貨的前一日下午，所以從業務接單到工廠出貨的時間非常緊迫。

4. 工廠檢查庫存

　　工廠接到業務訂單後，第一件事就是先檢查工廠庫存。如庫存不足時，需與業務單位協調：

　　⑴修正訂單及出貨量。

　　⑵以同類產品替代。

　　⑶重新分配出貨點的量，以損失較少，罰則較輕的為優先減量對象。

　　⑷注意安全庫存及有效期限，先進先出。

5. 追加減訂貨

　　因突發事件，統計錯誤或管理不當等因素，常在業務訂單下給工廠後，會有追加訂單或是減少訂單的情形發生。在工廠成品庫存充足，運輸調度開單程序未完成前，這種追加減情形比較好處理。否則將會增加許多作業成本，而且未必讓客戶滿意。因此，追加減作業應有一定的規範，譬如：

　　⑴追加減時間及數量的規定。

⑵業務與工廠的對應窗口的設定（不論在上班或下班時間）。

⑶核定權責，避免分配不均。

⑷確認程序，以利後續帳務處理。

6. 排定車趟與路線

排定車趟與路線時需考量的事項有：

⑴出貨時間及到貨地點及出貨量

依據訂單出貨量、到貨地點、預定（或指定）到貨時間，據此算出出車路線、車輛數、載重量等，進而安排疊貨順序。

⑵專車、散車

依據單點下貨量的多寡，計算出需使用專車運送，還是散車沿途運送下貨。

⑶回程時間安排

要考慮到司機的工作時間及出貨後運載回來的資產（如空箱、棧板、調撥品、文件）時間。

⑷到貨點路況

遠程運輸接駁，到貨點路況是否會影響下貨時間，到貨點收貨狀況等都是應考慮的事項。

7. 開立出貨單及派車單

在開立出貨單及派車單時，需注意事項：

⑴疊貨及出貨順序

依出車下貨路線，計算出工廠倉儲人員疊貨順序。

⑵載重量計算

依道路管理處罰條例，各型載重車輛都有載重量的限制。對於行車安全也很重要。

8. 倉管出貨

倉管依據前述出貨單及派車單，分別安排出貨時間及指定品項數量疊貨到指定車輛。

第三節　運輸作業與衛生安全

在接獲出貨通知單後，運輸單位之提貨與出貨流程如圖13-4所示。

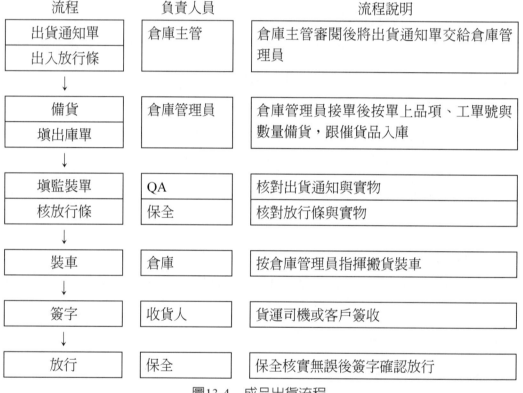

流程	負責人員	流程說明
出貨通知單 出入放行條	倉庫主管	倉庫主管審閱後將出貨通知單交給倉庫管理員
備貨 填出庫單	倉庫管理員	倉庫管理員接單後按單上品項、工單號與數量備貨，跟催貨品入庫
填監裝單 核放行條	QA 保全	核對出貨通知與實物 核對放行條與實物
裝車	倉庫	按倉庫管理員指揮搬貨裝車
簽字	收貨人	貨運司機或客戶簽收
放行	保全	保全核實無誤後簽字確認放行

圖13-4　成品出貨流程

　　針對食品運輸時之規範事項，可見「食品良好衛生規範準則」第一章總則之第7條，其內容如下：

食品業者運輸管制，應符合下列規定：

一、運輸車輛應於裝載食品前，檢查裝備，並保持清潔衛生。

二、產品堆疊時，應保持穩固，並維持空氣流通。

三、裝載低溫食品前，運輸車輛之廂體應確保食品維持有效保溫狀態。

四、運輸過程中，食品應避免日光直射、雨淋、劇烈之溫度或溼度之變動、

撞擊及車內積水等。

　　五、有汙染原料、半成品或成品之虞之物品或包裝材料，應有防止交叉汙染之措施；其未能防止交叉汙染者，不得與原材料、半成品或成品一起運輸。

　　以及第四章食品物流業之第16條，其內容如下：

　　食品物流業應訂定物流管制標準作業程序，其內容應包括第七條及下列規定：

　　一、不同原材料、半成品及成品作業場所，應分別設置或予以適當區隔，並有足夠之空間，以供搬運。

　　二、物品應分類貯放於棧板、貨架上或採取其他有效措施，不得直接放置地面，並保持整潔。

　　三、作業應遵行先進先出之原則，並確實記錄。

　　四、作業過程中需管制溫度或溼度者，應建立管制方法及基準，並確實記錄。

　　五、貯存過程中，應定期檢查，並確實記錄；有異狀時，應立即處理，確保原材料、半成品及成品之品質及衛生。

　　六、低溫食品之品溫在裝載及卸貨前，應檢測及記錄。

　　七、低溫食品之理貨及裝卸，應於攝氏十五度以下場所迅速進行。

　　八、應依食品製造業者設定之產品保存溫度條件進行物流作業。

　　另外，食品物流業須訂定之管制標準作業程序內容如表13-1所示。

　　同時，食品物流之貯存過程中，需定期檢查之項目包括環境溫度、環境溼度、包裝完整性及產品狀態等。業者可依材料、產品的型態訂定必須檢查之項目，以確保食品之衛生安全。

表13-1　食品物流業運輸管制標準作業程序內容

運輸管制	貯存管制	溫度管制
1.運輸車輛保持清潔衛生。 2.產品堆疊保持穩固，並維持空氣流通。 3.運輸車輛之廂體應確保食品維持有效保溫狀態。 4.運輸過程避免日光直射、雨淋、劇烈之溫度或溼度變動、撞擊及車內積水等。 5.運輸時應有防止交叉汙染之措施。	1.不同材料、成品作業場所應分別設置或有適當區隔。 2.分類貯放於棧板、貨架上，不得直接放置地面，並保持良好通風。 3.遵行先進先出之原則，並確實記錄。 4.建立溫度或溼度管制方法及基準，並確實記錄。 5.定期檢查，並確實記錄，有異狀立即處理。	1.低溫食品在裝載及卸貨前，應檢測及記錄溫度。 2.低溫食品之理貨及裝卸，應於15℃以下場所迅速進行。 3.依食品製造業者設定之產品保存溫度條件進行物流作業。

第四節　運輸的後勤作業

一、棧板、空箱、調撥管理

　　倉儲或資材管理單位對於運輸單位從市場上回收回來的公司資產，如棧板、塑膠空箱及外倉調撥回來的成品都要負責清點後轉交給使用單位。

　　基於市場上作業常常紊亂，因此上述各項的資產回收管理非常重要。

二、盤點及帳務處理

　　盤點後總有盤盈虧的情形。基於會計帳務理論，盤盈虧都是管理上發生問題所造成。如果盤虧情形發生，對公司及管理人員都是煩惱的事情。為避免這種情形，在原物料管理章節中所述的盤點作業方式也是可以應用在成品管理上。

第五節　物流管理

　　物流（logistics）是物品從供應地向接收地的實體流動過程，根據實際需要，將運輸、儲存、裝卸、搬運、包裝、流通加工、配送、信息處理等功能結合起來達到用戶要求的過程。此最早出現於軍事行動，在中國古代稱為輜重，近代被稱為後勤。而整個物流過程也稱為供應鏈（supply chain）。若是在低溫下進行，則稱為冷鏈（cold chain）。

　　物流管理（logistics management）是指基於滿足顧客需求，由原料地至消費者間貨物與相關資訊有效率的流動與儲存之規劃、執行與控制的過程。物流管理活動通常包含內向與外向運輸管理、運輸車隊管理、倉儲管理、物料搬運、物流網路設計、供應與需求規劃及第三方物流等。物流管理是一項整合性功能，負責協調與最佳化所有物流活動，同時將物流活動與其他功能整合，包含行銷、銷售、製造、財務及資訊科技。廣義的物流包含四大領域：企業物流、軍事物流、事件物流與服務物流（圖13-5）。

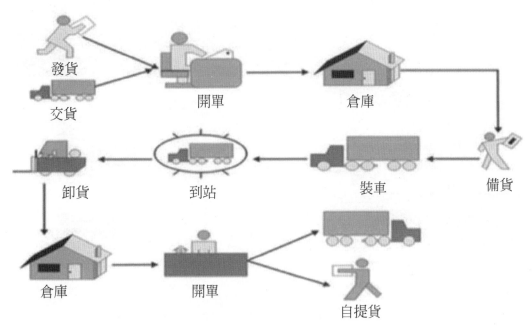

　　　發貨
　　　交貨　　　　　開單　　　　　倉庫

　　　卸貨　　　到站　　　　裝車　　　　備貨

　　　倉庫　　　開單　　　　　自提貨

圖13-5　貨物物流之過程

　　在現代地球是平的情況下，市場上的商品很多是歷經各國後才得到的。例如，原料可能來自印尼和馬來西亞，但原料的加工可能在新加坡，產品生產在台灣，最後出口到美國。這些原料與產品的行經路線就是經過物流的計畫、協調、控制和監督，使各項物流活動實現最佳的協調與配合，從而達到降低物流成本，提高物流效率及品質，或提高物流的供應滿足性的目標。

　　物流管理的原則有所謂7R原則，即：適合的品質（right quality）、適合的數量（right quantity）、適合的時間（right time）、適合的地點（right place）、優良的印象（right impression）、適當的價格（right price）和適合的商品（right commodity）。

　　物流過程須注意「一載五流」，一載即載體，五流為流程、流向、流速、流量、流體。載體即運送與包裝的工具；流程為整個物流的過程；流向為物流的終點；流速為物流的速度；流量為物流量的多寡；流體為物流的體積，有些物品重量輕但體積大，因此體積也是在物流過程中須注意到的。

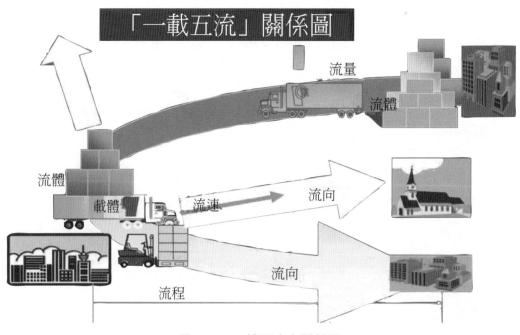

圖13-6　一載五流之關係圖

　　實施物流管理的目的是要在盡可能最低的總成本條件下完成既定的客戶服務，即尋求服務優勢和成本優勢的一種動態平衡，並由此創造企業在競爭中的優勢。根據這個目標，物流管理要解決的基本問題，簡單地說，就是把合適的產品以合適的數量和合適的價格在合適的時間和合適的地點提供給客戶。

　　物流管理強調運用系統方法解決問題。現代物流是由運輸、儲存、包裝、裝卸、流通、配送和訊息諸環節構成。各環節原本都有各自的功能、利益和觀念。系統方法就是利用現代管理方法和現代技術，使各個環節共用總體信息，把所有環節作為一個一體化的系統來進行組織和管理，以使系統能夠在盡可能低的總成本條件下，提供有競爭優勢的服務。

　　系統的效益並不是它們各個局部環節效益的簡單相加。系統方法意義為，對於出現的某一個單方面的問題，要對全部的影響因素進行分析和評價。從這一思考點出發，物流系統並不是簡單地追求在各個環節上各自的最低成本，因為物流各環節的效益之間可能存在相互的影響、相互的制約，或存在著交替易損的關係。比如過分強調包裝材料的節省，就可能因其易於破損造成運輸和裝卸費用的上升。因此，系統方法強調要進行總成本分析，以達到總成本最低，同時滿足既定的客戶服務水準的目的。

第十四章

人力資源管理
(Human resource management)

　　工廠內各種人才需求甚多，組織也是由各種人才組合而成。雖然人才涵蓋範圍廣泛，但大略可分為經營管理人員、作業人員與幕僚支援人員。而如何適當的選才以適才適所，人員獲聘後如何進行教育訓練以提升其本職學能，如何健全升遷管道以使員工對留在公司存有前景，這些都需要適當之人力資源管理。本章針對人力資源之運用加以描述。

第一節　人力資源管理的意義與目的

一、人力資源管理的基本概念

　　人力資源（human resources）係指企業組織中所有作業活動，所涉及的相關人員。傳統對關於人的管理稱為人事管理（personnel management），近年來則以更廣泛的人力資源管理（human resource management）取代。

　　人力資源管理是指為了完成管理工作中涉及人或人事方面的任務所進行的管理工作及相應的管理活動。這些活動主要包括企業人力資源戰略的制定、工作設計與分析；人員招募與遴選、員工流動管理、人員任用與遷調、人員縮減計畫；員工訓練、管理發展、績效管理、生涯規劃；薪資管理、員工福利、勞資關係、員工安全與健康管理等。

　　即：企業運用現代管理方法，對人力資源的獲取（選人）、開發（育人）、保持（留人）和利用（用人）等方面所進行的計畫、組織、指揮、控制和協調等一系列活動，最終達到實現企業發展目標的一種管理行為。

二、人力資源管理和人事管理之差異

　　人力資源管理在以前普遍稱為人事管理。但兩者間是有差別的。

1. 傳統人事管理的特點是以「事」為中心，其管理的形式和目的是「控制人」；而現代人力資源管理以「人」為核心，管理的根本出發點是「著眼於人」，其管理歸結於人與事的系統優化，致使企業取得最佳的社會和經濟效益。

2. 傳統人事管理把人設為一種成本，將人當作一種「工具」，注重的是投入、使用和控制。而現代人力資源管理把人作為一種「資源」，注重產出和開發。

3. 傳統人事管理是某一職能部門單獨使用的工具，與其他職能部門的關係不大。但現代人力資源管理是一項比較複雜的社會系統工程，人資部門逐漸成為決策部門的重要伙伴，從而提高了人資部門在決策中的地位。

4. 傳統人事管理的職能基本上是具體的事務性工作，如招聘、選拔、考核、人員流動、薪酬、福利待遇、人事檔案等方面的管理，人事規章制度的貫徹執行等。是具體的、技術性的事務管理職能。現代人力資源管理是一項比較複雜的社會系統工程。現代人力資源管理既有戰略性的管理職能，如規劃、控制、預測、長期開發、績效管理、培訓策略等；又有技術性的管理職能，如選拔、考核評價、薪酬管理、人員流動管理等。總之，人力資源管理的職能具有較強的系統性、戰略性和時間的遠程性，其管理的視野比傳統人事管理要廣闊得多。

三、人力資源管理的功能

1. 用人（staffing）

分配員工在組織的職務過程。通過規劃、招聘、考試，吸引具資格之人才進入組織，從中進行選才、育才，分配其職務至離職等過程。

2. 訓練和發展（training and development）

定期或不定期舉辦在職訓練與發展等活動，以增進員工工作效能及提升專業知識。同時，利用工作豐富化、職業生涯規劃與開發，促進員工知識、技巧和其他方面素質提高，使其勞動能力得到增強和發揮，最大限度地實現其個人價值和對企業的貢獻率，達到員工個人和企業共同發展的目的。

3. 績效評估（performance appraisal）

評估員工對組織的貢獻程度，並進行溝通評估。而評估結果可做調幅薪資、升遷、獎懲、去留的依據。

4. 報酬管理（compensation management）

對員工士氣和工作表現影響極大。可決定員工的薪資多寡、紅利、職工福利或非財物報酬等。

5. 員工關係（employee relations）

提供員工申訴管道或員工輔導等活動，給予具安全保障之工作環境。進而可改善組織與員工或組織與政府的對立關係。

6. 整合（Integration）

透過企業文化、信息交流、人際關係和諧、矛盾衝突的化解等有效整合，使企業內部的個體、群眾的目標、行為、態度趨向企業的要求和理念，使之形成高度的合作與協調，發揮集體優勢，提高企業的生產力和效益。

四、人力資源管理的角色

人力資源管理的服務對象主要為「人」，其影響的範圍涵蓋整個「組織」。組織最主要的目標在於選才、育才、用才、留才，提升工作品質，使組織有能力應付現代環境需要，不被潮流淘汰。人力資源管理人員所需負擔的角色如下：

1. 制定政策的角色

在制定政策的過程中，人力資源管理人員提供員工的問題、蒐集外在環境衝擊，供高階經理人參考使用，並一起溝通參與政策的制定。

2. 提供服務和代表者的角色

人力資源管理人員提供員工的遴選、培訓、薪酬、解雇等服務工作，也準備相關人事法案，供各部門管理者瞭解。

3. 稽核或控制的角色

為讓人力資源政策、程序和實務上得以順利推展，所以有責任了解各部門和

人員的概況，力求執行上的公平和一致原則。

4. 創新的角色

　　人力資源管理部門須不斷充實各方面的資訊，以解決人力資源上的問題。

五、人力資源管理的目的

1. 確保組織長短期所需人員之數量與品質

　　做好長短期人員控管，也是組織競爭優勢之一。

2. 有效運用組織的人力資源

　　透過完善的人力資源規劃，有效率地運用所需人才，使組織成本降低。

3. 預防環境變動對組織人力所帶來的衝擊

　　外在環境，例如經濟景氣、政局不穩等因素，對組織帶來嚴重的影響。唯透過完備的人力資源措施，以預防對組織所帶來的衝擊。

4. 避免管理人才的斷層

　　可透過管理人才接續計畫，阻止組織內部優秀人才流失，達到留才的目的。

5. 提供組織生涯規劃與管理的基礎

　　事前，需有充分的資訊作為員工生涯規劃與管理的依據。

6. 提供一個檢視、評鑑現況並確認未來需求的方法

　　指出未來需求是什麼，從目前組織的政策、制度和措施中，做檢視與評鑑。

第二節　工作分析

　　每個企業都會有組織編制圖，該圖將組織中不同的工作與職位、職位間彼此之關係明確的標示出。然而，每個職位該做哪些事，其職掌為何，在組織圖中是無法獲得的。每個人工作的內容，需藉由工作分析中界定出。

　　工作分析（job analysis）是指分析一項工作，決定工作之內容及僱用何種條

件人員擔任該工作。

　　藉由工作分析，可產生工作說明書（job descritopn）與工作規劃書（job specification）。

　　工作說明書係說明工作的內容，主要是對企業各個工作職位的性質、結構、責任、流程，作一界定。一般內容包括工作識別、工作摘要、工作關係、職責與職權等。

　　工作規劃書描述擔任此工作者的條件與資格，以及勝任該職位工作人員的素質，知識、技能等。一般內容包括教育程度、經驗、訓練（技術證照）、創新能力、體力、技巧、溝通能力、感官能力等。這些條件通常可用主觀判斷方式決定，即由人事主管或由用人單位主管，根據其經驗或需求提出勝任該工作者的相關資歷與學歷之要求。

第三節　人力規劃與招募

一、人力規劃

　　人力資源規劃的宗旨是，將組織對員工數量和品質的需求與人力資源的有效供給相協調。人力資源單位根據企業的目標預計未來人力的需求，建立員工招募、訓練、重新部署與遣散或解僱等程序，確保企業在指定時間內能有足夠和合適的人員。規劃的項目包括對人力資源現狀分析，以及未來人員供需預測與平衡，以確保企業在需要時能獲得所需要的人力資源。

　　人力需求源於公司運作的現狀與預測，供給方面則涉及內部與外部的有效人力資源量。內部供給涉及現有勞動力及其待發揮潛力；外部供給取決於組織外的人員數，受人口趨勢、教育發展以及市場競爭力等多因素影響。

　　規劃活動將概括出有關組織的人力需求，並為下列活動，如人員甄選、培訓

與獎勵，提供所需信息。

二、員工招募

根據人力資源規劃和工作分析的要求，為企業招募、選拔所需要人力資源並錄用安排到一定崗位上。

人員招募又稱人員招聘。主要是基於組織（公司、政府、非盈利組織等）的近期及長期的業務需要，來制定人員需求的計畫，並利用各種招聘手段完成組織的人員需求。人員招募主要涉及人員規劃、簡歷收集、選聘、錄用及員工入職培訓。

人員選用方式可分內部調任與對外招募兩種。

1. **內部調任**。由公司內部調任人員，包括不同單位人員輪調，或同一單位的晉升。除現職人員外，亦包括已資遣人員，以及約僱人員、臨時人員或工讀生等。

2. **對外招募**。根據對應聘人員的吸引程度選擇最合適的招聘方式，包括在職人員介紹、就業輔導中心介紹、學校或訓練機構推薦、廣告（報紙、網路人力銀行）、職業介紹所、人才交流會等。亦可能由其他企業挖腳，或透過獵人頭公司。

三、招募政策

人員增減是企業常態，因此常需進行招募之動作。有時招募可能會有特定之用人策略，如考慮性別、宗教信仰、年齡、身體障礙、人格特性等。

招募時，尚需要考慮降低人員流動率、提高生產效率、維持員工士氣、保持公司良好聲譽、節省日後訓練時間與成本等因素做為招募對象之決定因素之一。

第四節 人員甄選與選拔

人員選拔有多種方法，如求職申請表、面試、考試、推薦等，可用於從應聘人員中選擇最佳候選人。通常是第一步篩選後保留條件較合適者，應聘者較少時這一步驟就不必要了。作選擇決定時需要一些輔助手段，即理想候選人標準。

測試項目包括智力測驗、語言測驗、特殊認知能力測驗、性向測驗、專業能力測驗、操作與體能測試等。

甄選時必須有幾個原則：1.應因事擇人。 2.應適才適用。 3.應確立明確且適當的甄選標準。

有些工作在甄選及格後，尚還有試用或實習的階段，如高普考及格後，還需要接受三個月到一年的實習訓練。

一般考試適用於中、下級人員，至於管理階層與高階層人員，多以推薦、審查、面試爲主，必要時才輔以考試。

第五節 人員訓練與發展

訓練及發展主要是透過一些訓練及發展的技術及手段，提高員工個人、群體和整個企業的知識、能力、工作態度和工作績效與技能，進一步開發員工的智力潛能，以增強人力資源的貢獻率，適應公司所處經營環境中的技術及知識的變化。訓練內容可包括專業技能、人際關係技巧和解難能力等，從而改善他們的工作表現。

一、教育訓練的定義與目的

訓練（training）是一種過程，可改善員工從事某項工作的觀念、態度、技

術與能力；此過程係一系列連續不斷的活動所組成，所有的新問題、新程序、新設備、新知識、以及科技的變遷，均會使訓練成為必備項目。

　　教育訓練的目的是為了提升績效與改善現有或特定工作之個人知識、技能及態度的過程。

二、教育訓練的形式與內容

　　教育訓練主要分在職訓練（on-job-training）與職外訓練（off-job-training）。

1. 在職訓練（on-job-training）

　　⑴**工作輪調**（job rotation）。水平調動，使員工從事不同的工作。屬於技術類技能的學習。

　　⑵**實習指派**（understudy assignments）。新進員工跟隨經驗豐富的員工學習。學徒制、教練、導師、學長制。屬於技術類技能的學習。

2. 職外訓練（off-job-training）

　　⑴**課堂演講**（classroom lectures）。特殊技能，人際或問題解決方法。

　　⑵**影片**（films and videos）。示範特殊技能。

　　⑶**模擬練習**（simulation exercises）。實習操作，角色扮演，個案分析，團體互動。

　　⑷**入門訓練**（vestibule training）。利用員工日後會使用的相同設備來模擬訓練。

　　教育訓練之內容約可分為產品知識專業訓練、職能業務訓練與管理發展等三類。一般針對不同層級的在職員工，會設定不同的教育訓練內容，如表14-1之範例所示。

表14-1 不同層級企業提供教育訓練科目範例

	訓練科目		訓練科目		訓練科目
高階主管	1.策略規劃	中階主管二	1.工作方法與改善	基層員工	1.提升文書表達力
	2.產品營銷策略		2.領導力培育		2.提升工作效率法
中階主管一	1.領導技巧		3.團隊合作之建立		3.客戶關係管理
	2.授權研習會		4.財報分析研習會		4.業務高手成交法
	3.高階管理技巧		5.目標管理		5.時間管理
	4.科技創新力		6.銷售技巧研習		6.員工自我發展

三、教育訓練的實施過程

㈠實施教育訓練時機

一般評估訓練需求有兩個時機，一為年底要規劃下一年度需要實施哪些教育訓練內容時；另一為有新進員工時。

實施年度教育訓練的法源依據有兩個：

1.根據衛福部公布之「食品良好衛生規範準則」中的「附表二食品業者良好衛生管理基準」，一、食品從業人員應符合下列規定：

㈡……；在職從業人員，應定期接受食品安全、衛生及品質管理之教育訓練，並作成紀錄。

㈩食品從業人員於從業期間，應接受衛生主管機關或其認可或委託之相關機關（構）、學校、法人所辦理之衛生講習或訓練。

2.勞動部公布之「職業安全衛生法」第32條：

雇主對勞工應施以從事工作與預防災變所必要之安全衛生教育及訓練。

前項必要之教育及訓練事項、訓練單位之資格條件與管理及其他應遵行事項之規則，由中央主管機關定之。

勞工對於第一項之安全衛生教育及訓練，有接受之義務。

　　因此每年年底工廠皆必須規劃下一年度之教育訓練內容，並作成計畫存檔以備查（表14-2）。

表14-2　教育訓練計畫書範例

○○○中央廚房

制定日期	○○.○○.○○	文件名稱	文件編號：G-4-9-01	
制定單位	HACCP管制小組	教育訓練計畫表	版次：1.0	頁次：37/38

頻率：每年

月份	課程名稱	時數	講師	備註
1				
2				
3				
4				
5				
6				
7				
8				
9				
10				
11				
12				

衛管人員：　　　　　　　　　　　　　單位營養師：

　　當有新進員工時，根據衛福部公布之「食品良好衛生規範準則」中的「附表二食品業者良好衛生管理基準」，一、食品從業人員應符合下列規定：

　　㈡新進食品從業人員應接受適當之教育訓練，使其執行能力符合生產、衛生及品質管理之要求；……，並作成紀錄。

㈡ 教育訓練的實施過程

實施教育訓練的四個過程如圖14-1所示。

圖14-1　教育訓練實施步驟流程

1. 評估訓練需求

　　由於教育訓練內容五花八門，如表14-1範例即包括個人能力的提升，管理與經營策略的學習，因此教育訓練不僅是為了達到工廠衛生安全之要求而進行的。人資部門須根據組織分析、職務分析與人員分析以了解年度訓練之需求為何。同時，為符合衛生安全法規之基本要求，人資部門於訂定年度計畫時，仍應與品管、衛生管理相關部門商討人員或工作訓練的需求為何。

　　有些具有規模之公司，甚至會對教育訓練做出一些宣示，如圖14-2所示。

2. 設定訓練目標與方案

　　決定訓練需求後，下一步為設定具體的、可評量的訓練目標。訓練目標的設定需考慮幾個原則。

　　⑴**目標的具體性**。設定的目標需能夠清楚的讓員工知道，不應存有模糊或員工不了解的狀況。

．協助新進人員熟悉工作，減少工作障礙，使其樂於
工作。
．加強同仁的工作知能和團隊精神，使能提高工作品
質以勝任目前工作。
．因應公司未來發展，以培訓未來組織所需要的專業
和管理人才。

訓練
政策

．以培訓需求為研擬計畫之依據。
．課級以上主管有出任內部講師之義務。
．員工訓練是各級主管的份內工作，非僅教
育訓練單位職責。

訓練理念

建置完整的教育訓練及發展體系，
提供職場上豐富多樣的學習，以增
進員工自我成長並提升工作效率。

訓練發展與承諾

圖14-2　教育訓練政策之宣示

　　(2) **目標的可評量性**。所設定的目標必須有一個能評量的準則，這不僅讓員工可了解其訓練的成效，也讓組織知道該訓練是否有價值。

　　目標設定後就須確立方案，內容包括訓練時間（when）、訓練地點（where）、誰負責訓練（who）、訓練對象（who）、訓練方式（how）、訓練內容（what）。

3. 實施訓練

　　各式訓練的實施。企業常見的訓練方法包括講授、教練法（coaching）、工作輪調、程式化學習、模擬訓練、電子化學習等。其中當然仍以課室講授最常見。

　　訓練時須考慮的硬體如教室設備、教材教具等。軟體包括訓練制度、訓練管理等。

4. 訓練成效評估

　　受訓者完成訓練課程，就必須評估訓練目標的達成度如何，過程包括確認、

衡量、分析以及建議等。期望了解訓練後的反應、行為改變及結果。評估的目的
包括：(1)可改善學習方法與教材。(2)增進訓練的效能。(3)了解員工受訓後的成
果。(4)評估訓練的成本效益。

　　教育訓練結束後，應將過程做成紀錄以備查，紀錄表格可參考表14-3。

表14-3　教育訓練紀錄表

○○○中央廚房

制定日期	○○.○○.○○	文件名稱	文件編號：G-4-9-02	
制定單位	HACCP管制小組	教育訓練計畫表	版次：1.0	頁次：38/38

頻率：每次

主題：		
日期		講習內容：
地點		
講師		
記錄人員		
出席人員簽名：共　　　　人		
照片：		

四、教育訓練之效用

1. 給予新進員工始業訓練使其適應。
2. 維持、提高員工工作能力與績效。
3. 培養員工接受新工作能力。
4. 調和員工信念與價值觀。

第六節　薪資制度管理

薪資指薪水與工資。薪水是指定期發給固定金額的報酬，工資指依實際工作時間計算的報酬。薪水人員大部分指勞心的幕僚或主管人員，而工資人員多指勞力的直接作業人員。

為使員工享受正常的物質與精神生活，並提高工作效率與勞資和諧，合理的薪資是有必要的。一般在制定薪資標準時，會注意以下事項：應參照工作的評價、應參照生活指數高低、應有適度的彈性、應維持內部合理的比例、應參照同業的標準、應考慮企業的成本、薪資計算應簡單。

薪資制度包括對基本薪酬、績效薪酬、獎金、津貼以及福利等薪資結構的設計與管理。而一般薪資計算方式總類包括：臨時工資制、論件工資制、獎金制、分紅制、考績制、年資制、月俸制、年薪制、佣金制等。

第七節　員工考核與獎懲

員工考核係對員工在一定時間內對企業的貢獻和工作中取得的績效進行考核和評價，及時做出反饋，以便提高和改善員工的工作績效，並為員工訓練、晉升、計酬、獎懲等人事決策提供依據。

通常人資部門只參與制定程式，而過程的管理則留待各部門主管去完成。

考核應注意之要點包括：

　1. 應選擇適當的時機。

　2. 應有合理又適當的評分項目與標準。

　3. 應記錄員工日常的勤惰與功過。

　4. 應保持客觀公正的態度。

　5. 應有多人的考核以求公正。

考核項目則一般包括：工作的能力、日常的勤惰、負責的態度、進取的精神、知識水準、品格優劣、合作的態度等。

第八節　員工體檢

　一般工廠對於員工每年體檢之安排，常由人力資源管理單位負責。實施年度體檢的法源依據有兩個：

　1. 根據衛福部公布之「食品良好衛生規範準則」中的「附表二食品業者良好衛生管理基準」，一、食品從業人員應符合下列規定：

　㈠新進食品從業人員應先經醫療機構健康檢查合格後，始得聘僱；雇主每年應主動辦理健康檢查至少一次。

　2. 勞動部公布之「職業安全衛生法」第20條：

雇主於僱用勞工時，應施行體格檢查；對在職勞工應施行下列健康檢查：

一、一般健康檢查。

二、從事特別危害健康作業者之特殊健康檢查。

三、經中央主管機關指定為特定對象及特定項目之健康檢查。

第九節　員工福利與退休撫卹

薪水為員工工作之報酬，福利則是維護員工士氣的制度。企業常有的員工福利可歸納為四類：

1. 經濟性福利。如退休撫卹金、團體保險、疾病與意外給付、優利貸款、子女與員工獎學金、利潤分紅、休假津貼。

2. 娛樂性福利。舉辦娛樂性活動如郊遊、登山、球類社團、晚會等。或成立各種娛樂性社團，或球場、文康室、游泳池。

3. 設施性福利。如提供醫療服務、保健室、宿舍、餐廳、福利社、圖書室、視聽室、交通車等。

4. 其他。職業輔導、心理輔導等。藉由幫助員工制訂個人發展規劃，以進一步激發員工的積極性、創造性。

第十節　人力資源管理各項目間的關係

人力資源管理的各項活動之間不是彼此割裂、孤立存在的，而是相互聯繫、相互影響，共同形成了一個活絡的系統，如圖14-3所示。各項目間之關聯為：

1. 以工作分析與評價為基礎。　2. 以績效管理為核心。　3. 其他活動相互聯繫。

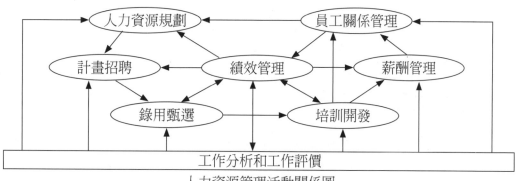

人力資源管理活動關係圖

圖14-3　人力資源管理活動關係圖

第十五章

工廠成本與會計作業
(Factory cost and accounting)

在工廠管理的各項事務中，成本會計往往是大家不熟悉的一個領域。過去大家都強調要以「最低成本」來經營才會有最大的獲利。現在食安觀念優先的前提下，不能再以最低成本為優先考量，而是要以「最佳成本」為經營的基本概念。

所謂「最佳成本」就是在食品安全的前提下，選用安全的食材，採用最適當的加工及管理方式將食品生產出來的成本。因此，一個會生產或是會銷售的主管，如果能懂得成本會計的概念，才能以最佳的成本做出最好的管理與產品。

會計學是一門嚴謹的科學，所有典章制度，帳務理論與法規，有條不紊，一絲不苟。但管理者必須清楚了解會計學的一些專有名詞與概念才能逐步清楚他們的運作方式與內容。因此，本章主要的內容是將在食品工廠管理中常見的一些會計觀念與實務作簡單介紹，並非專業的會計學。

第一節　成本管制與成本概念

一、成本管制

賺取利潤是企業經營的基本目的之一，但必須開源節流。

企業經營過程中所發生的各項成本，都必需作詳細的成本記錄及成本彙總，以便得知各項產品的製造、管銷、原物料、人工、機械設備等的運作成本，以提供內部各階層管理人員做規劃與控制和決策。

由成本的管理與控制，才讓食品工廠經營管理者能掌握最佳成本。

二、成本的科目及分類

㈠成本各會計科目定義

會計科目的名稱是由政府統一規定的。在工廠中的製造費用與管銷費用各有

一些會計科目。後面會詳細介紹。

(二) 成本種類的區分

1. 依性能分類

⑴ **固定成本**

是指成本總額在一定時期和一定業務量範圍內，不受業務量增減變動影響而能保持不變的成本。

⑵ **變動成本**

指成本的總發生額在相關範圍內隨著業務量的變動而呈線性變動的成本。

2. 依組織功能分類

⑴ **製造成本**

是指企業為製造產品在生產過程中所消耗的直接材料、直接工資和製造費用。

⑵ **管理成本**

是指企業行政管理部門為組織和管理生產經營活動而發生的各項費用支出，例如工資和福利費、折舊費、辦公費、郵電費和保險等。

⑶ **銷售成本**

是指已銷售產品的生產成本加上銷售的業務成本（含勞務成本）。

(三) 成本分析與控制

1. 成本分析法

在討論成本分析前，我們先了解「邊際（margin）」的概念。

假設你是產品經理，正在思考該把剩餘的100萬元預算，用來生產A產品還是B產品，你要怎麼評估，才能得到最大好處？

「多生產一個A或B產品，增加的利潤各是多少？」

如果提高A產品產量增加的利潤較高，就應該投資它。這種「多一個」的概念，在經濟學裡稱為「邊際」。

「邊際效益」（marginal benefit）：每增加一單位產品額外得到的好處。

「邊際成本」（marginal cost）：每增加一單位產品追加付出的成本。

「邊際利潤」（marginal profit）：邊際效益扣除邊際成本，就代表每增加一單位產品，你能得到的利潤。

⑴ **邊際成本法**

邊際成本法用於計算企業一定時期產品或勞務的生產成本，對製成品和在產品、存貨計價，計量企業獲得的利潤。

每增加生產或銷售一單位產品所增加之成本，稱為此產品的「邊際成本」。邊際成本分析可作為訂單及決定最適生產或銷售量的基礎。當邊際成本等於邊際收入（單價）的產量，亦即邊際利益恰等於零的那一點，就是最適生產量的最佳點。

⑵ **損益平衡法**

作損益平衡法之前，先要找出損益平衡點。損益平衡點又稱零利潤點、保本點、損益臨界點、損益分歧點、收益轉折點。通常是指全部銷售收入等於全部成本時（銷售收入線與總成本線的交點）的產量。以損益平衡點為界限，當銷售收入高於損益平衡點時，企業就盈利，反之，企業就虧損（圖15-1）。

損益平衡點可以用銷售量來表示，即損益平衡點的銷售量；也可以用銷售額來表示，即損益平衡點的銷售額。也因此可以決定銷售價。

損益平衡點之銷售數量或銷售金額之計算方法如下：

$$損益平衡點之銷售數量 = \frac{固定成本}{單位售價 - 單位變動成本}$$

$$= \frac{固定成本}{單位邊際收益}$$

$$損益平衡點之銷售金額 = \frac{固定成本}{1 - \dfrac{變動成本}{銷貨金額}}$$

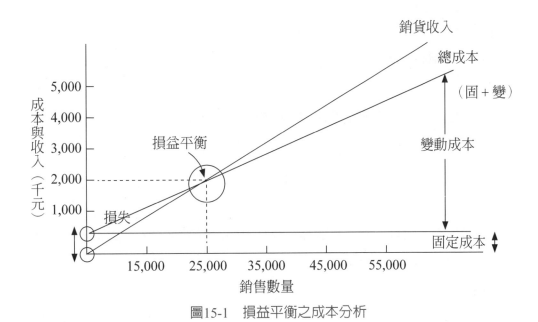

圖15-1 損益平衡之成本分析

$$= \frac{固定成本}{1 - 單位變動成本}$$

$$= \frac{固定成本}{1 - 變動成本率}$$

簡言之,損益平衡點達到時,則

銷售金額＝總成本

銷售單價×銷售數量＝固定成本＋變動成本

⑶**直接成本法**

直接成本法是指只把產品的直接材料、直接人工和製造費用,計入產品成本的方法。直接材料是指企業生產經營過程中實際耗用的原物料、備品配件、燃料、動力以及其他直接材料。可直接取自會計產品成本核算的「直接材料」項目。

本法根據變動的直接原物料,直接人工及部分銷售成本之觀點來分析計算產品之成本。又稱為變動成本法。

2. 成本控制

(1) **成本控制的概念**

① **節流**

這必須是在產品品質安全要求標準的前提下實施的動作。

在不影響整體的規劃、設計和採購、管理、品管制度下消除浪費並節省開支。

② **開源**

規劃增加產銷數量、新產品開發、提升市場占有率及收入，比節流的功效更大，也是正本清源的正確做法。

(2) **成本控制方法**

① **歷史成本法**

分析比較各項成本的過往資料，製成統計表後，分析產品單位成本及各項成本的變動原因，進而採取對策。此法最簡單易行。此法的歷史資料應以五年內的資料為較具參考價值。

② **標準成本法**

在有效合理的管理下，比較同業與歷史資料，預期出之合理成本，稱之為標準成本。製造業通常會比較實際成本與標準成本來採取對策改善之。

在同業間常常使用這方法做管理上的比較。但這種方法有一點迷思，那就是比較與參考的對象在設備，工作條件，環境及資本額上不盡相同，故這種比較僅供參考。

③ **預算控制法**

由各部門針對達成公司年度目標，推算可能發生的成本項目，擬訂可能發生的金額，交由財務單位分析，經過各單位協商討論，轉公司最高層核定後，再依預算執行並定期與實際成本比對檢討。這是目前最普遍使用的成本控制法。各預算之編列可根據企業營運年度循環模式加以編列（圖15-2）。

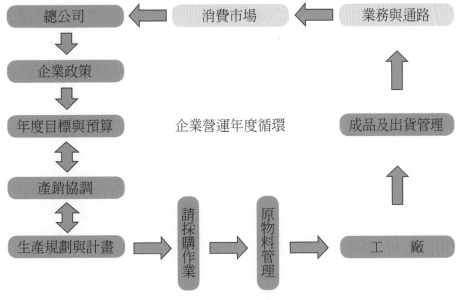

圖15-2　企業營運年度循環

第二節　會計基本概念與常見名詞

一、公司財務與會計關係

公司的財務部門分為三個主要會計部門，如圖15-3所示。

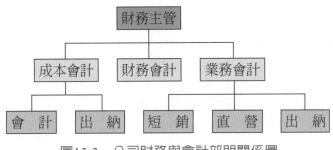

圖15-3　公司財務與會計部門關係圖

成本會計：工廠的會計作業。主要是處理產品出廠前所發生的一切成本帳務。出納則是負責收付款作業。

業務會計：業務部門的會計。主要是處理產品銷售過程與帳款回收所發生的一切帳務。

財務會計：針對全公司的會計財務帳務做綜合整理。

二、會計常用之名詞

1. 傳票

會計傳票主要以借貸之區分，來記載相互傳示交易詳情的原始會計憑證，以作為記帳、收付、審核及各項財務分析報表的依據。

會計傳票主要區分為三種：

(1)**現金收入傳票**

凡現金收入的交易，在登錄傳票分錄時均編製現金收入傳票。

(2)**現金支出傳票**

凡現金支出的交易，在登錄傳票分錄時均編製現金支出傳票。

(3)**轉帳傳票**

凡非現金之交易或混合現金與非現金兩部份的交易則歸類為轉帳傳票。

2. 借方與貸方

借貸之意義會計上「借」、「貸」是代表帳戶的方位，左方稱為借方，右方稱為貸方。利用會計方程式及借貸平衡的理論，將交易所引起之會計要素的增減變化，記入適當帳戶的借方或貸方。

T字帳代表一個分類帳戶，用來記錄會計科目的變動情形（表15-1）。

表15-1　T字帳
帳戶名稱

借方（Dr.）	貸方（Cr.）
借項	貸項
借方記錄	貸方記錄
（進）	（出）

最後借貸雙方的數字一定要一樣，才能平衡。

3. 應付帳款

應付帳款是指企業因購買材料、商品或接受勞務供應等應支付給供應單位的款項。

4. 進項稅額

進項稅額是指納稅人購進貨物或應稅勞務所支付或者承擔的增值稅稅額。進項稅額屬於資產類，報稅時可以用以抵減銷項稅。

5. 應收帳款

會計事務上為一項會計科目；專指因出售商品或勞務，進而對顧客所發生的債權，且該債權尚未接受任何形式的書面承諾。

6. 銷項稅額

銷項稅額是銷售方根據納稅期內的銷售額計算出來的，並向購買方收取的增值稅稅額。銷項稅額屬於負債類，要繳給國稅局的，所以是負債。

7. 零用金

零用金係因應緊急及各項零星支付而設置，用以支付在一定金額以下之經費支出（目前每筆零用金支付限額為1萬元）。

各公司斟酌支用實際情形，可以函請財政部核定給予一定額度之現金，由出納單位經管。

8. 現金（交易）

工廠成本會計中的現金有廣義和狹義之分。廣義的現金包括庫存現金、銀行活期存款、銀行本票、銀行匯票、信用證存款等內容。

舉凡在進貨後一個月內付款之交易都可稱為現金交易。

9. 固定成本

固定成本，相對於變動成本，是指成本總額在一定時期和一定業務量範圍內，不受業務量增減變動影響而能保持不變的成本（圖15-4）。

10. 變動成本

變動成本與固定成本相反，變動成本是指那些在相關範圍內隨著業務量的變

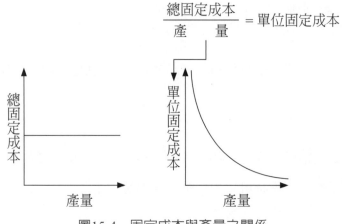

圖15-4　固定成本與產量之關係

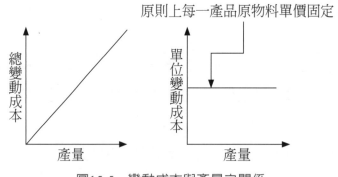

圖15-5　變動成本與產量之關係

動而呈線性變動的成本（圖15-5）。

11. 損益表

主要計算及顯示公司的盈利狀況的表單。

銷貨毛利 = 銷貨收入 – 銷貨成本

營業淨利 = 銷貨毛利 – 營業費用

稅後純益 = 營業淨利 – 營業外費用 – 稅

12. 資產

企業所擁有之一切資源，能提供企業未來的經濟效益，可增加未來收入或減少未來支出。

表15-2 損益表

損益表（千元）

銷貨收入	1,047,978
銷貨成本	762,419
銷貨毛利	285,559
毛利率 =	27.24%
營業費用	
銷售費用	(151,123)
管理費用	(39,429)
合　計	(190,552)
營業淨利	95,007
營業外（收入）費用	
退休金準備	(25,000)
利息支出	(22,303)
利息收入	743
其　他	(601)
合　計	(47,161)
稅前純益	47,846
**營所稅（20%）	(9,569)
稅後純益	38,277

*括號表示支出（負值）

**本表數字僅為舉例，實際應課或免課規則依財政部規定辦理。

13. 負債

企業一切債務之總稱，企業須於未來以資產或負債償還。

14. 費用

企業購入商品或取得勞務所支付之代價，會導致企業權益減少。

15. 會計科目

會計科目是指對會計要素的具體內容進行分類核算的項目。這些科目名稱在政府頒訂的會計法規中都有一定的規定，不可自行發明或設定（表15-3）。

表15-3　會計科目名稱

自創名稱	正確科目名稱
稅　金	進銷項稅額
工　錢	直接人工
餐　費	交　際　費
五金費	修　繕　費

第三節　工廠成本作業實務

一、產品成本內容

在產品成本的內容中大致分三個區塊：

1. 工廠部分：原物料、人工（含直接與間接）、製造費用及管理費。

2. 行銷業務：管理費與銷售及推廣費。

3. 財務：涵蓋工廠、行銷業務及其他所有支出。

產品成本內容

原物料	人工	工廠成本	製造費用	管理費	管理費	管銷費用	銷售及推廣費用	其他（財產交易、利息）

工　廠　　　　　　　　　　行銷業務

財　務

由產品成本結構圖（圖15-6）來看就很清楚的將各階段成本加以區分。

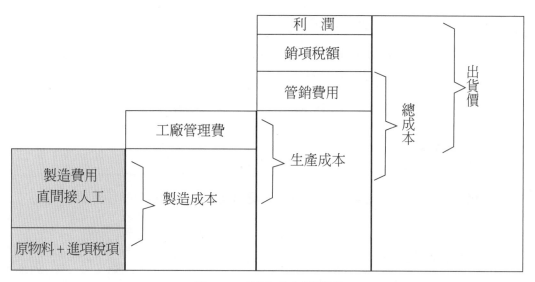

圖15-6 產品成本結構圖

二、人工費用說明

在工廠的成本會計中，將生產線上的人工費用分直接人工與間接人工兩種。

1. 直接人工

直接人工是指生產過程中直接改變材料的性質和形態所耗用的人工成本，也就是生產員工的薪資和各種津貼，以及按規定比例提取的福利。

基本上直接人工的人員是指各生產線上與生產同步工作的員工。

2. 間接人工

間接人工是指支援，協助或監督管理直接人工的人員薪資和各種津貼，以及按規定比例提取的福利。

工務單位人員，品管，研發單位人員及生產線各級主管都屬間接人工。

三、製造費用會計科目

製造費用包括產品生產成本中除「直接材料」和「直接人工」以外的其餘一切生產成本。主要包括企業各個生產單位為組織和管理生產所發生的一切費用，

以及各個生產單位所發生的固定資產使用費和維修費。

具有以下項目：各個生產單位管理人員的工資、職工福利費，房屋建築費、勞動保護費、季節性生產和修理期間的停工損失等。

四、工廠管理費用

工廠運作中，非直接發生在生產線的費用均列入管理費用。包括以下：

1. 文具

2. 行政設備及事務費

3. 管理部人員薪資

4. 運輸費用應屬業務管銷費

5. 其他

除非分裝電表，工廠管理費用中之「水電費」是由全工廠之水電費按一定比例分出列支。範例如表15-4。

表15-4 管理費用範例

科目名稱	金 額	科目名稱	金 額
薪資費用	482,432	折舊	15,186
租金費用	2,000	伙食費	16,180
文具用品	866	勞務費	15,000
旅費	5,715	印刷費	6,200
運費	1,318,485	樣品費	
郵電費	7,090	年終獎金	26,317
修繕費	7,160	退休金費用	23,903
水電費	28,518	交通費	7,473
保險費	49,275	加班費	52,265
交際費	62,740	什項費用	466,598
稅捐	3,510	什項購置	850

五、原物料成本及費用分攤方式

由於不同時間或不同供應商提供之原物料價格不盡相同，一般生產線無法準確計算出何時核批的生產用何種價格的原物料。

因此，在原物料成本計算上就常採用「進貨單價分攤法」。

1. 原物料－進貨單價分攤法

不同時間進場，可能單價成本不同，在同一月內使用（原料A）（表15-5）。

表15-5　原物料－進貨單價分攤法範例

原料批次	單價（元／kg）	當月用量（kg）	當月總金額（元）
1（June/2）	10.0	100	1,000
2（June/15）	10.5	200	2,100
3（June/28）	11.0	300	3,300
小計		600	6,400

當月原料每公斤的平均單價為：6400/600 = 10.6667元

2. 製造與管理費用

由於多數工廠中生產線的人力，動力方面如水電、蒸氣是共用的。除非每條生產線都裝設流量計或電表或是工廠只有一條生產線只生產一種產品（如圖15-7）。否則，每條生產線的製造費用很難精準地計算出產品的正確製造費用。

因此，對於製造費用只能依產量，直接人工數，產能及生產工時做比例式的分攤。

六、製造與管理費用分攤方式

工廠管理費也是同樣的分攤邏輯。

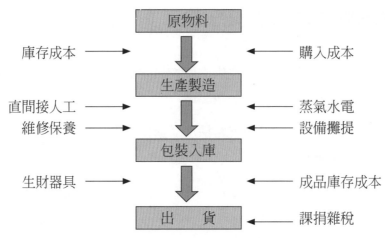

圖15-7　單一生產線只生產一種產品的製造成本

1. 製造與管理費用分攤基本前提

　　⑴除非每一產線從頭至尾有固定專屬人員。基本上因人員會有調度、排班、支援的現象。因此，所有參與生產線的員工（直接人工、間接人工）一視同仁。不固定設在某一產線。

　　⑵行政管理人員薪資及共同管理費用，分攤方式由總產量為分母。

　　⑶如要分析成本，製造費用中動力費用（水電、蒸氣、燃油）可再分別拉出做單獨處理。

2. 平均分攤法

　　平均分攤法範例

品項	產出數量（盒）
A	2,000
B	10,000
C	8,000
總生產盒數	20,000
製造費用	300,000
管理費用	30,000
製造費用（盒）	15.00(300,000/20,000)
管理費用（盒）	1.50(30,000/20,000)

3. 人時分攤法

　　如前述，由於多數工廠中生產線的人力是共用的，動力方面如水電、蒸氣，在不易分別產品耗用供動力的情況下，製造費用使用人時分攤法是成本會計中最常見的方法。

　　使用「人時分攤法」的前提必須先訂出（(1)～(7)）項及統計（(8)～(13)）項：

　　須訂定項目：

　　(1)各生產線的標準製程

　　(2)標準產品單位（盒、包、箱）

　　(3)標準設備每小時產能（盒、包、箱／時）

　　(4)各生產線標準直接人工數

　　(5)標準直接人工小時產能

　　(6)各生產線標準間接人工數

　　(7)標準間接人工小時產能

　　需統計項目：

　　(8)各生產線每月產量（產品單位要一致）

　　(9)各生產線當月耗用直接人工小時數

　　(10)各生產線當月耗用間接人工小時數

　　(11)行政管理人員當月耗用人工小時數

　　(12)全廠製造費用

　　(13)全廠管理費用

　　就可以算出每個產品的製造費用了。

　　人時分攤法範例：

產品／項目	牛肉乾	豬肉脯	雞肉鬆
直接工人	8	10	12
直接工時	1	1	1
間接工人	8	8	8
間接工時	1/3	1/3	1/3
每小時產出（包）	100	200	200
（直接工人－小時）／包	8×1/100(0.08)	10×1/200(0.05)	12×1/200(0.06)
（間接工人－小時）／包	8×1/(3×100) (0.027)	8×1/(3×200) (0.013)	8×1/(3×200) (0.013)
當月生產包數	80,000	200,000	180,000
當月標準耗用總人工小時	(0.08 + 0.027) ×80,000 (8,560)	(0.05 + 0.013) ×200,000 (12,600)	(0.06 + 0.013) ×180,000 (13,140)
當月產量之總標準人工小時	8,560 + 12,600 + 13,140 = 34,300		
*人工小時耗用比	8,560/34,300 (24.96%)	12,600/34,300 (36.74%)	13,140/34,300 (38.30%)
間接工人－工務，品管，現場主管（至部門主管，不含廠長），共8人			

		月製造費用：600,000	
		月管理費用：160,000	
產品／項目	牛肉乾	豬肉脯	雞肉鬆
當月標準耗用總人工小時	(0.08 + 0.027) ×80,000 (8,560)	(0.05 + 0.013) ×200,000 (12,600)	(0.06 + 0.013) ×180,000 (13,140)
當月產量之總標準人工小時	8,560 + 12,600 + 13,140 = 34,300		
*人工小時耗用比	8,560/34,300 (24.96%)	12,600/34,300 (36.74%)	13,140/34,300 (38.30%)
生產總包數	80,000 + 200,000 + 180,000 = 34,300		
當月直／間接人工實際總人工小時（現場所有人員，含加班、公假）	總上班時數	(36,000)	
當月行政總人工小時（行政人員）5人	總上班時數	(1,500)	
月分攤製造費用	600,000×24.96% = 149,760	600,000×36.74% = 220,440	600,000×38.3% = 229,800
每包製造費用	149,760/80,000 = 1.872	220,440/200,000 = 1.1022	229,800/180,000 = 1.277
每包管理費用	160,000/460,000 = 0.348		
原物料	A	B	C
*如可算出某條生產線停機耗時過多，則%要修正調整			

管理費則用總產量平均分攤至每一產品。

生產中可回收之邊角料，如再投入生產，則成本另計。

生產中廢棄的下腳品，如可出售而有所收入時，其收入不得列入成本扣抵，而是列入「其他收入」的會計科目。

七、出納與會計

會計最高指導原則：「管錢」與「管帳」要分開。

八、關稅、貨物稅、營業稅、營所稅

1. 關稅（import duty/import tax）

是指海關對進口貨物或物品徵收的稅。各種食品依包裝，品項或內容所需繳納的關稅不盡相同。

2. 貨物稅（commodity Tax）

依財政部頒定的貨物稅條例規定之貨物，不論在國內產製或自國外進口，除法律另有規定外，均依本條例徵收貨物稅。

3. 營業稅（sales tax）

營業稅是流轉稅制裡的一個稅種，其課稅範圍和納稅依據可以是商品生產、商品流通、轉讓無形資產、銷售不動產、提供應稅勞務或服務等的營業額，特殊情況下也有不計價值而按商品流通數量或者服務次數等計稅的。

4. 營所稅

全名為「營利事業所得稅」。主要是透過「年度收入（營業及非營業收入）×公司主要營業項目利潤率（擴大書審純益率、所得額標準）」，算出公司的所得是多少，再透過以下公式去找出課稅金額：

課稅所得額$120,000以下：免稅。

課稅所得額$120,000至$200,000：（課稅所得額－$120,000）×1/2＝應納稅額。

課稅所得額$200,000以上：課稅所得額×20％＝應納稅額。

以上所列稅種在成本會計中的處理情形如下：

　1. 關稅、貨物稅：屬於成本項目

　2. 營業稅列入進項稅額，不列入成本。再與銷項稅額沖抵

　3. 營所稅（如非廠辦合一，不在成本會計範圍）

九、研發費用

　　除非將研究開發單位在組織圖中獨立，不屬於工廠組織，否則多數公司將研發單位所發生的費用列為製造費用。

第四節　如何做好成本

　　由於影響因素太多，在會計領域中所計算出來的成本很難達到100％的精準。只能以趨近100％為目標。

　　因此，為了要將成本做到接近100％，前期工作與成本細節認定就很重要。

一、建立標準作業程序

　1. 各級參與作業人員對所有名稱及程序建立共同工作語言。

　2. 為利於成本分析，各項生財器具與成本明細，科目位置要確立。

　3. 驗收採樣方式及數量要確認，認列於成本。

二、建立標準成本

　1. 理論成本與標準成本。

2. 建立標準配方。

3. 建立標準製程。

4. 建立標準人力。

5. 建立標準工時。

6. 建立標準原物料規格。

7. 建立標準損耗。

8. 建立不良品認定標準。

9. 標準配方須隨時修正。

第五節　影響成本之因素與困擾

一、影響成本之因素

1. 各項設備因素（含動力系統）（設備故障）。

2. 產銷不協調（訂單下錯或太多。不當促銷或管制引發訂單暴增，加班生產造成排擠效應，低價產品多）。

3. 人員不穩定。

4. 排程錯誤（生管排程錯誤）。

5. 不可抗拒因素（停水、停電、災害、疫情）。

6. 原物料品質不穩（產出率下降，耗損過多）。

7. 會計科目放錯或費用分配方式不恰當。例如：

⑴原有產品客戶的樣品費（原本應由業務出貨，改由工廠出貨）。

⑵客製化試驗品。

⑶依客戶要求之短期促銷增加的費用（包裝、運輸）。

⑷運輸過程之破損成品。

⑸非常規性的檢驗費（開發客戶時或客戶的臨時要求）。

⑹未知原因的退貨不良品（業務？經銷？工廠？）。

二、成本會計常見困擾

1. 動力費用（蒸氣、水、電）要如何分攤？

2. 人力費用要如何計算（短暫支援後又回工作崗位）？

3. 事業性廢棄物要如何攤提（原料報廢品及生產損耗，空汙及汙水處理費）？

4. 設備認列攤提年限認定。

第六節　利潤中心制度

利潤中心制度是為了避免企業規模過大，組織運作老化之一種管理方法，優缺點都有。為避免分散管理帶來的困擾，基本上實施的前提為企業必須在管理制度與會計制度上已有相當的基礎才可考慮實施。

利潤中心是一種以利潤為導向的管理制度。但由於利潤中心的實施有其管理上的條件，以及功能上的限制，不少經營者常在宣示其實施的意圖之後，卻無力推行，讓員工深感失望，甚至反而造成企業的困擾。

一、利潤中心

每一個利潤中心的責任中心可分為5個層次：1.利潤中心；2.收入中心；3.費用中心；4.成本中心；5.投資中心。

利潤　＝　收入　－　成本　－　費用
（中心）　（中心）　（中心）　（中心）

　利潤中心所創造出來的利潤再轉到投資中心

投資中心

以生產營運爲例，分爲三個利潤中心：

1. 後勤資管中心：採購生產所需原物料售給生產中心。

2. 生產中心：將產品售給業務單位。

3. 業務中心：售給消費者。

這三個利潤中心所產生的利潤再分別與總公司結算。總公司可當成投資中心，其模式如圖15-8。

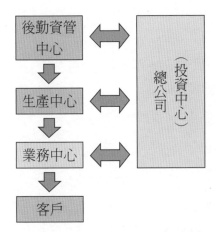

圖15-8　生產營運之利潤中心模式

二、利潤中心實施的必備條件

1. 企業經營者與員工的支持

企業的經營者必須要有決心來實施責任中心制度，因爲實施初期可能經營者無法立即獲得收益，甚至利益會損失，將來其所得的利益是需部分與員工分享的。經營者與員工必須要有共存共榮的體認。

2. 培養利潤制度的概念

　　此制度應該爲一種激勵制度，一種自主管理。必要時要有盈虧自負的概念。

3. 組織與職掌的劃分清楚

　　一定需要規劃各員工或部門的執掌、權限、範圍、轄區，如果沒有詳加劃分清楚，可能就會有重複現象而導致責任歸屬不易，利益不易分配。

4. 會計制度的建立

　　利潤中心一定會有一張獨立的損益表，讓我們清楚快速的隨時得到企業行銷狀況，包括業績、收款、售價比率及費用支出總額，及淨利的獲得並以其獲利性來評估其經營績效。

三、利潤中心的優點與缺點

1. 利潤中心的優點

　　(1) 公司稅務負擔可能減輕

　　(2) 可減少經營者管理的負擔

　　(3) 增加員工的歸屬感與向心力

　　(4) 易於落實目標管理

　　(5) 增加員工的積極性

　　(6) 方便成本的計算及分析

　　(7) 培養員工共存共榮的概念

　　(8) 降低組織內部的協調的時間

　　(9) 增大企業的機動力同時保持規模的經濟力

2. 利潤中心的缺點

　　(1) 追求短期利益

　　(2) 本位主義更爲強烈

　　(3) 追求利潤可能影響品質

　　(4) 利潤分享造成管理上的困擾

　　(5) 總公司可能對利潤中心失去控制

第三篇

品質管理實務

第十六章

品質管理
(Quality control)

　　品管以前指的是品質管制（quality control, QC），但現在的品管已進步到品質管理（quality management, QM），但仍簡稱品管。兩者之差別為「先有品質管制，才發展成品質管理，品質管理包含的範圍較廣，品質管制只是品質管理之一部分」。現代又衍生出品質保證（quality assurance, QA）一詞。

　　近年來台灣由於連續發生數起重大食安事件，因此，品管已由以往僅重視廠內生產產品之品質，而擴展到「源頭可溯、過程可控、去向可查」的食品品質全方位管控模式。

　　本章介紹內容包括品質管理的意義、製程品質管制圖、品質分析方法、品質改善程序。

第一節　品質管理的意義

一、品質管理的意義

㈠品質的意義

1. 品質的定義

　　品質是一種以最經濟的手段，製造出市場上最有用的產品或服務。品質包括有形與無形兩種，有形的品質如產品的外觀、尺寸、精密度、餐廳裝潢等產品特性。無形的品質包括人員服務、環境的清潔程度與氣氛、心裡感覺等。

2. 影響品質設定之因素

　　由品質定義可知，品質是以滿足顧客之需求為主，追求的並非最佳品質（best quality），而是在現有技術和消費者能接受價格的最適品質（right quality）。基於滿足消費者不同程度的需求，而形成產品的等級（grade），如醬油的分級，有純釀造的，與摻入胺基酸液的；旅館的五星、四星、三星級等。這類消費者的需求，可轉換成以下之特性，而可做為品質分級之標準。

(1)**使用性**。即產品的特性，指產品實際之使用性能發揮狀態。如照相機因解析度之不一樣，有高、中、低階之分別。

(2)**安全性**。指產品使用時，因產品缺陷而導致使用者之損害。廠商由於對產品的安全性具有賠償之義務，此稱為產品責任（product liability）。

(3)**可靠性**。產品在規定的操作環境下，於規定時間內能正常操作的特性。

(4)**維修性**。產品維修的時間、速度與能力。

(5)**經濟性**。產品品質與成本之特性。即使品質好，但價格偏高，消費者亦可能基於經濟性而不會購買，故品質與成本須保持均衡（圖16-1）。

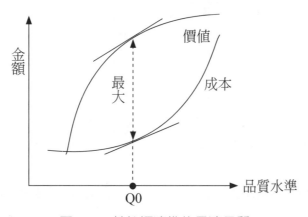

圖16-1　基於經濟性的最適品質

(6)**環境影響**。包括生產過程之品質問題，如排放之廢氣、廢水，以及生產後的垃圾問題與資源回收等問題。

3. 品質的分類

(1)**產品品質**

物品的品質均由數種不同的特性組合而成，狹義的品質如外觀、型態、重量、功能、色香味、營養成分等，廣義的品質包括成本、售價、不良率、售後服務等。在工廠端所指的品質，仍以工程及製造的綜合產品特性而言。同時，工廠端的品質表示法，以數量表示方式為佳，即使用計量值，如g、cm、%等數值來表示品質。但對於色香味等無法以數值表示者，亦可使用每批內不良數、缺點數等計數值來表示品質。

(2)設計品質

又稱爲品質水準,即平均品質,如圖16-2中符合ABCD所框出的區域之特性,即爲設計品質的良品。若以成本的考量設計品質,則可以圖16-3來表示。圖16-3顯示成本與產品價值之關係,設計品質設定於Q0時,利潤最大,Q1則爲薄利多銷的產品,Q2屬於利潤少的高級品。

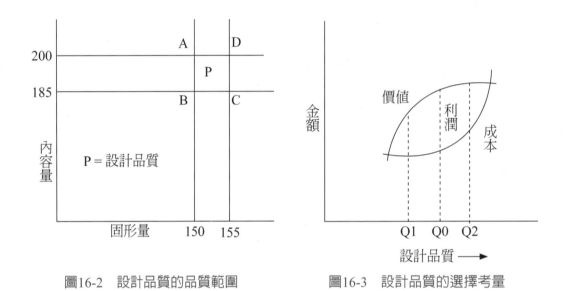

| 圖16-2　設計品質的品質範圍 | 圖16-3　設計品質的選擇考量 |

(3)製造品質

製造品質表示產品品質與設計規格間之相符程度,亦即偏離設計品質的程度。原料的不均、操作差異性、機械故障等,均是偏離設計品質之因素。圖16-4顯示設計品質與製造品質間之差異,製造部門必須爲產品之品質負責,但產品的總價並非決定在最低不良率之點,因爲若要降低不良率到0%而導致成本激增的話,亦非適合的品質點。

(4)市場品質

一般產品,市場品質就是製造品質,但食品因有保存期限的問題,且品質會隨時間而隨之變化,因此產品的安全性與耐儲藏性往往爲優先考慮的因素。所以一般以設計品質爲目標,但可能實際生產的產品會有所差異,尤其市場品質往往會隨時間的延長而造成品質水準的降低。例如餅乾的酥脆或蛋糕的鬆軟性等,會

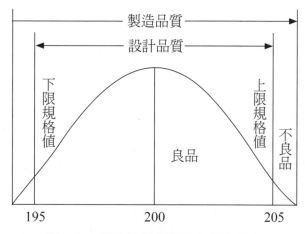

圖16-4　製造品質與設計品質之關係

隨儲存時間增加而改變。

　(5) **服務品質**

　　服務品質包括可靠性、反應性、勝任性、接近性、禮貌、溝通性、信用性、安全性、顧客了解性與有形性等十項。服務品質為消費者對以上十項服務的實際認知與期望間之比較值。

(二)品質管理的定義

　　品質管理係生產過程中，使品質達到既定的規範，所採取的一切措施。

1. 品質管制（Quality Control, QC）

　　品質管制（QC）的主要內容，就是檢驗製成品的品質是否符合既定的規格。

　　日本石川馨教授對QC的定義為「將購買者所滿意的最經濟、最實用的製品，加以開發、設計、生產、銷售與服務」（圖16-5）。

2. 品質保證（Quality Assurance, QA）

　　品質保證（QA）係指為了提供足夠的信任表示實體能夠滿足品質要求，而在品質管理體系中實施並根據需要進行證實的全部有計畫和有系統的活動。

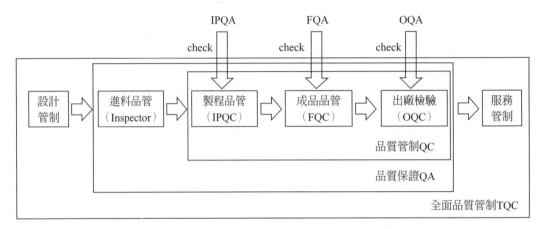

圖16-5 加工各階段品質管制與品質保證間之關係

3. 全面品質管制（Total Quality Control, TQC）

全面品質管制（TQC）的主要概念為一般不僅要注重製造過程中的品管，也要將管制的範圍擴展至產品的設計、開發及市場調查，並延伸至產品的包裝、販售與售後服務，使公司全體員工為提高產品品質而努力。

4. 品質管理（Quality Management, QM）

品質管理（QM）係指組織機構先決定品質政策（方針），目標與責任，然後在其品質系統內，實施品質規劃、品質保證與品質改善等整體管理功能所有活動而言。

5. 全面品質管理（Total Quality Management, TQM）

全面品質管理（TQM）係將組織內部各部門的品質發展、品質維持及品質改進的各項努力集合起來，使生產與服務皆能在最經濟的水準上，使顧客完全滿意的一種制度。

就內涵與範圍而言，由小到大應該為：QC→QA→TQC→TQM

6. 品質管理的內容

品質控制包含：製程品管（IPQC）、成品品管（FQC）與出貨品質（OQC），有時會連產品設計階段與進料品管（Inspector）都包含進去。

⑴**產品設計階段**。在產品設計階段，廠商除了考慮產品之性能外，亦應考慮顧客之需求、成本、技術程度與機器能力，最後決定產品之設計品質。同時，

廠商在設計產品時，應是容易加工與檢驗的，以降低製造成本。在此階段，除了訂定產品的品質標準外，還要決定以下項目：

　　①原料之檢驗標準與抽樣計畫。

　　②檢驗室的管制項目、抽樣計畫與檢測工具。

　　③成品之檢驗標準與抽樣計畫。

　　④儀器校正計畫。

　　(2)**進料品管**（Inspector）。確認進貨是否合格品（Pass or Fail）。主要是對原物料設定驗收標準，進行檢驗與分析檢驗資料等，以確保每批原料之品質、數量符合規定，並能適質、適時與適量的供應生產。

　　(3)**製程品管**（InPut Process Quality Control, IPQC）。產品從物料投入生產到產品最終包裝過程的品質控制。負責產品未組裝前的品管工作。主要內容為利用對材料、加工流程、加工方法、製品規格等之詳細規定，使產品品質變異能在要求之管制狀態下。一旦發生品質異常現象，也能及早發現，並找出原因與對策，使異常現象不再發生。製程品管常利用統計方法與管制圖（control chart）。

　　生產品質保證（In Process Quality Assurance, IPQC）。係由IPQA檢驗員在生產線上各生產站別，例如組裝站、功能測試站稽核生產線的作業人員，是否依照技術單位所提供之生產規範、生產程序、組裝／測試步驟、並得隨機抽驗生產中之產品，以確保生產中各生產站別的生產品質。

　　(4)**成品品管**（Finish or Final Quality Control, FQC）。成品出廠前必須進行出廠檢驗，才能達到產品出廠零缺陷客戶滿意零投訴的目標。負責成品未裝箱前的品管工作。一般產品經加工完成後，通常需要經測試，以保證顧客不會買到不良品。常進行之測試項目包括：性能測試、儲存期限測試等。測試時可採用全檢或抽樣檢查，如低酸性罐頭成品就需全檢。

　　成品品質保證（Final Quality Assurance, FQA）。係擺置於產線最末端，但有些公司會放置在產線包裝段之前，FQA主要功能係對產品做出廠前之產品抽驗，以抽驗經過生產線完整生產流程之產品是否符合產品規格，檢驗項目包含外觀檢驗及功能及操作測試，經過一定比率的抽驗用以決定檢驗批是否允收出貨，

或是退回廠內。

⑸**成品出廠檢驗**（Outgoing Quality Control, OQC）。是指產品在出貨前為保證出貨產品滿足客戶品質要求所進行的檢驗，經檢驗合格的產品才能予以放行出貨。出貨檢驗一般實行抽檢，出貨檢驗結果記錄有時根據客戶要求提供給客戶。

出貨品質保證（Out-Going Quality Assurance, OQA）。係在生產線外，除了執行產品出貨前外包裝及標示標籤之稽核外，還需要抽取少數產品，執行較複雜之功能測試及／或信賴性測試，例如振動測試、落下測試、壽命試驗等破壞性測試，以期由實驗結果推估產品的運送、結構及壽命等信賴度數據。

⑹**服務管制階段**。包括購買前後之服務。購買前之服務如產品之說明書與使用示範；購買後之服務如維修、退換與客訴處理等。

二、品質管理的沿革

品質管制是吃力不討好的工作。任何一個單位都不喜歡被糾舉指正。品質管制也是表面上也是耗費成本的工作。在老闆的眼中是又愛又恨。

多半的公司工廠都設有獨立的品管單位，在大家的眼中所有品質控管與結論都應由品管單位負責。其實不然，從1900年前的QI到現在的TQM，品質管理已經是整個公司全員全面性的工作了。

品質管理的進化程序為：QI→QC→QA→TQC→TQM

QI：品質檢查（Quality Inspection）

QC：品質管制（Quality Control）

QA：品質保證（Quality Assurance）

TQC：全面品質管制（Total Quality Control）

TQM：全面品質管理（Total Quality Management）

品質管制之歷史沿革可依費根堡（Feigenbaum, 1983）所提出之5個階段，加上1980年代之全面品質管理，2000年代全面品質服務共7個階段加以討論，此7個

階段與品質觀念演進之對照關係如表16-1。

表16-1　品管各階段與品質觀念演進

年代		階段	品質觀念
1900年以前	1	操作員的品質管制（operator quality control）	
1920年代	2	領班的品質管制（foreman quality control）	
	3	檢驗員的品質管制（inspection quality control）	檢驗出來的
1940年代	4	統計品質管制（statistical quality control, SQC）	製造出來的 設計出來的
1960年代	5	全面品質管制（total quality control, TQC）	管理出來的
1980年代	6	全面品質管理（total quality management, TQM）	習慣出來的
2000年代	7	全面品質服務（total quality service, TQS）	服務出來的

1. 操作員的品質管制（operator quality control）

　　1900年以前。在此階段，操作員各自完成產品，因此每一位操作員完全自行負責其所製造的產品之品質。

2. 領班的品質管制（foreman quality control）

　　1900年代初，工廠制度興起後，採用大量生產，並將工廠人員分組，因而設立領班以監督工人，同時負責產品之品質。

3. 檢驗員的品質管制（inspection quality control）：品質是「檢驗」出來的

　　在1920年代期間，工廠規模日益龐大且複雜，每位領班管理的工人太多，而無法兼顧品質，於是產生出專任的檢驗員，並設立檢驗部門。此時期，都只是藉由檢查來維持產品的品質，其品質管理是建立在品檢制度上。

4. 統計品質管制（statistical quality control, SQC）

　　最早期的品管控制，大都以統計分析及製作圖表的技術為主，且偏重於製造過程，通常受限於製造及檢驗部門，只能對品質控制做事後的補救。可用的統計方法有管制圖、抽樣檢驗、實驗設計、統計推論與變異數分析等。利用統計品管可適當的管制品質，並經濟有效的降低品管的成本。又分兩理念時期。

⑴製程管制時期：品質是「製造」出來的

1940年代美國的舒華特（Shewhart）發展出第一套管制圖，引發學者致力開發統計方法在品管上的應用，開啓了「統計品質管制」的時代。此時強調產品檢驗的結果，必須回饋到製程改善，才能防止不良品的發生，也使得品質的觀念變爲「品質是製造出來的」。品管制度也隨之發展成爲以回饋改善爲主的品管制度。

製程管制，構成其主幹的是人、機、料、法、環（4M1E）的管理。

在製程管制當中QC工程圖（也稱爲品管體制表／品質管制計畫）經常被有效的利用。其中記載的內容有製造各工序中作爲品質特性要確認些什麼，作爲影響品質的因素要確認些什麼等項目，以及誰來做確認等。表16-2以冷凍蝦仁之製造過程爲例說明QC工程圖之內容。

表16-2　冷凍蝦仁製造QC工程圖

流程	管制特性	管制方法	操作方法	檢驗方法	管制者	矯正者	取樣頻率	取樣地點	管制標準
1.剝殼、除沙筋	不良率破損率	P圖 p圖	S-001	I-001 I-001	品管員 品管員	品管課長 品管課長	每小時取1kg 每小時取1kg	剝殼處 剝殼處	10%以下 5%以下
2.洗滌	清潔度	紀錄	S-002	目視法	操作員	生產課長	每小時一次	洗滌槽	蝦體表面清潔
3.分級排盤	每磅尾數	紀錄	S-003	I-002	品管員	品管課長	每30分一次	分級檯	依規格
4.凍結	品溫	紀錄	S-004		操作員	生產課長	每天二次	凍結室	-18±1℃
5.包冰	冰水溫 包冰率	紀錄 x-Rm圖	S-005	I-003	操作員 品管員	生產課長 品管課長	每小時一次 每30分一次	包冰室 包冰室	1～3℃ 13±1%
6.凍藏	冷凍溫度	紀錄	S-006		操作員	生產課長	每天二次	冷凍庫	-20℃以下

⑵品質是「設計」出來的

製程管制時期只注意工廠產品生產的品管，忽略了其他流程的品質管理。

為了保證其他流程中的產品是合格的，必須在產品的企劃與設計階段就著手管制，在設計時就先把顧客的需求考慮進去並落實設計審查。最常見的是推行產品品質先期規劃方法，將整個產品設計到量產階段分成五大階段（產品計畫階段→產品設計階段→製程計畫階段→試量產階段→量產階段），再針對廠商特性加上可靠度驗證。

因此這是一套由「產品是設計出來的」品質觀念，強調「品質由產品設計與製程設計做起」，所衍生的品質制度，同時可考慮顧客需求和產品設計。

5. 全面品質管制（total quality control, TQC）：品質是「管理」出來的

1960年代費根堡（Feigenbaum）提出「全面品質管制（TQC）」的觀念，相較於SQC，全面品質管制更加擴大了品質管制的範圍。主要是由企業全員參與，所有部門統合協調，除了生產過程外，也包含了市場調查、產品設計及售後服務，也就是將品質開發、品質維持及品質改進各項工作連貫結合，使產品及服務品質都讓消費者完全滿意。此時，與產品品質有關之部門，由市場調查、產品設計、製造、出貨、銷售與服務等，均需對品質負責，成為一完整的體系，而不是僅由製造與技術部門負責品質。

基於此觀念，國際標準組織（ISO）於1979年單獨建立品質管制和品質保證技術委員會（TC176），負責制訂品質管制的國際標準。1987年3月正式發布ISO9000～9004品質管制和品質保證系列標準。

6. 全公司品質管制（日本命名CWQC，與TQC相去不遠）

CWQC鼓勵員工主動發掘問題，採取由下至上積極式的品質控制，可分為七大階段：產品導向→製程導向→系統導向→人性化導向→社會導向→成本導向→消費者導向。最後以消費者滿意為依歸。

一般稱前三時期為小q，全面品質管制為大Q，兩者之比較如表16-3所示。

表16-3　小q與大Q之比較

	小q	大Q
1.品質的定義	產品導向	顧客導向
2.品質的範圍	成品的品質	所有與產品及服務有關的活動，包括生產或服務的中間流程
3.品質的權責單位	品檢或品管部門	所有員工
4.活動焦點	品檢：注重發現不良品	預防：注重規劃
5.品質的重要性	比成本、交期還不重要	品質／成本／交期同等重要
6.品質不良來源	操作員：第一線員工	整個系統及流程出問題
7.頻率	當問題發生，才有品質問題	品質是一種習慣
8.解決問題的心態	治標	治本
9.誰負責解決問題	上面的管理者	全員參加：團隊

7. 全面品質管理（total quality management, TQM）：品質是「習慣」出來的

1980年代提出之理論。全面品質管理是今日品質管理發展的主流，它是由早期的品質保證（Quality Assurance, QA）、品質管制（QC）、統計品質（SQC）及全面品質管制（TQC）等品質管理的理念逐步發展而成的，透過企業全員的參與，來達成客戶要的滿意品質，進而謀求企業安定成長的經營方法。其意義如下：

1. 持續不斷改進品質（戴明循環PDCA）。

2. 以顧客為中心，專注於滿足顧客的需求。

3. 強調團隊合作，全員參與。

4. 利用統計方法，作為品質改進的依據。

品質管制也好，品質管理也罷，此項工作不應受任何因素干擾，以符合食品法規的認定標準執行。但執行手法不可僵化。此外，透過持續改善活動，使公司的品質文化影響員工的價值觀與行為，提昇工作的品質與績效，進而習慣於遵從品質管理的指示與制度的流程，進化到品質是「習慣」出來的境界。

8. 全面品質服務（total quality service, TQS）：品質是「服務」出來的

2000年代推出之新觀點。

以往服務品質一直不是業者關心的。如今以消費者爲導向的服務品質，已成爲各類產業努力改善的首要任務。

全面品質服務（TQS）著重在服務品質概念的深植，對抽象、無形的服務品質的改善與服務傳遞過程的標準規範，透過組織系統有效評估，了解消費者需求。

全面提升服務品質，可增加產品的附加價值、降低成本、提高產量、增加營收，進而擴大市場佔有率。好的服務品質，可提高消費者使用後的回頭率，因而創造超過商品價值數倍或數十倍的利潤。

其次，產品良率高，換貨、維修的次數減少，相對降低商品耗損、維修的成本。而客訴頻率的減少，對於第一線服務人員可能的高流動率，也有絕對正向的抑止作用。

三、全面品質管理（TQM）的意義

全面品質管理（TQM）仍爲目前品管的主流概念，因此需進一步說明。

全面品質管理係促使組織中每個人能承諾追求持續改善與永續經營的領導哲學，強調全員參與，重視顧客需求和期望，運用統計分析的技術與方法，以團隊合作達成具高品質的產品與服務，進而創造最佳的競爭力。

全面品質管理的基本概念包括：

1. 顧客導向

顧客至上、以客爲尊是全面品質管理的首要任務。包括內部顧客（員工）和外部顧客（消費者、供應商等）。組織在以顧客爲導向的原則下，應持續提供符合顧客需求的服務和產品，也唯有顧客滿意，產品和服務才有品質可言。

2. 事先預防

全面品質管理重視事前預防，而非事後檢測。因此，強調每一次、第一次就

把事情做對，以事先預防為前提，不以事後補救來彌補。企業應採取錯誤可事先設計予以消除的態度，經由適當控管組織運作的每個環節，而把失誤減到最低，並主動積極探索影響生產歷程和成果的不良因素，以達到品質保證的要求。

3. 全員參與

全面品質管理強調品質不單僅是品管部門的責任，而是需要組織成員及部門全面參與品質的改進與提升，全員都負有品管的責任。因此在全面參與之團隊合作取向下，組織應重視內、外部的溝通與協調，並整合各項有利資源（人力、物力等），促使全員均有追求高品質的共識。

4. 教育訓練

教育訓練是強調要發展個人潛能，重視員工的在職訓練。鼓勵員工不斷自我學習與創新，提供一套完整的訓練計畫，提升員工專業能力與知識。

5. 持續改進

為掌握顧客長期的需求，產品必須不斷地創新求變，推陳出新，才能獲得顧客的欣賞與符合顧客的期待。組織必須不斷地改進缺失，才能維持品質，並應檢視製程中有哪些作法是不完善的，以及追蹤各項作業執行進度，以研訂改進措施，確實做好每一項製程的品質保證。

6. 事實管理

掌握社會脈動是全面品質管理的特徵，因此，組織對於品質的改進，必須隨時掌控最新及可靠的訊息和資料（包括內部成員各項工作反應、表現與外部顧客的期待），才能持續滿足顧客的需求。因此，各項工作應建立明確的處理程序，採量化和質性的管理策略，並對相關資料進行分析，找出造成缺點的原因，據以消除障礙。

7. 品質承諾

全面品質管理強調品質文化的建立，所有人均應對品質有所意識，由上而下對品質有所承諾，而在系統中形成品質的文化。領導者本身必須先認同並全面推動品管工作，以促使員工一齊對提升品質共同承諾。

四、六標準差

㈠六標準差簡介

六標準差誕生於製造業，主要目的在於改善製程，是1980年代由Motorola所發展出來的管理手法，至1990年代開始廣泛應用。

「標準差」（standard deviation），是統計學上變異（variation）程度的度量值（圖16-6）。標準差是判斷工作執行的流程距離理想有多遠，也就是衡量公司在執行工作的流程中犯的多少錯誤。六標準差（6σ或6 Sigma）是，每百萬次只有3.4次瑕疵的品質水準（表16-4）。

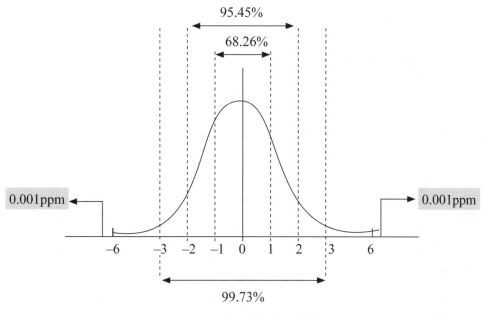

圖16-6　統計上標準差之意義

在統計上，當平均值對準中央時，兩個標準差即可達到95%的信賴度，三個標準差即可達到99%信賴度，如表16-4所示。但經過觀察發現，長期而言，加工時平均值會有1.5σ偏移量（經驗值），於是修正後數值成為表16-4右方兩欄。

表16-4　不同標準差層級的不發生機率與不良率

標準差層級	平均數對準中央		平均數移動±1.5σ	
	不發生機率	每百萬次缺點數	不發生機率	每百萬次缺點數
1σ	68.27%	317,300	30.23%	697,700
2σ	95.45%	45,500	69.15%	308,537
3σ	99.73%	2,700	93.32%	66,807
4σ	99.9937%	63	99.379%	6,210
5σ	99.999943%	0.57	99.97674%	233
6σ	99.9999998%	0.002	99.99966%	3.4

　　六標準差管理哲學的重點就是：傳統的三個標準差之99%的成功率是不夠的。大多數的人大概都以為99%的成功率已經幾近完美，不過事實上，99%的成功率相當於每個禮拜有五千個手術出錯，或是主要機場每天有四場意外。這樣的失誤機率應該是一般大眾絕對不可能接受的了。

　　因為品質管理觀念加入六標準差管理，因此有的學派將整個品管的演進做成如圖16-7者。但亦有學者認為六標準差不應視為品質管理之一種。

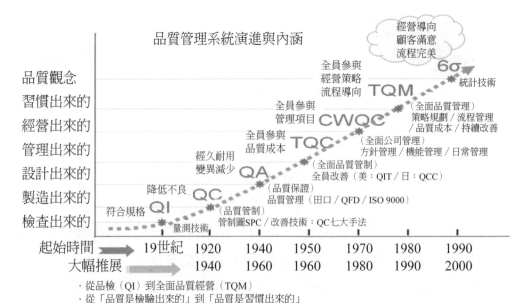

圖16-7　品管的演進

六標準差管理哲學的重點就是：99%的成功率是不夠的。六標準差表示每一百萬次只有3.4次瑕疵，也就是說，成功率要達到99.99966%。

大多數企業認為改善品質需要耗費成本，因此把品質和獲利的平衡視為一種取捨。不過實施六標準差的公司卻了解，品質其實可以節省成本，因為業者必須丟掉的瑕疵品減少，顧客退貨的損失下降，而且更能夠留住顧客的心；這種成果都有助於業者的利潤提高。

六標準差的焦點是放在「不良」與「變異」上，而其第一步就是釐清流程中的品質關鍵要素（critical to quality）─亦即對客戶來說最重要的屬性。

㈡六標準差的執行步驟

六標準差的執行步驟可以DMAIC表示。分別為問題之定義（Define, D）、衡量（Measure, M）、分析（Analysis, A）、改善（Improve, I）、控制（Control, C）等五步驟之字首組成（圖16-8）。

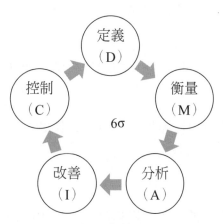

圖16-8　六標準差的執行步驟

MAIC不包括「定義」階段，MAIC是少個「G」的魔法。英文MAGIC為魔法的意思，而「G」所代表的是「猜想」（guess），因此，DMAIC或MAIC手法可以擺脫「我認為」、「我覺得」、「我相信」這類心態。

在六標準差的世界中，每一件事都能被化為一個公式，不管是檢視或思考流程的運作方式，都可發展出一種統計分析，藉由量化的方式衡量績效表現，擺脫

個人的觀點或情緒的影響。

1. 問題之定義（Define, D）

　　⑴了解客戶之需求並針對流程圖界定問題。與客戶或和第一線工作人員直接接觸。

　　⑵流程圖、製程轉寫。

　　⑶關鍵品質特性（key quality characteristics）之決定與關鍵績效指標（KPI）之選擇。

2. 衡量（Measure, M）

　　⑴蒐集資料並衡量整個流程，有多少誤差產生的機會。

　　⑵改善前之現況分析可透過製程能力指標（Cp、Cpk）、不良率等指標呈現。

　　⑶製造業須透過量測變異分析確認量測儀器之精確度。

3. 分析（Analysis, A）

　　⑴分析數據，評估流程的優缺點，並和同業比較，找出專案結果可以改善的最大限度。

　　⑵利用魚骨圖（要因分析）找出問題的癥結，並深入檢查所有肇因點是否完備。

　　⑶透過影響、趨勢及執行難易度分析、柏拉圖等工具，或從系統的觀點進行失效模式影響分析以訂定改善的優先順序。

4. 改善（Improve, I）

　　⑴擬妥改善方案及對策、並予以執行。專案小組提出的改善對策必須再衡量其利弊得失以便擇定一可行的改善方案（包含負責人員、改善項目何時完成、改善目標及改善後之成效等）。

　　⑵製造業可藉由適當的實驗設計，找出影響關鍵品質特性的要因水準組合。

5. 控制（Control, C）

　　⑴監控新流程以確保改善成果。

(2)隨時更新管制計畫表與對關鍵品質特性及關鍵績效指標作持續監控、詳定流程管理之權責及標準作業程序（SOP）等。

第二節　製程品質管制圖

一、常用品質管制的方法

品質管制所用方法如下。

1. 管制圖法

利用管制圖研究製造能力及管制製程。

管制圖又分計量值與計數值兩類：

(1)計量值管制圖有平均值與全距、平均值與標準差，及個別值與移動全距管制圖等。

(2)計數值者有不良率、不良數、缺點數及單位缺點數等管制圖。

2. 統計解析法

有計數值的與計量值的統計檢定、變異數分析、相關與迴歸分析等。

3. 抽樣法

應用各種抽樣計畫對原料、材料、半成品及成品實施抽樣檢驗。

抽樣檢驗法依性質分計數值與計量值兩大類；依型式分規準型、選別型，調整型及連續生產型；依方式分單次、雙次、多次及逐次。

4. 實驗計畫法

利用少數之實驗，研究尋求新操作方法，以謀求品質改進。當推行品管制度時，必須設置品質管制委員會，由各級主管組成、負責審議品管教育推行計畫、品質標準及重大品管問題。各部門之品質責任應明確規定，如此分工合作，權責分明，始能發揮品管功能。

本節僅簡介管制圖法，其餘牽涉統計分析，請讀者自行參閱相關書籍。

二、管制圖

品質管制圖（quality control chart），簡稱管制圖，係指對製程中產品品質特性加以量測、紀錄，並進行管制的科學圖形。由美國Bell電話實驗室舒華特（Shewhart）在1920年間發明。

管制圖橫軸為時間，縱軸為管制項目，由下列四項構成（圖16-9）：

1. 中心線（central line, CL）。為實線。

2. 管制上限（upper control line, UCL）。虛線或紅線。

3. 管制下限（lower control line, LCL）。虛線或紅線。

4. 樣組點（sampling group point）。用實線連接。

管制上、下限一般以三個標準差（3σ）作為界限。由圖16-6知99.7%的良率可落在三個標準差中。

有時會加上上下警戒線，一般為中線上下兩個標準方差，如圖16-9細虛線。

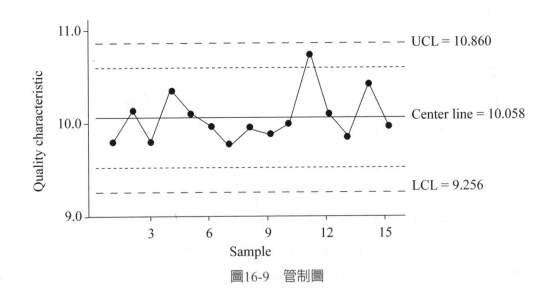

圖16-9　管制圖

　　管制圖可分為計量值管制圖與計數值管制圖。計量值管制圖係針對品質特性為連續性的數據，如重量、長度、時間、溫度、強度、硬度、成分等，所繪出的管制圖。計數值管制圖係針對品質特性為間斷性質的數據，如不良率、不良數、缺點數等特性，所繪出的管制圖。兩者之比較如表16-5。

　　常用的計數值管制圖有四種：1.不良率管制圖（p管制圖）；2.不良數管制圖（np管制圖）；3.缺點數管制圖（C管制圖）；4.單位缺點數管制圖（u管制圖）。

　　常用的計量值管制圖有下列幾種：

　　1.平均數管制圖（$\bar{X}$管制圖）：樣本平均。

　　2.全距管制圖（R管制圖）：樣本範圍。

　　3.個別值管制圖（X管制圖）：個別測量值。

表16-5　計量值管制圖與計數值管制圖之特性比較

項目	計量值管制圖	計數值管制圖
品質特性	計量值	計數值
製程分布	常態分布	二次分布或布氏分布
樣本大小（n）	較小（通常n ＝ 4、5或10）	較大（pv chart或np chart，通常數十或數百）
管制界限計算	要查係數表	直接代公式計算
下管制界限為負值時	直接調整為零	調整為零
能提供的製程資訊	較多	較少
檢定出製程不正常的能力	較佳	較差
多個品質特性時	一個品質特性使用一套管制圖	一種產品只需一個管制圖
檢驗方式	較麻煩	較簡單
製程平均數與標準差	互相獨立	互相不獨立
製程產生不良品前之偵測能力	較佳	較差

4. 移動全距管制圖（Rm管制圖）：移動範圍。

與計數值管制圖不同，計量值管制圖常兩兩成一組，常用的計量值管制圖組有五種：1. 平均數—全距管制圖（$\overline{X}$-R）；2. 平均數—標準差管制圖（$\overline{X}$-S）；3. 中位數—全距管制圖；4. 個別值—移動全距管制圖（X-Rm）；5. 最大值—最小值管制圖（L-S）。

由管制圖結果可見，如果流程在管制範圍內，且流程的統計特性符合常態分布，所有數據中會有99.73%落入上下界限間。若在界限之外的數據比例增加，或是有系統性的變化，都說明出現未預期的變異，需要立即調查原因。

第三節　品質分析方法

一、品管（QC）七大手法

傳統的QC七大手法包括了：柏拉圖、特性要因圖、直方圖、管制圖、散布圖、查核表（或稱查檢表）及層別法。其主要目的如表16-6。

表16-6　傳統的QC七大手法與其主要目的

工具	目的
1. 柏拉圖	重點之掌握
2. 特性要因圖	品質問題因果關係之系統整理
3. 直方圖	變異與規格關係之掌握
4. 管制圖	品質特性之監控
5. 散布圖	兩種資料間的相關性
6. 查檢表	資料之分類、蒐集
7. 層別法／流程圖	層別法：資料分析 流程圖：工作程序之了解與掌握

1. 柏拉圖（Pareto Diagram）

　　柏拉圖是一位義大利經濟學家，在1897年發表全義大利的財富集中在少數人手中的經濟現象。到1960年代，此現象被美國品管學者裘蘭（Juran）用圖形來顯示，進而將柏拉圖導入品管工作中。

　　柏拉圖就是排序的直方圖，又稱重點管理圖。圖16-10就是柏拉圖的標準結構。在座標軸的縱軸有兩種衡量尺度，左邊是品質特性（用來衡量特性的計算單位），右邊是百分比。橫軸代表分析的品質問題，項目排列的順序是從大到小，其他在最後。

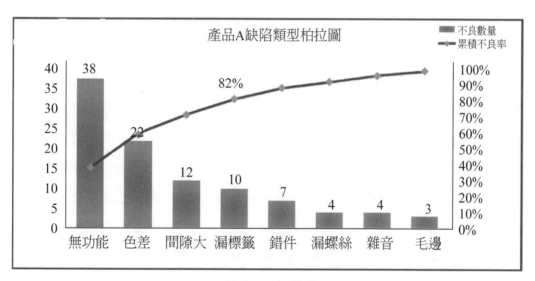

圖16-10　柏拉圖

　　在品質改善活動中，柏拉圖通常用來區分造成品質問題之少數主要原因（占全體的20%），及多數不重要之原因（占全體的80%）。若品質改善著重於問題之主要原因上，則通常在短期內可得較顯著之改進，這就是80/20原理。故稱重點管理圖。

　　柏拉圖可做問題改善前、中、後的比較分析，確認改善對策的效果（圖16-11）。亦可用在其他領域中，如在存貨管理上，這種圖的結果就跟ABC分析的概念很接近。

　　柏拉圖可以配合層別法一起運用，繪製層別柏拉圖，以對柏拉圖上的重點項

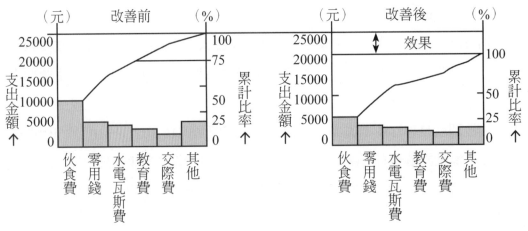

圖16-11　以柏拉圖分析問題改善前、後的比較

目，進行更深入的探討。

2. 特性要因圖（Cause-effect Diagram, Fish-Bone Diagram）

　　特性要因圖又稱魚骨圖，發明者為日本品管大師石川馨，故又稱為石川圖。

　　該圖係將一個問題的特性（結果），與造成該特性之重要原因（要因）歸納整理而成之圖形。由於其外型類似魚骨，因此一般俗稱為魚骨圖，如圖16-12。

　　一般將已知的主要原因先劃成大骨，再將造成大骨的原因畫成小骨，畫起來的圖就會長得像是魚骨，所以稱之魚骨圖。中央魚骨代表品質不良的現象，兩側愈大的魚骨代表愈重要的原因，愈小的魚骨則代表愈細節性的原因。

　　魚頭向右者為原因追求型，而魚頭向左者為對策擬定型（表16-7）。以原因追求型之特性要因圖為例，魚頭右側代表問題之特性。魚骨側代表造成該特性之重要原因，包括背骨（脊椎骨）、大骨、中骨、小骨，分別代表製程、大要因、中要因、小要因，而成為完整之魚骨圖。重要要因原則上選擇4到6個。一般原則，至少要有4根大骨、3根中骨及2根小骨。因此一支特性要因圖就會有24個小要因，且這些要因都不能重覆。

　　分析要因時，常與腦力激盪法配合使用。並配合專業知識和經驗進行。

　　利用魚骨圖可以去除不重要之原因而專注於最有可能之原因上。故魚骨圖常用於尋找衡量關鍵因素的關鍵績效指標（key performance indicator, KPI）。

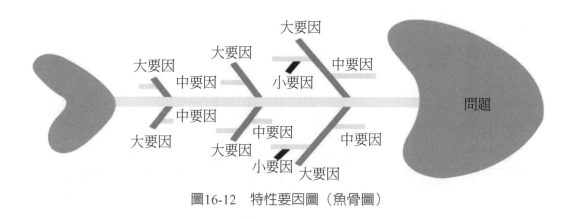

圖16-12　特性要因圖（魚骨圖）

表16-7　原因型與對策型特性要因圖之比較

	原因型特性要因圖	對策型特性要因圖
魚頭方向	向右	向左
箭頭所指	問題	目的
魚身（要因）	原因	對策或手段
如何發問	Why	How

　　魚骨圖除了用作結果和原因間的分析外，還可用作目的和手段間的分析，以及全體和要素間的分析。

　　魚骨圖亦可配合層別法一起運用，繪製層別魚骨圖。對魚骨圖上的重要要因，進行更深入的探討。

　　分析要因時，若發現不同要因間彼此互相關聯（有因果關係），要改用關連圖（新QC七大手法之一）分析。

3. 直方圖（Histogram）

　　將一組數據之分佈情形繪製成柱狀圖，以調查其平均值（集中趨勢）與分布（離散趨勢）之範圍。如圖16-13。

　　使用直方圖之目的包括：⑴測知製程能力。⑵測知數據的真偽。⑶測知分配型態。⑷計算產品不良率。⑸調查是否混入兩個以上的不同群體。⑹藉以訂定規格界限。⑺規格與標準值比較。⑻設計管制界限是否可用於製程管制。⑼求分配

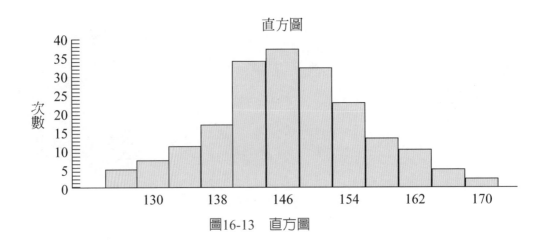

圖16-13　直方圖

的平均值與標準差。

　　判讀直方圖時，常見下列數種分布。常態型（正常分布情形）、鋸齒型（由於分組及組距測定有誤差所造成）、右高或絕壁型（由於某種規格限制所造成）、雙峰型（兩個不同群體混合所造成）、高原型（數個平均值差異不大的群體混合所造成）、離島型（不同群體混入造成之異常現象）。各種分布都代表有特殊的意義。其意義請參見統計相關書籍。

4. 管制圖（Control Chart）

　　以統計方法計算中心值及管制界線，並據此區分異常變異與正常變異之圖形，其說明請見本章第二節。

5. 散布圖（Scatter Diagram）

　　將對應的兩種品質特性數據資料，分別點入XY座標圖中，根據分布的形態來判斷兩種品質特性是否相關及其相關程度，如圖16-14。蒐集兩個不同品質特性間的關係數據資料，最好超過50組以上。最少不得少於30組（一般統計樣本數需>30）。

　　散布圖之用途為：(1)檢定兩變數間的相關性。(2)從特性要求尋找最適要因。(3)從要因預估特性水準。

　　由散布圖可知以下結果：(1)知道兩組數據（或原因與結果）之間是否有相關及相關程度。如正相關強（兩種品質特性同向變化），負相關強（兩種品質特性

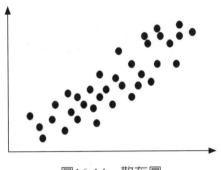

圖16-14　散布圖

反向變化），無關（一團圓形），以及曲線關係。⑵散布圖之應用亦可配合層別法做進一步分析研判，如層別散布圖，可找出最適的要因。⑶檢視是否為不相關。

6. 查檢表（Check Sheet）

用來記錄事實和分析事實的統計表。亦名查核表或檢查表。表中記有查檢的必要項目，只要記上檢查記號，並加以統計整理，就可做為進一步分析或核對檢查之用。

使用查檢表的目的，主要有確認事實和分析事實兩種。因其目的不同，故紀錄的方式也不同。一般常用的自主檢查表，即屬於確認事實的目的。這類查檢表有兩種：⑴記錄用查檢表（表16-8）：又稱改善用查檢表，常用於不良原因和不良項目的記錄。⑵點檢用查檢表（表16-9）：又稱備忘點檢表，常用於機械設備與活動作業的確認。

查檢表主要用途為：⑴日常管理。⑵蒐集數據。⑶改善管理。

使用查檢表要訣包括：

⑴查檢蒐集完成的數據應馬上使用。

⑵週期性變化的特殊情形要特別注意。如數據是否集中在某些項目或某些時段？是否因時間的經過而產生變化？

⑶如有異常，應馬上追究原因，並採取必要的措施。

⑷是否隨著改善而有變化？

表16-8　記錄用查檢表

項次	產品	項目	月銷售量	平均售價	小計	合計
1.	包子類	菜包	3,000	20	60,000	120,000
		肉包	3,000	20	60,000	
2.	糕類	米糕	1,000	20	20,000	60,000
		芋頭糕	2,000	20	40,000	
3.湯圓	湯圓	湯圓	500	50	25,000	25,000
合計						205,000

表16-9　點檢用查檢表

空壓機查檢表				日期：	
設備別：			檢查員：		
編號	查檢項目	判定基準	檢查方法	結果	異常說明
1	油位表	油位在1/2以上	目視		
2	空氣閥	位置是否正確	目視		
3	馬達	運轉是否平順	耳聽		
v：正常　×：異常　△：其他（如拆修等）					

　　⑸應保留所有的記錄，以便日後比較。

　　⑹可利用柏拉圖加以整理，以便更進一步掌握問題的重心。

　　而使用查檢表要注意：⑴表中不可有「其他」項目欄。⑵查檢表應有層別項目。

7. 層別法（Stratification）

　　將群體資料（或稱母集團）分層，將品質特性均一的資料放在一起成為一層，使層內的差異小，而各層間的差異大，以便進行分析。是容易觀察，有效掌握事實的最有效、最簡單的方法。

　　本法須與其他手法結合使用，如層別魚骨圖、層別柏拉圖等。

　　混亂的數據，或原因複雜的品管問題，經過分門別類的層別之後，通常可以迅速分析其現象或原因。常用之層別包括：作業條件、材料、機械設備、人員、

時間、環境天候、地區、測量條件、產品等。

層別法用途包括：⑴發現問題、界定問題。⑵發掘問題的要因。⑶驗證要因產生的影響。

如圖16-15，某公司使用甲、乙兩部機械分別加工A、B兩種不同來源的材料，產品品質特性分配如圖16-15上圖。其中，機械乙使用材料B之產品品質顯著偏低。欲了解此偏低是機械或材料所造成，於是將A、B兩種材料均以甲、乙兩部機械加工，分別畫出直方圖，結果判斷係因機械乙之緣故，與材料無關。

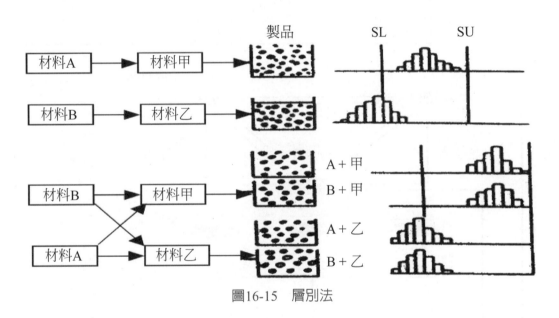

圖16-15　層別法

二、品管（QC）七大手法之應用

品管七大手法間各自是獨立的，但也能存在相互連貫，相輔相成的關係。表16-10說明品管七大手法與品管解決問題步驟之關係，而如何由此七大手法找出品管問題，進而加以解決之相關應用，如圖16-16所示。

表16-10　品管七大手法與品管解決問題步驟之關係

解決問題的步驟	1柏拉圖	2特性要因圖	3直方圖	4管制圖	5散布圖	6查檢表	7層別法
1 主題選定	◎	○	◎	◎		○	◎
2 現況把握	◎		◎	○	○	◎	◎
3 要因解析	◎	◎	○	○	◎	◎	◎
4 對策檢討				◎			
5 對策實施				◎		◎	○
6 效果確認	◎		◎	◎	○	◎	◎
7 標準化與管理的落實	○			○		◎	○

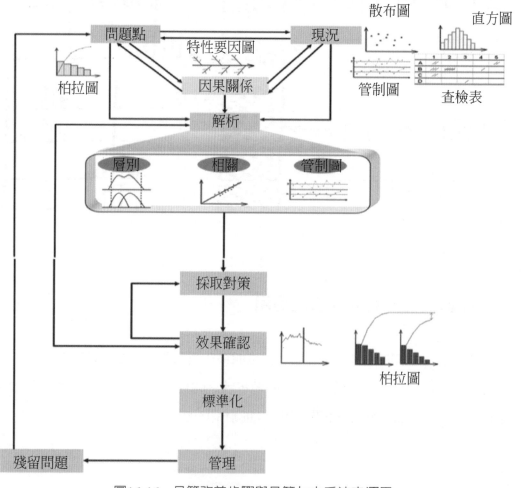

圖16-16　品管改善步驟與品管七大手法之運用

三、新品管（QC）七大手法

　　傳統的QC七大手法多著重在數據資料的應用，然而許多品管問題屬於文字語言的表達，為了更有效處理這些問題，因而產生了所謂的「新QC七大手法」。包括：關連圖、KJ法（親和圖）、系統圖、矩陣圖、矩陣數據解析法、箭線圖法及過程決策計畫圖。此七手法圖形複雜，限於篇幅與本書目的，因此以下僅略述其功用。

1. 關連圖

　　將問題與其要因間的因果關係，用箭頭連接成的圖形。

　　適用於探究工程品質不良的要因、規劃改善措施的展開和實施步驟、分析「結果—原因」或「目的—手段」時，發現原因間或手段間有糾纏不清、錯綜複雜的關係時。

　　此一手法與特性要因圖功能相近，但更適用於掌握要因間或手段間互相關聯的問題，使用時不宜繁複，以免使圖形過於複雜。在歐美亦發展類似的品管手法，稱為影響圖（influence diagram）。

2. KJ法（親和圖）

　　對未知事件展開認知，採取將事實、經驗、意見或創意有關的言語資料蒐集起來。再依蒐集的言語資料的相互親和性，加以整理出結論的圖形。所謂「親和性」，是指相似、相近或相同的性質。KJ法乃由日本學者川喜田二郎教授所發明推廣，因此取其英文姓名縮寫為KJ法，又稱為親和圖。

　　適用於認清未知事件、對未知事件建立有體系的構想、傳達理念和方針。

3. 系統圖

　　利用樹木分枝圖形，由左至右，從樹幹、大枝、中枝、小枝，乃至於細枝，有層次的展開。探討為了達到某種目的或目標，而追求最佳手段或策略的方法。

　　適用於價值分析之機能展開、構成要素之展開、要因之展開、策略或手段之展開。

4. 矩陣圖

從主題中找出相對應的因素群，把這些因素群按照二元配置或多元配置，以因素之交點來表示因素間關聯程度的圖形。適用於：⑴流程分析。如掌握主題的現象、流程步驟、原因、對策等相互間的重要關聯。⑵品質機能展開。如掌握要求品質與品質要素間的關聯。

5. 矩陣數據解析法

矩陣數據解析法是在矩陣圖之要素間的相關性可定量化時，經由解析計算來分析其關係變化情形，更進一步可了解問題與原因或手段與對策間之相互關係。

適用於現況調查數據分析、新工具之開發、產品新用途之探索、流程分析。

6. 箭線圖法

將工作計畫之各作業項目及時程，根據其從屬關係，以網狀圖表示出來。適用於工程進度控制、工程資源調度、工程成本控制。

箭線圖即計畫評核術（PERT），除了用於工程的排程計算與進度管制之外，亦可作為推行品質計畫之用，以管理品質計畫之執行進度。

7. 過程決策計畫圖（Process Decision Program Chart，PDPC法）

在執行工作計畫的過程中，隨著事態的進展，預測未來可能發生的不希望情況或結果，進而採取防患未然的措施，使事實的發展，盡可能導向所希望的方向的圖形。適用於品質設計、可靠度工程、重大事故的防止。

此一手法與許多公民營企業中的標準作業程序（SOP），以及電腦程式中之「流程圖」近似，可應用於計畫流程中的各項管制工作。

本法強調預防功能，宜在執行工作計畫前使用，非在發生問題後才來分析。

四、品管（QC）七大手法與新品管（QC）七大手法之比較

傳統品管七大手法較偏向用來解決或分析品管有關定量（數值）的問題，而新品管七大手法較針對定性（語意）的問題分析（圖16-17）。

在全面品質管理（TQM）的循環過程（PDCA）中，傳統的QC七大手法比

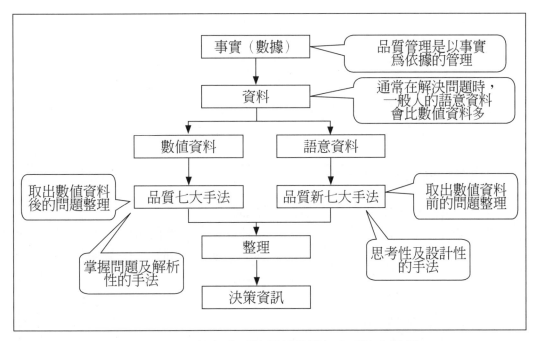

圖16-17 品管七大手法與新品管七大手法之關係

較偏向於Check階段,而新QC七大手法則爲Plan階段的重要工具。在處理多數爲數據資料的品管問題時,傳統的QC七大手法可解決大多數的問題,但在面對TQM的推行上,新QC七大手法將更可解決問題。

品質管理是以事實資料及相關數據爲依據,數值資料的蒐集是品管工作的要務,但數值資料的內容直接影響品管方向的正確性,所以在數值資料取出前的分析很重要。新品管七大手法可用來解決在數值資料取出前的問題整理,如問題原因的探討及解決對策的分析等,而數值資料取出後的分析,較屬定量的問題,可用傳統品管七大手法來解決。

至於新品管七大手法與傳統品管七大手法運用上之前後關聯,則可參考圖16-18。

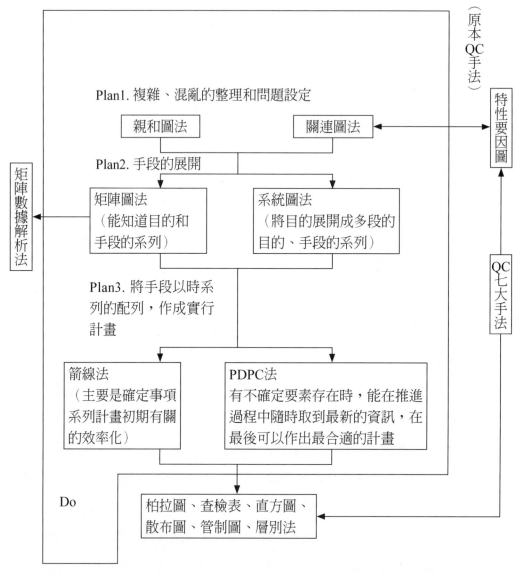

圖16-18　新品管七大手法與傳統品管七大手法運用上之前後關聯

五、品質問題分析與解決步驟

㈠品質問題的形成

　　品質問題或缺失的形成通常非瞬間造成，在其過程中一定有脈絡可尋，且是逐步演變的。

㈡選定品管主題

1. 找出問題

⑴問題的描述方式為：異常現象＋品質特性＋*趨勢*。

⑵找出問題的方法有：①以查檢表清點所有問題。②以特性要因圖（魚骨圖）整理重要問題，挑出需優先解決的重點問題。③以腦力激盪發掘問題。④以親和圖釐清複雜性或模糊性問題。

2. 決定主題

⑴列出3至5項重要問題。

⑵使用查檢表或矩陣圖評估解決問題的優先順序。

⑶依序決定擬解決之主題。

㈢擬定改善計畫

1. 依據管理循環（PDCA）規劃改善活動步驟。

2. 使用5W1H決定活動進度及分派任務。

3. 使用甘特圖（亦稱桿狀圖）或箭線圖擬定活動計畫表。

㈣訂定品質改善目標

1. 掌握現狀（或稱現狀分析）

⑴選題時若已掌握問題相關數據，可逕行數據的統計分析，繪製長條圖、直方圖、柏拉圖等，掌握異常現象的發展及特性。

⑵選題時若尚未蒐集相關數據，則先運用查檢表進行數據蒐集，再運用層別法分析數據，繪製長條圖、直方圖、柏拉圖等，掌握異常現象的發展及特性。

2. 設定目標

訂定目標值與達成期限。用長條圖、柏拉圖等，比較現狀值與目標值的差距。

(五)品質問題要因分析

1. 列出原因

(1)運用5WHY（連問五次爲什麼）反覆深入探討，一直找到根本原因。

(2)用特性要因圖或關連圖整理各層次原因。

2. 挑出要因

挑出4至6個重要原因。使用查檢表或矩陣圖做要因評估。

(六)實施解決問題之對策

1. 擬定對策

(1)應用5W1H。(2)應用腦力激盪術。(3)應用改善12要點（剔除、正向與反向、變數與定數、正常與例外、合併與分離、集中與分散、擴大與縮小、附加與消除、調換順序、平行與直列、共通與差異、替代與滿足）。(4)應用4M（人、機器、材料、方法）。(5)應用特性要因圖（魚骨圖）、關連圖、系統圖等，整理各層次對策。

2. 評估對策

(1)應用查檢表或矩陣圖，實施對策評估。(2)擬定每個改善方案的實施時間。

3. 擬定對策實施計畫

(1)使用5W1H決定實施進度及分派任務。

(2)使用甘特圖或箭線圖擬定對策實施計畫表。

4. 實施對策

保存對策實施紀錄，提供有關人員參閱。

(七)效果確認

使用長條圖、柏拉圖、直方圖、雷達圖等，確認目標達成狀況。

㈧標準化

　　將有效對策列入作業程序或工作標準：使用查檢表及作業流程圖辦理增、修訂之作業程序或工作標準之說明或訓練。

第四節　品質改善程序

一、訂定全線製程品質管理

　1. 訂定管制點

　　一個生產製程中所設立的品管管制點，可以從10到100個。過少，擔心會有遺漏。過多則不符合效率。所以在管制點的設立時應該做下列工作：⑴設定標準流程。⑵設定管制項目。⑶設定管制標準。⑷設定執行單位。⑸設定報表流程。⑹設定反應機制。

　　管制流程與管制相關項目等範例，可見表16-2（冷凍蝦仁製造QC工程圖）。

　2. 抽樣數合理化

　　每一個管制點的取樣數應以能夠：⑴看到問題，⑵追蹤問題為原則。

　　過少的樣品數雖可減少成本的支出，但無法符合統計的基礎。

　　樣品數必須同時考慮在產品有效期限內所發生異常現象的追溯能力，但不可無限上綱，否則倉儲成本與空間都會超負荷。

二、異常檢查追蹤方式邏輯化

　　每當產品發生異常時，處理不當或不知問題所在時，輕者影響商譽，重則危

害食品安全。

此時，在追蹤問題時要注意下列處理原則：1.沉著穩定；2.處理速度要盡快；3.檢查點要全面思考，但不要無限上綱檢測點；4.要持續檢測觀察到問題消失。

三、抽樣、保存及檢驗

對於抽樣檢驗的樣品、保存及檢驗設備要有以下三個觀念：

1. 不可節省合理的樣品數

品質檢驗的方法一般有兩種：全數檢驗、抽樣檢驗。根據產品的不同特點和要求，品質檢驗的方式也各不相同：根據產品的不同特點和要求，檢驗的方式也各不相同。按檢驗工作的順序分，有進料檢驗，在製品檢驗和成品檢驗；按檢驗地點不同，分為定點檢驗和巡邏檢驗；按檢驗的預防性可分為首件檢驗和統計製程檢驗。

2. 保存樣品空間及環境要標準化

根據食品良好規範準則第15條規定：「成品應留樣保存至有效日期。」因此製造工廠對於樣品儲存空間之需求與環境必須加以考慮，以符合此留樣之規定。

3. 檢測設備不一定要最新最好，但檢測方法必須隨時更新

食品良好規範準則第11條：「食品業者之檢驗及量測管制，應符合下列規定：

一、設有檢驗場所者，應具有足夠空間及檢驗設備，供進行品質管制及衛生管理相關之檢驗工作；必要時，得委託具公信力之研究或檢驗機構代為檢驗。

二、設有微生物檢驗場所者，應以有形方式與其他檢驗場所適當隔離。

三、測定、控制或記錄之測量器或記錄儀，應定期校正其準確性。

四、應就檢驗中可能產生之生物性、物理性及化學性汙染源，建立有效管制措施。

五、檢驗採用簡便方法時，應定期與主管機關或法令規定之檢驗方法核對並

予記錄。」

　　品質檢驗的步驟一般會根據產品規格和各個訂單品質要求，規定適當的方法和手段，借助一般量具或使用機械、電子儀器設備等檢驗產品。然後把測試得到的資料與規格的品質要求相比較，並且根據比較的結果判斷單個產品或批量產品是否合格。此外，記錄所得到的資料及檢驗判定的結果回饋給有關部門，以便促使其改進品質。

四、不良品回收管理

1. 不良品回收定義

　　(1)第一級回收：成品內容物可能對消費者健康造成死亡或重大危害者。如受農藥、重金屬、病原菌等汙染。

　　(2)第二級回收：成品內容物預期或有可能對消費者健康造成危害者。如整批成品有異物、異味、變色等者。

　　(3)第三級回收：成品內容物預期不致造成消費者健康危害，但其品質不符規定者，如整批成品有包裝變形、包裝髒汙、印刷不良、標示錯誤等。

2. 不良品回收作業流程

　　食品良好規範準則第8條：「食品業者就產品申訴及成品回收管制，應符合下列規定：

　　一、產品申訴案件之處理，應作成紀錄。

　　二、成品回收及其處理，應作成紀錄。

　　第12條食品業者應對成品回收之處理，訂定回收及處理計畫，並據以執行。」

　　不良品回收作業流程範例如圖16-19所示。

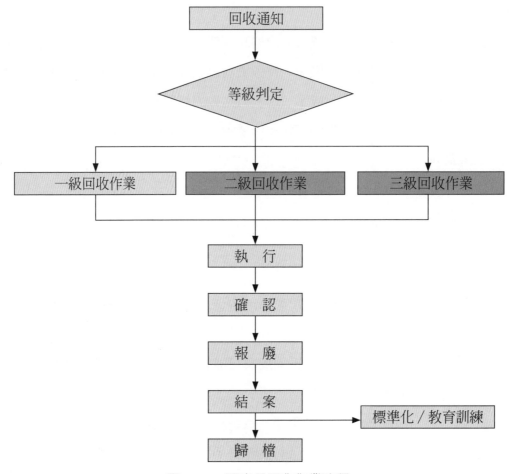

圖16-19　不良品回收作業流程

五、建立產品追蹤追溯制度

　　依據食安法訂定之「食品及其相關產品追溯追蹤系統管理辦法」，主要目的在精進食品管理，協助及要求業者對所製造之食品原料來源及消費去向必須清楚。一旦有食安問題發生時可將處理問題的時間縮到最短。將傷害降到最低。

　　所謂追溯追蹤系統，指食品業者於食品及其相關產品供應過程之各個環節，經由標記得以追溯產品供應來源或追蹤產品流向，建立其資訊及管理之措施。

　　建立之追溯追蹤系統，至少應包含下列各管理項目：1.原材料來源資訊。2.產品資訊。3.標記識別：包含產品原材料、半成品及成品上任何可供辨識之獨

特記號、批號、文字、圖像等。 4.產品流向資訊（包括回收、銷貨退回與不良產品之名稱、總重量或總容量、原因及其處理措施；回收、銷貨退回產品之返貨者，其名稱及地址。 5.庫存原材料及產品之名稱、總重量或總容量。 6.報廢（含逾有效日期）原材料與產品之名稱、總重量或總容量、處理措施及發生原因。 7.其他具有效串聯產品來源及流向之必要性追溯追蹤管理資訊或紀錄。

六、PDCA循環

PDCA循環，就是由規劃（Plan, P）、執行（Do, D）、檢核（Check, C）及行動（Act, A）四大步驟過程所構成，一個循環結束，再進行下一個循環，周而復始，不斷向前。

有人稱為戴明循環（Deming Cycle）或戴明轉輪（Deming Wheel）。

1. 規劃（Plan, P）：即品質計畫，計畫建立各項品質目標與管制標準。

2. 執行（Do, D）：品質管理之實施，即根據上述品質計畫，進行品質管理有關之活動。

3. 檢核（Check, C）：檢核品質計畫與實施結果間有無差異存在，並探討差異的程度與其原因。

4. 行動（Act, A）：針對檢核差異之結果，採取改善措施，以消除差異。

藉由此品質管理循環，可一直不斷的進行品質改善，做到好還要更好。

七、5S之實踐

5S係由整理（Seiri）、整頓（Seiton）、掃（Seiso）、清潔（Seiketsu）、教養（Shitsuke）五個日文所組成，由於其發音第一節皆有S故名。又被稱為「五常法則」或「五常法」，其詳細內容見第九章。

5S之英文為：整理（Systematise, sort）、整頓（Structurise, stabilize）、清掃（Sanitise, shine）、清潔（Standardise, standardize）、教養（Self-discipline.sustain）。

要落實5S管理，可遵循PDCA循環的原理，按照PDCA流程會相當有效，做法如下：

1. 籌組5S委員會，針對每個S計畫做出規範。（PLAN）

2. 高階帶領公開性的宣布開始5S推動計畫，提供員工訓練和教育的機會，列出編組、責任區劃分、評分頻率、評分時間，讓全員整理、打掃自己的工作區域。（DO）

3. 競賽評核5S管理推動的結果，先予設定期望之目標，做爲活動努力之方向及便於活動過程中之成果檢查。（CHECK）

4. 自我檢查和持續改善，簡單的事持續做，將依5S推動標準手冊規範執行，讓全員習慣成自然，養成遵守規定事項的紀律與習慣。（ACTION）

因此將5S推動過程，堅持PDCA循環，不斷提高作業環境的5S水準，即要通過檢查，不斷發現問題，不斷解決問題。因此，在檢查考核後，還必須針對問題，提出改善的措施和計畫，使5S活動堅持不斷地發展下去，也就是遵循PDCA循環的原理，持續改善。對自身提出更高的要求。

第十七章

衛生管理與認驗證制度
(Hygiene and certification system)

工廠要管理好，除生產要注意外，最基本的為衛生管理必須要到位。本章除介紹衛生管理法規之相關規定外，另就我國常見之認驗證制度以及工廠如何實施衛生管理加以介紹。

第一節　衛生管理相關法規

一、食品安全衛生管理法與施行細則

此法令係1975年1月28日公告施行，中間多次修正，最近一次係2019年6月12日修正。內容主要在規範食品安全管理上之相關事宜。

其內容共十章60條。各章分別為：第一章總則；第二章食品安全風險管理；第三章食品業者衛生管理；第四章食品衛生管理；第五章食品標示及廣告管理；第六章食品輸入管理；第七章食品檢驗；第八章食品查核及管制；第九章罰則；第十章附則。

為執行本法亦訂定「食品安全衛生管理法施行細則」，全文共31條。該施行細則最後修訂的時間為2017年7月13日。

二、食品良好衛生規範準則

目前食品工廠、餐飲業等食品業之管理依據食品良好衛生規範準則（food Good Hygienic Practices, GHP）加以規範。其為衛福部食品藥物管理署於2014年11月7日正式公告實施的規定，目的是在規範食品業者之從業人員、作業場所、設施衛生管理及其品保制度，以確保食品之衛生、安全及品質。所以不論何種食品行業，在其產銷過程中，都必須強制遵循GHP的法令規範。

該準則共十一章46條，包括：第一章總則；第二章食品製造業；第三章食品

工廠；第四章食品物流業；第五章食品販賣業；第六章餐飲業；第七章食品添加物業食品添加物業；第八章低酸性及酸化罐頭食品製造業；第九章真空包裝即食食品製造業；第十章塑膠類食品器具；食品容器或包裝製造業；第十一章附則。

　　除本文外，一般性食品工廠管理有關之內容，另可見於三個附表中：

　　第4條食品業者之場區及環境，應符合附表一場區及環境良好衛生管理基準之規定（表17-1）。

　　第5條食品業者之食品從業人員、設備器具、清潔消毒、廢棄物處理、油炸用食用油及管理衛生人員，應符合附表二良好衛生管理基準之規定（表17-2）。

　　第9條食品製造業製程管理及品質管制，應符合附表三製程管理及品質管制基準之規定（表17-3）。

　　食品使用之原料、食品添加物等成分，其衛生安全，應符合食安法及其相關規範，最終以供人食用為目的之食品，無論是否為供食品加工業者使用或供消費者直接食用者，其製程均應符合GHP之規定。

表17-1　GHP附表一內容

附表一　食品業者之場區及環境良好衛生管理基準
一、場區應符合下列規定： 　㈠地面應隨時清掃，保持清潔，避免塵土飛揚。 　㈡排水系統應經常清理，保持暢通，避免有異味。 　㈢禽畜、寵物等應予管制，並有適當之措施。
二、建築及設施，應符合下列規定： 　㈠牆壁、支柱及地面應保持清潔，避免有納垢、侵蝕或積水等情形。 　㈡樓板或天花板應保持清潔，避免長黴、剝落、積塵、納垢或結露等現象。 　㈢出入口、門窗、通風口及其他孔道應保持清潔，並應設置防止病媒侵入設施。 　㈣排水系統應完整暢通，避免有異味，排水溝應有攔截固體廢棄物之設施，並應設置防止病媒侵入之設施。 　㈤照明光線應達到一百公尺燭光以上，工作或調理檯面，應保持二百公尺燭光以上；使用之光源，不得改變食品之顏色；照明設備應保持清潔。 　㈥通風良好，無不良氣味，通風口應保持清潔。 　㈦配管外表應保持清潔。

(八)場所清潔度要求不同者，應加以有效區隔及管理，並有足夠空間，以供搬運。

(九)第三款、第四款以外之場區，應實施有效之病媒防治措施，避免發現有病媒或其出沒之痕跡。

(十)蓄水池（塔、槽）應保持清潔，每年至少清理一次並作成紀錄。

三、冷凍庫（櫃）、冷藏庫（櫃），應符合下列規定：

(一)冷凍食品之品溫應保持在攝氏負十八度以下；冷藏食品之品溫應保持在攝氏七度以下凍結點以上；避免劇烈之溫度變動。

(二)冷凍（庫）櫃、冷藏（庫）櫃應定期除霜，並保持清潔。

(三)冷凍庫（櫃）、冷藏庫（櫃），均應於明顯處設置溫度指示器，並設置自動記錄器或定時記錄。

四、設有員工宿舍、餐廳、休息室、檢驗場所或研究室者，應符合下列規定：

(一)與食品作業場所隔離，且應有良好之通風、採光，並設置防止病媒侵入或有害微生物汙染之設施。

(二)應經常保持清潔，並指派專人負責。

五、廁所應符合下列規定：

(一)設置地點應防止汙染水源。

(二)不得正面開向食品作業場所。但有緩衝設施及有效控制空氣流向防止汙染者，不在此限。

(三)應保持整潔，避免有異味。

(四)應於明顯處標示「如廁後應洗手」之字樣。

六、供水設施應符合下列規定：

(一)與食品直接接觸及清洗食品設備與用具之用水及冰塊，應符合飲用水水質標準。

(二)應有足夠之水量及供水設施。

(三)使用地下水源者，其水源與化糞池、廢棄物堆積場所等汙染源，應至少保持十五公尺之距離。

(四)蓄水池（塔、槽）應保持清潔，設置地點應距汙穢場所、化糞池等汙染源三公尺以上。

(五)飲用水與非飲用水之管路系統應完全分離，出水口並應明顯區分。

七、作業場所洗手設施應符合下列規定：

(一)於明顯之位置懸掛簡明易懂之洗手方法。

(二)洗手及乾手設備之設置地點應適當，數目足夠。

(三)應備有流動自來水、清潔劑、乾手器或擦手紙巾等設施；必要時，應設置適當之消毒設施。

(四)洗手消毒設施之設計，應能於使用時防止已清洗之手部再度遭受汙染。

八、設有更衣室者，應與食品作業場所隔離，工作人員並應有個人存放衣物之衣櫃。

表17-2　GHP附表二內容

附表二　食品業者良好衛生管理基準
一、食品從業人員應符合下列規定：
㈠新進食品從業人員應先經醫療機構健康檢查合格後，始得聘僱；雇主每年應主動辦理健康檢查至少一次。
㈡新進食品從業人員應接受適當之教育訓練，使其執行能力符合生產、衛生及品質管理之要求；在職從業人員，應定期接受食品安全、衛生及品質管理之教育訓練，並作成紀錄。
㈢食品從業人員經醫師診斷罹患或感染A型肝炎、手部皮膚病、出疹、膿瘡、外傷、結核病、傷寒或其他可能造成食品汙染之疾病，其罹患或感染期間，應主動告知現場負責人，不得從事與食品接觸之工作。
㈣食品從業人員於食品作業場所內工作時，應穿戴整潔之工作衣帽（鞋），以防頭髮、頭屑及夾雜物落入食品中，必要時應戴口罩。工作中與食品直接接觸之從業人員，不得蓄留指甲、塗抹指甲油及佩戴飾物等，並不得使塗抹於肌膚上之化妝品及藥品等汙染食品或食品接觸面。
㈤食品從業人員手部應經常保持清潔，並應於進入食品作業場所前、如廁後或手部受汙染時，依正確步驟洗手或（及）消毒。工作中吐痰、擤鼻涕或有其他可能汙染手部之行為後，應立即洗淨後再工作。
㈥食品從業人員工作時，不得有吸菸、嚼檳榔、嚼口香糖、飲食或其他可能汙染食品之行為。
㈦食品從業人員以雙手直接調理不經加熱即可食用之食品時，應穿戴消毒清潔之不透水手套，或將手部徹底洗淨及消毒。
㈧食品從業人員個人衣物應放置於更衣場所，不得帶入食品作業場所。
㈨非食品從業人員之出入，應適當管制；進入食品作業場所時，應符合前八款之衛生要求。
㈩食品從業人員於從業期間，應接受衛生主管機關或其認可或委託之相關機關（構）、學校、法人所辦理之衛生講習或訓練。
二、設備及器具之清洗衛生，應符合下列規定：
㈠食品接觸面應保持平滑、無凹陷或裂縫，並保持清潔。
㈡製造、加工、調配或包（盛）裝食品之設備、器具，使用前應確認其清潔，使用後應清洗乾淨；已清洗及消毒之設備、器具，應避免再受汙染。
㈢設備、器具之清洗消毒作業，應防止清潔劑或消毒劑汙染食品、食品接觸面及包（盛）裝材料。

三、清潔及消毒等化學物質及用具之管理,應符合下列規定:

　　㈠病媒防治使用之環境用藥,應符合環境用藥管理法及其相關法規之規定,並明確標示,存放於固定場所,不得汙染食品或食品接觸面,且應指定專人負責保管及記錄其用量。

　　㈡清潔劑、消毒劑及有毒化學物質,應符合相關主管機關之規定,並明確標示,存放於固定場所,且應指定專人負責保管及記錄其用量。

　　㈢食品作業場所內,除維護衛生所必須使用之藥劑外,不得存放使用。

　　㈣有毒化學物質,應標明其毒性、使用及緊急處理。

　　㈤清潔、清洗及消毒用機具,應有專用場所妥善保存。

四、廢棄物處理應符合下列規定:

　　㈠食品作業場所內及其四周,不得任意堆置廢棄物,以防孳生病媒。

　　㈡廢棄物應依廢棄物清理法及其相關法規之規定清除及處理;廢棄物放置場所不得有異味或有害(毒)氣體溢出,防止病媒孳生,或造成人體危害。

　　㈢反覆使用盛裝廢棄物之容器,於丟棄廢棄物後,應立即清洗乾淨;處理廢棄物之機器設備,於停止運轉時,應立即清洗乾淨,防止病媒孳生。

　　㈣有危害人體及食品安全衛生之虞之化學藥品、放射性物質、有害微生物、腐敗物或過期回收產品等廢棄物,應設置專用貯存設施。

五、油炸用食用油之總極性化合物(total polar compounds)含量達百分之二十五以上時,不得再予使用,應全部更換新油。

六、食品業者應指派管理衛生人員,就建築與設施及衛生管理情形,按日填報衛生管理紀錄,其內容包括本準則之所定衛生工作。

七、食品工廠之管理衛生人員,宜於工作場所明顯處,標明該人員之姓名。

表17-3　GHP附表三內容

附表三　食品製造業者製程管理及品質管制基準

一、使用之原材料,應符合本法及其相關法令之規定,並有可追溯來源之相關資料或紀錄。

二、原材料進貨時,應經驗收程序,驗收不合格者,應明確標示,並適當處理,免遭誤用。

三、原材料之暫存,應避免製程中之半成品或成品產生汙染;需溫溼度管制者,應建立管制方法及基準,並作成紀錄。冷凍原料解凍時,應防止品質劣化。

四、原材料使用,應依先進先出之原則,並在保存期限內使用。

五、原材料有農藥、重金屬或其他毒素等汙染之虞時，應確認其安全性或含量符合本法及相關法令規定。

六、食品添加物應設專櫃貯放，由專人負責管理，並以專冊登錄使用之種類、食品添加物許可字號、進貨量、使用量及存量。

七、食品製程之規劃，應符合衛生安全原則。

八、食品在製程中所使用之設備、器具及容器，其操作、使用與維護，應符合衛生安全原則。

九、食品在製程中，不得與地面直接接觸。

十、食品在製程中，應採取有效措施，防止金屬或其他雜物混入食品中。

十一、食品在製程中，非使用自來水者，應指定專人每日作有效餘氯量及酸鹼值之測定，並作成紀錄。

十二、食品在製程中，需管制溫度、溼度、酸鹼值、水活性、壓力、流速或時間等事項者，應建立相關管制方法及基準，並作成紀錄。

十三、食品添加物之使用，應符合食品添加物使用範圍及限量暨規格標準之規定；秤量及投料應建立重複檢核程序，並作成紀錄。

十四、食品之包裝，應避免產品於貯運及銷售過程中變質或汙染。

十五、不得回收使用之器具、容器及包裝，應禁止重複使用；得回收使用之器具、容器及包裝，應以適當方式清潔、消毒；必要時，應經有效殺菌處理。

十六、每批成品應確認其品保後，始得出貨；確認不合格者，應訂定適當處理程序。

十七、製程及品質管制有異常現象時，應建立矯正及防止再發生之措施，並作成紀錄。

十八、成品為包裝食品者，其成分應確實標示。

十九、每批成品銷售，應有相關文件或紀錄。

三、食品安全管制系統準則

食品安全管制系統準則為衛福部食品藥物管理署於2018年5月1日公告修正實施的規定。本準則共13條，係以行政院衛生署2008年5月8日發布之「食品安全管制系統」為架構，除規定食品安管制系統執行方法外，酌修條文之不確定性用語，並分條書寫以符合中央法規標準法規定。

所謂食品安全管制系統，指為鑑別、評估及管制食品安全危害，使用危害分

析重要管制點（Hazard Analysis Critical Control Point System, HACCP）原理，管理原料、材料之驗收、加工、製造、貯存及運送全程之系統制度。截自2020年5月28日止，公告指定應符合食品安全管制系統準則之業別與實施規模如表17-4所示。

表17-4　應符合食品安全管制系統準則與應置專門職業人員之業別及實施規模

行業別	需實施HACCP規模	需聘任專門職業人員規模
食用油脂工廠	1.工廠登記、資本額3千萬元以上 2.工廠登記、資本額未達3千萬元、食品從業人員5人以上	1.工廠登記、資本額1億元以上、食品從業人員20人以上 2.工廠登記、資本額3千萬元以上，未達1億元、食品從業人員20人以上
罐頭食品工廠	1.工廠登記、資本額3千萬元以上 2.工廠登記、資本額未達3千萬元、食品從業人員5人以上	1.工廠登記、資本額1億元以上、食品從業人員20人以上 2.工廠登記、資本額3千萬元以上，未達1億元、食品從業人員20人以上
蛋製品工廠	1.工廠登記、資本額3千萬元以上 2.工廠登記、資本額未達3千萬元、食品從業人員5人以上	1.工廠登記、資本額1億元以上、食品從業人員20人以上 2.工廠登記、資本額3千萬元以上，未達1億元、食品從業人員20人以上
水產加工食品業	1.工廠登記、食品從業人員5人以上 2.商業登記或公司登記、資本額3千萬元以上、食品從業人員5人以上	工廠登記、資本額3千萬元以上、食品從業人員20人以上
肉類加工食品業	1.工廠登記、食品從業人員5人以上 2.商業登記或公司登記、資本額3千萬元以上、食品從業人員5人以上	工廠登記、資本額3千萬元以上、食品從業人員20人以上
餐盒食品工廠	全部	工廠登記

行業別	需實施HACCP規模	需聘任專門職業人員規模
乳品加工廠	全部	工廠登記
供應鐵路運輸旅客餐盒	全部	營業登記、商業登記、公司登記或工廠登記
旅館業附設餐廳	1.國際觀光旅館附設餐廳	營業登記、商業登記或公司登記
	2.五星級旅館附設餐廳	營業登記、商業登記或公司登記
麵條及粉條業、醬油業、食用醋業、調味醬業、非酒精飲料業		1.工廠登記、資本額1億元以上、食品從業人員20人以上 2.工廠登記、資本額3千萬元以上，未達1億元、食品從業人員20人以上

　　另外，隨著食品安全管制系統的實施，食藥署規定某些業別需聘請專門職業人員維護其制度，這些業別與實施規模如表17-4所示。

　　各業別得聘請之專門職業人員之類別如下：

　　1. 肉類加工食品、乳品加工食品、蛋製品：食品技師、畜牧技師或獸醫師。

　　2. 水產加工食品：食品技師或水產養殖技師。

　　3. 餐盒食品製造、加工、調配業或餐飲業：食品技師或營養師。

　　4. 其他食品製造業：食品技師。

第二節　其他依食安法規定需辦理之事項

一、非登不可（食品業者登錄平台）

　　所有與食品相關之業者，包括餐飲、食材、包裝、清潔劑、販售等皆須登錄。藉由食品業者登錄資訊，政府可清楚掌握各層級食品業者從事製售之產業結構資料，有助於源頭管制及上市後的流通管理。

二、非追不可（食品追溯追蹤系統）

食品及其相關產品追溯追蹤系統管理辦法，為2018年10月3日修正。共10條。建立追溯追蹤系統係為食品衛生安全事件發生時，可以有效地掌握不符規定產品之原料來源及產品流向，並可針對有問題之批次快速進行處理，以降低損失及維護自身商譽。

食品追溯追蹤系統之紀錄保存範圍，係經公告實施食品業別整個食品生產鏈之往上一手來源追溯及往下一手成品追蹤之紀錄管制。紀錄保存可以紙本或電子方式，留存原材料資訊、產品資訊、產品流向資訊、內部追溯追蹤之紀錄資料等相關追溯追蹤資料。

2018年6月26日止，已公告應建立食品追溯追蹤系統之食品業者共25類如下（表17-5）：

表17-5　應建立食品追溯追蹤系統之食品業者

類別	輸入	製造	販售
1.食用油脂	■[1]	■[2A]	
2.肉類加工食品	■[1]	■[2B]	
3.乳品加工食品（市售包裝乳粉及調製乳粉除外）	■[1]	■[2B]	
4.水產品食品	■[1]	■[2B]	
5.餐盒食品		■[2A]	
6.食品添加物	■[1]	■[2D]	
7.基因改造食品原料	■[1]		
8.-14.大宗物資〔黃豆、小麥（麥類及燕麥）、玉米、麵粉、澱粉、食鹽、糖〕	■[1]	■[2C]	
15.茶葉	■[1]		
16.包裝茶葉飲料		■[2C]	
17.黃豆製品	■[1]	■[2C]	
18.嬰兒與較大嬰兒配方食品	■[1]	■[2A]	■[3A]
19.市售包裝乳粉及調製乳粉		■[2A]	■[3A]
20.蛋製品		■[2C]	
21.食用醋		■[2C]	
22.嬰幼兒食品之輸入	■[1]		

類別	輸入	製造	販售
23.農產植物製品、菇（蕈）類及藻類之冷凍、冷藏、脫水、醃漬、凝膠及餡料製品、植物蛋白及其製品	■[1]		
24.其他食品業別（工廠登記且資本額≧3000萬元）		■[2C]	
25.餐盒食品			■[3B]

註：1. 商業、公司或工廠登記
　　2A.工廠登記；2B.工廠登記+實施HACCP；2C.工廠登記且資本額≧3000萬元；2D.商業、公司或工廠登記
　　3A.商業、公司或工廠登記且資本額≧3000萬元；3B.達三家以上非百貨公司之綜合商品零售業獨立門市之連鎖品牌，且資本額≧3000萬元

三、食品安全監測計畫

　　食安法中規定，食品業者應訂定食品安全監測計畫。衛生福利部於2018年9月20日公告修正「應訂定食品安全監測計畫與應辦理檢驗之食品業者、最低檢驗週期及其他相關事項」，其中應訂定食品安全監測計畫之食品業者類別如下（表17-6）：

表17-6　應訂定食品安全監測計畫之食品業者

類別	輸入	製造、加工、調配
1.食用油脂	■	■
2.肉類加工*	■	■
3.乳品加工*	■	■
4.水產品加工*	■	■
5.食品添加物	■	■
6.取得特殊營養食品查驗登記業者	■	■
7.黃豆，8.玉米，9.麥類及燕麥，10.茶葉，11.食鹽	■	
12.麵粉，13.澱粉，14.糖，15.醬油	■	
16.氯化鈉含量百分之九十五以上食鹽		■
17.茶葉飲料		■
18.非屬百貨公司之綜合商品零售業者		
19.農產植物製品、菇（蕈）類及藻類之冷凍、冷藏、脫水、醃漬、凝膠及餡料製品、植物蛋白及其製品、大豆加工製品	■	■

類別	輸入	製造、加工、調配
20.麵條、粉條類食品，21.食用醋，22.蛋製品		■
23.非屬麵條、澱粉之農產植物、菇（蕈）類及藻類磨粉製品		■
24.調味品，25.烘焙炊蒸食品，26.營養補充食品，27.非酒精飲料，28.巧克力及糖果		■
29.食用冰製品，30.膳食及菜餚，31.餐盒食品		■
32.其他食品		■
33.嬰幼兒食品（嬰兒與較大嬰兒配方食品除外）	■	
34.蜂產品食品	■	

* 經公告應符合「食品安全管制準則」之加工、製造、調配業者

　　食品安全監測計畫應訂定相關之程序書，表17-7顯示食安監測計畫程序書與食品安全管制系統之異同。圖17-1則顯示食品安全監測計畫中，食品業者自主管理之範圍。

表17-7　食安監測計畫與食品安全管制系統程序書之異同

食品安全管制系統	食安監測計畫
	5.食品安全政策與品保制度宣示、規劃
產品製造流程及危害分析	7.產品製造流程及危害分析
HACCP計畫書	食安監測計畫
GHP	8.製程相關作業標準程序
1.衛生標準作業程序書	8.1衛生管理標準作業程序書
2.製程及品質管制標準作業程序書（含供應商管理）	8.2製程及品質管制標準作業程序書
3.倉儲管制標準作業程序書	8.3倉儲管理標準作業程序書
4.運輸管制標準作業程序書	8.4運輸物流管理標準作業程序書
5.檢驗與量測管制標準作業程序書	8.5檢驗量測管理標準作業程序書
6.客訴管制標準作業程序書	
7.成品回收標準作業程序書	8.7高風險疑慮及成品回收標準作業程序書

食品安全管制系統	食安監測計畫
8.文件管制標準作業程序書	
9.教育訓練管制標準作業程序書	10.教育訓練
	8.6追溯追蹤標準作業程序書
	8.8事業廢棄物（含一般廢棄物）處理標準作業程序書
內部稽核	9.內部稽核與供應商管理

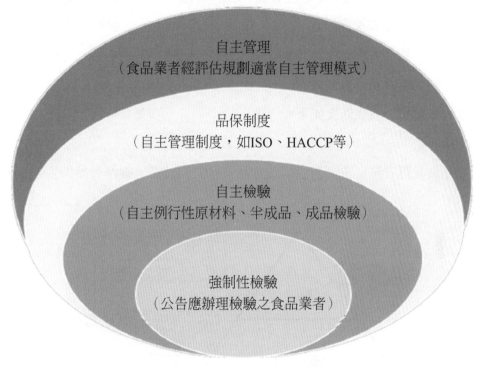

圖17-1　食品業者自主管理範圍

四、食品強制檢驗

依據衛生福利部於2018年9月20日公告修正「應訂定食品安全監測計畫及應辦理檢驗之食品業者、最低檢驗週期及其他相關事項」，其中應辦理強制檢驗的類別如表17-6。

第三節　政府對食品製造業之衛生管理

一、食品三級品管

　　食安法於2014年修法時，加入三級品管的概念。食品安全三級品管中，第一級爲「食品業者自主管理」（根據食安法第7條），第二級爲「第三方驗證機構查核」（根據食安法第8條），第三級爲「政府稽查」（根據食安法第41條）（圖17-2）。其中二級品管著重食品業者製造產品時，須透過第三方驗證機構協助查驗方式檢測食品安全性。

　　食安法之第7、8條條文如下：

「**第7條**

食品業者應實施自主管理，訂定食品安全監測計畫，確保食品衛生安全。

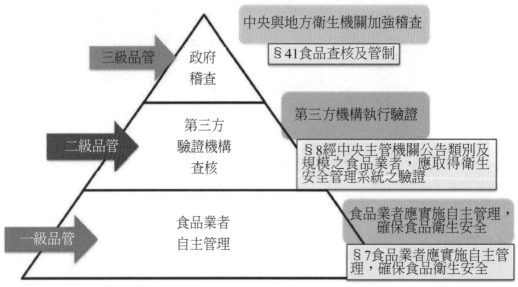

應設置實驗室之食品業者類別及規模（衛生福利部部授食字第1041303415號公告）
食用油脂、肉品加工、乳品加工、水產品、麵粉、澱粉、食鹽、糖、醬油、茶飲等資本額一億元以上者。

圖17-2　食品之三級品管

　　食品業者應將其產品原材料、半成品或成品，自行或送交其他檢驗機關（構）、法人或團體檢驗。

　　上市、上櫃及其他經中央主管機關公告類別及規模之食品業者，應設置實驗室，從事前項自主檢驗。

　　第一項應訂定食品安全監測計畫之食品業者類別與規模，與第二項應辦理檢驗之食品業者類別與規模、最低檢驗週期，及其他相關事項，由中央主管機關公告。

　　食品業者於發現產品有危害衛生安全之虞時，應即主動停止製造、加工、販賣及辦理回收，並通報直轄市、縣（市）主管機關。

　　第8條

　　食品業者之從業人員、作業場所、設施衛生管理及其品保制度，均應符合食品之良好衛生規範準則。

　　經中央主管機關公告類別及規模之食品業，應符合食品安全管制系統準則之規定。

　　經中央主管機關公告類別及規模之食品業者，應向中央或直轄市、縣（市）主管機關申請登錄，始得營業。

　　第一項食品之良好衛生規範準則、第二項食品安全管制系統準則，及前項食品業者申請登錄之條件、程序、應登錄之事項與申請變更、登錄之廢止、撤銷及其他應遵行事項之辦法，由中央主管機關定之。

　　經中央主管機關公告類別及規模之食品業者，應取得衛生安全管理系統之驗證。

　　前項驗證，應由中央主管機關認證之驗證機構辦理；有關申請、撤銷與廢止認證之條件或事由，執行驗證之收費、程序、方式及其他相關事項之管理辦法，由中央主管機關定之。」

1. 食品業者自主管理（第一級）

　　業者在自主管理上，上市、上櫃之食品業者是自食安法2014年12月10日公布後1年應設置實驗室，從事自主檢驗。

　　凡領有工廠登記且資本額1億元以上之食用油脂、肉類加工、乳品加工、水產品食品、麵粉、澱粉、食鹽、糖、醬油及茶葉飲料等10類製造、加工、調配業者，自2016年12月31日起應設置實驗室，從事其產品原材料、半成品或成品之自主檢驗。

2. 三方驗證機構查核（第二級）

　　政府為扶植或加強獨立驗證機構能量，增加其人力資源，除了執行食安驗證之外，也能執行食品良好衛生規範（GHP）查核工作，後續一步步擴大食品安全管制措施，使業者知法守法，擔負食品安全的企業責任。自2016年3月11日，衛生福利部發布「食品衛生安全管理系統驗證機構認證及驗證管理辦法」，正式推動第三方驗證機構之協助執行食品業者之系統驗證。

　　相較於過去食安法中的品管推動，食品業者進行食安驗證時，原本是由主管機關編列預算委託驗證機構協助查驗，現改為業者付費申請驗證，由主管機關之資訊系統隨機指派驗證機構前往查驗，驗證有效期限為3年。

　　目前經公告應實施第三方驗證的食品業別包含：罐頭食品製造業、食品添加物製造業、特殊營養食品製造業、乳品製造業、食用油脂製造業、麵粉製造業、糖製造業、鹽製造業、醬油製造業、澱粉製造業、水產加工食品業、肉類加工食品業、蛋製品工廠、餐盒食品工廠、旅館業附設餐廳、供應鐵路運輸旅客餐食之餐盒食品業。

3. 政府稽查（第三級）

　　為落實三級品管之精神，各直轄市、縣（市）衛生局每年會根據食安法41條之規定，對轄區之食品、食品添加物、食品器具、食品容器或包裝及食品用洗潔劑業者，進入製造、加工、調配、包裝、運送、貯存、販賣場所執行現場查核及抽樣檢驗。進行主動稽查。

　　另外，食藥署每年亦會根據當年查核重點，會同地方衛生局進行現場查核。

二、不同規模食品製造業之管理

　　根據食品業者登錄平台資料，將食品製造業者以下列條件加以分類：有無工廠登記、資本額、從業人數。

　　1. 工廠登記。分成⑴具工廠登記與⑵不具工廠登記兩類。其中無工廠登記者有72%，具工廠登記者有28%。

　　2. 資本額。將具工廠登記者再根據資本額區分為三類：

　⑴大規模：資本額達1億元（含）以上。

　⑵中規模：資本額達3千萬以上，未達1億元。

　⑶資本額未達3千萬。

　　3. 從業人數。前述第三類資本額未達3千萬者，再根據從業人數分為：

　⑴小規模：食品從業人數大於5人。

　⑵其他規模：食品從業人數小於5人。

　　表17-8為各規模工廠數統計表，表中數字為約略統計值。

表17-8　食品製造業規模統計表

規模	條件	工廠數
大規模	具工廠登記，資本額達1億元（含）以上	650
中規模	具工廠登記，資本額達3千萬以上，未達1億元	460
小規模	具工廠登記，資本額＜3千萬，食品從業人數 ≧5人	2,670
非屬上列之食品製造業者		
其他規模	具工廠登記，資本額＜3千萬，食品從業人數＜5	2,300
	未具工廠登記	9,600
合計		15,680

　　圖17-3顯示不同規模食品製造業者必須進行的各項計畫與負責的食品專責人員要求。

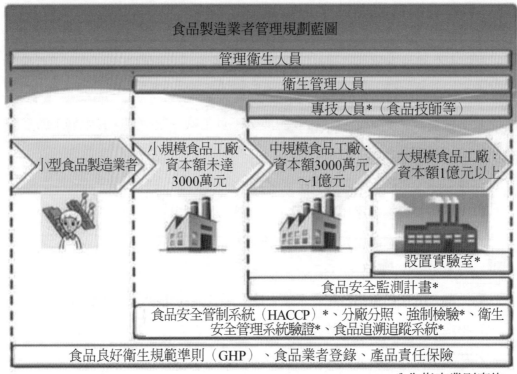

圖17-3　不同規模食品製造業之管理模式

1. 任何食品製造業者都必須遵守GHP之規定，並要進行食品業者登錄與投保產品責任險。同時要指派管理衛生人員作為食品專責人員。

2. 小規模食品工廠。依公告類別實施食品安全管制系統、強制檢驗、追溯追蹤、或衛生安全管理系統驗證（二級品管），並要實施分廠分照。同時要聘請衛生管理人員。

3. 中規模食品工廠。除前述小規模工廠之規定外，尚須依公告類別實施食品安全監測計畫，同時除衛生管理人員外，尚須聘請專技人員。

4. 大規模食品工廠。除前述規定外，尚需設置實驗室。

第四節 食品認驗證制度

一、食品驗證制度及品質管制

1. 認證與驗證

(1)**認證**（accreditation）

認證係指「主管機關對特定人或特定機關（構）給予正式認可，證明其有能力執行特定工作之程序」。

(2)**驗證**（certification）

驗證指「由中立之第三者出具書面證明特定產品、過程或服務能符合規定要求之程序」。

(3)**驗證與認證之區別**

認證係指對某單位**或個人**具有特定能力之認可。可依性質不同分為實驗室認證、驗證機構認證、檢驗機構認證等。認證機構須以政府或其委託專業機構為主，以第三方角度，避免利益上的衝突。

驗證則係指對**產品或服務**之認可（對象可能是產品、服務、管理、過程），確認是否符合某項標準之程序與要求，因此標準將是驗證制度的依據。而此認可係由**認證機構**認可之**驗證單位**所給予的。國內外驗證機構相當多，如TUV（德國）、SGS（瑞士）、BEST CERT（法國）、BVQI（法國）、DNV（挪威）、BSI（英國）、UL（美國）等。經由認證機構對驗證機構進行認證，驗證機構始能執業，但也有政府主導的驗證制度，其目的在於利用政府公信或公權力，獲得一般消費者之信賴。

簡言之，認證為對機構之評鑑；驗證為對產品之檢驗。

目前我國與食品相關之常見標章主要的「**認證機構**」之一為「財團法人全國認證基金會（TAF）」。常見之「**驗證單位**」則包括食品工業發展研究所、中華穀類食品工業技術研究所、經濟部標準檢驗局等單位。而消費者所看到的各類標

章，皆由驗證單位所出具，故實則應稱之爲「**食品驗證制度**」。由TAF認證過之單位會給予一認證標誌，其範例如圖17-4。

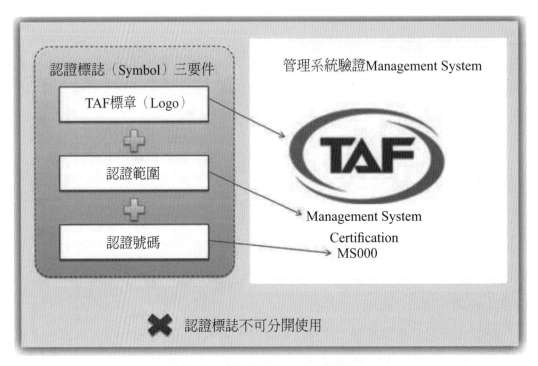

圖17-4　認證標誌之組成與範例

以產銷履歷爲例，國際認證機構（IAF）認可我國TAF後，國內各個驗證機構向TAF去申請其驗證之資格。目前目前國內從事水產品產銷履歷驗證的機構有SGS、環球、暐凱、海大、嘉大、成大、屏科大、中央畜產會等8個，這些單位便稱爲驗證機構（圖17-5）。

2. 食品產業與各標章之關係

我國的食品標章，從政府單位至民間機關，多達60多種，所涉及之部會，包括經濟部、衛生福利部以及行政院農業委員會等。有些標章具有法律效應，如健康食品標章；有些標章則由政府部門主推，如CAS、HACCP等；有些則爲民間單位主導，如ISO22000、SQF。常見標章與食品產業鏈之關係如圖17-6所示。

每個宣稱或標章都代表了該食品通過某項標準的審核才取得了資格，有一些是使用了特定原料（有機食品、鮮乳標章）、有些是符合特定宗教規範（Halal

圖17-5　認證與驗證間之關係

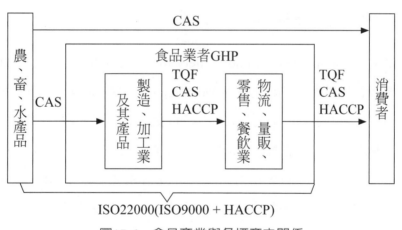

圖17-6　食品產業與各標章之關係

清眞認證、Kosher猶太認證等）、有些是產品經過審核才能使用標章於該產品上（健康食品、TQF、CAS等）。

　　各個食品標章通常有其意義的存在，如鮮乳標章表示該產品原料使用國產生乳，且具有一定之品質。但衛生品質與產品品質意義不同。衛生品質代表該產品符合衛生之標準，而產品品質除包含衛生品質外，尚包含其他與產品色香味、標準化等有關之品質。因此，產品品質涵蓋之範圍較廣。也就是說，達到產品品質

之產品，其衛生上一定沒問題；但達到衛生品質之產品，其產品其他的品質是無法確保的。

二、常見之食品驗證制度

一般我們所謂食品安全管理系統（Food Safety Management System, FSMS）是適用於所有食品的生產，非單純適用某特定範圍。

我國常見之食品驗證制度，其中由我國自行發展的包括TQF與CAS，常見的國際認可的系統，則包括HACCP、ISO 22000、FSSC 22000、SQF、BRC、IFS等。另外，特定宗教規範（Halal清眞認證、Kosher猶太認證等）亦爲常見，其中Hahal清眞認證常爲近年銷售穆斯林國家需具有的。

㈠何謂好的食品安全管理系統

全球食品安全倡議（Global Food Safety Initiative, GFSI）成立於2000年，成員包括世界著名的零售商（如美國的Wal-Mart、英國TESCO、法國家樂福Carrefour等），它最主要的任務是決定什麼叫好的食品安全管理系統。GFSI訂出所謂食品安全管理標準的認可基準（Benchmarking food safety standards），全世界的標準擁有單位跟它比對，只要比對完成，符合GFSI要求後，即代表好的食品安全管理系統，同時也讓各國能互相承認對方的食品安全及品質，省去不同零售商不斷查廠的困擾，而生產商可以更專心地把力氣專注在品質。

GFSI的公信力來自於它是從消費者的角度出發，而非標準擁有單位自行的認定。常見的FSSC22000、BRC、SQF、IFS等被GFSI認可爲好的食品安全管理系統。

但ISO 22000則非GFSI認可爲好的食品安全管理系統，主要原因爲GFSI是從客戶的角度出發，在認可基準上偏向二者稽核標準（客戶稽核），寫得較爲明確。而ISO 22000因其爲三者稽核標準（獨立三方稽核），因此在標準內容寫得較爲彈性。以蟲害防治爲例，在ISO 22000條文僅7.2.3前題方案出現，但如何規

劃、執行、確認、改善，完全沒有任何描述，而讓食品業者自行運作，但GFSI認爲好的食品安全管理系統應具備上述具體描述，因爲業者自行運作往往無法落實，導致食品安全系統無法確保其有效性，而這就不是好的食品安全管理系統。

㈡TQF-產品整體驗證

1. 標章的意義

　　TQF：產品整體驗證之前身爲GMP標章。TQF標章代表的是「品質、衛生、安全、信賴、國際化」。係爲強化業者自主管理體制，確保加工食品品質與衛生，及保障消費者及製造業者之共同權益之標章。

　　TQF標章如圖17-7所示，文字下方有九碼標章編號，其中，前5碼爲申請工廠的工廠生產系統編號（前2碼爲產品次類別編號，第3至5碼爲申請工廠登記之範圍下同類產品之生產線標號），6～9碼爲產品編號。

2. 標章涵蓋範圍

　　目前共27類產品，包括：⑴飲料；⑵烘焙食品；⑶食用油脂；⑷乳品；⑸粉狀嬰兒配方食品；⑹醬油；⑺食用冰品；⑻麵條；⑼糖果；⑽即食餐食；⑾味精；⑿醃漬蔬果；⒀黃豆加工食品；⒁水產加工食品；⒂冷凍食品；⒃罐頭食品；⒄調味醬類；⒅肉類加工食品；⒆冷藏調理食品；⒇脫水食品；(21)茶葉；(22)麵粉；(23)精製糖；(24)澱粉糖類；(25)酒類；(26)機能性食品；(27)食品添加物。產品類別幾乎涵蓋所有的食品加工產業。

圖17-7　TQF：產品整體驗證（左圖）與CAS：優良農產品（右圖）標章

㈢ CAS台灣優良農產品標章

1. 標章的意義

CAS台灣優良農產品標章（Certified Agricultural Standards）係此三個英文字字首而來，由行政院農業委員會訂定，目的在於提升國產農水畜林產品及其加工品的品質水準和附加價值，保障生產者和消費大眾共同權益，並和進口農產品區隔。

CAS認證機關爲行政院農業委員會，驗證機構有CAS優良農產品發展協會、食品工業發展研究所、中央畜產會等。

CAS台灣優良農產品的特點包括：

⑴原料以國產品爲主。

⑵衛生安全符合要求。

⑶品質規格符合標準。

⑷包裝標示符合規定。

CAS標誌如圖17-7。標章文字下方有六碼標章編號，前2碼爲產品類別編號，如01開頭即爲肉品；第三、四碼爲工廠編號；第五、六碼爲產品編號。

2. 標章涵蓋範圍

CAS標章現有16大項，包括：⑴肉品；⑵冷凍食品；⑶果蔬汁；⑷食米；⑸醃漬蔬果；⑹即食餐食；⑺冷藏調理食品；⑻生鮮食用菇；⑼釀造食品；⑽點心食品；⑾蛋品；⑿生鮮截切蔬果；⒀水產品；⒁林產品；⒂乳品；⒃羽絨。

此驗證制度爲產品驗證，因此通過CAS標章驗證生產工廠可以同時生產CAS與非CAS產品。但若產品包裝上無CAS標章者就不是CAS產品。

㈣ 食品安全管制系統（HACCP）

1. 標章的意義

HACCP（Hazard Analysis Critical Control Point）中文名稱是「危害分析重要管制點系統」，是一種預防性之製程管理系統。

⑴ HACCP起源

HACCP系統緣起於1960年代美國阿波羅太空發展計畫，爲提供太空人之食品，以保證不會造成食品病原菌汙染，確保食品安全之食品製造管理方法。

⑵ HACCP意義

其基本精神乃是藉由分析整個食品的生產製造過程（從原料開始經由進貨、儲存、加工、製造乃至最終產品），藉由流行病學、科學實驗數據或經驗法則分析，並配合管制點判定圖或危害的嚴重性與發生機率高低，找出重要管制點。最後藉由生產線上快速監測技術，將可能會造成食品有安全危害的步驟，給予適當的監控和管制，此即HACCP的基本精神。

HACCP分爲HA與CCP兩部份。

HA（**危害分析**）：針對食品生產過程，包括從原料處理開始，經由加工、包裝，流通乃至最終產品提供消費者爲止，進行一科學化及系統化之評估分析以瞭解各種危害發生之可能性。

CCP（**重要管制點**）：係指經危害分析後，針對製程中之某一步驟或程序，其危害發生之可能性危害性高者，訂定有效控制措施與條件以預防、去除或降低食品危害至最低可以接受之程度。

傳統品質管制與HACCP之比較如表17-9。傳統品質管制重視的是事後的檢驗，而HACCP則強調事前預防的規劃。

表17-9　傳統品質管制與HACCP之比較

HACCP系統	傳統品質管制系統
有系統地分析可能存在之危害	未有效分析可能之危害
用有限資源作有效掌握以管制重點	未能判定出管制重點，浪費有限資源
即時監測管制重點之控制條件，強調事先預防	注重抽樣檢驗半成品與成品，無法及時發現問題與事先控制
減少抽樣檢驗成本	依賴抽樣檢驗以發現危害
爲世界公認之食品安全管制系統，可作爲國際食品互相認證的共通管理基準	未能有效控制食品安全之危害

2. 標章涵蓋範圍

　　我國衛福部將食品良好衛生規範準則（GHP）加上HACCP概念結合成「食品安全管制系統」，訂定相關管理與實施之法令條文（食品安全管制系統準則），並陸續公告一些食品業別必須實施本制度。相關業別包括食用油脂工廠、罐頭食品工廠、蛋製品工廠、水產加工食品業、肉類加工食品業、供應鐵路運輸旅客餐盒之食品業、旅館業附設餐廳、餐盒食品、乳品加工食品業等（表17-4）。

　　HACCP與TQF及CAS不同處在於：政府公告之業別係強制實施，與TQF及CAS為自主參與不同。因此，已公告之業別若未實施HACCP則將依據法律之規定予以處罰。但若未在公告業別之工廠要實施HACCP，則屬自願性。

㈤ ISO22000食品安全管理系統

　　ISO系統由國際標準化組織（ISO）所擬定，該組織是一全球性的非官方組織。任務是促進全球的標準化及其有關活動，以利於國際間產品與服務的交流。ISO的國際標準以數字表示。例如「ISO22000:2018」的「22000」是標準號碼，而「2018」是出版年分。

　　ISO22000是由ISO國際標準組織推出的食品供應鏈食品安全管理系統，是由ISO-9001與HACCP結合成的，內容主要考慮以下三個方面：良好衛生規範（GHP）、HACCP的要求與管理體系（ISO9001）要求。相較於ISO9001，ISO22000增加了HACCP和食品追溯的要求，因此它既是描述食品安全管理體系要求的使用指導標準，又是可供驗證和註冊的可審核標準。

㈥ FSSC22000食品安全管理系統

　　FSSC 22000食物安全管理系統（Food Safety System Certification 22000, FSSC 22000），是以現有 ISO標準為基礎而制定，提供食品安全及品質責任有效管理的架構，並被全球食品安全倡議（Global Food Safety Initiative, GFSI）充分認可。企業取得FSSC 22000，代表公司擁有健全有效的食品安全管理系統（food safety management system, FSMS），並能滿足監管機構、食品企業客戶和消費者

的要求。

現行食品製造商的FSSC22000＝「ISO 22000：2018食品安全管理系統」＋「ISO/TS 22002-1：2009前提性方案」。

ISO 22000：為控制食品安全危害及確保遵循法規規範之管理工具。

ISO/TS 22002-1：2009（前身為PAS 220）：針對前提方案（Prerequisite Programs, PRPs）之特定需求而開發，用來協助在製程中控制食品安全風險，以及對設計用來符合ISO 22000標準之管理系統給予輔助。

目前FSSC 22000可以驗證的食品行業包括：食品製造商、食品包裝與包材製造商、動物食品與飼料製造商、畜牧養殖業、運輸物流與倉儲業、餐飲業、零售商。

㈦ SQF（Safe Quality Food：食品安全品質標準）

SQF（食品安全品質標準）是由美國食品行銷協會（Food Marketing Institute, FMI）監管，並經GFSI認可的食品安全管理系統，整合衛生、安全、品質三大驗證等級。SQF不僅是「生產過程認證」，同時也是「末端產品品質認證」。SQF分為3個等級（表17-10）：

表17-10　SQF驗證分級說明

級別	相關計畫	使用SQF標誌	級別說明	適用對象
Level 1食品安全基本原則	不需要	N	僅包含GAP/GMP/GDP要求和食品安全基本原則，為食品業者之基本要求	入門級，適用於新企業或發展中企業
Level 2食品安全計畫	食品安全計畫	N	包含level 1要求，還要完成產品及製程之食品安全風險分析，以確定危害並消除、預防或減少危害	已發展並可執行食品安全管制系統的企業
Level 3全面的食品安全和品質管制	食品安全和食品品質計畫	Y	包含level 1,2要求，並要求完成對產品及製程的食品品質風險分析及採取措施防止出現品質不良問題	已實施食品安全管制系統，並包含產品品質要求的企業

Level 1為達到食品安全基本原則（Prerequisites）。

Level 2則是達成建構在HACCP與風險管理上的食品安全管理計畫（HACCP Certification）。

Level 3除了完成Level 1、Level 2的要求外，還需要實施產品品質管理計畫〔HACQP Certification（Hazard Analysis Critical Quality Points）〕。

只有通過SQF Level 3才可以在產品外包裝上放上SQF品質盾（SQF Quality Shield）（圖17-8）。與其他制度不一樣的是，SQF驗證效期僅有1年。

圖17-8　SQF品質盾（左圖）與中國回教協會清真認證（右圖）標章

㈧清真認證（Halal Certification）

屬自願性標示（圖17-8）。清真認證起源於伊斯蘭教法。清真認證係符合清真食品且經過相關組織驗證者。

清真食品可分為「食材」及「食品」兩類。

食材的部分，穆斯林禁止食用血及豬肉。在處理禽畜類時，也都必須依規定的方式宰殺，如：一刀斃命、宰殺時誦真主之名。

清真食品的製作過程中，需使用具清真認證或不包含受限制（例如：酒精、豬相關產品、血液）的輔助器材，且在製造環境與過程中，皆不可受非清真的成分、原料的汙染。

㈨其他食品標章

其他國產品食品標章尚包括：深層海水自願性產品嚴正標章、正字標記、有機農產品標章、屠宰衛生檢查合格標誌、鮮乳標章、GGM羊乳標章、國產蜂產品證明標章、校園食品標章、餐飲衛生管理分級評核標章、SNQ國家品質標章。

第五節　工廠如何實施衛生管理

一、成立管制小組或食安小組

最高管理階層應設置決策小組，成員由食品業者之負責人或指定人員，及衛生管理人員、品保、生產或其他相關部門主管或幹部人員組成（例如：採購、人事、倉管等），建議至少3人以上，其職責為食品安全計畫之規劃、審查、評估、實施、維持、更新、確效、內部溝通以及外部團體溝通聯繫。

1. 針對實施食品安全管制系統之業者

根據食品安全管制系統準則第3條，「管制小組成員，由食品業者之負責人或其指定人員，及專門職業人員、品質管制人員、生產部（線）幹部、衛生管理人員或其他幹部人員組成，至少三人，其中負責人或其指定人員為必要之成員。」

2. 針對要訂定食品安全監測計畫之業者

根據食品安全監測計畫指引之描述：「要訂定食品安全監測計畫，首要之務應由最高管理階層成立食品安全決策小組（以下簡稱決策小組）或類似性質之任務編組，所謂「最高管理階層」為參考ISO9000與ISO17025所敘明之「最高層指揮和控制組織的一個人或一組人」，並由最高管理階層或其指定之管理人為小組負責人，小組成員應明確訂定定期會議之頻率及討論事項，定期召開食品安全管

理會議，其任務應為食品安全監測計畫之訂定、研析、增修、執行以及推動等工作，並有相關會議紀錄。」

二、制定食安工作內容

食安小組（委員會）在組織成立後，首先要規劃整體小組的工作內容。第一步就是要先將整體的方向與內容列出，以作為各單位執行依據的綱領。

1. 整體規劃內容與原則

一般而言，整體規劃的內容與原則如下：

(1) 管制小組會議。

(2) 食品安全管制系統與食品安全監測計畫或文件之審查。

(3) 監督食品安全管制系統與食品安全監測計畫的實施。

(4) 監督內部稽核及驗效相關作業。

(5) 規劃與督導員工教育訓練工作。

(6) 廠區病媒防治之規劃。

(7) 員工體檢之規劃與安排。

(8) 食品安全事件緊急應變措施之規劃。

2. 原物料與成品管理

多數食安問題的起源來自於原物料。因此，原物料的請採購系統與品質管理的建立與監督是避免食安問題的首重要素。原物料的管理包含：系統建立、原物料供應商管理、原物料及成品倉儲管理等一直到追蹤追溯，法規更新都是管理工作的重點。

(1) 原物料請採購機制。

(2) 原物料供應商管理。

(3) 原物料與成品倉儲管理。

(4) 訂貨機制，原物料與成品運輸管理。

(5) 彙整產品品項與產品描述資料。

⑹ 確認產品作業流程圖與加工條件。

⑺ 確認危害分析資料。

⑻ 監督重要管制點（CCP）之監測與矯正。

⑼ 協助驗效措施。

⑽ 客訴處理。

⑾ 食品追溯或追蹤系統之規劃。

⑿ 執行驗效相關作業。

⒀ 品質文件與記錄管理。

⒁ 食品法規之更新。

3. 衛生與檢驗

衛生與檢驗看似後勤作業，但其稽核與教育功能是食品安全不可或缺的一環。規劃內容有下列幾大項目：

⑴ 廠區及人員衛生管理。

⑵ 員工教育訓練工作。

⑶ 鑑別危害資料收集。

⑷ 與CCP有關資料統計分析。

⑸ 量測儀器校正。

⑹ 工廠衛生檢查。

⑺ 製程品質管理。

⑻ 原物料、半成品及成品之檢驗。

4. 設備與水資源管理

在食品製造生產的過程中，設備與水資源是必備的要件。水的管理除了來源之外，水的去處與品質更是重要。

⑴ 生產與公用設備之維護規劃與執行。

⑵ 廠區用水管理。

⑶ 廢水處理系統管理。

⑷ 消防設施管理。

三、任務分配

　　食安小組成員依工作職掌與工作內容分配工作任務。工作職掌與內容以下列目標爲分工準則：

　　1. 執行危害分析。

　　2. 決定重要管制點。

　　3. 建立管制界限。

　　4. 研訂及執行監測計畫。

　　5. 研訂及執行矯正措施。

　　6. 確認本系統執行之有效性。

　　7. 建立本系統執行之文件及紀錄等事項。

　　對於不同類型與規模之業者，我國法律有規定須聘請不同的食品專責人員，這類人員在工廠中自有其業務範圍，包括食品業者專門技術人員（如食品技師或營養師）或衛生管理人員等。

　　其中，食品業者專門技術人員其職責如下：

　　1. 食品安全管制系統之規劃及執行。

　　2. 食品追溯或追蹤系統之規劃及執行。

　　3. 食品衛生安全事件緊急應變措施之規劃及執行。

　　4. 食品原材料衛生安全之管理。

　　5. 食品品質管制之建立及驗效。

　　6. 食品衛生安全風險之評估、管控及與機關、消費者之溝通。

　　7. 實驗室品質保證之建立及管控。

　　8. 食品衛生安全教育訓練之規劃及執行。

　　9. 國內外食品相關法規之研析。

　　10. 其他經中央主管機關指定之事項。

　　而衛生管理人員執行工作如下：

　　1. 食品良好衛生規範之執行與監督。

2. 食品安全管制系統之擬訂、執行與監督。

3. 其他有關食品衛生管理及員工教育訓練工作。

四、制定工作計畫

1. 須制定之計畫名稱

食安小組每年須訂定該年度須執行之各項計畫，包括：食品安全暨品質會議、教育訓練規劃（包含：內部及外部）、食品安全管理系統內部稽核、年度內部稽核計畫、供應商實地稽核（原料）、供應商實地稽核（物料）、代工廠稽核、食品法規審查、食品過敏原教育訓練、食品安全防護教育訓練、食品安全防護評估、緊急應變演練、成品模擬回收演練、年度委外檢驗規劃、量測儀器校正規劃、食品安全監測計畫維護等。

2. 規劃頻率，執行人，提報管制日期

根據前述年度之計畫，根據頻率、負責人員（執行人）、提報管制日期，做成表17-11的年度計畫規劃進行列管。

表17-11　年度計畫規劃範例

頻率	負責人員	計畫提報日期
每月10日	食安小組長	--
每年	內稽小組長	
每季3，6，9，12月		
每月		--
每年		放入教育訓練計畫中
每季		放入教育訓練計畫中
每半年		放入教育訓練計畫中
每年		
每季2，5，8，11月	衛管人員	
每季	各組長	
7/31前完成		

第十八章

新產品開發
(New production development)

　　任何一個企業生產的目的是在製造產品以販售，而任何一款產品都有其生命週期，一旦該企業所有產品都無法獲利，則該企業便注定關門。因此，須不斷研發新產品，以延續企業的生存。本章將先介紹產品生命週期之意義，而後介紹新產品開發之意義與步驟。

第一節　產品生命週期

一、產品生命週期理論簡介

　　產品生命週期（product life cycle），簡稱PLC，是產品的市場壽命，即新產品從開始進入市場到被市場淘汰而退出市場之間的整個過程，所經歷的不同階段。產品生命週期對產品而言是一個很重要的概念，它和企業制定產品策略以及銷售策略有著直接的關聯。一般分成四個階段：導入期、成長期、成熟期和衰退期。

1. 第一階段：導入期

　　指產品從設計投產到投入市場進入測試階段。此不包括前期開發階段，純粹指新產品投入市場後，便進入了導入期。此時產品種類少，顧客對產品還不了解，除少數追求新奇的顧客外，實際購買該產品者少。因此生產者為了擴大銷路，需投入大量的促銷費用，對產品進行宣傳推廣。由於生產技術方面的限制、產品產量低、製造成本高、宣傳費高，因此產品售價偏高而銷售量有限。此時期的產品，通常不能獲利，反而可能虧損。此時期產品往往為獨占市場。

2. 第二階段：成長期

　　在產品進入導入期而其銷售取得成功之後，便進入了成長期。成長期是指產品透過試銷，消費者逐漸接受該產品，因而產品在市場上打開了銷路。此時期是需求增長階段，需求量和銷售額皆迅速上升。相對的，生產成本大幅度下降，而

利潤迅速增長。同時，競爭者發現有利可圖，紛紛進入市場參與競爭，使產品供應量增加，導致價格下降，利潤增長速度便逐步減慢，最後達到生命週期利潤的最高點。此時期產品多為寡佔市場。

3. 第三階段：成熟期

　　指產品走入大量生產並穩定地進入市場銷售，而隨著購買產品的人數增多，市場需求逐漸趨於飽和。此時，產品普及並日趨標準化，所以生產成本低而產量大。銷售增長速度緩慢，甚至轉而下降。由於競爭劇烈，導致同類產品生產企業之間不得不在產品品質、規格、樣式、包裝、服務等方面投注心血，因而在一定程度上增加了成本。

4. 第四階段：衰退期

　　是指產品進入了淘汰階段。隨著市場的發展以及消費習慣的改變等原因，產品的銷售量和利潤持續下降，產品已不能適應市場需求，且市場上已經有其它性能更好、價格更低的新產品，足以滿足消費者需求。此時，成本較高的企業就會由於無利可圖而陸續停止生產，產品的生命週期也就陸續結束，以至最後完全撤出市場。

二、產品生命週期曲線

1. 產品生命週期曲線

　　將產品生命週期以時間為橫軸，銷售額或利潤為縱軸，描述產品從進入到退出市場之變化，如圖18-1所示，一般描述為S型。有的會加上利潤曲線，即如圖18-1之下方曲線，以比較各階段之獲利情況。有些甚至將產品於開發階段，即列入產品生命週期圖中，即將圖18-1之橫軸向左延伸。而在產品開發期間該產品銷售額為零，公司投資卻不斷增加，因此利潤為負值。

　　生命週期曲線的特點為：在導入期，銷售緩慢，初期通常利潤偏低或為負值；在成長期銷售快速增長，利潤也顯著增加；在成熟期利潤在達到頂點後逐漸走下坡路；在衰退期產品銷售量顯著衰退，利潤也大幅度滑落。

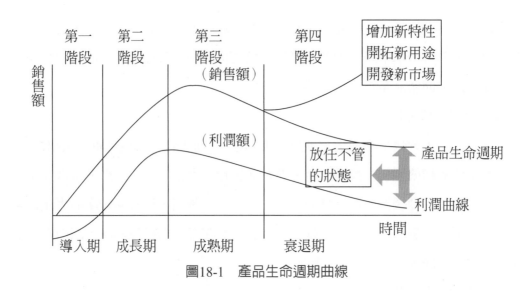

圖18-1 產品生命週期曲線

2. 如何進入另一產品生命週期曲線

　　若企業對產品持續投入相關之研發，即使產品進入衰退期，都有可能因為該產品增加新的特性、開拓新用途或開發新市場，因而重新進入另一階段的成長期。

　　一般對成熟期的產品修正包括：

　　⑴品質改進。如增加產品的耐用、可靠、速度、口味等。

　　⑵增加特色。如改變尺寸、重量、材質、周邊產品等。

　　⑶改進樣式。如改變顏色、外觀、裝飾等。

三、特殊的產品生命週期

　　圖18-1的產品生命週期曲線僅適用於一般產品的生命週期的描述，不適用於特殊產品的生命週期的描述。

　　特殊的產品生命週期包括固定量型、雙峰型（風格型）、持續上升與持續下降型、扇貝型、曇花一現型（熱潮型）、高原型與低原型（時尚型）等，它們的產品生命週期曲線皆並非通常的S型。

1. 固定量型

　　圖形為一直線，如圖18-2A所示。此類產品可能使用上已行之有年，因此，在有限的時間內，仍能維持一定之銷售量。

2. 雙峰型（風格型）

　　如圖18-2B所示。此類產品之風格一旦產生，可能會延續數代，根據人們對它的興趣而呈現出一種迴圈再迴圈的模式，時而流行，時而又可能並不流行。因此線條會呈現高低起伏狀態。

3. 持續上升與持續下降型

　　如圖18-2C、D所示。持續上升型產品可能為新產品，故仍處於導入期或成長期；而持續下降型產品則為已進入衰退期。

4. 扇貝型

　　如圖18-2E所示。扇貝型產品生命週期可不斷地延伸再延伸，這往往是因為產品不斷的創新或不時發現新的用途。

5. 曇花一現型（熱潮型）

　　如圖18-2F所示。此類產品的生命週期往往快速成長又快速衰退，主要是因為它只是滿足人類一時的好奇心或需求，所吸引的只限於少數尋求刺激的人。

6. 高原型與低原型（時尚型）

　　如圖18-2G、H所示。時尚型的產品生命週期特點是，剛上市時很少有人接納，但接納人數隨著時間慢慢增長，終於被廣泛接受（大量流行階段），最後緩慢衰退（衰退階段），這時消費族群又開始將注意力轉向另一種更吸引他們的時尚。其中，低原型（圖18-2H）為最典型之時尚型曲線。

　　而高原型（圖18-2H）可能為其前期，尚未進入衰退期，但也可能該產品為一長壽型的流行商品，成熟期非常的長。

四、產品生命週期各階段特徵與行銷策略

　　產品生命週期各階段有不同的特點，因此業者須擬定相對的市場銷售策略。

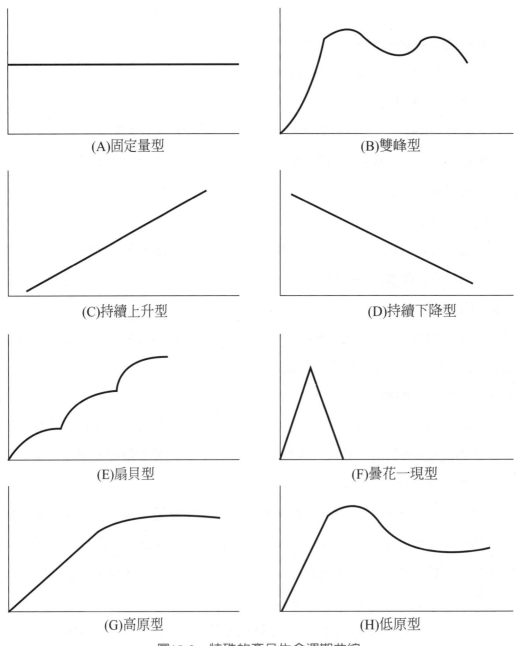

圖18-2　特殊的產品生命週期曲線

1. 導入期

　　特點：由於消費者不熟悉產品，企業必須透過各種促銷手段把商品引入市場，力爭提高商品的市場知名度。另一方面，導入期的產量和銷量都小，技術不

穩定不成熟、分銷管道不穩固，因此生產成本和銷售成本相對較高，導致企業虧損或利潤很低，企業在定價時不得不考慮這個因素。所以，在導入期，企業銷售的重點不是利潤多少，而是主要集中在促銷和價格方面藉以達到：(1)幫助潛在消費者增進對新產品的了解；(2)引導他們試用其產品；(3)獲得中間商分銷其產品。

此時期**行銷策略**有：(1)高價快速策略。採取高價格的同時，配合大量的宣傳推銷活動，把新產品推入市場。其目的在於先聲奪人，搶先占領市場，並希望在競爭還沒有大量出現之前就能收回成本，獲得利潤。

(2)選擇性滲透戰略。在採用高價格的同時，只用很少的促銷努力。高價格的目的在於能夠及時收回投資，獲取利潤；低促銷的方法可以減少銷售成本。

(3)低價快速策略。在採用低價格的同時做出大量的促銷。其特點是可以使商品迅速進入市場，有效的限制競爭對手的出現，為企業帶來相當的市占率。

(4)緩慢滲透策略。在新產品進入市場時採取低價格，同時不做大的促銷努力。低價格有助於市場快速的接受商品；低促銷又能使企業減少費用開支，降低成本，以彌補低價格造成的低利潤或者虧損。

2. 成長期

特點：在商品進入成長期以後，有愈來愈多的消費者開始接受、使用與熟悉，企業的銷售額直線上升，利潤增加。老顧客重複購買，並帶來新客戶。而隨著銷量的增加，企業規模變大，生產成本卻逐漸減低（圖18-3）。同時，企業已建立起較穩定的分銷管道，並繼續擴大。在此情況下，競爭對手也會紛紛加入，市場競爭加劇，威脅企業的市場地位。

因此，在成長期，企業的銷售重點應該放在保持並提高市場占有率，加速銷售額的上升。持續致力於擴大市場，儘可能地延長產品的成長階段。

另外，企業還必須注意成長速度的變化，一旦發現成長的速度有遞增變為遞減時，必須適時調整策略。

這階段適用的**行銷策略**包括：(1)積極進行基本建設或技術改良，以利於迅速增加或者擴大生產。

(2)改進商品的品質，增加商品的新特色。

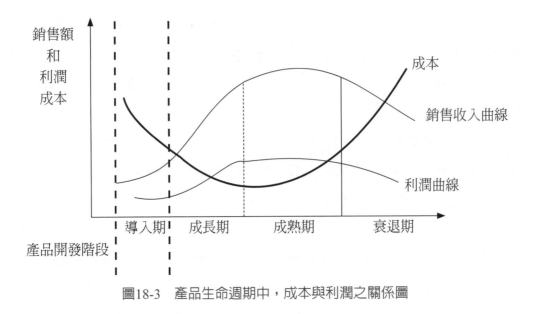

圖18-3　產品生命週期中，成本與利潤之關係圖

(3)展開市場分流，積極開拓新的市場，創造新的用戶，以擴大銷售。

(4)努力疏通並增加新的流通管道，擴大產品的銷售面。

(5)改變促銷重點。如，在廣告宣傳上，從介紹產品轉爲建立形象，以進一步提高企業形象。

(6)充分利用價格手段。在成長期，市場需求量較大，故企業可以降價以增加競爭力。降價可能暫時減少利潤，但是隨著市場的擴大，長期利潤還是可增加。

3. 成熟期

通常這一階段比前兩個階段持續的時間更長，大多數商品均處在該階段，因此管理層面也大多數是在處理成熟產品的問題。

特點：絕大多數屬於現有顧客的重複購買。此時市場競爭者增加，競爭激烈，而產品銷量則增加緩慢，逐步達到最高峰，並逐漸出現下降的趨勢。同時，商品銷售利潤開始緩慢下降。

在這一階段，銷售的重點應放在延長產品生命週期，保持市場占有率。有的弱勢產品應該放棄，以節省費用用來開發新產品；但是同時也要注意原來產品可能的發展潛力，有的產品就是由於開發了新用途或者新的功能而重新進入新的一

輪生命週期。因此，企業不應該忽略或僅僅是消極的防衛產品的衰退。積極的攻擊往往是最佳的防衛。企業應該有系統的考慮市場、產品及銷售組合的修正策略。

這階段適用的**行銷策略**包括：⑴市場修正策略。即藉由努力開發新的市場，來保持和擴大自己的商品市場。例如，努力尋找市場中未被開發的部分；透過宣傳推廣，促使顧客更頻繁的使用或每一次使用更多的量；努力打入新的市場區劃；贏得競爭者的顧客。

⑵產品改良策略。企業可以藉由改良產品特性，來提高銷售量。例如，品質改良，即增加產品的功能性效果；特性改良，即增加產品的新的特性；樣式改良，即增加產品美感上的需求。

⑶銷售組合調整策略。即企業透過調整銷售組合中的某一因素或者多個因素，以刺激銷售，如：透過降價加強競爭力；改變廣告方式以引起消費者興趣；採用多種促銷方式如大型展覽、附贈禮品等；擴展銷售管道，改進服務方式或者貨款結算方式等。

4. 衰退期

特點：產品銷量由成熟期的緩慢下降變為迅速下降；銷售利潤大幅度下降，甚至可能降至負值；產品售價已下降到最低；消費者的興趣和消費習慣發生轉變。

當商品進入衰退期時，企業不能簡單的便捨棄，但也不應眷戀，一味維持原有的生產和銷售規模。此時企業必須研究商品在市場的真實地位，然後決定是持續經營下去，還是放棄經營。

此時期**行銷策略**有：⑴維持策略。在目標市場、價格、銷售管道、促銷等方面維持現狀。由於此時很多企業會先行退出市場，因此，一些有條件的企業並不一定會減少銷售量和利潤。可搭配一些商品延壽的策略，例如，降低產品成本，以利於進一步降低產品價格；增加產品功能，開闢新的用途；加強市調，開拓新的市場，創造新的內容；改進產品設計，以提高產品性能、品質、外觀等，使產品壽命週期不斷進入另一迴圈。⑵縮減策略。仍繼續經營，但適度的收縮規模，

如把銷售力量集中到一個或者少數幾個市場上，以加強這幾個細分市場的銷售力量。⑶撤退策略。即決定放棄經營撤出目標市場。但在撤出目標市場時，企業仍應考慮，未來將經營哪一種新產品，可以利用以前的那些資源；品牌及生產設備等資產如何處理；需保留多少零件存貨和服務以便服務目前顧客。

各階段的市場特性與行銷策略見表18-1與表18-2。

表18-1　產品生命週期各階段特性

項目	導入期	成長期	成熟期		衰退期
			前期	後期	
產品現象	剛進入市場，產品知名度低，需龐大的推廣與配銷費用，消費者的喜好與接受程度較低	之前的推廣活動與通路鋪貨開始產生效益，產品漸有知名度並獲得消費者的接納	面對競爭激烈趨於飽和的市場，不但價格下降，為保護市場也維持著相當的行銷費用		產品不再受到歡迎，市場開始萎縮
經營風險	非常高	有所下降，但仍維持高水準	進一步降低達到中等水準		考慮何時完全退出市場
銷售量	少	快速成長	緩慢成長後，達最大	開始下降	下降
成　本	高	下降	最低	由低漸升	比成熟期高
利　潤	負	逐漸增加	高峰	開始下降	低或負
主要顧客	創新追求者	早期採用者	早期大眾與晚期大眾	晚期大眾	落後者與忠誠者
競爭者	少（甚至無）	增加	增加	甚多	減少
需求	初級需求	次級需求	次級需求	次級需求	初級需求

表18-2　產品生命週期各階段行銷策略

項目	導入期	成長期	成熟期	衰退期
行銷目標	讓目標顧客知覺並試用	盡量取得市占率	從既有競爭者中取得市占率	減縮與收割
策略重心	擴張市場	滲透市場	保持市場占有率	提高生產率
營銷支出	高	高（但百分比下降）	下降	低
重點	產品知曉	品牌偏好	品牌忠誠度	選擇性
目的	提高產品知名度	追求最大市占率	追求最大利潤與保持市占率	減少支出及增加利潤回收
分銷方式	選擇性分銷	密集式	更加密集式	排除不合適、效率差的管道
產品	基本型產品，形式少且簡單	增加產品形式與功能	產品形式與產品功能最多	刪減無獲利的產品
價格	成本加成　高價榨取策略　低價滲透策略	價格滲透	盯住競爭者的定價	削價
通路	選擇式配銷	密集式配銷	更密集的配銷	選擇式配銷
推廣	引發顧客對產品知覺，並借助大量促銷	強調品牌差異，搶占新增客層	強調品牌差異，鼓勵競爭者顧客的品牌轉換或維持自己的市占率	推廣活動降至最低，只維持單純的告知

五、產品生命週期理論的意義

1.由本理論顯示，任何產品都和生物體一樣，有一個由誕生─成長─成熟─衰亡的過程，因此企業須不斷創新，開發新產品。

2.藉由本理論，可分析產品處於生命週期的哪一階段，推測產品今後發展的趨勢，以正確把握產品的市場壽命。並根據不同階段的特點，採取相應的市場銷售組合策略，以增強企業之競爭力，提高經濟效益。

3.產品生命週期是可以延長的。

第二節　新產品的採用與擴散

　　產品生命週期的「S型曲線」，是從產品本身的角度來說明的，至於為何產品的生命週期會呈現這樣的一個曲線，需從用戶的角度來解讀，即創新擴散模式。

　　創新擴散模式（diffusion of innovation）係根據對新產品的積極性，將採用者分為五類：創新者、早期採用者、早期大眾、晚期大眾、落後者（圖18-4）。其分布剛好成一鐘形曲線。但其中早期採用者與早期大眾間會有一個大鴻溝，產品需跨越此鴻溝才能進入大量被接受與採用之階段。

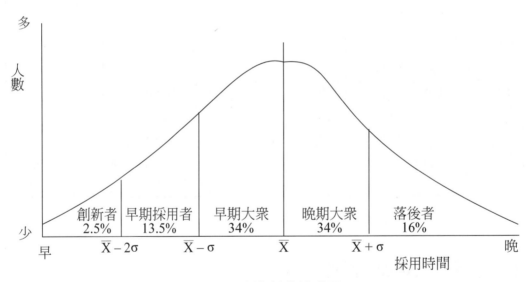

圖18-4　創新擴散模式圖

一、創新擴散模式各階段的意義

1. 創新者（innovator）

　　勇於接受新產品，具備獨立判斷、主動積極、敢於冒險與自信的特質。這些人通常較年輕且教育程度與收入較高，占採用者的極少數。

2. 早期採用者（early adopter）

　　態度上比創新者更小心翼翼，但對新產品的接納比大多數人早。這些人通常是其他人的意見領袖。

　　新產品上市時，都希望能獲得創新者與早期採用者的青睞，以便能夠擴散產品口碑，帶動其他人接納新產品。

3. 早期大眾（early majority）

　　這類人有深思熟慮的特性，會蒐集資訊，採用之前會向意見領袖或有使用經驗者探聽新產品。

4. 晚期大眾（late majority）

　　這類人通常是「很多人有了，我才要有」的態度。易受身邊親友影響，甚至是感受團體壓力之後，才決定採用新產品。

5. 落後者（laggard）

　　後知後覺，態度保守，不輕易接受改變，等到創新快變成古董時才會採用。

二、創新擴散模式各階段與產品生命週期的關係

　　由各類用戶的鐘形數量分布圖可以看出各種類型的用戶的大致占比。在導入期的用戶多為創新者和早期採用者，使用的群體較少，也未達到快速增長之條件。

　　在成長期則主要是早期大眾的大量使用戶，其數量快速增長；晚期大眾則是相對較晚進入的群體，主要在成熟期。落後者則是最晚進入產品生命週期中的群體，可能在成熟期晚期甚或衰退期，而此時用戶量已經形成了一定的規模。

　　創新者和早期採用者屬於同一類，這類用戶的特徵是眼光超前，吸收接納度高、但也更挑剔。新產品上市，會先引起這一批人的注意，但這在目標用戶群體中的比重很少，所以這個階段產品的用戶量增長不可能很快。但是企業可透過這批用戶的反饋，不斷改善產品，並吸引大眾用戶。

　　早期大眾者的典型特徵是只要有人用，就敢用，抱著試試看的心態；晚期大

眾者則更膽小一些，產品要出現的頻率高且口碑不錯，才會考慮使用。這兩類的人都屬於主要市場的主力用戶，在產品的整個生命週期裡，占有50%以上的用戶量。這個階段對應的就是產品的成長期和成熟期。

落後者多為年長者，他們接觸新訊息的機會與速度慢，因此到他們進入市場，這個時候晚期大眾已經消耗差不多了，產品用戶增加數明顯放慢，也就到了產品的衰退期。落後者也有一些懷疑主義者，只有當產品完全可靠，並且能夠滿足他們的需求，他們才會選擇使用。

第三節　新產品開發的意義與重要性

新產品開發（new product development）是指從研究選擇適應市場需要的產品開始到產品設計、製程設計，直到投入正常生產的一系列決策過程。廣義而言，新產品開發包括新產品的研發，也包括原有產品之改進、換代與製程的更新。新產品開發是企業研究與發展的重點內容，也是企業生存和發展的戰略核心之一。

一、創新的定義與分類

1. 創新的定義

　　新產品開發牽涉到所謂的創新，創新是一個包含不確定性、創造性及偶然的過程，創新的內涵是包括公司所創造出來的任何產品、服務或製程。

2. 創新的分類

　　依創新程度：分為漸進式創新、動態漸進式創新與跳躍式創新。

　　依創新目標：分為產品創新、製程創新。

　　依產業演化：分為導入期、過渡期、穩定期等三階段。

⑴ **漸進式創新與跳躍式創新**

漸進式創新指產品型態或功能沒有很大的修改，僅修改其中部分的外觀、性能或特性。對消費者而言，則不需改變任何的消費習慣。常見如手機套之改變其圖案，本質上無任何改變，即屬此類創新。此類創新也是最常見到的創新方式，產品也最多（表18-3）。

表18-3　創新的定義與分類

創新的形態	創新的新穎程度	消費者行為的改變程度
漸進式創新	僅局部改變現有產品，無改變產品基本功能	幾乎不需要改變任何使用行為
動態漸進式創新	改變現有產品的基本功能或使用方式，但產品形式大致類似	需花費一些時間調整原行為，以適應新產品
跳躍式創新	產品形式、基本功能都是前所未有的新發明	必須學習全新的產品知識和使用方法

動態漸進式創新指改變現有產品的基本功能或使用方式，但產品形式大略相同。如常見之同一廠牌4G手機，最新型手機常會與舊型有些不大一樣的功能，對消費者而言，需要一些時間去適應。

跳躍式創新指產品形式與功能都是完全新的。如iPad與手機或手提電腦是完全不一樣的產品與使用概念。

新產品以漸進式創新者最多，而跳躍式創新產品最少，卻可能造成產品大規模替代和企業市場地位的消長。如數位相機的出現，使傳統相機市場完全消失；隨身硬碟的出現，使軟碟機由市場消失。

⑵ **產品創新與製程創新**

產品創新，指在新類型產品推出時，市場參與者自由的依照新的形式與物料，生產各類具有獨特設計的產品。如同為智慧手機，皆有聽、打、上網、拍照等功用，但不同廠牌各有其特殊之功能（圖18-5）。

高	全新的產線，20%		對全世界而言為全新的產品，10%
製程本身的新穎性	現有產品的改進，26%	增加新的生產線，26%	
低	降低成本，11%	重新定位，7%	
	低	市場的新穎性	高

圖18-5　產品創新與製程創新之比例分布

製程創新，指在主流設計產生之後，產品的創新範圍變小，生產者開始尋求提高良率及降低成本的方法。一般這類創新消費者往往無法察覺，因其注重製程上的改良與改進，與如何降低成本（cost down）。

(3) **創新與產品週期之關係**

創新與產品週期之關係可分為導入期、成長期、穩定期等三階段說明。

導入期以產品創新為主（圖18-6之A點），此時因該產品為有創意的新產品，因此形成一時的壟斷，故為一種創造毀滅模式。同時，在產業競爭初期，因產品為一種全新的模式，故對手與己方技術和生產力進展緩慢（圖18-6之B點）。

隨著產品進入成長期初期，新競爭者加入，在製程創新方面，投入的資金與時間，技術及生產力皆大幅提升（圖18-6之C點）。

當產品由成長期過渡到成熟期時，產品處於產業競爭晚期（主流設計出現一段時間）（圖18-6之D點），此時競爭重心由產品創新逐漸轉到製程創新，而公

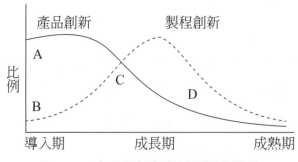

圖18-6　產品創新與產品週期之關係

司營運重心轉向成本架構或品質水準，故兩者之比例皆有下降之趨勢。

二、新產品開發的重要性

　　根據磨耗曲線，每7個創新的想法，只有4個進入到研發階段，其中1.5個真正進入到生產與上市階段，但只有1個產品最終成功。平均投入資金之回收年數為2.49年。

　　因此新產品之開發是一項耗錢、耗人力的工作，為何企業需要重視新產品之研發？其原因包括：

　　1. 增加利潤。若以五年內產品謂之新產品，則平均而言，新產品營收平均可佔整體營收之33%，而其利潤可由22〜49%。

　　2. 配合或促成消費者需求的改變。

　　3. 帶動市場需求的變化，以贏取更好的市場地位。

　　4. 因應競爭的形勢，開發新產品可以成為競爭優勢的泉源。

　　5. 迅速跟進競爭者的新產品，以免坐失市場。

　　6. 避免競爭對手坐大進而威脅到本身，所以推出新產品來牽制對方。

　　7. 回應來自通路商的要求。

　　8. 成熟期的產品毛利微薄，令通路商向製造商要求新產品，以期有利可圖。

　　9. 提振內部人員的士氣與發展。

　　10. 利用產能。

　　11. 帶動企業成長，提升公司形象。

　　12. 新產品開發可以加強戰略優勢。

　　13. 新產品開發有利於保持企業研發能力。

　　14. 新產品開發可以提高品牌權益。

　　15. 新產品開發可以影響人力資源。

　　根據圖18-7之微笑曲線，該曲線顯示產品創新、生產與服務之關係。微笑曲線之意義為，若企業純粹進行製造與裝配的工作，則其附加價值與獲利最低；

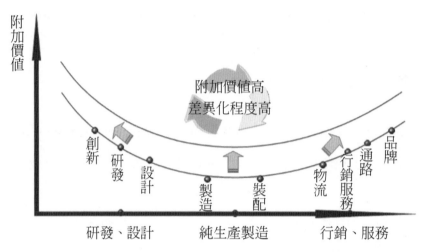

圖18-7　微笑曲線（產品創新、生產與服務之關係）

企業唯有加強物流、行銷服務（服務）、開拓通路、建立品牌（橫軸的往右發展），或進行設計、研發、創新等作為（橫軸的往左發展），方能夠提高其附加價值。由於該曲線中間最低，左右兩邊的努力皆使曲線上升，看來像一個微笑的嘴巴，故名微笑曲線。

三、新產品開發過程

新產品開發為企業競爭與生存重要的手段之一，因此討論此部分的理論眾多。今將發展過程歸納為七個步驟如圖18-8所示。要進行新產品開發前，需進行一些事前準備，如目標產品要確立、組織要加以調整、預算及經費需調整並確立。

㈠ 構想產生（idea generation）

此時產品還只是個粗略的概念。但構想的產生必須要有所依據，其依據是為了滿足用戶或企業本身的需要。其中，用戶的需求又是新產品開發選擇決策的主要依據。而為了解用戶的要求，在新產品開發之前期，必須認真作好市場調查工作。再根據調查結果提出新產品構想以及新產品的原理、結構、功能等方案（圖

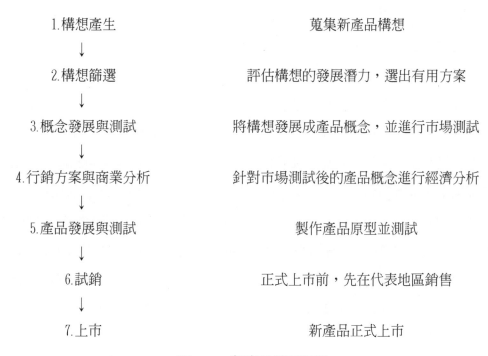

1.構想產生　　　　　　　　　　蒐集新產品構想

↓

2.構想篩選　　　　　　　　評估構想的發展潛力，選出有用方案

↓

3.概念發展與測試　　　　將構想發展成產品概念，並進行市場測試

↓

4.行銷方案與商業分析　　針對市場測試後的產品概念進行經濟分析

↓

5.產品發展與測試　　　　　　製作產品原型並測試

↓

6.試銷　　　　　　　　正式上市前，先在代表地區銷售

↓

7.上市　　　　　　　　　　新產品正式上市

圖18-8　新產品發展過程

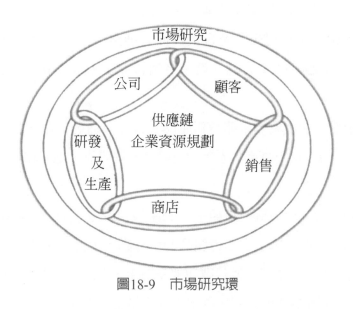

圖18-9　市場研究環

18-9）。市場研究連結顧客與企業、生產、商店、銷售之關係，主要目的在探尋
客戶對產品的歡迎程度，進而收集資料，以作為對製程及定價之依據，並可供探
討發展新構想的來源之用。除市場研究外，另外亦可針對原料、產品、設備與製

程加以研究，作爲構想產生的另一來源。

1. 構想主要來源

企業新產品開發構思創意主要來源包括**內部與外部**兩大來源，以下⑴～⑶爲內部來源，⑷～⑼爲外部來源：

⑴**來自員工**。特別是業務和技術服務人員，經常接觸用戶，用戶對老產品的改進意見與需求變化他們都比較清楚。另外，亦可來自作業生產的員工，藉由他們提供生產上所遇到的問題，可因而形成新產品開發或製程改善的創意。

⑵**來自研發人員**。研發人員具有比較豐富的專業理論和技術知識，要鼓勵他們爲企業提供新產品開發的創意。因此可透過與研發團隊的討論激發產品概念，因爲研發的角度絕對跟使用者不同。當他們鑽研久技術了，可以提出更新技術的提議來嘗試。此外，企業還可透過情報部門、工商管理部門、外貿等管道，徵集新產品開發創意。

⑶**來自高階主管**。高階主管經驗豐富，見多識廣，其創意可能非常具有建設性。但若缺乏市場研究數據，可能不具價值。

⑷**來自供應商、經銷商、廣告代理商與通路**。由前述單位獲得原物料知識、生產技術建議、消費者反應、競爭者情報等。尤其通路的意見回饋特別重要。

⑸**來自消費者**。企業著手開發新產品，首先要通過各種管道掌握消費者的需求，瞭解消費者在使用舊產品過程中有哪些改進意見、抱怨和新的需求，可因而形成新產品開發創意。

⑹**來自競爭者**。收集與分析競爭者的產品、廣告、商展、年報、新聞稿、網站等，透過了解競爭對手來知道競品的優缺點，進而產生購想，以開發新產品打擊競品之劣勢。但如果一直只關注競爭對手，有時只能做出「me too」的產品，因此在透過觀察對手的過程中做出差異化是格外重要。

有些公司會購買競爭者的產品，加以拆解、研究，而後模仿製作性能更佳之產品，但此類產品就非屬創新者。

⑺**來自研究機構**。透過學術刊物、專題報告、研討會、諮詢服務等獲得創

意之靈感。亦可透過產學合作，或專利代理人獲得新技術。

　　⑻**異業合作**。與不同公司合作做出全新的事業藍圖。

　　⑼**焦點座談**。最傳統的質化研究方式，比量化研究更精闢的使用者意見。透過找尋代表性的意見領袖組成焦點團體，藉由研究他們的意見發想新產品點子。

2. 構想產生方式

　　⑴**屬性列舉法**（attribute listing）

　　列出產品的主要屬性，對每一屬性加以檢討，以便產生更佳的產品概念。

　　⑵**強迫關係法**（forced relationships）

　　對所要創新的所有有關產品，列出並思考其彼此之間的互相關聯性，以獲得整體性效果，並產生新產品的創意。

　　⑶**結構分析法**（morphological analysis）

　　將產品的結構予以一一拆解，再組合，藉以了解產品各層面關係與相關性。

　　⑷**問題分析法**（question analysis）

　　以消費者為出發點，詢問其使用某一或某類特定產品時，會遇到的問題，分析原因並進而產生創意。

　　⑸**腦力激盪法**（brain storming）

　　由美國廣告公司創辦人**Alex Osborn**於1938年首創。由一個人或一組人進行（以6至10人為佳）。要解決的問題應明確，且主題唯一。討論時間以一小時為宜。參與者圍在一起，隨意將腦中想到和研討主題有關的見解提出來，然後再將大家的見解重新分類整理。在整個過程中，無論提出的意見和見解多麼可笑、荒謬，其他人都不得打斷和批評，從而產生很多的新觀點和問題解決方法。

㈡ **構想篩選**（screening and evaluation）

　　從多個產品開發點子中挑出有獲利潛力的產品開發。目的在避免錯誤的用（go-error）與錯誤的不用（drop-error）。

　　此階段需評估每個構想的發展潛力，淘汰不恰當的構想，避免在後續的階段

中花費無謂的時間、精力與資金。並非所有的產品構思都能發展成為新產品。有的產品構思可能很好，但與企業的發展目標不符合，也缺乏相應的資源條件；有的產品構思可能本身就不切實際，缺乏開發的可能性。因此，必須對產品構思進行篩選。

篩選構想考慮的因素包括：公司目標與資源、消費市場、產品競爭力、法律之適法性等。而篩選的角度可有兩個面向：

1. 產品構想。是指從製造廠商的角度，在市場調查和技術分析的基礎上，提供市場一種可能產品的構想或有關產品改良的建議。

2. 產品概念。是從消費者的觀點出發，將產品構想由消費者利益的角度形成一種較為精細的面貌。經過篩選後的構思僅僅是設計人員或管理者腦中的概念，離產品還有相當的距離。還需要形成能夠為消費者接受的、具體的產品概念。產品概念的形成過程實際上就是構思創意與消費者需求相結合的過程。

(三) 概念發展與測試

觀念發展是一個將粗略的創意發展成一個具體方案的過程。這時的結果，仍然要得到消費者的回饋，這個消費者意見收集的過程就是觀念測試。

篩選後的構想必須發展成產品概念（product concept），並在目標市場測試。

產品概念包括產品的價值（value）；能滿足消費者（客戶）甚麼特定需求；了解誰是客戶（user or customer）；產品的使用者或購買者是誰，需求是什麼；產品如何構成；如何滿足；產品的設計，製造，行銷，維護等。

在確定一個新產品的概念時，我們必須從以下五個方面來測試：

1. 新產品是什麼。即產品支撐點，產品特點是什麼？

2. 新產品能做什麼。即產品利益點，即該產品提供什麼利益給消費者？

3. 新產品為誰服務。即產品的目標顧客，產品賣給誰？

4. 新產品對於消費者意味著什麼。即產品是否具備差異化，如產品的個性、形象等。

5. 新產品是否具備吸引力。消費者能否理解產品概念和產品特性，例如：包裝、顏色、規格、價格，消費者對新產品的購買意向如何？

如果產品沒有一個好的概念，消費者難以理解和溝通，就不會打動消費者，吸引消費者去關注，去消費。

㈣ 行銷方案與商業分析（business analysis）

商業分析指的是進行財務、生產、業務單位等全公司不同部門的綜合性分析。

針對市場測試後的產品概念進行商業分析，確認定價、產量、成本結構、獲利預期等項目。由於產品發展階段的花費相當大，因此須由經濟層面分析，再次篩選產品概念。行銷方案包含：目標市場描述、產品定位、行銷組合決策。

商業分析的兩大焦點為銷售額分析與成本分析（圖18-10）。根據商業分析，廠商可以評估長短期利潤、損益平衡點，讓有利可圖的產品概念進入產品發展的階段。商業分析階段通常需考量下述問題：

1. 產品的可能需求量？
2. 新產品銷售、利潤、市場占有率及投資報酬率可能面臨的衝擊？
3. 新產品的引進對現存產品市場的影響？
4. 顧客是否可以自新產品獲得好處，特別是經濟上的利益？
5. 新產品是否會提高公司整體產品組合的形象？
6. 新產品是否會影響員工？

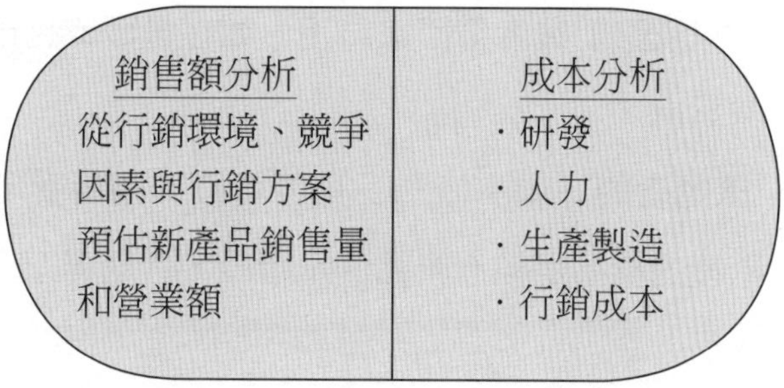

銷售額分析	成本分析
從行銷環境、競爭因素與行銷方案預估新產品銷售量和營業額	・研發 ・人力 ・生產製造 ・行銷成本

圖18-10　商業分析的兩大焦點

7. 現有廠房是否足夠？是否需擴建廠房？

8. 競爭者的反應？

9. 失敗的風險？公司是否願意承擔失敗的風險？

㈤ 產品發展（product development）與測試（testing）

產品發展：將評價不錯的產品概念，製作成實體產品，即產品原型（proto-type）。

發展產品原型的目的，主要是提供實際的產品來供消費者試用，以便觀察產品概念的利益是否能夠表現出來。

產品測試依照測試的場所，可分為實驗室測試與非實驗室測試。

產品測試依照是否揭露測試廠商與品牌，可分為匿名測試與非匿名測試。

產品原型測試。包括功能測試（安全、使用情境中的功能表現）、消費者測試（由消費者親自使用與檢視）。

測試時，原型產品測試與概念測試是並行的。

1. **原型產品測試**。有分內部測試與外部測試。

⑴內部測試。目的：測試新產品是否能被消費者接受，了解吸引的點以及購買頻率。

對象：內部員工與專家。食物飲料可以請公司專家先行測試，再給公司員工內部測試。若是研發經費高加上原型成本高又有保密問題之產品，大多都做內部測試。

⑵外部測試。如果是以超市量販店為主要通路的產品，就會進行外部測試。又有分定點測試以及讓消費者帶回家試用。如在量販或超市中，直接請人試吃或讓消費者帶回家試用。

2. **概念測試**。確認新的「產品概念」是否可被市場接受。這是在上市前重要的測試階段，此階段的樣品是經過產品測試階段，透過專家與內部員工的意見反饋後改良的結果。

目的：了解甚麼概念會讓最多消費者決定購買未見過之產品。而這些概念是

否有辦法深植消費者心中，跟後續行銷策略有關。

　　對象：所有消費者。為減少誤差，最好用單一測試，並且樣本數300以上較佳。主要是確認客戶能否接受新產品概念，若沒有就要趕緊在量產（MP）之前修改完畢。

　　測試之後，廠商對新產品的安全性、功能表現、製造成本等，可有相當程度的了解。同時利用產品原型測試產品是否符合預期市場需求以及規格。

㈥試銷（test marketing）

　　指產品正式上市之前，先在一些有代表性的地區或情境中銷售，以便了解消費者及經銷商對新產品的反應、預測銷售額與利潤、並改進缺點等。

㈦上市（commercialization）

　　經過大量生產（mass production, MP），透過通路鋪貨到媒體曝光，就開始展開了促銷與銷售。上市特別注意地點與時機。

　　地點：先選擇最被看好的地區。

　　時機：匆忙上市或太遲推出，都可能導致新產品遭受挫折。

　　上市後還需進行追蹤。以確認上市後之產品銷售狀況是否如預期？消費者反應與媒體反應如何？同時，藉由上市後追蹤看是否要修正產品開發流程，確保下一個新產品可以避免同樣錯誤再發生。

四、新產品開發過程分類方式

1. 按新產品創新程式分類

　　⑴**全新產品**。是指以全新的技術、原理和概念生產出來的產品。

　　⑵**改良式產品**。是指在原有產品的技術和原理之基礎上，採用相應的改進技術，使新產品外觀、性能有一定的進步者。

　　⑶**換代產品**。在原有產品技術基礎上，採用新技術、新方法或新材料，而

使新產品有較大突破者。

2. 按新產品所在地分類

(1)**地區或企業新產品**。指在國內其他地區或企業已經生產但本地區或本企業初次生產和銷售的產品。

(2)**國內新產品**。指在國內尚屬首次生產和銷售的產品。

(3)**國際新產品**。指在世界範圍內首次研製成功並投入生產和銷售的產品。

3. 按新產品的開發方式分類

(1)**技術導入新產品**。技術導入是開發新產品的一種常用方式。直接引進市場上已有的成熟技術製造的產品,這樣可以避開自身開發能力較弱的難點,並減少研製經費和投入的力量,從而贏得時間,縮短與其他企業的差距。企業採用這種方式可以很快地掌握新產品製造技術,但不利於形成企業的技術優勢和企業產品的更新換代。

(2)**獨立開發新產品**。企業開發新產品的途徑是自行設計、自行研製。採用這種方式開發新產品,有利於產品更新換代及形成企業的技術優勢,也有利於產品競爭。但自行研製、開發產品需要企業建立一支實力雄厚的研發隊伍、一個深厚的技術平臺和一個科學、高效率的產品開發流程。

(3)**混合開發的產品**。是指在新產品的開發過程中,既有直接技術導入的部分,又有獨立開發的部分,將兩者結合在一起而製造出的新產品。

(4)**市場開拓方式**。這種方式是以企業的現有產品為基礎,根據用戶的需要,採取改變性能、變換型式或擴大用途等措施來開發新產品。這種方式可以用企業現有設備和技術力量,開發費用低,成功機率大。但須對各該商品之生產過程詳加研究。不過,長期採用改進方式開發新產品,會影響企業的發展速度。

技術導入與市場開拓兩種型態的產品開發係以較少投資,產生高度的效率;為我國企業目前常見之型態。但在國際市場競爭日趨激烈之情況下,企業仍須開發具有獨特性之產品方有利永續之發展。

五、新產品失敗與成功因素

1. 導致新產品失敗的主要原因

　　⑴**產品有缺陷**。產品缺陷導致消費者使用不便。

　　⑵**推廣不力**。企業不願投入過多之行銷成本，導致推廣不足。或行銷方式與對象錯誤。

　　⑶**成本過高**。製造成本過高使產品售價高，若無法讓消費者覺得物超所值，產品就容易失敗。

　　⑷**銷售通路不理想**。

　　⑸**市場規模太小**。

　　⑹**競爭者的加入**。

　　⑺**社會大眾或政府單位的壓力**。

2. 影響新產品發展成功的因素

　　⑴**發展前對產品觀念的界定是否完善**。

　　⑵**技術與行銷上之綜效**。

　　⑶**新產品發展過程中各個階段的執行品質**。

　　⑷**市場吸引力的大小**。

3. 企業需投入持續新產品開發之原因

　　新產品開發對企業而言，是耗時與耗費成本的作為。以圖18-11之新產品開發時間序列為例，圖縱軸之左方顯示新產品開發的時間，右方顯示創意經篩選、企業分析、產品發展、市場測試等階段後，創意被剔除的狀況。

　　在收集100項創意中，有5項花了四年、9項花了三年、25項花了兩年、61項花了一年。

　　這100項創意中，其中有10項一開始便已被剔除，故只有90項創意進行篩選。經過創意經篩選、企業分析、產品發展、市場測試等階段，每個步驟都有創意被剔除，最後僅剩少數創意能上市。

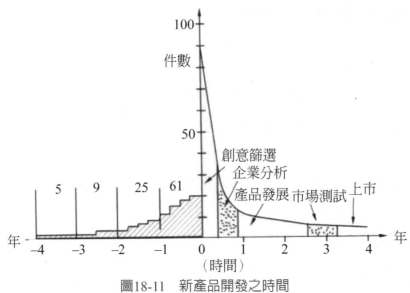

圖18-11　新產品開發之時間

　　由此可知，由創意到產品上市是一個耗時、花錢的程序，然而，企業不創新就容易被淘汰。打火機的出現將火柴產業淘汰；導致柯達公司破產的，不是富士軟片公司，而是數位相機的出現；曾經的錄影帶市場，VHS與beta帶互相爭奪市場，最後VHS成為主流，但最後也淹沒在CD與mp3的洪流中。因此，要企業永續發展就須遵循「人生唯一的不變就是變」的真理，藉由產品開發循環（圖18-12）不斷的由創意產生新產品。

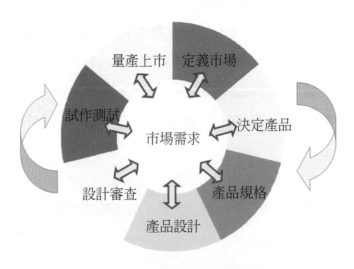

圖18-12　新產品開發循環

第十九章

風險管理與食品防護
（Risk control and food defense）

　　風險管理是針對風險評估之結果提出改善建議，透過有系統、有組織之決策過程落實執行與追蹤考核等程序，以達到保護消費大眾，及避免、減少食品工廠在發生風險時之各項損失。食品防護為近年來討論度很高的項目。本章說明風險管理與食品防護之關係。

第一節　食品風險管理

　　傳統上對於食品安全問題的判斷，憑藉的是經驗以及嘗試錯誤。不過目前消費者對於食品的要求更趨多樣化，也因此創造出更為多元的食品，不管在食材、口味、口感、添加料、包裝及製程等，均不斷地創新，以滿足眾多消費大眾的需求。也因為食品生產模式、消費者飲食習慣的改變等方面的發展轉變，對於食品安全方面的評估，需要一套結構更為完整的模式來進行。

　　過去對於食品安全的評估，主要以追溯性的方式，隨機採樣測試，以確認食品是否符合安全的標準。但這種評估方法僅能確保食品在評估的當下是否符合安全標準，卻無法提供更為有效的資訊給消費者，尤其是在判斷消費者實際食用該食品時之安全性。世界貿易組織（World Trade Organization, WTO）在制定貿易協定時，尤其是動植物食品衛生檢驗與檢疫措施協定（Agreement on the application of sanitary and phytosanitary measures, SPS agreement）過程中，特別強調在制訂食品控制標準時應以科學的方法作為基礎，因此在此前提下，定量的風險分析乃為可行且符合邏輯的評估模式。歐盟於2000年發表的食品安全白皮書（White paper on food safety），就特別指出，食品安全政策的制定必須基於風險分析，亦即透過**風險評估**、**風險管理**、**風險溝通**以建立食品政策。

　　有鑑於此，行政院衛生署食品藥物管理局於2012年1月公告「食品安全風險分析工作原則」，作為建立食品安全風險分析工作運作架構。其內容包括目的、範圍、通則、風險評估政策、風險評估、風險管理、風險溝通、一般規定等。

一、風險管理意義

狹義的風險管理是指能防患風險於未然的事前對應。廣義之風險管理是指全方位風險管理。最直接的解釋即是針對風險評估之結果提出改善建議，透過有系統、有組織之決策過程落實執行與追蹤考核等程序，以達到保護消費大眾，及避免、減少食品工廠在發生風險時之各項損失。其目的是希望掌握風險，將風險所造成的損失降到最低，且將重大風險控制在合理範圍的一種經營手法。

危害，指食品中對健康具有潛在不良影響的生物、化學或物理因子或狀況。

風險，指食品中的危害物質對健康具有不良影響的機率與該影響的嚴重性。

食品安全風險分析之目的係為確保人體健康。風險分析係整合風險評估、風險管理及風險溝通三項獨立但緊密關聯之程序。**風險預防**是風險分析的核心。

鑑於食品相關之健康危害物質的風險評估和風險管理程序中存在多元不確定性，不僅在風險分析中應明確考量現有科學資訊的不確定性和差異性，且使用於風險評估的假說和風險管理的措施皆應反映出危害物質的特性與不確定性。

因為所有存在的食品風險都有可能造成危害、緊急事件與危機，因此這些風險必須受到嚴格的評估與管理。風險管理的概念主要是希望協助食品業者解決日益多量化與複雜化的食品衛生安全問題，有助於食品業者及消費大眾在面對各式各樣的食品安全事件中，能夠釐清真相，以捍衛國人飲食健康、遠離黑心食品、分散產業風險。同時，風險管理制度必須建構在公正、客觀、透明、負責、有效的風險分析之基礎上。

構成風險管理的三大要件為：風險分析與評估、風險管理、風險溝通。

二、風險分析 (risk analysis)

風險分析是一種用來評估人體健康和安全風險的方法，為食品安全制度之基礎。它可以確定適當的方法來控制風險，並與利益相關者就風險及所採取的措施進行溝通。由於飲食與人類的健康與生存息息相關，2001年6月WHO修訂了「保

障食品之安全與品質-強化國家食品管制體系指引」。在該綱領中，對食品安全的控制原則涵蓋下述要項：從產地至餐桌之整合性概念（from farm to table）、風險分析（risk analysis）、透明度（transparency）、法規影響評估（regulatory impact assessment）。其中風險分析是食品控制政策之制定與消費者保護措施非常重要的基礎。風險分析之架構如圖19-1。

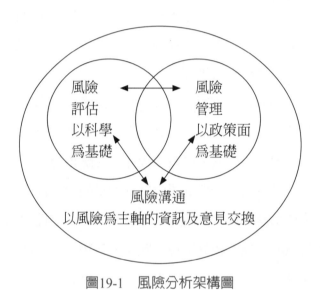

圖19-1　風險分析架構圖

三、風險評估（risk assessment）

1. 風險評估特性

　　風險評估是將已知或未知的食品危害，針對傷害人體健康的影響進行科學性之評估，一般具有以下幾個基本特徵：⑴風險評估應該客觀、透明、資料完整，並可供進行獨立評審。⑵在可行的情況下，風險評估和風險管理的職能應分別執行。⑶在整個風險評估過程中，風險評估者和風險管理者應保持不斷的互動溝通。⑷風險評估應遵循結構化和系統性的程序。⑸風險評估應以科學數據為基礎，並考慮到從生產到消費的整個食品鏈。⑹要明確記錄風險評估中的不確定性及其來源和影響，並向風險管理者解釋。⑺如果認為有必要，風險評估應進行同

步評議。⑻當有新的信息或需要新的資料時，應該對風險評估進行審議和更新。

2. 風險評估四步驟

　　風險評估過程一般由**危害鑑定、危害特徵描述、暴露評估、風險特徵描述**等四步驟組成（圖19-2）。

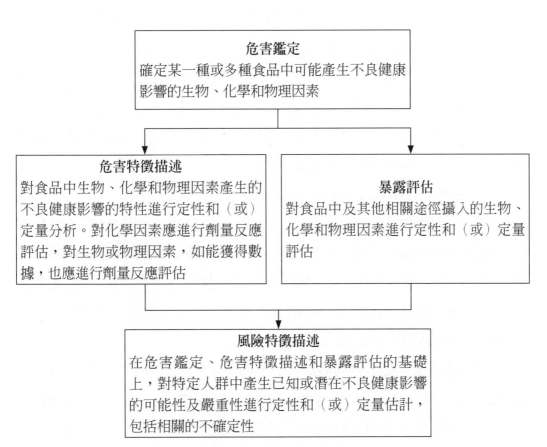

危害鑑定
確定某一種或多種食品中可能產生不良健康影響的生物、化學和物理因素

危害特徵描述
對食品中生物、化學和物理因素產生的不良健康影響的特性進行定性和（或）定量分析。對化學因素應進行劑量反應評估，對生物或物理因素，如能獲得數據，也應進行劑量反應評估

暴露評估
對食品中及其他相關途徑攝入的生物、化學和物理因素進行定性和（或）定量評估

風險特徵描述
在危害鑑定、危害特徵描述和暴露評估的基礎上，對特定人群中產生已知或潛在不良健康影響的可能性及嚴重性進行定性和（或）定量估計，包括相關的不確定性

圖19-2　風險評估之組成

⑴**危害鑑定**（hazard identification）

　　對所關注的危害進行明確鑑定是風險評估中的一個關鍵步驟，並由此啓動了專門針對該危害所引起風險的評估過程。主要是評估此物質在特定的暴露情況下，是否會造成人體的健康危害，以及導致何種健康效應。對於食品的危害鑑定而言，主要在確認是否有對人體健康產生不良影響的因子（化學性、物理性或生物性）存在於食品中。以生物性因子爲例，主要即在確認食品中是否存在潛在性

危害的微生物或者微生物毒性物質。確認的方式可以經由相關性的科學文獻、資料庫、或學者專家的諮詢獲得。此外，還可以透過流行病學的研究資料或是動物實驗、臨床研究等獲得。

⑵ **危害特徵描述**（hazard characterization）

在危害特徵描述的過程中，風險評估者需對已知與特定危害相關的不良健康影響的性質和程度進行描述。本階段的評估主要在了解存在於食品中之危害物質所產生危害反應的特性、嚴重程度以及危害影響時間長短，並且特別著重於不同危害物質在不同的劑量下對人體的危害程度之劑量反應（dose-response）關係之建立。因為係描述此物質的劑量與不良健康效應的發生率之間的關係，故又稱劑量反應評估（dose-response assessment）。

⑶ **暴露評估**（exposure assessment）

暴露評估是指對暴露於危害的人群，其攝入危害的量進行特徵描述。亦即評估此物質經由不同暴露途徑（呼吸道吸入、食入、皮膚接觸等）進入人體的劑量。暴露評估的主要目的在了解人類攝取食品的過程中，存在於食品當中危害物質之量的多寡，以及每日攝取該種食品量的多寡，藉以評估暴露的程度。

⑷ **風險特徵描述**（risk characterization）

風險特徵描述是風險評估的最後一個步驟，主要整合前面三個步驟評估的結果，形成對風險的估計。並且考慮評估過程中的不確定性、機率分配以及潛在身體危害之影響程度，綜合起來以提供作為風險管理的依據。

3. 風險評估模式

實務上，執行食品安全的風險評估有兩種模式，取決於被評估物質的特性。一種為具閾值（threshold）的評估，另外一種則為不具閾值的評估。閾值指的是產生危害反應所需要的最低劑量。若低於閾值，則不會有危害產生；在劑量高於閾值的狀況下，危害反應始呈現。因此可以透過實驗，求得無反應劑量（no-effect level）的大小。據此，加上不確定性因素的考量，可以訂定出一個每日可接受的劑量（acceptable daily intake, ADI）或者是安全的參考劑量（reference dose, RfD）。

　　至於沒有閾值的反應機制者，理論上因危害物質不具閾值，故並不存在安全的劑量，只要食品中含有該物質就視為不安全。但考量食品中無法避免汙染狀況之發生，實務上管理的標準是以一生中接觸該物質，而產生癌症風險的百萬分之一做為上限。亦即，暴露的狀況若使風險值小於1×10^{-6}，則為可接受的風險（acceptable risk），若大於1×10^{-6}，則為不可接受的風險。

4. 風險評估的應用與挑戰

　　對於風險評估應用於食品安全的評估上，有幾點需加以注意。由於目前執行風險評估的過程中，有關危害物質的毒性資料，因為涉及人道的問題，不可能以人體來進行試驗。所以，絕大多數均是源自於動物實驗，或者是活體外實驗（in vitro study），以協助解釋反應的機制與結果。在進行上述試驗的過程中，試驗的進行必須符合國際上所認可的執行規範、或者是方法，如此得到的結果方能具公信力。

　　同時，由於危害物質之毒性資料是從動物實驗獲得，而食品的攝取量多寡、攝食者的體重大小，均會影響食用後的反應程度，或是惡性腫瘤的發生率。因此，如何建立一套從動物實驗調整至人體狀況的模式是需要的。

　　而風險評估應根據實際的暴露情況，並考慮風險評估政策所定義的各種不同情境，包括疑似與高風險族群。風險評估並應考慮相關急性、慢性（包括長期），累積和／或合併的不良健康作用。

四、風險管理（risk management）

　　風險管理包括對風險的定義、測量與評估以及發展因應風險的策略。即是針對風險評估出來之結果與改善建議，透過系統化之體系、決策過程及考核等程序，以達到保護員工、社會大眾與環境以及避免公司商業中斷損失。故風險管理的目的在於將可避免的風險、成本與損失極小化。理想的風險管理，係事先已掌控優先次序，可以優先處理引發最大損失及發生機率最高的事件，其次再處理風險相對較低的事件。

根據「食品安全風險分析工作原則」，實施風險管理應注意下列事項：

(1)風險管理決策與相關衛生措施，應以保護消費者健康為首要目標。對於不同情形下的類似風險，如無正當理由，應避免採取差別措施。

(2)風險管理的架構應包括初期採取的風險管理活動，評選風險管理方案，執行、監控和檢討風險管理決策。

(3)風險管理決策應根據風險評估，符合比例原則以權衡受評估的風險以及攸關於保護消費者健康和促進食品的公平貿易的合理因素，並參照國家層級決策之相關規定。

(4)為達成既定目標，風險管理應考慮相關產品、儲存和運用於整個食品鏈的處理程序，包括傳統操作程序，以及分析方法，抽樣、檢查、可執行性與可遵守性，與特定不良健康結果的普及率。

(5)風險管理應考慮風險管理方案的可行性與經濟效應。

(6)風險管理的流程應確保透明化，具一致性且詳實記錄。風險管理決策應製作文書建檔，俾便所有利害關係人充分了解風險管理的流程。

(7)於評估可行的風險管理方案時，應結合初期採取的風險管理活動與風險評估的結果，以決定管理模式。

(8)訂定風險管理方案時，應根據風險分析的範圍與目標，以及對消費者安全保護的水準進行評估；不作為亦為風險管理方案的選項之一。

(9)所有的風險管理在決策過程應確保透明化與一致性，並應盡力審慎考量每一項風險管理方案的潛在優點與缺失。當由具有相同保護消費者健康功能的風險管理方案中進行選擇時，應考慮相關措施對於貿易的潛在衝擊，並選擇貿易限制效果並未逾越必要性的措施。

(10)風險管理應為一項能持續根據所有最新資訊評估與審查風險管理決策的流程，並應經常監控風險管理決策的相關性、有效性與衝擊，以及可行性，且在必要時審查該決策與執行成效。

五、風險溝通 (risk communication)

風險溝通是經由風險分析程序針對風險、風險相關因子與風險感知等評估資訊，與執行風險評估者、執行風險管理者、消費者、產業界、學術界、其他利害關係人與團體間流通與交換資訊與意見，並解釋風險評估結果與風險管理決策基礎的程序。其中，團體可包括國內外產業團體、外國政府、消費者團體。

風險溝通是風險分析中必需的組成部分，是風險管理架構中不可缺少的要素。風險溝通有助於給風險分析團隊的成員以及外部利益相關方提供及時的、相關的、準確的信息，同時也能從他們那裡獲得信息，進而進一步加強對某種食品安全風險的性質和影響的了解。

風險溝通很難作好，因為需要專門的技術和培訓，並不是所有的食品安全風險管理者都有機會參與。同時，風險溝通還要求有廣泛的計畫性、有戰略性的思路以及投入資源去實施這些規劃。風險溝通與一般風險管理架構見圖19-3。

風險溝通之主要功能在於確認所有能提升風險管理效益之資訊與意見皆能納入決策程序，而非單純散布資訊。對利害關係人風險溝通時應清楚說明風險評估政策、被評估的風險與不確定性，且詳實說明做成的決定與執行方式、包括如何因應不確定性，並應指出任何對風險分析的產生影響的限制、不確定性與假設，以及在風險評估中的少數意見。

第二節　風險分析介紹

一、風險分析概述

風險分析（Risk Analysis）的意義係透過預先與謹慎之「預防勝於治療」模式，並對於風險行為採取相對應之預防管制措施，事先消弭具有科學不確定之風

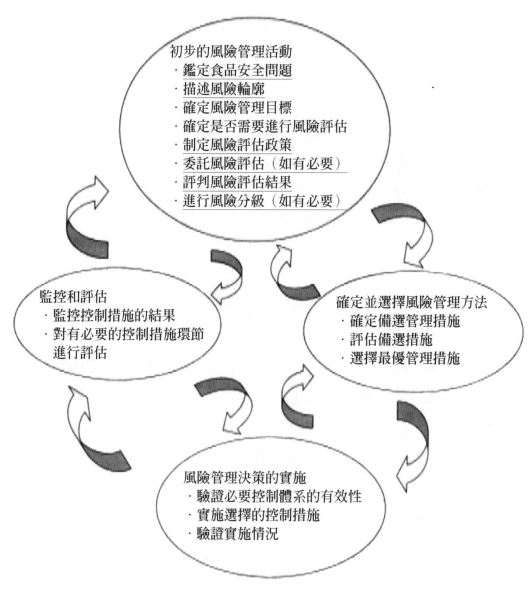

圖19-3　風險溝通與一般風險管理架構（畫底線為需要進行有效風險溝通的步驟）

險議題。

1. 定義

　　狹義的風險分析是指藉由定量分析的方法，以給出完成任務所需的經費、進度、性能三個隨機變數的可實現值之機率分布。

　　而廣義的風險分析則是一種辨識和測算風險，開發、選擇和管理方案來解決

這些風險的有組織的手段。它包括風險辨識、風險評估和風險管理等三方面。

風險分析是對風險影響和後果進行評價和估量，包括定性分析和定量分析。

2. 定性分析

評估已辨識風險的影響和可能性的過程，按風險對目標可能的影響進行排序。

其作用和目的為：(1)辨識具體風險和指導風險對應方式；(2)根據各風險對目標的潛在影響進行風險排序；(3)利用比較風險值確定總體風險級別。

3. 定量分析

量化分析每一風險的機率及其對目標造成的後果，也分析總體風險的程度。

其作用和目的為：(1)測定實現某一特定目標的機率；(2)利用量化各個風險對目標的影響程度，找出最需要關注的風險；(3)辨識現實的和可實現的進度及目標。

二、風險分析的內容

首先從認識風險特徵入手去**辨識**風險因素；然後選擇適當的方法**估計**風險發生的可能性及其影響；接著，**評量**風險程度，包括個別風險因素風險程度估計和對目標整體風險程度估計；最後，提出針對性的風險**對策**，將各風險進行歸納，提出風險分析結論（圖19-4）。

1. 風險辨識

(1)定義。是指確定哪些可能導致風險，如食安問題、預算超支、進度推遲或性能降低的潛在問題，並定性分析其後果。

(2)目的。藉由辨識的過程，找出需要管理的風險。

(3)方法。清楚了解每個風險事件的5W，以獲得詳細的事件內容。

What：發生什麼事情。

How：如何發生。

Why：為何發生。

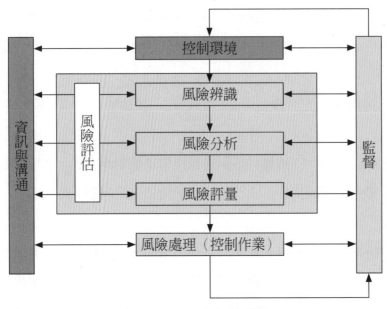

圖19-4 風險分析的過程

Where：在哪裡發生。

When：何時發生。

(4)辨識方式。在這一步須作的工作是分析系統的薄弱環節及不確定性較大之處，得出系統的風險源，並將這些風險源組合成一格式文件供以後的分析參考。它屬於定性分析的範圍。

風險因素辨識應注意借鑒歷史經驗，如可找到的相關科學文獻或新聞事件。

風險辨識要根據行業和項目的特點，採用分析和分解原則，把綜合性的風險問題分解為多層次的風險因素，一般常用專家調查的方式完成（圖19-5）。

2. 風險評估

估計風險發生的可能性，並確定其對目標影響的嚴重程度。應採取定性描述與定量分析相結合的方法對風險做出全面估計。這其中可能牽涉到多種模型的綜合應用，最後得到系統風險的綜合印象。

風險評估的方法包括：

(1)**風險機率估計法**：方法有主觀估計與客觀估計。

(2)**風險影響估計法**：方法有綜合評價法，蒙地卡羅模擬法，專家調查法，

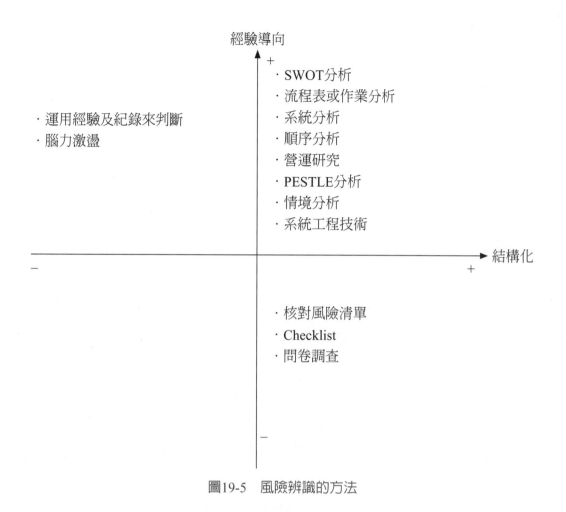

經驗導向

・運用經驗及紀錄來判斷
・腦力激盪

・SWOT分析
・流程表或作業分析
・系統分析
・順序分析
・營運研究
・PESTLE分析
・情境分析
・系統工程技術

結構化

・核對風險清單
・Checklist
・問卷調查

圖19-5　風險辨識的方法

風險機率估計，風險解析法（RBS），層次分析法（The Analytic Hierarchy Process），機率樹分析。

　　其流程如下：

　　⑴**蒐集資訊**：資訊來源包括紀錄經驗、國外的應用、出版文獻、調查與研究、專家判斷、模型應用、自行實驗。

　　⑵**運用分析法**：分析種類可分成定性分析（質性分析）、定量分析（量化分析）、及半定量分析（質和量的分析），若有足夠的預算和成本來處理風險，可導入專業機構來進行外部分析。

　　⑶**畫出風險矩陣圖**：依分析資料結果畫出風險矩陣圖，橫軸代表機率，縱軸代表影響程度。

3. 風險評量

包括單因素風險評量和整體風險評量。

⑴單因素風險評量，即評量單個風險因素對目標的影響程度，以找出影響的關鍵風險因素。評量方法主要有風險機率矩陣、專家評量法等。

⑵整體風險評量，即綜合評量主要風險因素對整體的影響程度。對於重大投資項目或估計風險很大的項目，應進行投資項目整體風險分析。

4. 風險對策

風險對策研究不僅要了解目標可能面臨的風險，且要提出針對性的風險對策及處理計畫，避免風險的發生或將風險損失減低到最小程度。風險對策應有可行性。所謂可行，不僅指技術上可行，且從財力、人力和物力方面也是可行的。

風險對策包括辨認可行對策、評估與選擇對策，以及執行處理計畫。

5. 風險分析結論

完成風險辨識和評估後，應歸納和綜述主要風險，說明其原因、程度和可能造成的後果，以全面、清晰地展現目標的主要風險。同時將對策研究結果進行彙總，做成彙總表（表19-1）。而決策者可根據表中資訊，進行風險管理。

表19-1　風險與對策彙總表

主要風險	風險起因	風險程度	後果與影響	主要對策
1.				
2.				
3.				

所謂**風險管理**，是指在風險辨識及風險分析的基礎上採取各種措施來減小風險及對風險實施監控。這也可說是風險分析的最終目的。

二、風險分析的基礎

1. 風險函數

描述風險有兩個變數。一是事件發生的機率或可能性（probability），二是事件發生後對項目目標的影響（impact）。風險可以用一個二元函數描述：

$R(p, I) = p \times I$

其中：R為衝擊值；p為風險發生的機率；I為風險影響程度。（亦即**風險衝擊值＝機率×影響**）

風險的大小或高低既與風險發生的機率成正比，也與風險對目標的影響程度成正比。

2. 風險機率

按照風險因素發生的可能性，可將風險機率劃分為數個等級（3個以上）。表19-2所示為五個等級分類法。

表19-2　風險機率等級（範例）

機率等級	發生的可能性	表示法
很高	81～100%，很有可能發生	S
較高	61～80%，可能性較大	H
中等	41～60%，預期發生	M
較低	21～40%，不可能發生	L
很低	0～20%，非常不可能發生	N

3. 風險影響

按照風險發生後的影響大小，可將風險影響劃分為數個等級（3個以上）。表19-3所示為五個等級分類法。

表19-3　風險的影響等級（範例）

影響等級	影響程度	表示法
嚴重影響	整個目標失敗	S
較大影響	整個目標嚴重下降	H
中等影響	造成中度影響，目標部分達到	M
較小影響	部分的目標受到影響，不影響整體目標	L
可忽略影響	影響可忽略，不影響整體目標	N

4. 風險評量矩陣（Probability Impact Metrix, PIM）

　　風險的大小可以用風險評量矩陣，也稱機率影響矩陣來表示。它以風險因素發生的機率（來自表19-2）為橫坐標，以風險因素發生後的影響大小（來自表19-3）為縱坐標，如圖19-5。

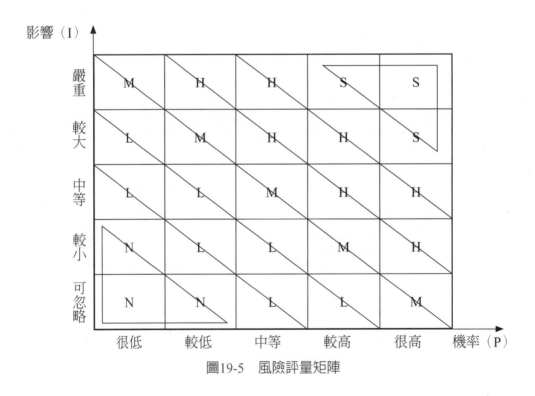

圖19-5　風險評量矩陣

5. 風險等級

　　由風險評量矩陣結果，根據發生的可能性與後果，判定風險的結果，加以分

級即做成表19-4。此表可作為風險管理的依據。

表19-4　風險等級分類表

風險等級	發生的可能性與後果	表示法
重大風險	可能性大，損失大，結果可能由可行轉為不可行，須採取積極有效的防範措施	S
較大風險	可能性較大，或損失較大，損失結果是可承受的，必須採取一定的防範措施	H
一般風險	可能性不大，或損失不大，一般不影響可行性，應採取一定的防範措施	M
較小風險	可能性較小，或損失較小，不影響可行性	L
微小風險	可能性很小，且損失較小，對結果影響很小	N

三、食品安全風險分析範例

㈠危害因子來源分析

1. 食品安全風險辨識

　　食品安全危害因子來源包括：生物性、化學性、物理性、其他（如過敏原）。生物性（微生物危害）與化學性危害之差異如表19-5所示。

表19-5　生物性（微生物危害）與化學性危害之差異

微生物危害	化學性危害
危害能在「從生產到餐桌」的很多環節進入食品	危害一般在原料或隨配料進入或透過某些加工步驟進入食品
微生物可能在食物中繁殖或死亡，在生產鏈的不同環節會發生顯著變化	食物中存在的危害濃度自危害進入食品後通常不會發生顯著變化
健康風險通常是急性的，並來源於食物的單次攝入（暴露）	健康風險有可能是急性的，但一般是累積效應所造成的
個體對不同程度危害的健康反應存在很大的變異性	毒性作用的類型在不同個體之間一般是相似的，但是個體敏感性可能不同
微生物很少均勻地分布於食品中	

一般辨識食品安全風險的依據包括：

⑴依流行病學資料：已知之危害。

⑵技術性資料及科學文獻：參考技術性資料及科學文獻，如食藥署出版之「餐飲業食材危害分析」等資料，推測可能之危害。

⑶實際採樣檢驗：確認前兩項之推論並鑑定出未知之潛在危害。

⑷依據經驗法則分析。

2. 危害因子分類

⑴生物性危害因子

生物引起，例如致病性微生物的汙染，病毒以及寄生蟲。常見生物性危害來源範例如表19-6。

表19-6　常見生物性危害來源範例

危害來源：細菌	
沙門氏菌（禽肉及其產品、堅果）	病原性大腸桿菌（牛肉、落果、芽菜）
彎曲桿菌（家禽、生乳）	仙人掌桿菌（米或其他穀類）
肉毒桿菌（根類作物可發現其孢子）	產氣莢膜桿菌（香料或來自土壤作物）
李斯特菌（農產原料）	
危害來源：病毒	
A型肝炎病毒（水果）	諾羅病毒（貝類）
危害來源：寄生蟲	
隱孢子蟲（受汙染的水）	環孢子蟲（漿果）
弓形蟲（肉類）	

⑵化學性危害因子

化學性物質引起，農藥（殺菌、除草劑）、動物用藥（抗生素）、消毒藥劑、環境汙染物（重金屬、多氯聯苯）、天然毒素、不允許或過量之食品添加物或與安全有關之品質劣變（如組織胺、三單氯丙二醇、丙烯醯胺）等。常見化學性危害來源範例如表19-7。真菌毒素（mycotoxin）也是常見的化學性危害因子之一（表19-8）。

表19-7　常見化學性危害來源範例

農藥殘留（農產原料）	組織胺（魚類、熟成乾酪）
動物用藥殘留（肉、牛奶）	輻射危害（核災事故地區生產產品）
重金屬（農產原料）	未經許可食品添加物（加工食品）
環境汙染物，如戴奧辛（蛋）	過敏原（麩質、亞硫酸鹽）
真菌毒素（穀類）	

表19-8　原料中常見之真菌毒素

真菌毒素名稱	原料來源
黃麴毒素（Aflatoxin）	花生、玉米、堅果、部分香料、乳品
赭麴毒素A（Ochratoxin A）	穀類、咖啡、葡萄酒、葡萄乾
棒麴毒素（Patulin）	蘋果
橘黴素（Citrinin）	紅麴類
伏馬毒素B1、B2（Fumonisins）	穀類（玉米）
脫氧雪腐鐮刀菌烯醇（Deoxynivalenol, DON）	小麥、大麥
玉米赤黴毒素（Zearalenone）	小麥、大麥、玉米

⑶**物理性危害因子**

物理性物質引起，例如金屬玻璃碎片等外物的不小心混入（金屬、玻璃、木／石頭或塑膠、或人體裝飾物、OK繃、手套等）。

物理危害的來源包括：原料、系統內部、工作現場雜物、維修過程中帶入、防護不當、操作不規範等。常見物理性危害來源範例如表19-9。

表19-9　常見物理性危害來源範例

金屬：鐵與非鐵	塑膠、陶瓷、玻璃	其他
農場田間碎片	農場田間碎片	果核或其碎片
供應商未妥善管理截切、研磨工具，以及針頭、菜刀等金屬器具	包裝材料	殼

⑷**其他（如過敏原）危害因子**

過敏原可放在化學性因子中，亦可單獨列於其他項中。目前公告之過敏原共11項，係根據衛生福利部2018年8月21日公告之「食品過敏原標示規定」，並於2020年7月1日起施行。包括：

① 甲殼類及其製品。

② 芒果及其製品。

③ 花生及其製品。

④ 牛奶、羊奶及其製品。但由牛奶、羊奶取得之乳糖醇，不在此限。

⑤ 蛋及其製品。

⑥ 堅果類及其製品。

⑦ 芝麻及其製品。

⑧ 含麩質之穀物及其製品。但由穀類製得之葡萄糖漿、麥芽糊精及酒類，不在此限。

⑨ 大豆及其製品。但由大豆製得之高度提煉或純化取得之大豆油（脂）、混合形式之生育醇及其衍生物、植物固醇、植物固醇酯，不在此限。

⑩ 魚類及其製品。但由魚類取得之明膠，並作為製備維生素或類胡蘿蔔素製劑之載體或酒類之澄清用途者，不在此限。

⑪ 使用亞硫酸鹽類等，其終產品以二氧化硫殘留量計10mg/kg以上之製品。

㈡食品安全風險分析流程

1. 風險評估

食品安全危害因子來源確認後，風險描述有兩個變數（機率與影響）的設定。

以下以餐盒工廠為例，說明風險評估之步驟。

⑴**設定風險機率**

物理性、化學性、生物性與過敏原之危害風險機率評估如表19-10～19-13。

表19-10　物理性危害發生頻率與對應因子

機率等級	要件	因子
1	客訴10件／年以下或 檢出率1%或10件／月以下或 回收案件10件／年以下	金屬、塑膠、玻璃、石頭、頭髮
2	客訴10～30件／年或 檢出率1～5%或10～30件／月或 回收案件10～30件／年	
3	客訴30件／年以上或 檢出率5%或30件／月以上或 回收案件30件／年以上	

表19-11　化學性危害發生頻率與對應因子

機率等級	發生的可能性	危害因子
1	可能性低（0～10%）	動物性自然毒素（魚貝毒）、未經許可之添加物質、化學品汙染
2	有可能（10～30%）	抗生素、重金屬殘留、農藥、
3	極為可能（30～50%）	植物性自然毒素、環境汙染物、真菌毒素

表19-12　生物性危害發生頻率與對應因子

機率等級	發生的可能性	危害因子
1	每年發生食品中毒案件，但致病100人以下 每年食品中毒1件（含）以下，且致病100～999人	肉毒桿菌、隱孢子蟲（*Cryptosporidium parvum*）、耶氏桿菌（*Yersinia*）、李斯特菌、志賀氏菌、總生菌數
2	每年食品中毒2～12件，且致病100～999人 每年食品中毒1件（含）以下，且致病1000人以上	肝炎病毒、大腸桿菌
3	每年食品中毒2件以上，且致病1000人以上 每年食品中毒13件（含）以上，且致病100～999人	沙門氏菌、仙人掌桿菌、金黃色葡萄球菌、彎曲桿菌、病原性大腸桿菌、產氣莢膜桿菌、諾羅病毒、腸炎弧菌

表19-13　過敏原危害發生頻率與對應因子

機率等級	要件	相對應的危害因子
1	每年10人以下	
2	每年10～100人	甲殼類海鮮 / 堅果類 / 蕎麥 / 魚類
3	每年100人以上	雞蛋 / 牛奶 / 小麥 / 花生 / 水果 / 魚卵

(2)設定風險影響

一般性、化學性、生物性之危害風險影響評估如表19-14～19-16。

表19-14　一般性風險影響程度分級表

影響等級	影響程度
1	輕微
2	中等
3	重大

表19-15　化學性風險影響程度分級表

嚴重等級	要件	相對應的危害因子
1	中度危害：通常不威脅生命，或無後遺症；或有限的症狀；或可能非常不舒服的短暫效應或只需少許的醫療可治癒	農藥殘留：克氯丹、大立松、待克利、百滅寧、嘉磷塞 眞菌毒素：脫氧雪腐鐮刀菌烯醇、棒麴毒素、橘黴素
2	重度危害（對一般人或特定族群嚴重危害）：失去日常的活動力，但沒有生命危險；或後遺症罕見；或不舒服持續時間中等	農藥殘留：靈丹、陶斯松、二氯松、芬普尼、賽滅寧、第滅寧、芬化利、三氯松、DDT 重金屬：銅、鉛、汞 眞菌毒素：伏馬毒素、赭麴毒素A
3	嚴重危害（對一般人或特定族群嚴重危害）：但對生命造成威脅或實質的慢性後遺症不常見；或身體不適持續時間長或有可能致死	農藥殘留：加保扶 重金屬：砷、鎘、鋁、鎳 眞菌毒素：黃麴毒素 化學物質：苯菲比

表19-16　生物性風險影響程度分級表

嚴重等級	要件	相對應的危害因子
1	住院率≦10%或致死率0%	總生菌數、隱孢子蟲
2	住院率10-20%或致死率≦0.5%	大腸桿菌、志賀氏菌、彎曲桿菌
3	住院率＞20%或致死率＞0.5%	肉毒桿菌、李斯特菌、病原性大腸桿菌、腸炎弧菌、沙門氏菌、仙人掌桿菌、金黃色葡萄球菌、產氣莢膜桿菌、耶氏桿菌、諾羅病毒

⑶**風險評量矩陣**

以風險因素發生的機率為橫坐標，以嚴重性為縱坐標，兩座標值相乘即為衝擊值，做成風險評量矩陣表（表19-17）。

表19-17　風險評量矩陣表

風險評估值（衝擊值）		發生的機率		
		可能性低	有可能	極為可能
		1	2	3
嚴重性	輕微	1	1	2	3
	中等	2	2	4	6
	重大	3	3	6	9

2. 風險評量（設定風險等級）

根據風險評估之結果，參考主客觀因素，設定風險等級，並做出風險等級表（表19-18）以做為風險評量之依據。

行政院於2013年11月20日召開「食品安全聯合及稽查取締小組」公布「食品安全事件風險分級」制度，將食品安全事件依其嚴重性分為四個等級，如表19-19所示。

表19-18　風險等級表

衝擊值	風險等級
9（一級）	極度（E）（不可忍受）：風險最大，不被接受，需特別控管，應利用任何有效方法來降低風險
3～6（二級）	高度（H）（不理想）：風險次之，不被接受，應研擬對策消除或降低風險
2（三級）	中度（M）（可忍受）：風險雖較小，但仍需進行一些控管活動降低風險
1（四級）	低度（L）（可忽略）：風險最小，不需執行特定的活動

表19-19　我國食品安全事件風險分級

分級	定義	案例	政府處置
第一級	短期食用，立即危害	豆干受肉毒桿菌汙染	立即沒入銷毀，製造商和進口商應立即主動公告，並連繫消費者回收
第二級	不符合食品衛生法規標準，但無立即危害	塑化劑汙染、順丁烯二酸或動物用藥殘留不合規定、油品添加銅葉綠素	立即沒入銷毀，製造商和進口商應在限期內主動公告、回收
第三級	擄偽假冒或標示誇大	蜂蜜沒蜜、米粉沒有米、油品擄入棉籽油	沒入銷毀或限期回收改正，製造商和進口商限期內主動公告、回收
第四級	標示不實或不完整	茶葉、牛肉未標示原產地	限期回收、改正，製造商和進口商限期內主動公告、回收

　　風險分級級分要素與參考資料來源如表19-20所示。其中，要素1：發生（食物中毒）的頻率（及）或致病人數，可參考表19-10～19-13。

　　要素2：對健康影響之嚴重性（死亡或住院），可參考表19-14～19-16。

　　要素3：汙染的可能性，可依過去汙染事件或比例訂定其可能性，而遭受汙染比率可由廠內產品回收事件或國內外發生事件之數據等訂定之。

　　要素4：生長潛力（病原菌可能在原物料或食品中繁殖）／保存期限，就生物性危害，可就原料或製程之溫度、時間或水活性等因子決定風險級分。

　　要素5：製程汙染的可能性／控制方式，如組織胺、丙烯醯胺等化學性危害

可能於原料或製程中生成。此外，金屬與塑膠亦可能因使用期限而劣化或脆化而增加風險。故須由製程之汙染風險可能性去決定風險。

　　要素6：消費人數，由食品業者建立銷售潛力等資料。

　　要素7：經濟衝擊，已發生食品安全事件導致的生產力等整體損失計算，亦可參考廠內銷售情形與產品消費人口等進行評估。

表19-20　風險分級級分要素與參考資料來源

要素	參考資料
1.發生（食物中毒）的頻率（及）或致病人數	・流行病學統計資料或文獻（生物性危害） ・國際化學物質分類標準及資料庫（化學性危害） ・廠內客訴、檢出或回收案例之統計資料（物理性危害）
2.對健康影響之嚴重性（死亡或住院）	・流行病學統計資料或文獻（生物性危害） ・國際化學物質分類標準及資料庫（化學性危害） ・危害因子可能對健康影響嚴重性之歷史資料（物理性危害）
3.汙染的可能性	・回收事件統計資料 ・殘留監測之不合格／檢出百分率 ・廠內過去案例統計資料
4.生長潛力（病原菌可能在原物料或食品中繁殖）／保存期限	・依據廠內與產品保存之相關資料或報告
5.製程汙染的可能性／控制方式	・考慮已有之有效控制／預防措施 ・年度回收件數（含各種危害）統計數據
6.消費人數	・過內外人口攝食調查統計 ・廠內過去銷售情形或產品銷售潛力等資料之統計與分析
7.經濟衝擊	・以發生食因性疾病等食品安全事件所導致的生產力等整體損失計算之相關文獻 ・廠內銷售情形和產品潛力等統計報告

3. 風險描述

最後，可將風險分析之結果放入HACCP計畫書中之危害分析工作表中，如表19-21之範例。

表19-21　風險分析放入危害分析工作表中之範例

加工步驟	潛在之安全危害						該潛在危害顯著影響產品安全？（Yes/No）	判定左欄之理由	顯著危害之預防措施	本步驟是否為重要管制點？（Yes/No）
	危害描述	風險判定								
		級距	衝擊值	發生率	嚴重性					
1.驗收（R1）	1.物理性：包裝破損異物入侵	三	2	2	1		No	依GHP驗收標準管控	-	-
	2.化學性：抗生素、重金屬殘留	二	6	2	3		Yes	GHP驗收標準管控	採購CAS或TQF等產品	No
	3.生物性：大腸桿菌群、腸炎弧菌、寄生蟲	二	6	2	3		Yes	相關資料顯示水產品易受汙染	加熱步驟可殺滅病原菌至可接受水準	No
2.冷藏（R2）	1.物理性：無	-		-	-	-	-	-	-	-
	2.化學性：無	-		-	-	-	-	-	-	-
	3.生物性：大腸桿菌群、腸炎弧菌	二	6	2	3		Yes	溫度管控不當使病原菌滋長，影響健康	1.GHP管控冷藏庫溫度在7℃以下 2.加熱步驟可殺滅病原菌	No
	1.物理性：無	-		-	-	-	-	-	-	-
	2.化學性：無	-		-	-	-	-	-	-	-
20.拌炒*（R20）	3.生物性：大腸桿菌群、腸炎弧菌	一	9	3	3		Yes	拌炒溫度不足造成病原菌殘存，易導致食品中毒	管制食品中心溫度達80℃以上	Yes

將表19-21中所有項目所分析出之風險判定分數放入風險矩陣表中，即呈現如表19-22之風險矩陣統計表。由此表可清楚看出各加工步驟之風險高低而提出風險對策。

表19-22　風險矩陣統計表

風險評估值（衝擊值）			發生的機率		
		可能性低	有可能		極為可能
		1	2		3
嚴重性	輕微　1	(1)	(2) R1-1		(3)
	中等　2	(2)	(4)		(6)
	重大　3	(3)	(6) R1-2、R1-3、R2-3		(9) R20-3

　　另外，食品安全監測計畫指引中亦有類似之風險管控表，但該表中尚加入其他因素，如該風險是否為政府公告之監測項目、曾發生過危害事件、是否造成成品品質嚴重之危害等項目作為加權分數如表19-23所示。

表19-23　風險管控表

評估標的	黃豆				
評估項目	造成人體健康之嚴重性、發生機率、是否為政府公告之監測項目、曾發生過危害事件、是否造成成品品質嚴重之危害 危害評分：分數愈高，風險愈高				
	A.發生機率	B.嚴重性	C.加重評估項目		危害評分
			連續加工可消除危害(0)	曾發生歷史事件(10)	政府公告之監測項目(10)	A×B＋C
黃麴毒素	3	3		10	10	29
農藥殘留	2	2		10		14

　　食品中微生物性的汙染與化學性汙染的差異為，當人食入受汙染的食品後，在短時間內就容易發病，因此，以往政府衛生單位食品中毒之重點主要放在微生物性危害的防治與評估。

　　微生物危害的風險評估是利用現有的科學資訊以及利用適當的檢驗方式，評

估食品中某些微生物因素的暴露（攝入）對人體健康所產生的不良後果進行辨
識、確認以及加以定性和（或）定量，最終提出風險特徵描述的過程；並根據評
估的結果估計出該種風險因素對食品和人體的危害性，從而制定有科學依據的限
量標準，以便保障食品安全、保護人體健康及促進國際的食品公平貿易（表19-
24）。

表19-24　化學風險評估與微生物風險評估的比較

組成部分	化學風險評估	微生物風險評估
危害辨識描述	1.化學物質的結構 2.生物測定對動物的毒性以及無作用量（NOEL）	1.危害物質的辨識 2.從食品中毒調查或流行病學研究中收集引發食源性疾病的病原
曝露評估	1.從實驗動物攝食汙染食物的後果進行推估 2.使用每日容許攝入量（ADI）計算食品中的最大殘留容許量（MRL） 3.設定停止進食時間，以確保未超過最大殘留容許量	1.通常包括對食品被攝入後的罹病率以及病原菌濃度的測定，過程較為複雜 2.解釋微生物的生長／死亡動態 3.依據監測的研究結果建立模型 4.確定加工過程變更對風險影響的調查方案
危害特徵的描述（劑量-反應評估）	由生物測定的安全係數計算無作用量（NOEL）推算可接受的每日攝入量（ADI）	1.從志願者研究以及動物模型調查的資料估計不同微生物汙染濃度對健康的影響 2.通常涉及複雜的評估模型
風險特徵描述	如果符合法規，則可忽略風險	以疾病或死亡的機率進行風險評估，如預期病例數／100,000人，以及對特定族群（亞群）的估算

第三節　食品防護介紹

一、食品防護（Food Protection）概述

1. 食品防護定義

　　食品防護計畫（food defense plan）是保護食品生產和供應過程的安全，防止食品因不正當商業利益、惡性競爭、反社會和恐怖主義等原因遭受生物的、化學的、物理的等方面的故意汙染或破壞。

　　食品防護是以HACCP爲基礎架構的一種全面生產管理，保護食品在源頭、生產和供應過程的安全，包括食品安全（food safety）、食品防禦（food defense）、食品詐欺與攙僞造假（food fraud）及食品品質（food quality）四面向的風險預防管控措施（圖19-6）。其類型與範例說明如表19-25。

		動機
食品品質 （Food Quality）	食品詐欺（造假） （Food Fraud）	獲得經濟利益
食品安全 （Food Safety）	食品防禦 （Food Defense）	健康傷害與引起恐慌
非蓄意（偶然的）	蓄意	

行爲

圖19-6　食品防護風險矩陣

　　(1)**食品品質**（food quality）：是以消費者的需求爲導向，強化消費者關切之功能性成分的安全等進行關鍵品質因子的管控。

　　(2)**食品詐欺與攙僞造假**（food fraud）：主要是指蓄意添加或取代，或移除某些成分以取得經濟利益，通常是食品鏈裡有機會接觸到食品的相關人員所爲。

　　(3)**食品安全**（food safety）：是指已知天然存在的生物、物理及化學性危害的預防，並強化過敏原及放射性物質汙染的管控。

⑷**食品防禦**（food defense）：是指保護食品生產與供應過程的安全，防止食品因不正當商業利益、惡性競爭、反社會和恐怖主義等原因，蓄意的汙染或破壞。

美國於2016年啟動的食品安全計畫（FSMA）包含食品安全、食品防禦及食品詐欺三面向，且強調基於風險的預防管控。而全球食品安全倡議（GFSI）亦於2017年修改其規範，由原有之食品安全與食品品質外，加上食品防禦與詐欺的管控。

表19-25　食品安全事件之類型

事件類型	例子	造成原因或動機	影響	次要效應
食品品質	水果表皮受傷或腐爛	產銷過程處理不當	產品滯銷或可能的汙染增加	產品／品牌聲譽降低
食品詐欺	三聚氰胺牛奶事件	廠商為增加利潤或收益	有毒物質的危害	造成公眾的恐懼
食品安全	大腸桿菌汙染生菜	產銷環境汙染	造成疾病或死亡	造成廠商蒙受損失和公眾恐懼
食品防禦	蠻牛被加入氰化物	透過傷害消費者對業者進行報復	致命性有毒物質的危害	造成廠商蒙受損失和公眾恐懼

2. 食品防護計畫目的

食品防護計畫在防止蓄意汙染危害，考慮具惡意意圖的個人或團體，在食品供應鏈的製造、儲存、配送等過程，蓄意汙染該公司產品以引起人員傷害及／或產品破壞。

防範蓄意食品攙偽的方法為減災戰略，目的在防止蓄意攙假以防止對食品安全造成廣泛危害，包括針對食品供應的恐怖主義行為，這種行為雖然不大可能發生，但可能導致疾病、死亡及破壞社會經濟。

食品防護計畫要組織食品防護小組，並召開會議討論，判定引起設施、產品、員工最大威脅設施的侵入者可能類型，並透過設施因子評估決定威脅等級。設施因子包括：設施位置、設施建築與設計、生產產品類別、公司已建立的食品

安全計畫、制定的書面政策與計畫、員工背景與食品防禦訓練與意識。

　　脆弱性評估是一種有用的工具，用於幫助制定一個完整的食品防護計畫，必須定期審查脆弱性評估，以確保在食品防護計畫中涵蓋危害及風險的任何變化。

3. 食品防護與食品安全的異同

　　食品安全和食品防護計畫既有區別又有關聯性，關聯性為：

　　⑴目的相同：都是為了防止食品汙染，避免因此造成人身傷害。系統設計皆為了防護食品、保護公司，而保護消費者是最重要的目的。

　　⑵基本思路相同：都是運用重要管制點的控制。

　　區別：

　　⑴重點不同：食品安全計畫著重於預防食品受到偶然的汙染，而食品防護計畫著重於防止食品遭到蓄意的汙染。

　　⑵可預測程度不同：食品安全計畫預防的偶然／意外的汙染，是可以合理的預測。食品防護計畫防止遭到蓄意汙染、人為投毒，通常是不合常理的而且是很難預測。

　　⑶CCP點不完全一致：HACCP計畫不能代替食品防護計畫。

　　常見原物料中潛在之危害因子（食品安全）與攙偽因子（食品詐欺）如表19-26。

4. HACCP，TACCP，VACCP的異與同

　　TACCP是Threat Assessment and Critical Control Point的簡稱，中文是**威脅評估重要管制點**。主要目的是藉由分析食品供應鏈中潛在蓄意汙染的威脅風險，包含食品竄改、故意攙偽或汙染食物，以進行食品防禦（food defense）。TACCP是以HACCP作為基礎，確保供應鏈未受到相關人為汙染。此汙染行為是出於刻意的動機，目的是針對人或企業造成傷害。如散播不實的食物謠言造成對大眾健康不良的影響。

　　VACCP是Vulnerability Assessment and Critical Control Point的簡稱，中文是**脆弱性評估重要管制點**。主要是藉由分析出所有可能出於經濟利益而攙偽的行為，並加以預防，以進行食品詐欺（food fraud）防禦。過程中必須要以公司犯罪者

表19-26　常見原物料中潛在之危害因子（食品安全）與攙偽因子（食品詐欺）

原料	生物性危害	化學性危害	攙偽因子
水產品，以牡蠣、蛤蜊爲例	弧菌屬、沙門氏菌、志賀氏菌、彎曲桿菌、A型肝炎病毒、諾羅病毒	天然毒素如麻痺性貝毒、下痢性貝毒等；環境汙染物，如重金屬、農藥	逾期品、輻射汙染區之產品混充
禽畜肉原料	沙門氏菌（牛、雞、豬）、病原性大腸桿菌（牛）、彎曲桿菌（雞）	-	大豆、逾期肉、其他肉種混充、非清眞假冒清眞認證等
生鮮截切蔬果原料	肉毒桿菌（眞空包裝產品）、病原性大腸桿菌、沙門氏菌、李斯特菌、志賀氏菌、金黃色葡萄球菌、梨形鞭毛蟲	農藥殘留	-
烘焙原料，以麵糊爲例	病原性大腸桿菌、沙門氏菌、李斯特菌	過敏原標示錯誤或交叉接觸	-
飲料類原料，如咖啡豆、茶葉等		眞菌毒素／天然毒素	逾期原料、非法化學品染色等
食品添加物，以乳化劑爲例	沙門氏菌	未經許可之添加物質、化學品汙染	-
巧克力與糖類原料	沙門氏菌、金黃色葡萄球菌	未經許可之添加物質、過敏原標示錯誤或交叉接觸	染色、其他物質混充取代
乳品原料，以奶粉、牛奶、奶油爲例	仙人掌桿菌、病原性大腸桿菌、沙門氏菌、李斯特菌、金黃色葡萄球菌、彎曲桿菌	藥物殘留、重金屬、工業化學品	以逾期原料、三聚氰胺、尿素等攙偽
蛋品原料	沙門氏菌、李斯特菌	-	低價品、次級品等混充假冒
穀物原料（穀類與豆類）	仙人掌桿菌、肉毒桿菌、產氣莢膜桿菌、病原性大腸桿菌	眞菌毒素／天然毒素、農藥殘留	非食品原料混充假冒
堅果類	病原性大腸桿菌、沙門氏菌	眞菌毒素／天然毒素、過敏原標示錯誤或交叉接觸	-
油脂類	-	眞菌毒素／天然毒素、過敏原標示錯誤或交叉接觸	混充、染色等
香辛料，以未加工處理的香辛料爲例	仙人掌桿菌、肉毒桿菌、產氣莢膜桿菌、沙門氏菌、李斯特菌	重金屬、眞菌毒素／天然毒素、未經許可之添加物質	逾期、以化學品染色、其他物質替換取代等
甜味劑（包含糖）	-	未經許可之添加物	

的思考模式，從供應鏈、行爲學、社會經濟學、過往歷史等各個角度來分析，針對所有可能對食品的完整性、眞實性產生不利或不誠實的行爲加以避免。此類不誠實的行爲是出於經濟利益的動機，而非蓄意針對人或企業造成傷害（即使最終結果可能對人或企業造成傷害）。VACCP是從犯罪者的角度，評估各種食品的詐欺行爲。

　　HACCP則是預防食品中毒與非蓄意或意外產生的食品安全問題。

　　總結來說，HACCP、TACCP、VACCP同樣都是爲了食品安全所創立的管制點。不過HACCP是針對非蓄意的危害（包含物理性、化學性與生物性）進行鑑別，並加以預防。故HACCP無法鑑別出蓄意的危害，TACCP與VACCP則可以補強HACCP的不足。目前食品安全管理系統FSSC22000已將食品防禦與食品詐欺預防列爲要求之一。

二、食品防禦計畫的展開

1. 外部威脅與內部威脅及其保全

　　⑴**外部威脅**：有組織的惡意分子或激進分子、卡車司機（運送和接收）、可疑的供應商、參觀人員等。一般的保全設施可用來防止外部威脅者侵入廠區後，進一步侵入設施內建築物及生產線。

　　⑵**內部威脅**：有不滿情緒的員工、衛生清潔人員、臨時工、假扮員工的惡意組織成員、外包契約廠商等。保全方式有攝錄機監控、門禁進出管控、員工遴選制度、教育與職涯規劃與關懷計畫、訪客管理計畫、室內照明、警衛保全等。

　　相對於外部威脅，內部威脅不容易發現，例如有不滿情緒的員工，他們了解工廠的運作方式且知道如何避過許多用於檢測或阻止外來入侵者的安全控制。

2. 侵入者可使用的攻擊媒介物

　　侵入者通常使用四類媒介物攻擊產品：生物性物品、化學性物品、物理性物品與放射性物品。

(1)**生物性物品**：來自實驗室的細菌、毒性物質、病毒、寄生蟲。

預防措施：管制實驗室進出，適當的處理生物性物品與其廢棄物品。

(2)**化學性物品**：包括清潔劑、設備潤滑劑、殺蟲劑、實驗室化學藥品等。

預防措施：不使用時妥善保存於安全區域，並限制人員進出，定期盤點，領用紀錄確實填寫並保存。

(3)**物理性物品**：玻璃或金屬碎片、木屑及任何用於汙染食品的物理性材質物品。此類物質雖然不易致命，但食入亦會引起身體傷害，且容易引起媒體注意而傷害公司及產品聲譽。

(4)**放射性物品**：不易被個人獲取，可能為固體或液體。

三、共通性食品防禦重點

共通性食品防禦措施評估項目有四部分，包括**外部安全**、**一般內部安全**、**後勤與倉儲安全**、**管理**。

1. 外部安全

工廠外部有哪些適當的食品防護措施。大門、窗戶、屋頂、通風口、水井等是否安裝鎖等裝置確保在不經人看守的情況下（如下班後／週末）可防止未經許可人員的進入。工廠是否對進入或暫停在工廠的人和／或車輛有食品防護程序。

2. 一般內部安全

在企業內部是否有監控、緊急照明、緊急報警等食品防護措施。加熱、通風、空調、水、電和CIP等系統的控制是否有進行一定的限制。工廠對於廠內實驗室設施、設備和操作是否採用了一定的食品防護程序。

3. 後勤與倉儲安全

加工安全。加工過程是否有採用監控、監督等措施進行食品防護。原輔料拆包前是否有對包裝進行檢查。生產加工記錄能否完整進行正向和反向的追溯。

儲存安全。原輔料倉庫、成品倉庫、有害物質／化學品（例如農藥、工業化學品、清潔用品、消毒殺菌劑、消毒劑）等是否有採用食品防護程序。

　　運輸和接收安全。運輸和接收操作、貨物的收發等是否有採用食品防護程序。

　　水和冰的安全。對水和冰設備設施是否有採用食品防護措施。是否定期檢查供水系統。

4. 管理

　　人員的安全。是否對員工進出進行檢查。關鍵操作環節是否指定專人進行。是否採取措施識別內外部人員。是否限制外來人員進出。

四、以風險評估健全食品安全

　　未來的食品安全管理已不單是簡單的食品安全，而是由HARPC補強HACCP系。HARPC即「危害分析及以風險爲基礎預防控制」（Hazard Analysis and Risk-Based Preventive Controls）。其爲2012年美國更新「食品安全現代化法案」的FSMA的標準。FSMA是一種保護性和預防性的法則，其所有食品設施必須執行危害分析和基於風險的預防性控制（HARPC），其與HACCP不同之處在於應建立科學或基於風險的預防措施，而不是重要管制點（CCP）和管制界限，以降低食品汙染的風險。隨著食品供應鏈的全球化和新出現的食品安全風險，它不再是「將做什麼」，而是在減少或防止食品汙染的可能性前提下「會採取什麼措施」，以減少食品供應鏈中食品回收的可能。因此主要焦點包括：

　　1. 要了解基於風險的監控規則與HACCP原則的比較；

　　2. 建立監控過程，以防止食品汙染的風險。

HARPC與HACCP的步驟差異如表19-27。

表19-27 HARPC與HACCP的步驟差異

HACCP	HARPC
1.危害識別（Identify Hazards）	1.危害識別（Identify Hazards）
2.決定重要管制點（Determine CCP's）	2.風險為主的預防管控（Risk-based Preventive Controls）
3.監控方式（Control Measures）	3.效能監測（Monitoring of Effectiveness）
4.管控界限（Control Limits）	4.矯正措施（Corrective Actions）
5.矯正與矯正措施（Corrections and Corrective Actions）	5.驗證（Verification）
6.驗證與確效（Verification and Validation）	6.紀錄與文件資料（Record keeping and Documentation）
7.紀錄與文件資料（Record keeping and Documentation）	7.重新分析（Requirement to Reanalyze）

　　另外，根據「食品製造業者訂定食品安全監測計畫指引」規定，食品安全決策小組應就所生產之項目規劃突發性事件應變程序（SOP），並應就歷史曾發生之食品安全事件、假設性模擬事件、恐怖攻擊事件或者國際疫情事件，於實施範圍內進行一年至少一次的演習。

第二十章

客訴與危機管理
(Customer complaint and crisis management)

商品販售後難免會有客訴之發生，一旦有客訴，就需啓動危機管理機制，因此，本章說明客訴與危機管理之關係。

<h1 style="text-align:center">第一節　客訴</h1>

在消費者意識高漲的今天，企業常常會面臨客戶的各種抱怨和投訴。在資訊發達爆料風潮下，處理不好的客訴，會對企業帶來嚴重傷害。研究發現，企業設法降低顧客流失率5%時，其利潤可以提升到25%到85%左右。因此企業面對客訴，必須加以正視。

一、何謂客訴

所謂的客訴，就是客戶在享受販賣端提供的產品、服務、事前約定的交易條件等內容時，認爲不符合原先的期望，造成販賣端必須針對內容，提供回復原狀或賠償、補償的情形。

客訴是第一線服務人員最害怕處理的事件，顧客抱怨通常事出必有因，產生客訴的原因主要可歸納爲以下幾類：

1.產品或服務內容本身的問題，例如：產品無法使用、產品外觀瑕疵、商品未依時間遞送、對產品功能及使用方法不明瞭等。

2.應對方式不當所引起，例如：服務人員愛理不理的態度感覺不受尊重、結帳等待過久、電話轉來轉去無人處理、問題未得到快速回應等。

3.顧客誤解而引起，例如：產品比電視上看到的還小、衣服上有汙漬（實際上爲設計的圖案）、人員過度吹噓造成客戶期望落差等。此類原因就是企業所提供的產品或服務，和他原先的期望不同，而且是低於他的期望值。

4.貪小便宜，能拗便拗。

5.對產品缺乏信心。

有效處理顧客抱怨的好處：

1. 顧客的抱怨可以指出公司的缺失。

2. 顧客的抱怨是提供給你第二次服務的機會，使他的不滿意化為滿意。

3. 顧客抱怨是加強顧客忠誠度的上好機會。

4. 使抱怨率大幅降低，提升整體士氣與企業形象。

二、客訴處理流程

1. 聆聽顧客

(1)以同理心傾聽消費者問題。

(2)填寫客訴處理單時，有系統的記錄消費者抱怨的內容。了解事情的來龍去脈再記錄消費者抱怨時，應明確的標明相關人、事、時、地、物。

(3)同時，有效安撫消費者情緒。

2. 確認原因

(1)詳細調查原因時與消費者詢問時，應注意態度與措詞。

(2)如果原因在消費者，應委婉溝通解釋，確定消費者了解並接受，並承諾為消費者妥善解決問題，不要讓消費者覺得處理人員在推卸責任。

3. 提出對策

(1)提出完整對策（包括補救措施、處理程序、處理權限）。

(2)必須讓消費者確實了解與接受。

4. 執行對策

(1)依照承諾的內容確實完成。

(2)在承諾的時限內完成。

5. 後續跟催

(1)專人負責跟催。

(2)與消費者保持聯繫。

6. 紀錄檢討

　　⑴消費者抱怨必須完整記錄。

　　⑵專人定期統計分析消費者抱怨內容與發生的原因。

三、客訴處理原則

1. 訂出客訴處理原則與時間表

　　企業內部應針對各種客訴問題先訂定處理標準，讓內部人員面臨客訴能在第一時間內提出具體的解決方法，以避免事端擴大。特別是客戶揚言要訴諸媒體或司法途徑時更要小心處理。

2. 受理要快，處理要慢

　　企業內部主管人員或一線服務人員處理客戶抱怨時，務必展現出積極處理的誠意，注意應答禮貌與語氣，以免讓人有推卸責任的感覺，導致原本的抱怨事件又雪上加霜。先受理案件並安撫客戶的心情，再謹慎處理客戶反應的事情。

3. 認真傾聽、確認並紀錄顧客訴求

　　確實問出或引導出客戶究竟想怎麼做，以及有什麼期望。同時須詳實記錄顧客的訴求，以免未來處理結果未能符合客戶的訴求。

4. 面對問題不要逃避

　　最好的政策就是真正去面對問題，並且對客戶坦承，千萬不要想掩飾或逃避，如果有錯，務必真誠地道歉。

5. 責任歸屬的回覆要明確，但補救作為要保留彈性

　　客訴的事項一定要有所交代，不可無疾而終。對於事實真相應盡可能向客戶據實以告，但對於補救方式卻不要太隨便或太快就給予客戶太多的承諾，最好先讓客戶提出他的訴求，了解他希望的補救方式與條件，再來研判決定我方能接受的底線到哪裡。

6. 事後追蹤

　　處理客訴完畢後，要主動跟客戶聯繫，確認對方是否滿意此次的處理，一方

面了解所訂定處理措施是否有效，同時還有助於加深客戶的好感。

7. 檢討作業流程，避免重蹈覆轍

　　處理完客戶抱怨後，企業內部要針對客訴個案進行研究。分析該個案單純屬於客戶本身問題，或是企業所提供的產品或服務內容有問題。若是屬於企業本身的問題一定重新檢視作業流程，訂出改善策略，避免相同情況再度發生。甚至包括表單與流程都應全盤檢討改進。並透過定期教育訓練課程，來強化服務人員在客訴處理這方面的能力。

四、客訴處理的基本態度

　　6秒決定第一印象，因此客服人員處理客訴的基本態度是很重要的。

1. 處理的基本態度

　　客服人員在處理客訴時，應具有「3心2意」，3心為同理心、貼心、耐心；2意為誠意、好意（圖20-1）。

圖20-1　客服人員應具有的3心2意

　　客服人員在處理客訴時，應保持以下態度：

　　(1)**感謝**：感謝客戶的抱怨。不要覺得煩，一旦感覺厭煩，就難以提供貼心的服務，也只會讓自己陷入負面的心境中，然後就愈來愈煩。

　　(2)**回應**：客戶抱怨的回應一定要迅速，正視客戶的問題，不迴避問題。

(3)**聆聽**：仔細聆聽，先初步了解狀況，找出抱怨所在。聆聽時要謙虛，維持客戶的自尊心。使對方多說話，為處理抱怨的萬靈丹。

(4)**上達**：必要時，讓客戶接觸到主管。

(5)**同情**：應有同理心，站在客戶的立場，設身處地思考。

最後，不論客戶的態度、用詞為何，都不該輕易讓自己的情緒受到影響。

此外，能不能妥善處理客戶，除了第一線的業務、服務人員，高層主管的態度也相當重要。如果，平常一發生客訴問題，主管就大聲斥責員工，員工一定不願意說實話，而將問題歸咎於顧客，主管就無法在第一時間聽到員工客觀、誠實的描述，判斷事態，即時向顧客道歉。

2. 處理時應避免的事項

處理顧客抱怨時應避免的事項：

(1)與其爭辯，喋喋不休。

(2)插嘴。

(3)推諉、規避責任。

(4)皺眉、左顧右盼、不耐的神情。

(5)傲慢、冷淡。

(6)替顧客的感覺下結論。

3. 處理時，應避免的4不1沒有

1不：不清楚。

2不：不知道。

3不：不要問我。

4不：不了解。

5沒有：沒有我的事。

4. 處理抱怨的十大禁言

(1)你買的時候怎麼不弄清楚。

(2)一分錢、一分貨。

(3)絕對不可能。

⑷怎麼可能，其他都沒事。

⑸我不太清楚。

⑹我不知道該怎麼處理。

⑺這是公司的規定，我也沒有辦法。

⑻這是其他部門的問題。

⑼有時間再通知你。

⑽你跟廠家聯繫吧，跟我們沒關係。

第二節　危機管理

一、何謂危機與危機管理

危機（crisis）是一種對組織目標及價值構成嚴重威脅的情境或事件，它一方面破壞了既有的現狀，另一方面亦迫使領導者必須在不確定的情境及有限的時間內做出一連串的決定。

危機是一件事的轉機與惡化的分水嶺，亦是決定性與關鍵的一刻。適當的處理危機不但能化危機為轉機，更能化危機為利基。

危機管理（Crisis Management）是組織為避免突發事件的威脅，所進行的一連串管理與調適的動態過程。其目的在於消除或降低危機所帶來的威脅和損失。通常可將危機管理分為兩大部分：危機爆發前的預計，預防管理和危機爆發後的應急善後管理。

二、危機特性

企業危機具有以下特徵。

1.**突發性**。危機往往都是不期而至，令人措手不及，危機發生的時候一般

是在企業毫無準備的情況下瞬間發生，給企業帶來的是混亂和驚恐。

　　2.**威脅與破壞性**。危機發作可能帶來嚴重的物質損失和負面影響，不處理則後果嚴重。

　　3.**複雜性**。與原來價值觀念嚴重衝突。

　　4.**時間緊迫性**。可以使用之決策時間短促。危機的突發性特徵決定了企業對危機做出的反應和處理的時間十分緊迫，任何延遲都會帶來更大的損失。

　　5.**新聞性**。危機的迅速發生往往引起各大媒體以及社會大眾對於這些意外事件的關注，使得企業必須立即進行事件調查與對外說明。企業愈是束手無策，危機事件愈會增添神祕色彩引起各方的關注。

　　6.**階段性**。危機的迅速發生若能盡速彌平，則社會的關注很快會消失。

　　7.**產生壓力**。任何危機的發生都會對企業造成壓力。

　　8.**不確定性**。事件爆發前的徵兆一般不是很明顯，企業很難預測。危機出現與否與出現的時機是無法完全確定的。

　　9.**訊息短缺性**。危機往往突然降臨，決策者必須做出快速決策，在時間有限的條件下，混亂和驚恐的心理使得獲取相關訊息的管道出現瓶頸現象，決策者很難在眾多的訊息中發現準確的訊息。

　　10.**雙面性（結果）**。「危險」中有「機會」。

三、危機分類

　　從危機發生的可預測性及可影響難易程度，危機可分四類如圖20-2所示。

　1.常見的危機

　　此一危機同時具備可預測性及大家已知的影響可能性，而危機之所以會發生，導因於使用了有危險或甚至是結構不良的技術系統，或者是管理的疏忽所造成。例如：戴奧辛雞蛋事件。

　2.非預期危機

　　此類型危機難以預測，但當危機事件一旦發生，管理者於處理事件上有較容

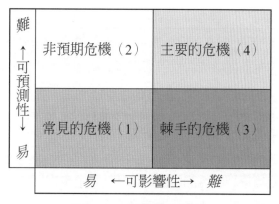

圖20-2　危機類型矩陣

易的影響性。換言之，危機的發生係事出突然來不及防備，而非管理者無法防備。例如：台灣農產品生產過剩，所導致的農產品價格危機。

3. 棘手的危機

此類型危機可以被充分地預料，但要施加處理卻幾乎是不可能的，原因在於處理方式相當地困難或是因爲各方利益的衝突而無法著手處理。例如：低鈉鹽鉀放射性標示問題。

4. 主要的危機

此型危機可說是最危險的危機類型，因爲它既無法被預測也無法被妥善因應。例如：美國911事件，所引起之美國國土安全危機。

四、正確認識危機

危機處理的第一步首先要正確的認識危機，這是極重要的一步，但也往往因危機複雜、難以預測，如未能及時反應，將導致決策與處理上的重大落差，造成危機擴大、增加損失與處理成本。確認識危機五原則如表20-1所示。

1. 第一時間辨識、認識危機

除了危機因素明顯或災害擴大的抑制外，危機處理者應在行動前的第一時間認知危機、辨識危機，掌握危機形成的原因與影響的範圍，以確定處理方向，如此才能在危機處理上找到適當支持的資源及正確的解決方法，奠定良好危機處理

表20-1 認識危機五大原則

危機認識原則	說明
1.第一時間辨識及認識危機	掌握危機形成的原因與影響的範圍，據以確定處理方向。
2.掌握危機演變的趨勢與結構	從危機的程度性、破壞性、複雜性、動態性、擴散性、結構性等六方面來進行分析與研判。
3.評估危機影響範圍與層級	藉助相關的專家，了解組織運作的底線與運作標準，可以即時決定需協調整合的相關單位與所需危機處理的人才、設備等資源。
4.分析易遭致危機的時機	危機的不定性加上誘發危機的因素非常的多，外在環境變動時，所產生的危機更難以捉摸，需即時加以深入分析。
5.釐清危機的重要利害關係人	危機處理須掌握各利害關係人的觀感並充分的溝通，依據重要度的排序，配合機構運作與資源分配以適當有效的處理危機。

的基礎。

2. 掌握危機演變的趨勢與結構

進行危機處理，需隨時掌握危機變化的趨勢，注意與加強影響危機的正向因子、削減負面因子。運用變化的趨勢動態修正危機處理的決策與行動，了解危機的結構以確定處理行動各面向的周延性，在危機處理上，才能站在有利的決策位置，不致弄巧成拙，帶來許多無謂的損耗。掌握危機的趨勢與結構，可從危機的程度性、破壞性、複雜性、動態性、擴散性、結構性等六方面來進行分析與研判。

3. 評估危機影響範圍與層級

藉助相關的專家，迅速評估危機影響的範圍與層級，了解組織運作的底線與運作標準，可即時釐定需協調整合的相關單位與所需危機處理的人才、設備等資源，且須以可有效運作組織與調度相關資源的首長為危機處理的負責人，如此危機處理行動才能迅捷有效。

4. 分析易遭致危機的時機

危機的不定性，讓發生的時間點難以預測，誘發危機的因素非常的多，加上外在環境變動時，所產生的危機更難以捉摸。

5. 釐清危機的重要利害關係人

　　危機的利害關係人通常有：危機製造者、受危機衝擊者、被牽連而受影響者、可能被危機波及者，甚至是有知的權力的公眾或媒體等組合，危機處理須掌握各利害關係人的觀感並充分的溝通，依據重要度的排序，配合機構運作與資源分配，與以適當有效的處理危機。

五、危機的發展階段與對策

　　危機的發展階段，可以分為危機前（潛伏期）、中（爆發期）、後（善後與復健期）三大管理階段，如圖20-3與表20-2所示。

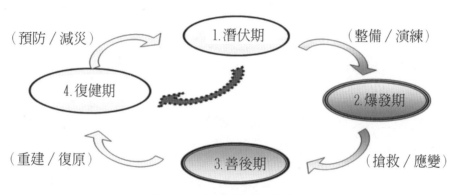

圖20-3　危機的發展階段

表20-2　危機處理架構

危機階段	重要步驟
1.潛伏期	(1)危機調查與預測；(2)建立危機早期預警指標與系統；(3)危機辨認與認知；(4)危機處理小組建置；(5)相關資源調查與整備；(6)危機處理計畫擬定；(7)演練與訓練；(8)持續檢討與改善。
2.爆發／處置期	(1)靈敏暢通的警報與通報系統；(2)成立危機處理小組-蒐集資訊、診斷危機、確認決策方案；(3)協調跨部會任務與分工合作、執行處理策略、重點即時處理；(4)適時的媒體溝通運作；(5)有效的協調談判；(6)善後與檢討。
3.善後及復健期	側重於損失挽救、學習危機的再發防止、經驗學習與相似風險的對策，並回饋到潛伏期之計畫中。

潛伏期：重點為依照各種跡象及資訊發現危機。

爆發期：處理危機把影響值降到最低，更期望可成為轉機。

善後期：恢復期，自我分析、療傷期。

復健期：及早準備面臨下一個危機，應有週全的管理計畫和及時的掌握。

㈠潛伏期

在危機發生前，著重在做好風險管理與預防，此階段的關鍵是提早掌握與預測危機的資訊，幾個重要步驟如下：

1. 危機調查與預測

樹立正確的危機意識。要居安思危，未雨綢繆。平時要重視與公眾溝通，與社會各界保持良好關係；同時，企業內部要溝通順暢，消除危機隱患。企業的全體員工，從管理者到一般員工，都應居安思危，將危機預防作為日常工作的組成部分，有效地防止危機產生。

2. 建立危機早期預警指標與系統

預防危機必須建立危機預警系統，隨時收集產品的反饋信息。及時掌握政策決策信息和調整企業的經營方針；要瞭解產品和服務在用戶心目中的形象，分析掌握大眾對本企業的各項評價，進而發現大眾對企業的態度及變化趨勢；同時要認真研究競爭對手的現況、實力、潛力、策略和發展趨勢，經常進行優劣對比，做到知己知彼；要重視收集和分析企業內部的信息，進行自我診斷和評價，找出薄弱環節，採取相應措施。

3. 危機辨認與認知。

藉由前述分析，進行危機辨認。

4. 危機管理小組建置。

成立危機管理小組，制定危機處理計畫，是順利處理危機，協調各方面關係的組織保障。危機管理小組的成員應選擇熟知企業和本行業內外部環境的公關、生產、人事、銷售等部門的管理人員和專業人士參加。小組的領導人不一定非公司總裁擔任不可，但必須在公司內部有影響力，能推動小組工作。危機管理小組

要根據危機發生的可能性，制定出防範和處理危機的計畫。一旦發生危機，可以根據計畫從容決策和行動，掌握主動權，對危機迅速做出反應。

5. 相關資源調查與整備

6. 危機處理計畫擬定

　　危機應變計畫項目如下：

　　⑴找出潛在危機與風險區。

　　⑵設立危機門檻，指派預警負責人，確實推動各項業務。

　　⑶訓練危機小組／成立應變組織（中心）。

　　⑷事先取得「應變計畫」執行許可。

　　⑸列出通報名單／排出先後順序，包括上報管理階層名單、內部各權責單位與負責人、緊急尋求支援之外部單位與相關人員。

　　⑹列出媒體清單／準備背景資料，並隨時更新。

　　⑺指派並訓練發言人，以使統一對外發言。

7. 演練與訓練。

　　企業應根據危機應變計畫進行定期的模擬訓練。定期模擬訓練不僅可以提高危機管理小組的快速反應能力，強化危機管理意識，還可以檢測已擬定的危機應變計畫是否切實可行。

8. 持續檢討與改善。

㈡爆發期

　　此時針對當前的危機，基於時間最短、損失程度最低及動支資源最少的理念，有計畫、有步驟的施行有效與確實的對策和行動：

1. 靈敏暢通的警報與通報系統

　　力求在最快的速度獲得通報，以啓動應變計畫。

2. 成立危機處理小組以蒐集資訊、診斷危機、確認決策方案

　　以最快的速度啓動危機應變計畫。力求在危機損害擴大之前控制住危機。危機處理主要策略包括：

⑴**危機中止策略**。企業要根據危機發展的趨勢，主動中止承擔某種危機損失。例如：關閉工廠、部門，停止生產該項產品。

⑵**危機隔離策略**。危機發生往往具有關聯效應，一種危機處理不當，就會引發另一種危機。因此，企業應迅速採取措施，及時將爆發的危機予以隔離，以防擴散。

⑶**危機利用策略**。在綜合考慮危機的危害程度之後，造成有利於企業某方面利益的結果。例如：在市場不景氣的情況下，利用危機造成的危機感，發動職工提合理化建議，進行技術革新，降低生產成本。

⑷**危機排除策略**。採取措施，消除危機。

⑸**危機分擔策略**。將危機承受主體由企業單一承受變爲由多個主體共同承受。如由合作者和股東共同來分擔。

⑹**避強就弱策略**。由於危機損害程度強弱有別，在危機一時不能根除的情況下，選擇危機損害小的策略。

3. 協調跨部會任務與分工合作、執行處理策略、重點即時處理

危機管理小組根據危機應變計畫進行各個成員的分工。

4. 適時的媒體溝通運作

建立有效的信息傳播系統，做好危機發生後的傳播溝通工作，爭取媒體的理解與合作。主要做好以下工作：

⑴**掌握宣傳報道的主動權**。利用召開新聞發布會以及使用網路、傳眞等多種媒介，向社會公衆和其他利益相關人及時、具體、準確地告知危機發生的時間、地點、原因、現狀，公司的應對措施等相關的和可以公開的信息，以避免謠言四起而引起誤導和恐慌。

⑵**統一信息傳播的口徑**。對技術性、專業性較強的問題，在傳播中盡量使用清晰和不產生歧義的語言，以避免出現猜忌和流言。

⑶**設立24小時開通的危機處理信息中心**，隨時接受媒體和公衆訪問。

⑷**愼重選擇發言人**。

5. 有效的協調談判

應設身處地的、儘量爲受到危機影響的公眾減少或彌補損失，維護企業良好的公眾形象。

6. 善後與檢討

㈢ 善後及復健期

在危機結束後，側重於以何種手法挽救損失、制定與施行回復的措施與方案，並對此次危機的再發防止、經驗學習與相似風險的對策回饋到第一階段的潛伏期之計畫中。

危機總結可分爲三個步驟：

1. **調查**。針對危機發生原因和相關預防處理的全部措施進行系統性調查。

2. **評價**。針對危機管理工作進行全面的評價。包括對預警系統的組織，危機應變計畫，決策和處理等各方面的評價，要詳盡地列出危機管理工作中存在的各種問題。

3. **革新**。指對危機管理中存在的各種問題綜合歸類，分別提出革新措施，並責成有關部門逐項落實。

總而言之，危機處理的目的是在第一時間點要發揮緊急救難的功能，同時也要穩定住局面，避免災情擴大，接著要儘速恢復原狀或原來功能，經過檢討改進後能發揮再發防止的效果。成功的危機處理也會提升民眾與媒體對企業的信任，在企業經營上，好的危機處理能力也會成爲企業的競爭優勢。

參考文獻

王來旺，王貳瑞。2015。工業管理，第四版。全華圖書有限公司，新北市。

王燕茹，薛雲建，鄒麗敏，陳捷。2007。食品市場營銷。化學工業出版社，北京市。

王獻彰。2017。工廠管理，第五版。全華圖書有限公司，新北市。

任筑山，陳君石。2016。中國的食品安全－過去、現在與未來。中國科學技術出版社，北京市。

李磊，朱紀友，孫建國。2011。食品安全與統計技術。中國質檢出版社，北京市。

李錦楓，林志芳，李明清，顏文義。2006。食品工廠經營與管理：理論與實務。五南圖書有限公司，台北市。

周文賢，林嘉力。2001。新產品開發與管理。華泰文化事業股份有限公司，台北市。

林永順。2006。食品行銷學。全力顧問有限公司，屏東縣。

林志城，林泗潭。2018。品質管理，第四版。新文京開發出版股份有限公司，新北市。

林慧生。2006。食品工廠經營管理。華香園出版社，台北市。

邱政田。2007。工廠管理。五南圖書有限公司，台北市。

吳明昌，鄭清和。2014。食品工廠經營管理實務。復文圖書有限公司，台南市。

侯東旭，陳敏生。2010。工廠管理。五南圖書有限公司，台北市。

黃昆崙，車會蓮。2018。現代食品安全學。科學出版社，北京市。

張哲朗，李明清等。2018。圖解食品工廠管理與實務。五南圖書有限公司，台北市。

張雅涵，劉淑美。2018。食品安全危害因子發生頻率與嚴重性之風險級分。食品工業 50(4)：52-60。

滕葳，李倩，柳亦博，柳琪。2012。食品中微生物危害控制與風險評估。化學工業出版社，北京市。

鄭清和。2014。食品工廠管理。復文圖書有限公司，台南市。

劉建功，藍群傑，韓建國，黃大維，黃瓊萱，鄭雅升，鄭建益，鄭明清，黃朝琴，張永吉，陳勁初，鄧佳容，劉雅玲，許碧疊。2018。食品工廠經營管理，第二版。華格那圖書有限公司，台中市。

蔡倍仰。2017。食品防禦之策略與重點。食品工業 49(3)：35-46。

劉得銓，劉淑美。2018。食品原物料類別之潛在危害及攙偽等因子。食品工業 50(4)：46-51。

蘇佩聰。1999。生產管理案例。行政院農業委員會，台北市。

生產管理五要項。行政院農委會，https://www.coa.gov.tw/ws.php?id=1620

索　引

國家圖書館出版品預行編目資料

實用食品工廠管理／施明智，成安知作. ——
二版. ——臺北市：五南圖書出版股份有限
公司，2022.10
面；　公分
ISBN 978-626-343-260-4(平裝)

1.CST: 食品工業　2.CST: 工廠管理

463　　　　　　　　　　　　111013305

5BJ6

實用食品工廠管理

作　　　者 — 施明智（159.7）、成安知

發 行 人 — 楊榮川

總 經 理 — 楊士清

總 編 輯 — 楊秀麗

副總編輯 — 王正華

責任編輯 — 張維文

封面設計 — 鄭云淨

出 版 者 — 五南圖書出版股份有限公司

地　　　址：106台北市大安區和平東路二段339號4樓

電　　　話：(02)2705-5066　　傳　真：(02)2706-6100

網　　　址：https://www.wunan.com.tw

電子郵件：wunan@wunan.com.tw

劃撥帳號：01068953

戶　　　名：五南圖書出版股份有限公司

法律顧問　林勝安律師事務所　林勝安律師

出版日期　2021 年 5 月初版一刷
　　　　　2022 年 10 月二版一刷

定　　　價　新臺幣720元

經典永恆・名著常在

五十週年的獻禮 —— 經典名著文庫

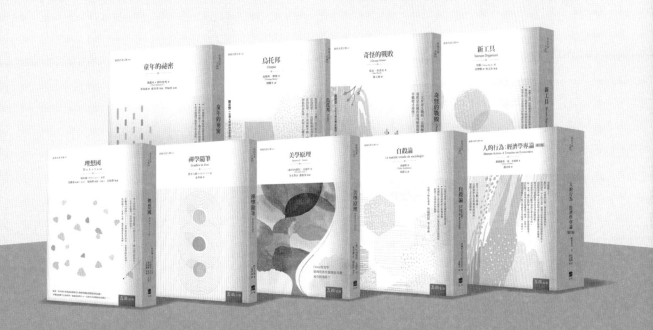

五南，五十年了，半個世紀，人生旅程的一大半，走過來了。

思索著，邁向百年的未來歷程，能為知識界、文化學術界作些什麼？

在速食文化的生態下，有什麼值得讓人雋永品味的？

歷代經典・當今名著，經過時間的洗禮，千錘百鍊，流傳至今，光芒耀人；

不僅使我們能領悟前人的智慧，同時也增深加廣我們思考的深度與視野。

我們決心投入巨資，有計畫的系統梳選，成立「經典名著文庫」，

希望收入古今中外思想性的、充滿睿智與獨見的經典、名著。

這是一項理想性的、永續性的巨大出版工程。

不在意讀者的眾寡，只考慮它的學術價值，力求完整展現先哲思想的軌跡；

為知識界開啟一片智慧之窗，營造一座百花綻放的世界文明公園，

任君遨遊、取菁吸蜜、嘉惠學子！

720Y
20231128